Roboter mit ROS

Murat Çalış wurde in Heidelberg geboren. Er ist Informatiker im öffentlichen Dienst. Nebenberuflich unterstützt er Unternehmen in den Bereichen Programmierung, Informationssicherheit und Automatisierung. In seiner Freizeit beschäftigt er sich leidenschaftlich mit Robotik und experimenteller Informatik. Sein aktuelles Projekt ist ein Roboter, der selbstständig lernt.

Murat Çalış

Roboter mit ROS

Bots konstruieren und mit Open Source programmieren

dpunkt.verlag

Murat Çalış
mc@pirate-robotics.net

Ergänzende Informationen, Aktualisierungen und Erweiterungen des Roboters auf:
www.piraterobotics.net

Lektorat: Gabriel Neumann
Copy-Editing: Petra Kienle, Fürstenfeldbruck
Satz: Birgit Bäuerlein
Herstellung: Stefanie Weidner
Umschlaggestaltung: Helmut Kraus, *www.exclam.de*
Druck und Bindung: mediaprint solutions GmbH, 33100 Paderborn

Bibliografische Information der Deutschen Nationalbibliothek
Die Deutsche Nationalbibliothek verzeichnet diese Publikation in der Deutschen Nationalbibliografie; detaillierte bibliografische Daten sind im Internet über *http://dnb.d-nb.de* abrufbar.

ISBN:
Print 978-3-86490-567-4
PDF 978-3-96088-467-5
ePub 978-3-96088-468-2
mobi 978-3-96088-469-9

1. Auflage 2020

Wieblinger Weg 17
69123 Heidelberg

PEFC zertifiziert
Das Papier für dieses Buch stammt aus nachhaltig bewirtschafteten Wäldern und kontrollierten Quellen
PEFC/04-31-0810 www.pefc.de

Hinweis:
Dieses Buch wurde auf PEFC-zertifiziertem Papier aus nachhaltiger Waldwirtschaft gedruckt. Der Umwelt zuliebe verzichten wir zusätzlich auf die Einschweißfolie.

Schreiben Sie uns:
Falls Sie Anregungen, Wünsche und Kommentare haben, lassen Sie es uns wissen: *hallo@dpunkt.de*.

5 4 3 2 1 0

Inhaltsverzeichnis

1 ROS – Robot Operating System

Das Robot Operating System wurde entwickelt, um das Rad nicht jedes Mal neu zu erfinden. Es stehen etliche Pakete für ROS zur Verfügung, sodass Treiberentwicklungen der Vergangenheit angehören und man schneller mit den höheren Schichten der Robotik beginnen kann. Dazu gehören Gesichtserkennung, Objekterkennung, autonomes kollisionsfreies Fahren, Kartografierung, Spracherkennung und kollisionsfreie Kinematik, um nur einige zu nennen. Mittlerweile ist ROS ein De-facto-Standard in der Robotik. Die *NASA* verwendet ROS für Robonaut2 auf der *ISS*[1], um nur ein prominentes Beispiel zu nennen. ROS hat mittlerweile über 7,5 Millionen Codezeilen. Der Linux-Kernel 4.14 hat ca. 25 Millionen Zeilen. Wenn wir zehn bis 20 Jahre in die Zukunft schauen, sollte niemand mehr die hardwarenahen Schichten eines Roboters programmieren müssen.

Das Robot Operating System ist nicht, wie es der Name andeutet, ein Betriebssystem. ROS wird wie ein gewöhnliches Programm auf einem Betriebssystem installiert. Nach der Installation von ROS können eigene Robotik-Programme die Funktionalität und Bibliotheken von ROS nutzen.

ROS ist ein Robotik-Framework, basierend auf dem *publish/subscribe*-Prinzip. Darin kommunizieren Programme über ein Nachrichtensystem miteinander, vergleichbar der Interprozesskommunikation in herkömmlichen Anwendungen. Der Vorteil ist, dass der Absturz eines Programms nicht zwingend das gesamte ROS-System zum Absturz bringt.

ROS-Nachrichten werden per TCPROS, einem Protokoll basierend auf TCP/IP, übertragen und können mit Wireshark mitgelesen werden. Dies erleichtert nicht nur die Fehlersuche in verteilten ROS-Anwendungen, sondern ermöglicht auch einen Einblick in die Kommunikation zwischen den sogenannten ROS-Knoten.

Ein ROS-Netzwerk ist praktisch ungeschützt gegen Verbindungen aus dem lokalen Netzwerk, da es keine Authentifizierungsmöglichkeit wie bei HTTP gibt. Es ist daher empfehlenswert, ein VPN oder OpenVPN zum Schutz der Netzwerkkommunikation einzurichten.

Ursprünglich wurde ROS unter dem Namen Switchyard am Stanford Artificial Intelligence Laboratory entwickelt und später von Willow Garage weiterentwickelt, die auch den PR2-Roboter konstruiert haben. Seit April 2012 ist die *Open Source Robotics Foundation (OSRF)* für ROS verantwortlich. Über 3.000 Software-Pakete gibt es bereits.

1. *ISS – International Space Station*. Ein internationales Weltraumprojekt, an dem Europa, die USA, Russland, Japan und Kanada beteiligt ist. Seit 2000 ist die *ISS* permanent bemannt. Alexander Gerst war zuletzt als Kommandeur auf der Raumstation.

Mittlerweile ist ROS unter dem Begriff ROS-Industrial auch in der Produktion und in namhaften Robotern im Einsatz. Je mehr ROS in der industriellen Fertigung eingesetzt wird, desto mehr entsteht ein Bedarf an Spezialisten[2], die sich mit ROS auskennen.

Die skizzierten Eigenschaften von ROS bringen mit sich, dass ROS nichts für schwache Mikrocontroller ist. Wer einen Roboter bauen möchte, der Hindernissen ausweichen kann, braucht kein Robot Operating System. Dazu genügen ein Infrarotsensor, ein Arduino mit etwas Programmierlogik und ein fahrbarer Untersatz. Die Zeit, die man zum Erlernen des ROS-Systems benötigt, würde weit über die Zeit hinausgehen, die wir für die Entwicklung des eben genannten Roboters benötigen.

Meine ersten Erfahrungen mit ROS machte ich, als mein Bioloid-Premium Humanoide mit ROS aufgerüstet werden sollte. Nach langen Recherchen, welche Computerplattform es nun werden sollte, lag der *Raspberry Pi* 2012 auf meinem Tisch. Damals wurde der Kleinstrechner von ROS nicht unterstützt und man war gezwungen, die ROS-Dateien von Quellcode in Maschinencode zu kompilieren. Auf einem *Raspberry Pi* mit 256 MB RAM und mit einem wegen diverser Abstürze während des Kompilierens nicht übertakteten 700-MHz-Prozessor ist das eine langwierige Angelegenheit. Nachdem auch OpenCV für die Gesichtserkennung kompiliert war, trat die Ernüchterung bei drei bis vier Bildern pro Sekunde ein.

Die meiste Zeit programmiere ich auf einem separaten, leistungsstarken Entwicklungsrechner und teste die Ergebnisse dann auf dem kleinen *Pi*. So ist das auch heute noch, mit dem Unterschied, dass der *Raspberry Pi* zwischendurch von einem *Odroid U3* und dieser aktuell von einem *Odroid XU4* abgelöst wurde. Die Leistung hat sich innerhalb von fünf Jahren gefühlt verzehnfacht, denn es laufen mittlerweile sehr leistungshungrige ROS-Pakete auf dem Einplatinenrechner wie *Navigation*, *MoveIt!* und *OpenCV* mit akzeptablen sieben Bildern pro Sekunde.

Der Trend zu leistungsstarken Einplatinenrechnern wird weitergehen. Schon stehen Kleinstcomputer mit Intel-Atom-Prozessoren, wie der *Intel Joule* zur Verfügung. Der *Intel NUC* zählt dabei nicht zu den Kleinstrechnern, ist aber ein beliebter Robotik-Rechner mit akzeptabler Größe, in welchem Ubuntu und ROS gut zusammenspielen.

In den folgenden Kapiteln lernen wir Schritt für Schritt ROS kennen, indem wir:

- ROS installieren
- ROS-Grundlagen besprechen
- ROS-Hilfswerkzeuge einsetzen

---

2. Aus Gründen der leichteren Lesbarkeit wird in diesem Buch bei personenbezogenen Substantiven und Pronomen jeweils nur ein Genus verwendet. Dies impliziert jedoch keine Benachteiligung anderer Geschlechter, sondern soll im Sinne der sprachlichen Vereinfachung als geschlechtsneutral zu verstehen sein.

1.1 Installation

Die Arbeit während der Entstehung unseres Roboters besteht meist aus 3D-Simulation, 3D-Konstruktion, Tests und das Ganze wieder von vorne. 3D verlangt viel Rechenleistung, doch heutzutage ist selbst ein Intel NUC mit einem i5-Prozessor im Stand, Gazebo-Simulationen nebst RViz für die Navigation mit erträglichen Leistungsmerkmalen darzustellen. Das bedeutet, wir könnten unseren Entwicklungsrechner auch im Roboter verwenden. Wer den Ein- und Ausbau nicht scheut, um den Computer an einen Monitor und eine Tastatur anzuschließen, kann das gerne tun und spart gleichzeitig eine Installation.

Für die Installation gibt es eine ausführliche Anleitung auf den Wiki-Seiten von ROS (*wiki.ros.org/ROS/Installation*). Wir unterscheiden zwischen einem leistungsstarken Entwicklungsrechner, einem Intel NUC und einem Odroid-XU4 – und auch den Raspberry Pi lasse ich nicht unter den Tisch fallen.

- **Betriebssystem für Entwicklungsrechner**
  Das Betriebssystem für den Entwicklungsrechner wählen wir gemäß den Empfehlungen auf *http://wiki.ros.org/Distributions*. Dort ist für die jeweilige ROS-Version auch die entsprechende Ubuntu-Version angegeben. In diesem Buch verwenden wir ROS Kinetic Kame auf dem Betriebssystem Ubuntu Desktop 16.04 *LTS*. Nach dem Download schreiben wir das Ubuntu-Image auf einen bootbaren USB-Stick mit *Rufus* (*https://rufus.akeo.ie/*, *http://releases.ubuntu.com/16.04/*).

- **Betriebssystem für Intel NUC**
  Ubuntu Server 16.04 *LTS* (*http://releases.ubuntu.com/16.04*). Die Abkürzung *LTS* steht für *Long Term Support* und zeichnet sich durch langfristige Unterstützung mit Security-Patches und Updates von Seiten des Distributors für das entsprechende Betriebssystem aus. LTS-Versionen haben unter Ubuntu eine gerade Zahl, also Ubuntu 14, 16 usw. Nach dem Download muss das Image auf einen bootbaren USB-Stick. Mit *Rufus* (*https://rufus.akeo.ie*) erstellt man einen solchen Boot-Stick in wenigen Minuten.

- **Betriebssystem für Odroid-XU4**
  Da es sich beim Odroid um eine ARM-Architektur handelt, ist die Betriebssystemwahl auf Versionen mit ARM-Unterstützung begrenzt. Das Image für Odroid wird auf eine SD-Karte geschrieben und im Odroid startet sofort ein fertig installiertes Ubuntu. Zum Entpacken gibt es *7Zip* für Windows und in Linux kann *unxz* das Image aus dem xz-Format entpacken. Das ausgepackte Image bekommt man auf die SD-Karte mit Win32DiskImager in Windows oder mit dem Konsolenprogramm dd in Linux (*https://odroid.in/ubuntu_16.04lts/ubuntu-16.04.3-4.9-minimal-odroid-xu4-20170824.img.xz*).

- **Betriebssystem für Raspberry Pi**
  Das Raspberry Pi hat ebenfalls eine ARM-Architektur. Das Image behandeln Sie so, wie es im Punkt für das Odroid-Board beschrieben ist. Ich habe das Server-Image von *Canonical* heruntergeladen. Auf der Downloadseite findet man Server-Images für Raspberry Pi 2 und 3. Für das aktuelle Raspberry Pi 4 steht noch kein Server-Image zur Verfügung. Das könnte sich aber bis zur Drucklegung dieses Buchs ändern. Dann wäre das Top-Modell von Raspberry Pi mit 4 GB RAM eine echte Alternative zu den genannten Systemen (*https://ubuntu.com/download/iot/raspberry-pi-2-3*).

- **ROS**
  Kinetic Kame. LTS-Variante unter den ROS-Distributionen, Unterstützung bis 2021. Von dieser Version installieren wir für AMD64, i386 oder armhf auf die gleiche Weise, nur mit unterschiedlicher Software-Ausstattung. So benötigen wir für die Programme auf dem Odroid keine grafische Benutzeroberfläche.

  Die Installationsanweisung in Schritt 1.4 (siehe Hyperlink Tabelle 1–1) unterscheidet sich für die jeweilige Hardwareplattform.

Hardware	Installation
Odroid-XU4	sudo apt install ros-kinetic-ros-base
Raspberry Pi	sudo apt install ros-kinetic-ros-base
NUC	sudo apt install ros-kinetic-ros-base
Entwicklung	sudo apt install ros-kinetic-desktop-full

Tab. 1–1 *http://wiki.ros.org/kinetic/Installation/Ubuntu*

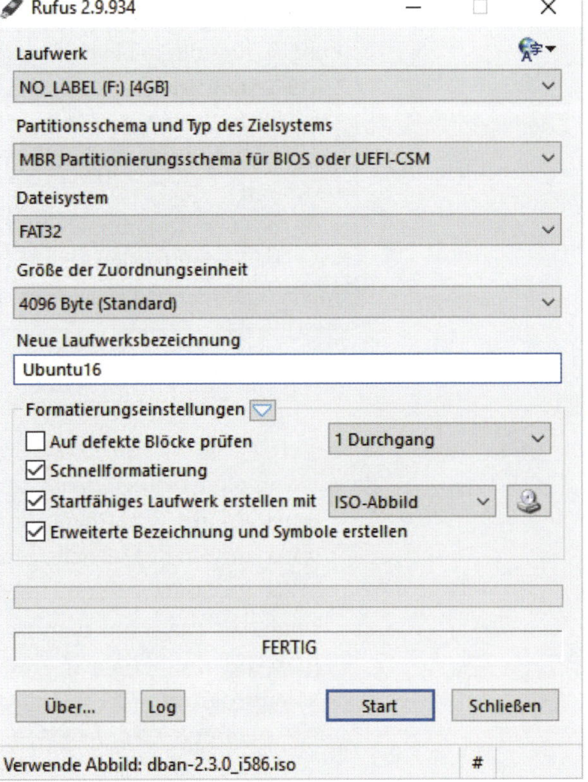

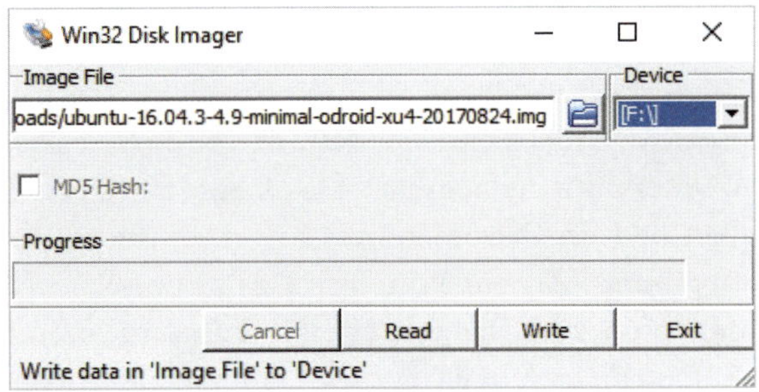

Abb. 1–1 Rufus (rechts) erstellt bootbare USB-Sticks und Win32 Disk Imager (oben) schreibt Image-Dateien auf eine SD-Karte.

Nachdem Sie Ubuntu auf Ihrem Entwicklungsrechner installiert haben, wollen wir als Nächstes ROS installieren. Die Rechner müssen für Internet konfiguriert sein und ein *ping* nach draußen sollte ohne Fehler funktionieren. Bevor wir loslegen, möchte ich auf ein paar Dinge aufmerksam machen, die Probleme bereiten können. Die Netzwerkkonfiguration ist wichtig für ROS, denn ROS basiert auf TCP/IP und TCP/IP wiederum ist das Netzwerkprotokoll. Hier ein Link mit Anleitungen, um das Netzwerk für ROS korrekt zu konfigurieren: *http://wiki.ros.org/ROS/NetworkSetup*. Das Benutzerkonto, mit dem Sie arbeiten, muss in all den Gruppen zugriffsberechtigt sein, die Sie benötigen, um Zugriff auf Schnittstellen zu bekommen. Wenn Sie mit der USB-Schnittstelle Daten an einen Mikrocontroller senden wollen, so müssen Sie in der Gruppe *dialout* sein, sonst gibt es eine Fehlermeldung.

Netzwerkkonfiguration, Uhrzeit und Gruppenzugehörigkeit prüfen!

Vorbedingung für einen fehlerfreien Ablauf ist die funktionierende Namensauflösung; außerdem sollten in */etc/hosts* die Zuordnungen IP – Name existieren und zwar für alle am Roboter beteiligten Computersysteme, wenn diese über das Netzwerk miteinander kommunizieren, sodass ein *ping hostname* ausgeführt werden kann.

Die Uhrzeit sollte synchronisiert laufen. Eine Bauanweisung an *catkin* erzeugt Fehlermeldungen, dass die Zeit in der Zukunft liegt, wenn die Uhrzeit des Computersystems auf 0 bzw. 1.1.1970 steht. Das passiert, wenn keine Knopfzellen-Batterie installiert ist, die die Uhrzeit am Laufen hält. Ein weiterer Indikator für Zeitprobleme ist, dass sich *tf*, jene Bibliothek für Transformationsberechnungen im dreidimensionalen Raum, über Diskrepanzen in den Zeitstempeln beschwert.

Diesen Benutzergruppen sollten Sie beitreten, damit keine Berechtigungsfehler auftreten, wenn USB-Schnittstellen oder Lautsprecher verwendet werden: *dialout, audio, video, plugdev, cdrom (sudo usermod <benutzer> -aG dialout,audio…)*.

1.1.1 Ubuntu-Repositorien anpassen

In Ubuntu mit grafischer Oberfläche:

1. `Alt` + `F2` auf der Tastatur gleichzeitig drücken.
2. *software-properties-gtk* eingeben und Enter-Taste drücken.
3. Alle Haken im Reiter *Ubuntu-Anwendungen* außer bei Quelltext aktivieren.

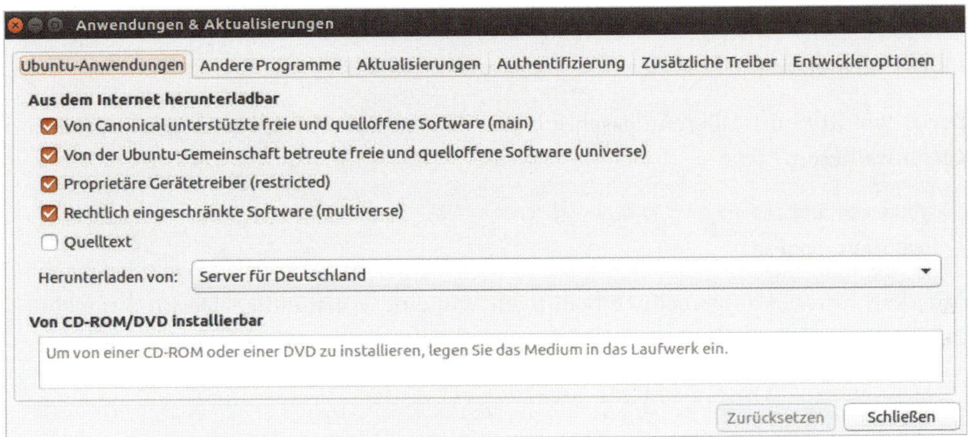

Abb. 1–2 Drittanbieter-Software akzeptieren (restricted, universe und multiverse).

In Ubuntu ohne grafische Oberfläche:

1. Öffnen Sie ein Terminal-Fenster.
2. Geben Sie Folgendes in der Konsole ein: *sudo vi /etc/apt/sources.list*
3. Überprüfen Sie, ob die Zeilen mit *deb*-Quellen aus *main*, *universe*, *restricted* und *multiverse* kein Kommentarzeichen[3] am Anfang enthalten. Standardmäßig ist bereits alles richtig eingestellt und eine Änderung in dieser Datei nicht notwendig.

1.1.2 Freiburg Mirror als Quelle angeben

```
sudo sh -c '. /etc/lsb-release && echo "deb http://packages.ros.org.ros.infor-
matik.uni-freiburg.de/ros/ubuntu $DISTRIB_CODENAME main" > /etc/apt/sources.
list.d/ros-latest.list'
```

3. Das Kommentarzeichen ist in den meisten Konfigurationsdateien eines Linux-Systems das Raute-Symbol (#). In Programmiersprachen können unterschiedliche Symbole verwendet werden.

1.1.3 Schlüssel importieren

```
sudo apt-key adv --keyserver hkp://ha.pool.sks-keyservers.net:80 --recv-key
```

Wenn der obige Befehl fehlschlägt, gibt es die Möglichkeit, den Schlüssel mit folgendem Befehl manuell herunterzuladen und zu installieren.

```
wget https://raw.githubusercontent.com/ros/rosdistro/master/ros.key -O - |
sudo apt-key add -
```

1.1.4 Installation

Bevor wir ROS installieren, lassen wir das System auf Aktualisierungen prüfen und ggf. installieren.

```
sudo apt update
sudo apt upgrade
```

Auf dem Entwicklungsrechner benötigen wir eine vollständige Desktopumgebung mit grafischen Werkzeugen.

```
sudo apt install ros-kinetic-desktop-full
```

Da wir auf dem Roboter keine grafischen Benutzeroberflächen benötigen, installieren wir die Basisausrüstung von ROS auf dem Intel NUC und dem Odroid XU4.

```
sudo apt install ros-kinetic-ros-base
```

1.1.5 Initialisierung mit rosdep

Im Folgenden wird für das aktuelle Benutzerkonto der versteckte Ordner .ros im Heimatverzeichnis angelegt – meist ist das /home/benutzername/.ros. Dort befinden sich später auch sämtliche log-Dateien, die von ROS während der Ausführung erstellt werden. Mit rosclean purge lassen sich alle log-Dateien im Ordner .ros löschen.

```
sudo rosdep init
rosdep update
```

Neues Benutzerkonto und ROS

Wenn ein neuer Benutzer angelegt wird, der auf dem Rechner ROS verwenden soll, muss dieser rosdep update ausführen und die ROS-Verzeichnisse, welche setup.bash-Skripte enthalten, in seine .bashrc eintragen.

1.1.6 Umgebungsvariablen setzen

```
echo "source /opt/ros/kinetic/setup.bash" >> ~/.bashrc
source ~/.bashrc
```

1.1.7 rosinstall, Werkzeug für die Arbeitsbereichverwaltung

```
sudo apt install python-rosinstall python-rosinstall-generator python-wstool
build-essential
```

1.1.8 ROS-Arbeitsbereich erstellen

Als Nächstes erstellen wir einen Arbeitsbereich, der unsere eigenen Robotik-Werke enthalten wird, also unsere selbstgeschriebenen Programme. Aber auch Git-Repositorien von anderen Anbietern können wir dorthin herunterladen und verwenden. Obligatorisch ist der Name des Quelltextordners »*src*«, aber nicht der übergeordnete Ordner, dessen Namen ich gerne anders wähle, als er in wiki.ros.org mit »*catkin_ws*« vorgegeben wird. Der Grund dafür ist, dass ich oft zwischen Roboter-Computer und Entwicklungs-Computer hin und her kopiere. Wenn aber die Ordnernamen auf beiden Computern identisch sind, kann es passieren, dass man Quelle und Ziel verwechselt, was ärgerlich sein kann, wenn man vorher kein Backup gemacht hat.

```
mkdir -p ~/catkin_ws/src
cd ~/catkin_ws/
catkin_make
```

Der Befehl *catkin_make* erzeugt eine Datei *CMakeLists.txt*, wenn diese noch nicht existiert, und darüber hinaus die Ordner *build* und *devel*. Im *devel*-Verzeichnis befinden sich die *setup*-Dateien, die dem ROS-System bekanntgeben, wo es nach ROS-Paketen suchen soll.

Mit *catkin_make install*, dem Äquivalent zu *make install*, wird zusätzlich der Ordner *install* mit ausführbaren Binärdateien angelegt. Ansonsten macht *catkin_make* das, was *make* auch macht – es baut alle Programme, die im Arbeitsbereich vorliegen. Dieser Vorgang kann, abhängig von der Anzahl der ROS-Pakete im aktuellen Arbeitsbereich, sehr lange dauern.

Wer in unterschiedlichen Roboterprojekten arbeitet, hat die Möglichkeit, mehrere getrennte Arbeitsbereiche anzulegen. Das reduziert die Arbeit von *catkin_make* auf das, was der aktuelle Arbeitsbereich an ROS-Paketen enthält. Sie erstellen dazu wie oben beschrieben ein neues Verzeichnis mit einem Unterverzeichnis *src*. Im neuen Verzeichnis wird der Befehl *catkin_make* weitere benötigte Dateien und Verzeichnisse generieren, sodass Sie nur noch die *setup*-Datei im Verzeichnis *devel* ausführen müssen, um den neuen Arbeitsbereich zu verwenden. Das Ausführen der *setup*-Datei eines Arbeitsbereichs blendet alle anderen Arbeitsbereiche für die Kompilierung auf dem System aus. Die anderen Arbeitsbereiche sind mit dem Befehl *roscd* dennoch erreichbar. Die Arbeit mit mehreren Arbeitsbereichen wird in ROS als Überlagerung (engl. *overlay*) bezeichnet.

build, devel und install werden von src generiert

Es kann vorkommen, dass die Ordner build, devel oder install inkonsistent werden. Diese Ordner außer *src* sollten Sie löschen und mit *catkin_make* wird aus dem Ordner *src* ein neuer *build* und *devel* generiert.

Abschließend tragen wir unseren Arbeitsbereich in unsere Terminalkonfiguration ein. Dadurch wird nach jedem Neustart der gewünschte Arbeitsbereich in jeder Konsole mit dem Befehl *roscd* erreichbar sein. Falls Sie den Ordnernamen von *catkin_ws* verändert haben, muss der entsprechende Name verwendet werden.

```
echo "source ~/catkin_ws/devel/setup.bash" >> ~/.bashrc
source ~/.bashrc
```

Ob unsere Installation erfolgreich war, testen wir mit folgendem Befehl und beenden ihn anschließend mit `Strg` + `C`.

```
roscore
```

```
murat.calis@rosbox:~/catkin_ws$ roscore
... logging to /home/murat.calis/.ros/log/fc012286-9409-11e7-b6ac-080027408a1c/roslaunch-rosbox-32651.log
Checking log directory for disk usage. This may take awhile.
Press Ctrl-C to interrupt
Done checking log file disk usage. Usage is <1GB.

started roslaunch server http://rosbox:42481/
ros_comm version 1.12.7


SUMMARY
========

PARAMETERS
 * /rosdistro: kinetic
 * /rosversion: 1.12.7

NODES

auto-starting new master
process[master]: started with pid [32662]
ROS_MASTER_URI=http://rosbox:11311/

setting /run_id to fc012286-9409-11e7-b6ac-080027408a1c
process[rosout-1]: started with pid [32675]
started core service [/rosout]
```

Abb. 1–3 roscore startet den ROS-Master auf port 11311 und erstellt die zugehörige log-Datei in ~/.ros.

Wer mehr über den Entstehungs- und Beendigungsprozess erfahren möchte, startet ein separates Fenster mit *netstat -tulpanc*. So kann man die einzelnen Prozesse beim Öffnen und Schließen der Ports beobachten.

1.1.9 Roboter Modell A installieren

Dieses Buch befasst sich mit zwei unterschiedlichen Robotern, Modell A und B. Der größte Unterschied zwischen beiden ist, dass Modell B zusätzlich eine motorisierte Kamera hat. Wir werden Modell A als Nächstes in unseren Arbeitsbereich herunterladen. Anschließend lernen wir ROS anhand dieses Roboter-Modells kennen.

- Wir installieren die Roboter-Programme im *src*-Verzeichnis des *catkin*-workspace.

```
cd /home/<benutzername>/catkin_ws/src
```

- Mit *git* laden wir die Dateien für das Roboter-Modell A in das *src*-Verzeichnis.

```
git clone https://bitbucket.org/piraterobotics/abot-kinetic.git
```

- Die Software-Abhängigkeiten, die im jeweiligen package.xml der Pakete aufgeführt sind, installieren wir mit *rosdep*. Der Schalter *-y* am Ende des Befehls bewirkt, dass alle Abfragen, die eine Benutzereingabe benötigen, automatisch mit »*yes*« bestätigt werden. Danach startet die Softwareverwaltung von Ubuntu mit dem Download und der Installation. Wechseln Sie vorher in das übergeordnete Verzeichnis, also *catkin_ws*, sonst bringt der nachfolgende Befehl eine Fehlermeldung.

```
rosdep install --from-paths src --ignore-src --rosdistro=kinetic -y
```

- Zuletzt führen wir das robotereigene Installationsskript aus. Es befindet sich im scripts-Verzeichnis des bringup-Pakets unseres Roboters. Mit roscd gelangen wir am schnellsten dahin. Sollte wider Erwarten der Befehl roscd das Paket abot_bringup nicht kennen, dann verwenden Sie den Linux-Befehl cd, um in das entsprechende Verzeichnis zu gelangen. Spätestens nach einem Neustart sollte roscd jedes ROS-Paket kennen, das wir installiert haben, sonst stimmt etwas nicht mit den Umgebungsvariablen, die wir in der .bashrc konfiguriert haben. Dort sollten am Ende der Datei die *source*-Befehle stehen, welche unsere Umgebungsvariablen konfigurieren. Sind wir im Skripte-Ordner angekommen, führen wir ein Python-Programm namens *install.py* aus.

  Das Installationsprogramm habe ich für die Einrichtung der Hardware sowie andere immer wiederkehrende Konfigurationsschritte erstellt. Ein Problem, das dieses Skript unter anderem löst, ist, dass es für die Mikrocontroller und Laserscanner jeweils einen symbolischen Link im Verzeichnis */udev* generiert. In den *launch*-Dateien verwenden wir dann nicht mehr die Gerätenamen, die vom Betriebssystem generiert werden, sondern die symbolischen Namen, die immer auf die aktuell generierten Namen des Betriebssystems verweisen. So kann ein Gerät aus der USB-Buchse herausgezogen und wieder eingesteckt werden, ohne dass wir uns Sorgen machen müssen, dass der Gerätename vom Betriebssystem nun anders lautet, da wir ja mit einem symbolischen Link darauf zugreifen.

```
roscd abot_bringup/scripts
./install.py
```

Das Installationsprogramm benötigt Administratorrechte und wird nach dessen Ausführung ein Kennwort verlangen. Die symbolischen Links werden im Verzeichnis */udev* nur dann angezeigt, wenn Sie die Mikrocontroller oder einen Laserscanner mindestens einmal angeschlossen hatten.

1.2 ROS-Grundlagen

Zuerst prüfen wir die offiziellen Quellen zu ROS, um einen Überblick über das Framework zu gewinnen und um nicht bereits Geschriebenes in diesem Buch zu wiederholen. Empfehlenswert sind also folgende Quellen:

1. ROS-Konzepte
   http://wiki.ros.org/ROS/Concepts
2. ROS-Starthilfe
   http://wiki.ros.org/ROS/StartGuide
3. ROS-Tutorien
   http://wiki.ros.org/ROS/Tutorials
4. ROS-Spickzettel
   https://github.com/ros/cheatsheet/releases/

1.2.1 ROS-Dateisystem

Nachdem die Installation abgeschlossen ist, überprüfen wir die Funktionalität und Integrität unseres ROS-Dateisystems. Der Befehl *roscd* wechselt in das Verzeichnis eines ROS-Pakets und mit *rosls* listen wir den Verzeichnisinhalt eines ROS-Pakets auf.

```
roscd abot_navigation
rosls rospy_tutorial
```

Erscheint keine Fehlermeldung nach Ausführung beider Befehle, dann ist das ROS-Dateisystem korrekt konfiguriert. Insbesondere unsere eigenen Pakete sollten mit *roscd* erreichbar sein.

Sind die eigenen Pakete mit *roscd* nicht erreichbar, kann das mehrere Ursachen haben. ROS-Befehle suchen zuerst nach ROS-Variablen. Für *roscd* oder *rosls* ist die Variable *$CMAKE_PREFIX_PATH* relevant. Auf der Kommandozeile können wir herausfinden, was in *$CMAKE_PREFIX_PATH* enthalten ist.

```
echo $CMAKE_PREFIX_PATH
```

Ausgabe:

```
/home/<benutzername>/catkin_ws/src/opt/ros/kinetic/share
```

Nach einer frischen ROS-Installation steht meist der eigene ROS-Arbeitsbereich am Anfang, sofern einer erstellt wurde. Von einem Doppelpunkt getrennt folgt das Verzeichnis der installierten ROS-Pakete der jeweiligen ROS-Distribution.

Wenn die Ausgabe leer ist, dann wurden die *setup.bash*-Dateien nicht ausgeführt. Mit folgenden Befehlen kann man das nachholen, wobei die Reihenfolge eine Rolle spielt.

```
source /opt/ros/kinetic/setup.bash
source /home/<benutzername>/catkin_ws/devel/setup.bash
```

Normalerweise sollten beide Befehle in unserer *.bashrc* ganz unten aufgeführt sein. Wenn nicht, müssen diese dort hineinkopiert werden, damit jedes Terminal-Fenster diese setup.bash-Dateien ausführt, denn diese Befehle konfigurieren die nötigen Umgebungsvariablen für ROS.

Neben *$CMAKE_PREFIX_PATH* existiert eine gleichbedeutende Variable: *$ROS_PACKAGE_PATH*. Sie ist aus den Zeiten von *rosbuild*, also noch vor ROS Groovy und wird aus Kompatibilitätsgründen weiterhin gepflegt. Beide können in unserer *.bashrc* manuell angepasst werden. Das folgende Beispiel soll die Möglichkeiten erläutern.

```
export CMAKE_PREFIX_PATH=$CMAKE_PREFIX_PATH:/home/username/catkin_ws/src/...
```

Bei selbstkompilierten Paketen oder bei einem vollständig von Quellen gebautem ROS kann es notwendig sein, die *$CMAKE_PREFIX_PATH* bzw. *$ROS_PACKAGE_PATH* manuell anzupassen. Die folgenden Links dienen als Ergänzung zu den hier besprochenen Themen.

- *http://wiki.ros.org/catkin/conceptual_overview*
- *http://wiki.ros.org/ROS/Tutorials/NavigatingTheFilesystem*
- *http://wiki.ros.org/ROS/EnvironmentVariables*

1.2.2 ROS-Paket

Ein einzelnes ROS-Paket stellt die kleinstmögliche Organisationseinheit innerhalb des ROS-Frameworks dar. Ein Paket ist vergleichbar mit Linux-Software-Paketen. In einem Paket können Nodes, Programme, Bibliotheken, Konfigurationsdateien und mehr enthalten sein. Das Ziel ist eine ausreichende und nützliche, nicht aber überbordende Funktionalität, welche unübersichtlich oder schwer zugänglich wird. Wir können ROS-Pakete auch als Software-Module betrachten, da wir mit ROS modulare Software entwickeln. Ein neues Paket erstellen wir mit *catkin_create_pkg* standardmäßig im Ordner *src* unseres ROS-Arbeitsbereichs.

Die folgenden Ordner- und Dateinamen können in einem ROS-Paket vorkommen. Die Tabelle dient auch als Prüfliste bei der Arbeit mit Paketen. Ein häufiger Fehler ist, dass man die *CMakeLists.txt* nicht konfiguriert, während man *Services*, *Messages* etc. in den entsprechenden Ordnern bereits definiert hat. Die farbig gekennzeichnete Datei ist eine Pflichtdatei, die jedes ROS-Paket vorweisen muss, denn ROS-Programme suchen zuerst nach *package.xml*, um Abhängigkeiten aufzulösen oder zur Laufzeit benötigte Programme zu starten.

Ordner-/Dateiname	Beschreibung
CATKIN_IGNORE	Optionale leere Datei. Verhindert, dass dieses Paket von *catkin* kompiliert bzw. verarbeitet wird
CMakeLists.txt	Bauanleitung für *CMake*
package.xml	Software-Abhängigkeiten, Copyright, Autor, Version usw.
config	Ordner für Konfigurationsdateien (*xml*, *yaml*)
include/paket_name	Ordner für C++-Header-Dateien In *CMakeLists.txt* muss die Variable *INCLUDE_DIRS* auf den Speicherort dieser Header-Dateien verweisen

src/paket_name	Ordner für C++-Dateien und Python-Module
	In *CMakeLists.txt* muss für C++-Dateien folgende Definition angepasst werden:
	`add_executable( mein_programm src/paket_name/mein.cpp )`
	Bei Verwendung von *Python*-Modulen muss eine konfigurierte Datei *setup.py* im Paketverzeichnis erstellt werden und folgende Definition in *CMakeLists.txt* existieren:
	`catkin_python_setup()`

nodes	Python-Skripte, die eine Node-Funktionalität implementieren
scripts	Ausführbare Skript-Dateien, insbesondere Python-Skripte Implementiert ein Python-Skript eine Node-Funktionalität, dann kann es in *scripts* oder aber auch im Ordner *nodes* residieren

→

Ordner-/Dateiname	Beschreibung

srv	Service-Definitions-Dateien mit der Endung *.srv*
	Bei Verwendung von *srv*-Dateien müssen die folgenden Makros in *CMakeLists.txt* aktiviert werden:
	`add_service_files(...)`
	`generate_messages()`

msg	Message-Definitions-Dateien mit der Endung *.msg*.
	Bei Verwendung von *msg*-Dateien müssen die folgenden Makros in *CMakeLists.txt* aktiviert werden:
	`add_message_files(...)`
	`generate_messages()`

action	Ordner mit *.action*-Dateien.
	Bei Verwendung von *.action*-Dateien müssen die folgenden Makros in *CMakeLists.txt* aktiviert werden.
	`add_action_files(...)`
	`generate_messages()`

launch	Start-Dateien mit der Endung *.launch*.
urdf	Ordner mit *.urdf-*, *.xacro-* und *.gazebo*-Dateien.
meshes	Ordner mit *.dae-*, *.stl-*, *.jpeg-*, *.tiff*-Dateien.
cad	Ordner mit Konstruktionsdateien.
worlds	Ordner mit *.world*-Dateien wird von Gazebo verwendet.
models	Ordner mit *.dae-* und *.sdf*-Dateien wird von Gazebo verwendet. Der Ordner muss in der Umgebungsvariable `$GAZEBO_MODEL_PATH` enthalten sein.
buildings	Ordner mit *.sdf*-Dateien wird von Gazebo verwendet.

Tab. 1–2 Ordner- und Dateinamen in einem ROS-Paket

Der Befehl *rospack* liefert nützliche Informationen über die auf dem System installierten ROS-Pakete. Um alle installierten ROS-Pakete aufzulisten, verwendet man folgenden Befehl.

```
rospack list
```

Ist der Name des ROS-Pakets bekannt und möchte man wissen, ob das Paket auf dem System installiert ist, dann kann man sich mit dem nächsten Befehl schnell Gewissheit darüber verschaffen.

```
rospack find abot_description
```

Meist hängt ein ROS-Paket von diversen anderen Paketen ab. Die Abhängigkeiten überprüfen wir in folgendem Beispiel für das Programm *RViz*.

```
rospack depends rviz
```

1.2.3 ROS-Meta-Paket

Im Gegensatz zu einem einzelnen ROS-Paket ist ein ROS-Meta-Paket eine Ansammlung mehrerer loser ROS-Pakete in einem großen Gesamtpaket. Angenommen, wir entwickeln einen Roboter, der fahren, sehen und sprechen kann. Wir würden ein Paket für das Fahren, eines für das Sehen und zuletzt ein Paket für das Sprechen erstellen. Nun befinden sich diese Pakete innerhalb unseres *src*-Ordners und sobald weitere Pakete dazukommen, leidet die Übersichtlichkeit. Ein Meta-Paket bedeutet zugleich, dass ROS-Pakete in einem Unterordner von *src* gesammelt werden. Die Struktur unseres Beispielroboters könnte folgendermaßen aussehen, wenn wir es als ROS-Meta-Paket anlegen.

```
/home/<benutzername>/catkin_ws/src/meinbot-kinetic-master
/home/<benutzername>/catkin_ws/src/meinbot-kinetic-master/meinbot
/home/<benutzername>/catkin_ws/src/meinbot-kinetic-master/meinbot_fahren
/home/<benutzername>/catkin_ws/src/meinbot-kinetic-master/meinbot_sehen
/home/<benutzername>/catkin_ws/src/meinbot-kinetic-master/meinbot_sprechen
```

Die Anatomie eines ROS-Pakets kennen wir bereits. Interessant ist hier nur das ROS-Paket *meinbot*. Es vermittelt von seinem Namen her keine Funktion, die wir besprochen haben. Schauen wir also in den Ordner.

```
meinbot
 |__ CMakeLists.txt
 |__ package.xml
```

Das Verzeichnis von *meinbot*, welches ein Meta-Paket realisiert, enthält lediglich die Pflichtdatei *package.xml* und die Bauanleitung *CMakeLists.txt*. Der Inhalt von *CMakeLists.txt* verrät uns mehr über seine Funktion.

```
cmake_minimum_required(VERSION 2.8.3)
project(meinbot)
find_package(catkin REQUIRED)
catkin_metapackage()
```

Das Makro *catkin_metapackage()* weist *CMake* an, das Verzeichnis *meinbot* wie ein ROS-Meta-Paket zu behandeln. Werfen wir zuletzt noch einen Blick in die stark verkürzte Datei *package.xml*.

```
...
<buildtool_depend>catkin</buildtool_depend>
<run_depend>meinbot_fahren</run_depend>
<run_depend>meinbot_sehen</run_depend>
<run_depend>meinbot_sprechen</run_depend>

<export>
<metapackage />
</export>
```

Abgesehen von dem benötigten *<buildtool_depend>*-Element dürfen Meta-Pakete nur *<run_depend>*-Elemente haben. In diesen Elementen werden die losen ROS-Pakete zu einem großen, ganzen Meta-Paket geschnürt. Am Ende steht ein *<export>*-Element, das dieses ROS-Paket als ein ROS-Meta-Paket auszeichnet.

1.2.4 ROS-Master

Im Mittelpunkt steht der Master, welchen wir zuvor schon mal mit *roscore* gestartet hatten. Standardmäßig läuft dieser auf TCP-Port 11311 und wartet auf XMLRPC-Nachrichten von anderen ROS-Knoten, den *Nodes*. Die genaue Adresse der Ressource erfährt man mit:

```
echo $ROS_MASTER_URI
```

ROS-Variablen beginnen mit der Zeichenfolge ROS und können in der .bashrc überschrieben oder gesetzt werden. Ein ROS-Master auf einem entfernten Rechner lässt sich so einfach einrichten wie das Setzen der Variable $ROS_MASTER_URI. In der .bashrc könnte zum Beispiel folgende Export-Variable stehen:

```
export $ROS_MASTER_URI=http://192.168.2.123:11311
```

Startet nun ein Node, wird zuerst der Wert von $ROS_MASTER_URI abgefragt. Dann wird per XML/RPC eine Verbindung mit dem Master aufgebaut, um diesem bekanntzugeben, was man publizieren oder abonnieren möchte – nach dem publish/subscribe-Prinzip. Mit einem *ping* zwischen dem Node und dem Master sollte man vorab sicherstellen, dass es keine Verbindungsprobleme gibt. Wurde zuvor kein ROS-Master mit *roscore* oder *roslaunch* gestartet, bricht der Startprozess mit der Fehlermeldung ab, dass kein ROS-Master gefunden oder gestartet wurde.

Im Grunde ist der Master ein XML/RPC-Namensdienst, der allen *Nodes* die nötigen Informationen liefert, damit diese sich untereinander mit den richtigen *Nodes* über TCP/IP verbinden, um deren Nachrichten zu erhalten. Die Kopplung loser Programme bzw. *Nodes* durch den Master, damit diese Nachrichten untereinander austauschen können, ist ein wesentliches Merkmal von ROS.

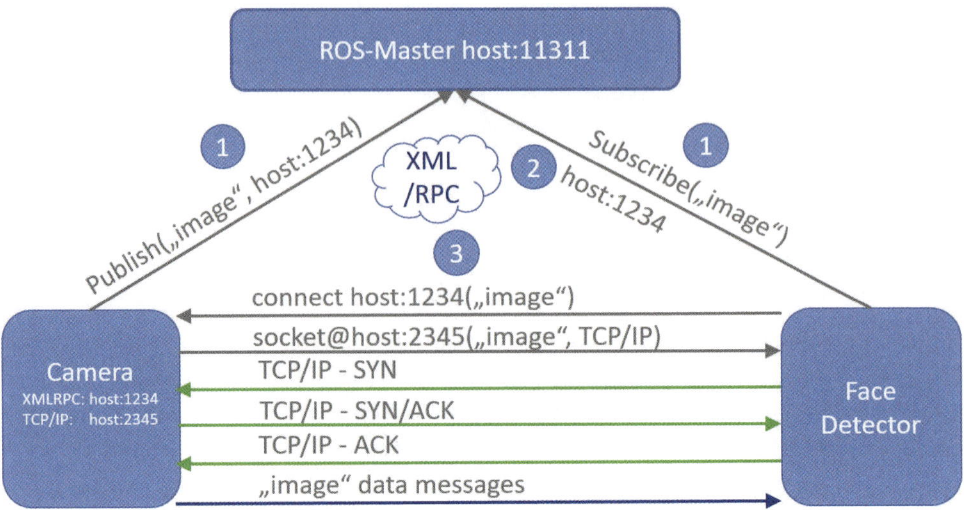

Abb. 1–4 ROS-Kommunikationskonzept (XML/RPC & TCP/IP)

In Abbildung 1–4 sehen wir zwei Nodes und einen Master. Verfolgen wir die Schritte 1 bis 3, wird deutlich, dass der Master stets eine kurzfristige Vermittlerrolle einnimmt. Der Master verkuppelt lediglich zwei Nodes miteinander und lässt diese Daten unter sich austauschen. Die Nodes sind lose verbunden, was so viel bedeutet wie, es kann ein Node jederzeit beendet werden und ein neuer Node kann jederzeit Nachrichten von anderen publizierenden Nodes abonnieren, ohne dass das Gesamtsystem beeinträchtigt wird.

Wird der Node *FaceDetector* beendet oder stürzt dieser ab, hat das keine Auswirkungen auf den Master und auch keine auf den *Camera-Node*. Startet der FaceDetector nach einer Weile wieder, wird die Verbindung wiederhergestellt und Daten werden übertragen, als wäre nichts gewesen.

Fällt der Node *Camera* aus oder wird dieser beendet, gibt es lediglich eine Warnung, aber keine Fehlermeldung und der *FaceDetector-Node* bricht deshalb auch nicht zusammen oder wird beendet, stattdessen wird gewartet, bis der Camera-Node wiederbelebt wird und Daten an das »image«-Topic ausgibt.

Dieses Merkmal macht ROS so beliebt. Es kann immer mal etwas ausfallen und trotzdem bleibt das Gesamtsystem stabil. Dezentrale Software-Module erleichtern darüber hinaus die Arbeit im Team. Jeder konzentriert sich auf seinen Teilbereich – ein Programm-Modul im Gesamtsystem.

- Mit roscore startet ein ROS-Master.
- Ein weiterer Aufruf von *roscore* führt zu einem Fehler, da es unter der verwendeten IP-Adresse nur einen Master geben kann.
- Andere ROS-Computer können sich einem ROS-Master anschließen, indem Sie die *ROS_MASTER_URI* und *ROS_MASTER_IP* setzen.

1.2.5 ROS-Nodes

Ein Node ist eine Instanz eines ausführbaren Programms. Das bedeutet, dass man ein und dasselbe Programm mehrmals gleichzeitig starten kann, indem man unterschiedliche Namen beim Aufruf verwendet.

Programme innerhalb des ROS-Systems werden nicht wie gewöhnliche Systemprogramme oder Anwendungen aufgerufen. Stattdessen wird ein Startprogramm namens rosrun verwendet, um das Programm zu einem vollwertigen Node zu machen. Wir haben zuvor gelernt, dass der ROS-Master sämtliche Ports öffnet und Sockets bereitstellt, damit ein Node erreichbar ist und mit anderen Nodes kommunizieren kann. Wir werden also nie Sockets programmieren oder Ports öffnen müssen, denn das übernimmt ROS für uns.

Im folgenden Befehl wird mit *rosrun* aus dem Paket rqt_image_view das gleichnamige Programm rqt_image_view gestartet. Im darauffolgenden Befehl ist ein Beispiel mit dem Parameter __name. Der letzte Befehl zeigt die nötigen Informationen eines Node an. Wenn man Nachrichten von einem Node erhalten oder umgekehrt Nachrichten an ein Node senden möchte, dann stehen in den Informationen die Nachrichtendefinitionen, die von den jeweiligen Themen (topics) verwendet werden.

```
rosrun rqt_image_view rqt_image_view
rosrun rviz rviz __name:=mein_test_name
rosnode info mein_test_name
```

Tabulator-Taste verwenden!

In Linux kann man die Konsole dazu bewegen, nach einer Tastatur-Eingabe alles auszugeben, was im Kontext möglich ist. Wenn man »*rosrun rqt_*« eingibt, aber nicht weiß, wie es weiter geht, einfach zweimal hintereinander die Tabulator-Taste drücken und schon kommen mögliche Eingabe-Vorschläge von der Konsole.

Sobald der mit *rosrun* gestartete *Node* läuft, kann man mit dem Befehl *rosnode list* prüfen, welchen *Node*-Namen die Programm-Instanz erhalten hat. Weitere Möglichkeiten gibt die Konsole mit *rosnode* und zwei aufeinanderfolgenden Tabulator-Eingaben aus.

Der Befehl *rosrun* sucht in allen Verzeichnissen, die in der Variable *$CMAKE_PREFIX_PATH* enthalten sind, nach ausführbaren Programmen.

Unsere Programme werden wir jedoch nicht einzeln per *rosrun* starten, sondern später mit *roslaunch* in einer Starter-Datei bündeln. Schließlich werden wir viele kleine Programme, die wir nun als *Nodes* bezeichnen, zu einem großen Cortex verknüpfen.

Sobald wir beginnen, eigene *Nodes* zu programmieren, werden diese hauptsächlich *Topics*, *Services*, *Service-Clients*, *Action-Clients*, *Action-Services* implementieren. Somit generieren wir Schnittstellen für andere *Nodes*. Dabei beschränkt die Wahl einer der soeben genannten Funktionen nicht die anderen. Wir können also *Topics*, *Services* und *Actions* gleichzeitig und mehrfach vorkommend in einem *Node* implementieren.

1.2.6 ROS-Topics

Damit ein *Node* mit anderen *Nodes* kommunizieren kann, publiziert oder abonniert dieser ein oder mehrere *Topics*. *Topics* sind Themen-Bezeichnungen, unter denen es fortwährend Nachrichten (engl. *Messages*) zu senden oder empfangen gibt. Will ein *Node* zur Gesichtserkennung Nachrichten von einer Kamera erhalten, so abonniert dieser *Node* für die Gesichtserkennung ein entsprechendes *Topic* – zum Beispiel »/camera/image_raw«. Nachdem ein *Topic* abonniert wurde, fließen Nachrichten vom publizierenden zum abonnierenden *Node*, also in nur eine Richtung.

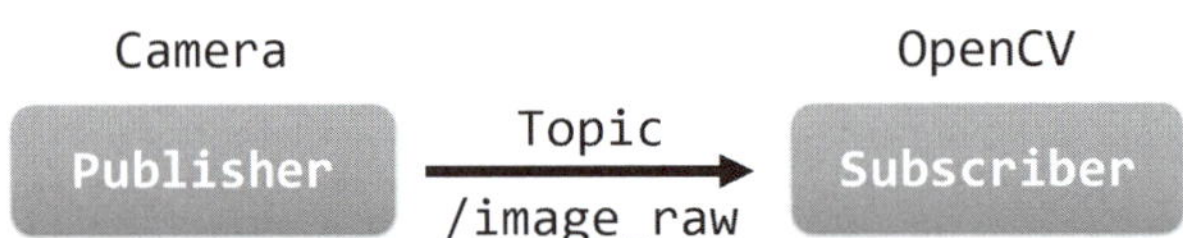

Abb. 1–5 Ein Publisher, ein Topic und ein Subscriber

Die in der obigen Abbildung dargestellte 1:1-Kommunikationsform kann auch in Form einer 1:n- oder n:n-Kommunikation vorkommen. Wenn ein *Topic* für mehr als nur einen Abonnenten interessant ist, lesen mehrere *Subscriber* denselben Nachrichtenkanal. Darüber hinaus kann ein *Subscriber* beliebig viele *Topics* abonnieren, auch wenn diese von unterschiedlichen *Publishern* stammen.

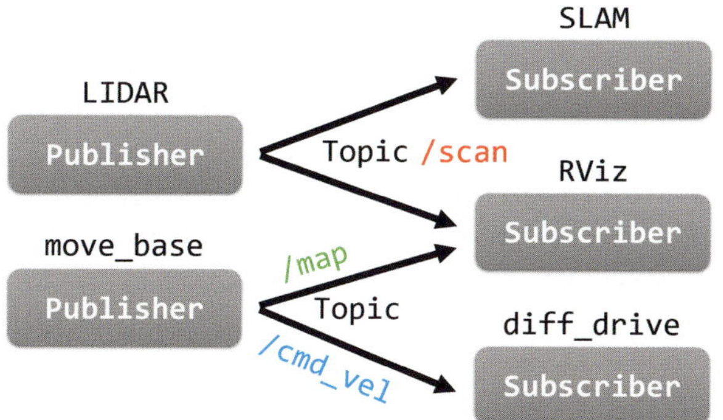

Abb. 1–6 Viele Publisher, viele Topics und viele Subscriber

Der Befehl, der in ROS wohl am häufigsten benutzt wird, ist der zum Anzeigen der *Topics*.

```
rostopic list
```

Zum Abonnieren bzw. Ausgeben der Nachrichten in der Konsole verwenden wir *echo*.

```
rostopic echo /camera/image_raw
```

Für das Publizieren muss nicht gleich ein Node programmiert werden, denn der pub-Befehl erfüllt diese Funktion bereits in der Konsole. In nachfolgendem Befehl geht es um Nachrichten, die mit einer Rate *-r* in Hertz, also zehnmal in der Sekunde an das *Topic* mit der Bezeichnung */cmd_vel* gesendet werden. Die publizierten Nachrichten enthalten dann Daten im Format geometry_msgs/Twist. Mehr Information darüber erfährt man mit rosmsg show geometry_msgs/Twist. Die beiden aufeinanderfolgenden Minussymbole ermöglichen negative Werteangaben. Ein Tupel beginnt immer mit einem einfachen hochgestellten Komma und muss damit auch beendet werden. Die Einheit für Fortbewegungen in einem Drei-Achsen-System wird von ROS in Meter pro Sekunde vorgegeben. Also bewirkt der folgende Befehl, dass sich das Fahrzeug mit 0,2 Meter/Sekunde auf der x-Achse rückwärts bewegt und mit 1,57 Radiant/Sekunde gegen den Uhrzeigersinn dreht.

```
rostopic pub -r 10 /cmd_vel geometry_msgs/Twist -- '{linear: {x: -0.2, y:
0.0, z: 0.0}, angular: {x: 0.0, y: 0.0, z: 1.57}}'
```

Nachrichten in der Konsole publizieren

Oft ist es nicht trivial, die grammatikalisch korrekte Schreibweise zum Publizieren von Nachrichten in der Konsole zu erahnen. Da wir bereits zuvor schon von der `Tabulator`-Taste Hilfe erhalten haben, wird diese uns einmal mehr behilflich sein. Man gebe den Befehl bis zur Bezeichnung des Topics ein (rostopic pub /cmd_vel) und verwende dann die `Tabulator`-Taste und schon wird der gesamte Befehl samt Vorgaben ausgedruckt. Nur noch die Werte einsetzen und fertig.

1.2.7 ROS-Messages

Zuvor haben wir von Nachrichten (engl. *Messages*) im Zusammenhang mit *Nodes* gesprochen. Sie sind die Datenströme, die zwischen zwei oder mehr *Nodes* transportiert werden. *Messages* werden in *.msg*-Dateien definiert. Dort steht der Datentyp mit Bezeichner. ROS unterstützt einfache Datentypen und mehrdimensionale Arrays, aus denen man komplexe Datenstrukturen konstruieren kann. Der Ordnername für Messagedateien lautet *msg*.

Messages fließen immer nur in eine Richtung. Um eine bidirektionale Kommunikation zwischen zwei *Nodes* zu etablieren, benötigt man ein *Service* oder eine *Action*.

Die Kompatibilität der ausgetauschten Nachrichten gewährleisten *Subscriber* durch Überprüfen der MD5-Quersumme, die aus der Nachrichtendefinition berechnet wird. Jeder *Subscriber* prüft also zuerst, ob die MD5-Quersumme korrekt ist, um dann die empfangenen Nachrichten zu verarbeiten.

Fehlerhafte Nachrichtenübertragung

Eine Fehlermeldung in der MD5-Quersumme kann auf eine inkompatible Nachrichtendefinition aus einer älteren ROS-Version hindeuten.

Detaillierte Auskunft über Nachrichtendefinitionen erhalten wir mit rosmsg. Schauen wir uns die weiter oben verwendete Nachrichtendefinition geometry_msgs/Twist etwas genauer an. Der Name ist aufgeteilt in Paket (geometry_msgs) und Format (Twist).

Die Einteilung in Namensräume dient hauptsächlich der Kollisionsvermeidung mit anderen identischen Formatnamen. Es kann also geometry_msgs/Twist und turtlebot/Twist geben, die eine vermeintlich ähnliche Datenstruktur verkörpern.

Der folgende Befehl gibt eine solche Datenstruktur auf der Konsole aus. Wenn man nicht weiß, wie die Datentypbezeichnung lautet, kann man eine Linux-Pipe (das senkrechte |-Symbol wird mit `Alt Gr` + `<` eingegeben) wie im zweiten Befehl für die nötige Information bemühen.

```
rosmsg show geometry_msgs/Twist
rostopic type /cmd_vel | rosmsg show
```

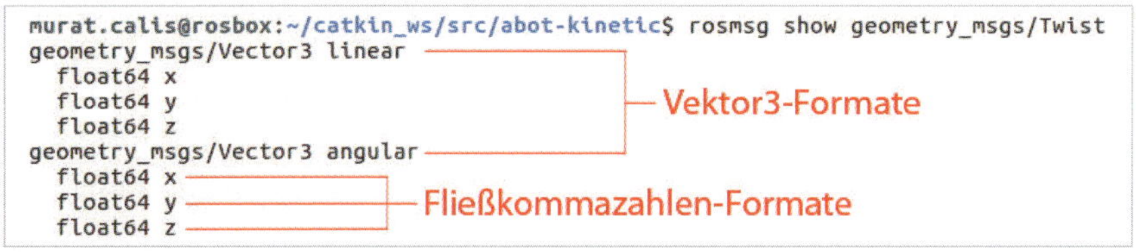

```
murat.calis@rosbox:~/catkin_ws/src/abot-kinetic$ rosmsg show geometry_msgs/Twist
geometry_msgs/Vector3 linear
  float64 x
  float64 y
  float64 z
geometry_msgs/Vector3 angular
  float64 x
  float64 y
  float64 z
```

Vektor3-Formate

Fließkommazahlen-Formate

Abb. 1–7 Datenformate ausgeben mit rosmsg show.

Nachrichten, die an *cmd_vel* gesendet werden, enthalten eine Zusammensetzung aus zwei Vektoren. Im ersten Vektor, bestehend aus drei Fließkommazahlen, definiert man die lineare Geradeaus-Richtung. Der zweite Vektor, ebenfalls zusammengesetzt aus drei Fließkommazahlen, definiert die angulare Drehrichtung.

Die Vector3-Definition repräsentiert eine Richtung im freien Raum. Mit ihr kann man eine Beschleunigungsangabe in x-, y- und z-Richtung machen. Eine Drehbeschleunigung in die gewünschte Richtung wird anhand der Achsendrehung um x, y oder z angegeben.

ROS-Koordinatensystem

Es gilt die **Rechte-Hand-Regel**, wobei Folgendes zu beachten ist. Der Zeigefinger zeigt in x-, der Mittelfinger in y- und der Daumen in z-Richtung. Der Drehsinn läuft gegen den Uhrzeiger. Die Maßeinheit für Geschwindigkeit in x-, y- oder z-Richtung ist **Meter/Sekunde** und bei der Drehung ist es **Radiant/Sekunde**.

Solange es geht, verwenden wir in ROS vorhandene Nachrichtendefinitionen, um unnötige Arbeit und Redundanz zu vermeiden.

Um in Ubuntu herauszufinden, welche Nachrichtendefinitionen von welchen Paketen zur Verfügung gestellt werden, sucht man mittels »*dpkg -l |grep* msgs« alle Kandidaten ab. Die Trefferliste liefert meist eine Beschreibung der Nachrichtendefinitionen und deren Verwendung mit.

Wer eigene Nachrichtendefinitionen erstellen möchte, dem empfehle ich, zunächst das ROS-Tutorial zu besuchen, um eine Anleitung parat zu haben (*http://wiki.ros.org/ROS/Tutorials/CreatingMsgAndSrv*).

1.2.8 ROS-Services

Ein erweitertes Kommunikationskonzept in ROS sind *Services*. Vergleichbar mit Diensten arbeiten sie im Gegensatz zu *Messages* bidirektional. Man hat es also nicht mit einem Datenstrom zu tun, der in nur eine Richtung fließt, vielmehr ist es ein Frage-Antwort-Mechanismus (engl. *Request-Response*). Ein *Node* übernimmt die *Server*-Funktion, also *Service*, und am anderen Ende nutzt ein *Client* verfügbare *Service*-Leistungen.

Services werden in *.srv*-Dateien definiert, ähnlich wie *Messages*, nur dass zusätzlich ein Bereich für die Antwort vom *Service* definiert werden muss. Der Antwortbereich ist durch drei Bindestriche vom Anfragebereich abgetrennt. Der Ordnername für Servicedateien lautet *srv*. Die verwendbaren Datentypen sind dieselben, die in *Messages* verwendet werden können. Im Internet finden wir diese Datentypen in einer tabellarischen Übersicht unter *http://wiki.ros.org/msg*.

Wer eigene *.srv*-Dateien verwenden möchte, muss diese zunächst mit *catkin_make* in Klassendateien umwandeln lassen. Erst dann können die Servicedefinitionen in eigene Programme als *Header* bzw. Bibliotheken eingebunden und verwendet werden. Insgesamt berührt man die Dateien *CMakeLists.txt*, *package.xml* und die *.srv*-Datei, bevor man eine eigene Servicedefinition überhaupt verwenden kann. Ein ROS-Tutorial beschreibt die benötigten Schritte auf folgender Website: *http://wiki.ros.org/ROS/Tutorials/CreatingMsgAndSrv*.

Services arbeiten blockierend, was so viel bedeutet wie, der Vorgang von Anfrage bis Antwort lässt keine parallelen Prozesse in dem aufrufenden Programm zu. Nehmen wir an, wir möchten zwei Arme gleichzeitig bewegen, dann würden wir eine Anfrage an den *Service* des einen Arms und eine weitere Anfrage in der nächsten Zeile unseres *Nodes* an den *Service* des anderen Arms senden. Der *Node*, aus dem wir beide *Services* aufrufen, wird allerdings zunächst die im *Node* erste Anfrage abarbeiten und erst wenn eine Antwort zurückgekommen oder der Vorgang abgeschlossen ist, wird der nächste Arm aufgerufen.

Service blockiert

Wenn man auf der *Client*-Seite ein *Service* anruft, um Berechnungen durchführen zu lassen, dann geht es auf der *Client*-Seite erst dann wieder weiter im Programm, wenn die Antwort zurückgekommen ist. *Services* arbeiten synchron, **nicht asynchron**. Deshalb sollten *Services* nur für kurzfristige Berechnungen oder Befehle verwendet werden. Für asynchrone Verarbeitung und langwierige Prozesse mit verzögerten Antwortzeiten kommen **Actions** ins Spiel – dazu später mehr.

Informationen über ein *Service* erhält man mit dem Befehl *rosservice*. Genauso wie bei *rostopic* ist es mit *rosservice* möglich, alle aktuell gestarteten *Services* mit dem Befehl *list* auszugeben.

```
rosservice list
```

Die Ausgabe von *rosservice info* liefert Adresse, URI, den Datentyp und Argumente:

```
rosservice info /move_base/clear_costmaps
Node: /move_base
URI: rosrpc://rosbox:34273
Type: std_srvs/Empty
Args:
```

Nachrichtentyp für einen Service ausgeben:

```
rosservice type /move_base/clear_costmaps
```

Die Ausgabe eines Serviceformats liefert Anfrage- und Antwortbereich:

```
rossrv show std_srvs/SetBool
bool data
---
bool success
string message
```

Mit rosservice haben wir Informationen über ein oder mehrere *Service*-Nodes erhalten. Jedoch verwenden wir den Befehl rossrv, um das Format einer *Service*-Definition auszugeben. Der Befehl rossrv ist vergleichbar mit rosmsg, den wir in Abschnitt 1.2.7 verwendet haben. Verwenden Sie doch mal rossrv list, um zu sehen, welche Serviceformate auf Ihrem Computer installiert sind.

Wenn wir als Nächstes einen *Service* im Terminal aufrufen möchten, verwenden wir den Befehl *call*. Somit können wir ohne jegliche Programmierarbeit die Funktionalität und die Auswirkung eines *Service* testen. Mit dem folgenden Befehl rufen wir den *Node move_base* an und senden eine Nachricht im Format *std_srvs/Empty* an den *Service clear_costmaps*. Auch hier gilt: Wenn wir nicht wissen, wie man *std_srvs/Empty* ausschreibt, zwingen wir die Konsole mit doppelten Tabulatortasteneingaben zur Autovervollständigung unserer Eingabe.

```
rosservice call /move_base/clear_costmaps "{}"
```

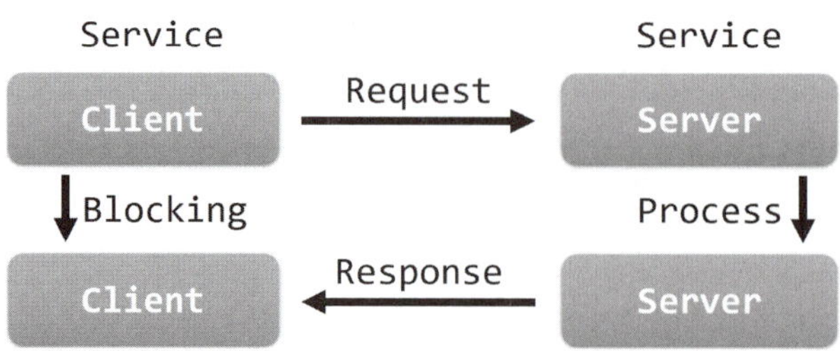

Abb. 1–8 Service-Client und Service-Server

1.2.9 ROS-Actions

Mit *Services* haben wir gelernt, kurzfristige Frage-Antwort-Techniken zu verwenden. Was aber, wenn wir langfristige Aufgaben zu bewältigen haben? »Gehe in die Küche, mache das Licht aus und komme wieder zurück«, ist eine typische Aufgabenstellung in der Robotik. Solche zeitintensiven Aufgaben lösen wir mit *Actions*. Dazu gibt es in ROS das *actionlib*-Paket. Die *actionlib* bietet eine standardisierte Schnittstelle, um mit präemptiven Aufgaben zu arbeiten.

Ähnlich wie *Services* gibt es bei der Verwendung von *Actions* einen *ActionServer* und einen *ActionClient*. Eine *Action*-Definition wird in eine Datei mit der Endung *.action* geschrieben. Der Ordnername für *Actions* lautet *action* innerhalb eines ROS-Pakets. *Action*-Dateien sind in drei Bereiche gegliedert, die jeweils mit drei Bindestrichen voneinander abgetrennt werden. Die Reihenfolge innerhalb einer *Action*-Datei ist *Goal*, *Result* und zuletzt *Feedback*. Wer eigene *.action*-Dateien verwenden möchte, muss diese wie bei *Services* besprochen zunächst mit *catkin_make* in Klassendateien umwandeln lassen.

Ein wichtiges Merkmal von *Actions* ist, dass sie weder den *ActionClient-Node* noch den *ActionServer-Node* blockieren, Stichwort *»asynchron«*! Man kann eine *Action* jederzeit stoppen, pausieren, neue Ziele eingeben und parallel andere Aufgaben erledigen.

- **Goal**
  Ein *ActionClient* sendet ein *Goal* (deutsch *Ziel*) an einen *ActionServer*. Wenn wir mit *Services* vergleichen, wäre dieser Teil ein *Request*. Ein *Goal* könnte am Beispiel einer mobilen Basis eine Koordinate sein, die es zu erreichen gilt.

- **Result**
  Das Ergebnis wird nach Beendigung der *Action* auf dem *ActionServer* nur einmal an den *ActionClient* zurückgegeben.

- **Feedback**
  Unter *Feedback* kann man sich den Fortschritt der aktuellen *Action* vorstellen. Die Richtung ist von *ActionServer* zu *ActionClient*. Es obliegt der *ActionServer*-

Programmiererin, eine geeignete Fortschrittsprozedur zu implementieren. Dies könnte zum Beispiel die aktuelle Koordinate des Roboters sein oder in Prozent ausgedrückt, der Anteil am zurückgelegten Weg. Der Fortschritt wird fortlaufend in der Frequenz des *ActionServers* zurückgegeben.

Da die Zusammenhänge und die darunterliegende Technik sehr umfangreich sind, möchte ich an dieser Stelle auf die Wiki-Seiten von ROS verweisen, die eine exzellente Beschreibung der Technik und Vorgänge in *Actions* bieten. Die Startseite für *actionlib* finden wir unter *http://wiki.ros.org/actionlib*, eine detaillierte Beschreibung steht unter *http://wiki.ros.org/actionlib/DetailedDescription*.

Schauen wir uns eine *Action*-Datei mit dem Befehl *rosed* etwas genauer an. Mit *rosed* können Dateien, die über die Pfadvariable *$CMAKE_PREFIX_PATH* erreichbar sind, editiert werden.

```
rosed move_base_msgs MoveBase.action
geometry_msgs/PoseStamped target_pose
---
---
geometry_msgs/PoseStamped base_position
```

Die Datei *MoveBase.action* enthält drei Bereiche, die durch jeweils drei Bindestriche getrennt sind. Der Bereich für *Result* wurde ausgelassen. Die hierbei verwendeten *Messages*, *geometry_msgs/PoseStamped* sehen wir detailliert mit dem Befehl *rosmsg show geometry_msgs/PoseStamped*.

1.2.10 ROS-Parameter

Nehmen wir an, eine LED ist auf einem Mikrocontroller an Pin 13 befestigt. Die Konfiguration dazu schreibt man für gewöhnlich in den Programmcode noch vor dem Hauptprogramm. In ROS können wir diese Konfiguration auslagern, indem wir den *Parameter-Server* verwenden.

Parameter-Server

Ein *Parameter-Server* ist vergleichbar mit einem Verzeichnisdienst. Er ist über das Netzwerk erreichbar und kann Parameter speichern und Parameterwerte zurückgeben. Er eignet sich am besten für statische Parameter, die sich nie oder nur selten ändern. Andauernde Abfragen würden wegen dem Verbindungsaufbau mit dem Parameter-Server zu viel Zeit verbrauchen, um performant genug zu sein.

Sollte sich nun in Zukunft der Pin ändern, an dem die LED befestigt ist, müssen wir den Programmcode des Nodes weder anfassen noch kompilieren, da die nötigen Parameter extern gesetzt werden. Ein Node kann Parameter lesen, schreiben und löschen. Parameter können in *YAML*-Dateien ausgelagert werden. *YAML* steht für »YAML Ain't Markup Language« und gehört in die Familie der Beschreibungssprachen. Im Gegensatz zu *HTML* und *XML* ist das *YAML*-Format für Menschen deutlich besser zu lesen, während *HTML* und *XML* von Computerprogrammen, genauer gesagt von *Parsern*, leichter verarbeitet werden. Der Speicherort ist ein Ordner namens *config* innerhalb eines ROS-Pakets. Der Dateiname hat die Endung *.yaml*.

> *Nodes können vor, während des Starts und im laufenden Zustand konfiguriert werden.*

Der Parameter-Server läuft innerhalb des ROS-Masters und kann somit per *XMLRPC* abgefragt werden. Da das Abfragen der Parameterwerte die *Nodes* Zeit kostet, sind Parameter für nicht verändernde Konfigurationseinstellungen besser geeignet als sich ständig verändernde Parameterwerte. Erst wenn man den ROS-Master beendet, wird der Parameter-Server beendet und alle Parameter werden gelöscht. Ein *Node*, der private Parameter für sich oder globale Parameter für alle *Nodes* gesetzt hat, wird nicht automatisch die gesetzten Parameter löschen, sobald er beendet wird. Alle Parameter unterliegen der Obhut des Parameter-Servers und somit des ROS-Masters. Erst wenn man den ROS-Master beendet, werden alle Parameter gelöscht.

Einen Auszug der Parameter erhalten wir mit dem Befehl *rosparam list*. Anhand der Ausgabe erkennen wir eine gewisse Nomenklatur, die sich an die Namenskonvention von ROS hält. Unter dem Link *http://wiki.ros.org/Names* finden wir eine ausführliche Beschreibung dazu.

```
...
/move_base/base_global_planner
/move_base/base_local_planner
/move_base/global_costmap/footprint
/move_base/global_costmap/inflation_layer/enabled
/move_base/global_costmap/obstacle_layer/enabled
/joint_state_controller/publish_rate
/joint_state_controller/type
```

In der Beispielausgabe stehen die Namen der *Nodes* am Anfang, gefolgt von den Parametern. Angenommen, wir wollen die Parameter von *move_base* verifizieren, ob diese auch korrekt gesetzt wurden. Einen Parameterwert können wir mit dem Befehl *rosparam get* ausgeben. In der Beispielausgabe ist nur ein Bruchteil der Parameter von move_base aufgeführt. In Wirklichkeit sind es nach Ausführen des Befehls *rosparam list* | *grep* move_base | *wc* -l insgesamt 121. Anstatt alle Parameter einzeln mit *rosparam get* abzuarbeiten, ist es möglich, anhand des *Node*-Namen eine geordnete Liste der 121 Parameter und Parameterwerte auf der Konsole auszugeben.

```
rosparam get /move_base
```

Ist nur ein Teilbereich von */move_base* für uns interessant, so geben wir den Namen nach einem Schrägstrich ein.

```
rosparam get /move_base/global_costmap
```

Parameterwerte werden mit dem Befehl *rosparam set* auf dem Parameter-Server gespeichert. Da diese Speicherung flüchtig ist und den nächsten Neustart des ROS-Masters nicht übersteht, empfiehlt es sich, eine eigene Parameter-Datei anzulegen, um diese beim Start mit *rosparam load* oder in einer *launch*-Datei zu laden. In ROS kommt zu diesem Zweck das *YAML*-Format zum Einsatz.

Nachfolgend sehen Sie einen Auszug aus einer Konfigurationsdatei im *YAML*-Format; das Raute-Symbol (#) leitet einen Kommentar ein und wird nicht als Konfiguration verarbeitet.

```
#abot:
  # Publish all joint states
  joint_state_controller:
    type: joint_state_controller/JointStateController
    publish_rate: 50
  # Effort Controllers
  leftWheel_effort_controller:
    type: effort_controllers/JointEffortController
    joint: left_wheel_motor
    pid: {p: 100.0, i: 0.1, d: 10.0}
  rightWheel_effort_controller:
    type: effort_controllers/JointEffortController
    joint: right_wheel_motor
    pid: {p: 100.0, i: 0.1, d: 10.0}
```

Die Zeileneinrückung und Doppelpunkte in einer *YAML*-Datei bestimmen den hierarchischen Aufbau der Parameter, sobald diese auf dem Parameter-Server geladen werden. Im obigen Beispiel wird aus *leftWheel_effort_controller*: *type*: */leftWheel_effort_controller/type*. Ein weiterer Speicherort für Parameter sind *Launch*-Dateien.

1.2.11 ROS-Launch

Je mehr *Nodes* wir entwickeln, die miteinander kommunizieren, desto mehr *Nodes* werden gestartet. Mit dem Befehl *roscore* würde man zunächst den ROS-Master starten und anschließend mit dem Befehl *rosrun*, welcher nur einen einzelnen *Node* starten kann, ein *Node* nach dem anderen in jeweils einem eigenen Terminal-Fenster. Schließlich hat man eine Menge offener Terminal-Fenster, was die Suche nach bestimmten *Nodes* erschwert, deren Ausgaben man gezielt beobachten möchte.

Der Befehl *roslaunch* erleichtert die Arbeit mit mehreren *Nodes* und verschafft uns einen Überblick, indem wir alle *Nodes*, die wir starten wollen, in einer *launch*-Datei zusammenfassen und zum Ausführen lediglich ein Terminal-Fenster öffnen, denn *roslaunch* startet auch den ROS-Master, wenn dieser noch nicht gestartet wurde. In einer *launch*-Datei können zudem auch andere entfernte *launch*-Dateien eingebunden werden. Alle Optionen und Tools rund um *roslaunch* werden auf den Wiki-Seiten unter *http://wiki.ros.org/roslaunch* und *http://wiki.ros.org/roslaunch/Commandline%20 Tools* gezeigt.

Der gleichnamige Ordner für *launch*-Dateien befindet sich in einem ROS-Paket. Der Inhalt einer *launch*-Datei wird im XML-Format verfasst. In einer Datei können *Nodes*, *Parameter* und weitere *launch*-Dateien definiert werden. Mit Funktionen können Berechnungen und Namensauflösungen in einer *launch*-Datei verwendet werden. Ein ausführliches Beispiel und Möglichkeiten für eine *launch*-Datei finden wir unter folgendem Link *http://wiki.ros.org/roslaunch/XML*.

Der Befehl *roslaunch* startet wie bereits erwähnt gegebenenfalls einen ROS-Master und führt alle in einer *launch*-Datei aufgeführten Definitionen *gleichzeitig* aus. Es wird also nicht der Reihe nach abgearbeitet und genau dieses Verhalten sollte bei der Programmierung von *Nodes* beachtet werden, denn wenn ein *Node* auf einen Wert oder einen *Service* eines anderen *Nodes* zugreift, obwohl dieser noch nicht einmal gestartet ist, entstehen Fehlermeldungen der Kategorie *fatal*.

Als Beispiel soll hier die *launch*-Datei *abot_description.launch* aus dem gleichnamigen Paket *abot_description* erörtert werden.

```
  <?xml version="1.0" encoding="utf-8" ?>
❶ <launch>
❷   <arg
      name="urdf_file"
      default="$(find xacro)/xacro --inorder
            '$(find abot_description)/urdf/abot.xacro'" />

❸   <param name="robot_description" command="$(arg urdf_file)" />

❹   <node
      name="robot_state_publisher"
      pkg="robot_state_publisher"
      type="robot_state_publisher"
      output="screen"
      respawn="false">
❺   <param name="publish_frequency" type="double" value="100.0" />
    </node>

❻   <node
      name="joint_state_publisher"
      pkg="joint_state_publisher"
      type="joint_state_publisher">
      <param name="use_gui" value="false" />
    </node>

❼   <node
      name="rviz"
      pkg="rviz"
      type="rviz"
      args="-d $(find abot_description)/config/abot_urdf.rviz"
      output="screen">
    </node>
  </launch>
```

Der XML-Prolog, inklusive Versionsangabe und *UTF8*-Kodierung, ist ein Hinweis für Anzeige- und Bearbeitungsprogramme, dass es sich um ein XML-Dokument handelt, damit diese es entsprechend formatiert auf dem Bildschirm ausgeben können. Weitere Details dieser *launch*-Datei finden wir in der folgenden Liste.

❶ Der Wurzelknoten darf nur einmal vorkommen, er hat die Bezeichnung *<launch>* und muss am Ende auch mit *</launch>* geschlossen werden.

❷ Ein Argument-Element *<arg>* mit dem Namen *urdf_file* kann entweder an *roslaunch* auf der Kommandozeile angefügt werden oder es wird der Befehl des *default*-Attributs übernommen, welcher erst in der nächsten Zeile im *<param>*-Element mit dem Attribut *command* aufgelöst und dann ausgeführt wird. Weitere Beispiele für die Verwendung von Argumenten gibt es unter *http://wiki.ros.org/roslaunch/XML/arg*.

❸ Das *<param>*-Element ist eine weitere Möglichkeit, Parameter auf dem Parameter-Server zu setzen. Wird ein *<param>*-Element innerhalb eines *<node>*-Elements verschachtelt, dann handelt es sich um *private*[4] Parameter, die dem *Node*-Namen untergeordnet werden, sobald sie auf dem Parameter-Server erscheinen. Ist ein *<param>*-Element keinem anderen Element untergeordnet, so handelt es sich um einen globalen Parameter. Die Attribute *type* und *value* hängen zusammen, wobei *type* den Datentyp bestimmt und *value* den Wert. Das Attribut *type* ist optional und wenn es nicht vorhanden ist, versucht *roslaunch* eigenständig, den Datentyp von *value* zu bestimmen. Weitere Informationen finden Sie unter *http://wiki.ros.org/roslaunch/XML/param*.

❹ Am häufigsten arbeiten wir mit *<node>*-Elementen in einer launch-Datei. Die wichtigsten Attribute eines *<node>*-Elements lauten *name*, *pkg* und *type*. Ersteres ist ein frei wählbarer Namensraum, der mit dem Befehl *rosnode list* sichtbar wird. Als Nächstes wird im *pkg*-Attribut der ROS-Paketname genannt, wo *roslaunch* nach *Nodes* oder Programmen suchen soll. Letzteres ist der Programmname bzw. *Node*-Name innerhalb des mit dem *pkg*-Attribut definierten ROS-Pakets. Für ein besseres Verständnis stellen wir uns die Syntax von *rosrun* folgendermaßen vor: *rosrun pkg type _name:=name*. Verwendet man bei einem zweiten *<node>*-Element mit denselben *pkg*- und *type*-Angaben eine andere Bezeichnung im Attribut *name*, dann startet derselbe *Node* zweimal, nur mit unterschiedlichen Namen eben, zum Beispiel *left_arm* und *right_arm*. Ein *Node* kann also mehrmals gestartet werden, wenn man unterschiedliche Bezeichnungen im *name*-Attribut verwendet.

Die output="screen"-Angabe leitet sämtliche Protokollausgaben, die standardmäßig in einer *log*-Datei landen, zusätzlich auf den Bildschirm um. Das Attribut *respawn* startet diesen *Node* automatisch wieder, sobald er beendet wurde, wenn der Wert von *respawn true* ist. Seit ROS *Indigo* kann eine Startverzögerung mit *respawn_delay* eingebaut werden. Wenn ein *Node* sehr wichtig für den Ablauf ist, aber ab und zu mal abstürzt, weil Treiber nicht korrekt funktionieren, kann dies eine Notlösung sein, um den *Node* am Leben zu halten.

Eine ähnliche Funktion wie *respawn*, aber radikaler, hat das *required*-Attribut. Im Gegensatz zum Neustart beendet es alle aktiven *Nodes* und somit das gesamte

4. *Privat* bezieht sich in diesem Zusammenhang auf den Namensraum. Verwendet man den Befehl *rosparam list*, dann werden die Namensräume aller Parameter angezeigt. Der Befehl zeigt auch den Aufbau privater sowie globaler Parameter.

ROS-Programm. Beendet man einen mit dem *required*-Attribut versehenen *Node*, dann werden alle anderen *Nodes* inklusive ROS beendet.

Alle Attribute, Elemente und Beispiele befinden sich unter dem Link *http://wiki.ros.org/roslaunch/XML/node*.

❺ Ein untergeordnetes <param>-Element wird automatisch zu einem privaten Parameter des übergeordneten Elements. Auf dem Parameter-Server ergibt sich hieraus folgende Schreibweise */robot_state_publisher/publish_frequency*.

❻ Aus dem Paket *joint_state_publisher* wird das Programm *joint_state_publisher* mit der Bezeichnung *joint_state_publisher* gestartet. Der private Parameter mit dem Attributwert *use_gui* weist das übergeordnete Element an, keine grafische Benutzeroberfläche anzuzeigen, da der Attributwert von *value* auf *false* gesetzt ist. Wird der Attributwert auf *true* gesetzt, erscheint für das Programm *joint_state_publisher* eine Schnittstelle aus Schiebereglern für bewegliche Gelenke.

❼ Das <node>-Element enthält keine untergeordneten <param>-Elemente oder sonstigen Elemente und wird somit wie ein leeres Element behandelt. Leere Elemente müssen nicht mit einem schließenden Element versehen werden, sondern können vor der schließenden eckigen Klammer mit einem Schrägstrich geschlossen werden (z. B. *<node name="rviz" />*).

Das <args>-Attribut ist eine Kommandozeilenoption, die in diesem Fall an das Programm *RViz* übergeben wird.

Launch-Dateien sind ein wesentlicher Bestandteil der Arbeit mit ROS. Dadurch erspart man sich den Wechsel zwischen unzähligen Terminalfenstern. Die *Log*-Ausgabe kann für jedes einzelne Programm mithilfe des *output*-Attributs angezeigt oder stumm geschaltet werden. Die Inklusion einer *launch*-Datei in einer *launch*-Datei eröffnet wichtige Möglichkeiten wie Kaskadierung. Die Zusammenstellung und Organisation umfangreicher *launch*-Dateien für unterschiedliche Szenarien ist damit gegeben. Im Idealfall sind auch die Dateinamen der *launch*-Dateien so gewählt, dass ihre Funktion daraus leicht zu erkennen ist. Als Beispiel soll hier die Startdatei für den Roboter im Navigationsmodus veranschaulicht werden. Sie finden diese *launch*-Datei im Verzeichnis *abot_bringup/launch/*.

```
<launch>
  <incldude file="$(find abot_description)/launch/abot_base.launch" />
  <include file="$(find abot_bringup)/launch/include/teensy32.launch" />
  <include file="$(find abot_navigation)/launch/navigation.launch" />
  <include file="$(find abot_bringup)/launch/include/rplidar.launch" />
  <include file="$(find abot_laser_filter)/launch/laser_filter.launch" />
</launch>
```

1.2.12 CMakeLists.txt

Die zentrale Konfigurationsdatei für catkin enthält alle Informationen für den Bau unserer ROS-Programme.

1.2.13 package.xml

Die zentrale Konfigurationsdatei für catkin enthält alle Informationen für den Bau unserer ROS-Programme.

1.3 ROS-Hilfswerkzeuge

Bei der Arbeit mit ROS entstehen Fehler oder manche Programme tun nicht so, wie sie tun sollen. Um diesen Dingen auf den Grund zu gehen, bietet das ROS-Framework eine Menge wertvoller grafischer sowie konsolenbasierter Werkzeuge. Mit der Zeit und etwas Erfahrung entwickelt man ein Gespür für diverse Fehlermuster und Phänomene und erkennt deren Ursachen schneller. Die Vorgehensweise, wie man dann ein Problem löst, ist immer gleich – zuerst wird die Fehlerquelle lokalisiert. Hierbei helfen uns vorrangig die Logger. Dazu zählen insbesondere die Log-Ausgaben von ROS, aber auch das Betriebssystem und dessen Log-System sollten berücksichtigt werden, schließlich betreiben wir einige Hardwarekomponenten am Roboter und die Treiber jener Hardware werden vom Betriebssystem verwaltet.

Wenn wir bedenken, dass manche Hardware von uns selbst zusammengelötet wird, dann könnten auch durch kalte Lötstellen oder lose Kabelverbindungen Fehlermeldungen erscheinen, die zuerst gar nicht auf einen Hardwarefehler hinweisen. So beginnt man oft an der falschen Stelle zu suchen und vergeudet dabei wertvolle Zeit. Um diese Zeit nicht zu verlieren, kann ich aus Erfahrung empfehlen, dass die Hardware korrekt funktionieren sollte.

Für die kommenden Abschnitte benötigen Sie auch einige laufende ROS-Programme, die wir mit dem *roslaunch*-Befehl vorab starten.

```
roslaunch abot_gazebo abot_home.launch
```

Im vorhergehenden Kapitel haben wir ROS kennengelernt und können zusammenfassen, dass Programme, die im ROS-Framework erstellt wurden, mit **Nodes, Services** und **Topics** zu tun haben. Also sollten diese Punkte mit den folgenden Befehlen zuerst überprüft werden.

```
rostopic list
rosservice list
rosnode list
```

Sind alle *Nodes* gestartet? Veröffentlichen oder abonnieren sie die entsprechenden *Topics*? Sind alle *Services* verfügbar? In den folgenden Abschnitten lernen wir Orte und Programme kennen, die uns bei der Analyse und Suche behilflich sein können. Da wir nicht alle Programme besprechen, sollen die Links zu den Wiki-Seiten als Ergänzung und als eine Anlaufstelle für weitere Tools dienen.

1. ROS-Tools
   http://wiki.ros.org/ROS/CommandLineTools
2. ROS-Topic-Tools
   http://wiki.ros.org/topic_tools
3. ROS-Programme und Pakete
   http://www.ros.org/browse/
4. ROS-Schnittstellen
   http://wiki.ros.org/APIs
5. ROS-Spickzettel
   https://github.com/ros/cheatsheet/releases/

1.3.1 rqt_graph

Wenn wir mindestens zwei *Nodes* gestartet haben, die ROS-Nachrichten miteinander austauschen oder einen ROS-Dienst beanspruchen, können wir diese Topologie mittels *rqt_graph* darstellen. Das Programm *rqt_graph* stellt *Nodes* und *Topics* grafisch mit Pfeilverbindungen dar. So ist es möglich, schnell zu erkennen, ob alle benötigten *Nodes* gestartet oder *Topics* vorhanden sind.

```
rqt_graph
```

Nach dem Start des Programms *rqt_graphs* werden standardmäßig nur *Nodes* angezeigt. In der Symbolleiste befindet sich ein Dropdown-Feld, in dem man alle *Nodes* und *Topics* anzeigen lassen kann. Überfährt man ein *Node* oder *Topic* mit der Maus, ändern sich die Farben der zusammenhängenden Elemente nach folgendem Muster:

- **Rot**
  ein mit der Maus markiertes Element, wobei eine Ellipse einem Node und ein Rechteck oder ein frei schwebender Text einem Topic entspricht. Die folgenden Farben gehen davon aus, dass das hier rot markierte Element der Ausgangspunkt ist.
- **Blau**
  Topics oder *Nodes*, die als Eingabe abonniert verwendet werden.

- **Grün**
  Topics oder *Nodes*, an die etwas publiziert wird.
- **Cyan**
  Topics oder *Nodes*, die als Eingabe und Ausgabe dienen.
- **Schwarz**
  Nodes, die weder abonnieren noch Abonnenten besitzen. Meist haben solche *Nodes* ihre Funktion einmalig ausgeführt und anschließend sich selbst beendet. Es kann auch vorkommen, dass zuvor gestartete und vom ROS-Master registrierte *Nodes* aufgeführt werden. Nach einem Neustart des ROS-Masters bzw. *roscore* verschwinden solche »veralteten« *Nodes*.

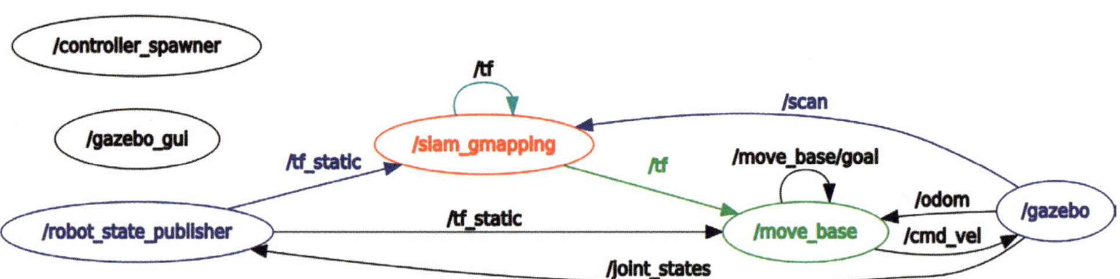

Abb. 1–9 ROS-Nodes und Topics grafisch dargestellt mit rqt_graph.

1.3.2 rqt_plot

Ein grafisches Werkzeug zur Beobachtung von numerischen Werten über einen Zeitraum bietet das Programm *rqt_plot*. Auf einer Zeitskala verteilt können Veränderungen der Werte gemessen werden, so ähnlich wie bei einem Oszilloskop. Bewegt sich ein Roboter auf Basis von Geschwindigkeitsangaben des Topics *cmd_vel*, dann fügt man eben die gewünschte Variable dieses *Topics* als zu beobachtendes Element der Zeitskala hinzu. Wenn wir nicht wissen, welche Variablen das *Topic cmd_vel* enthält, geben wir in einer Konsole folgende Befehle ein.

```
rostopic info /cmd_vel
```

Die Ausgabe zeigt uns unter anderem den Datentyp an, hier *geometry_msgs/Twist*. Nun kennen wir den Typ und können mit dem nächsten Befehl die Details darüber erfahren.

```
rosmsg show geometry_msgs/Twist
```

Eine weitere Möglichkeit, die Datentypstruktur zu erfahren, ist, in dem Eingabefeld von *rqt_plot* den Namen des *Topics* gefolgt von einem Schrägstrich einzugeben und abzuwarten, was die Autovervollständigung ausgibt.

Also fügen wir */cmd_vel/linear/x* und */cmd_vel/angular/z* als Messwerte hinzu, indem man diese im Eingabefeld *Topic* eintippt oder auswählt und anschließend mit dem Plus-Symbol der Zeitachse hinzufügt. Es ist ebenso möglich, das Programm *rqt_plot* direkt mit den gewünschten Parametern aus einer Konsole heraus zu starten. Der folgende Befehl rüstet die Zeitachsen von *rqt_plot* mit Sensoren für die x- und z-Werte des *Topics cmd_vel* aus.

```
rqt_plot /cmd_vel/linear/x /cmd_vel/angular/z
```

Auf der Zeitskala können wir nun die lineare Geschwindigkeit des Roboters entlang der x-Achse und dessen angulare Geschwindigkeit um die z-Achse beobachten. Mit den Werkzeugen in der Symbolleiste kann das Diagramm über ein Dialogfenster optisch angepasst und numerisch skaliert werden. Wenn Sie keine Bewegung im Programmfenster von rqt_plot sehen, dann erstellen Sie mit dem interaktiven Werkzeug in RViz ein Navigationsziel. Wie man Navigationsziele mit der Maus eingibt, ist in Abschnitt 2.2 und in Abbildung 2–6 auf Seite 58 beschrieben.

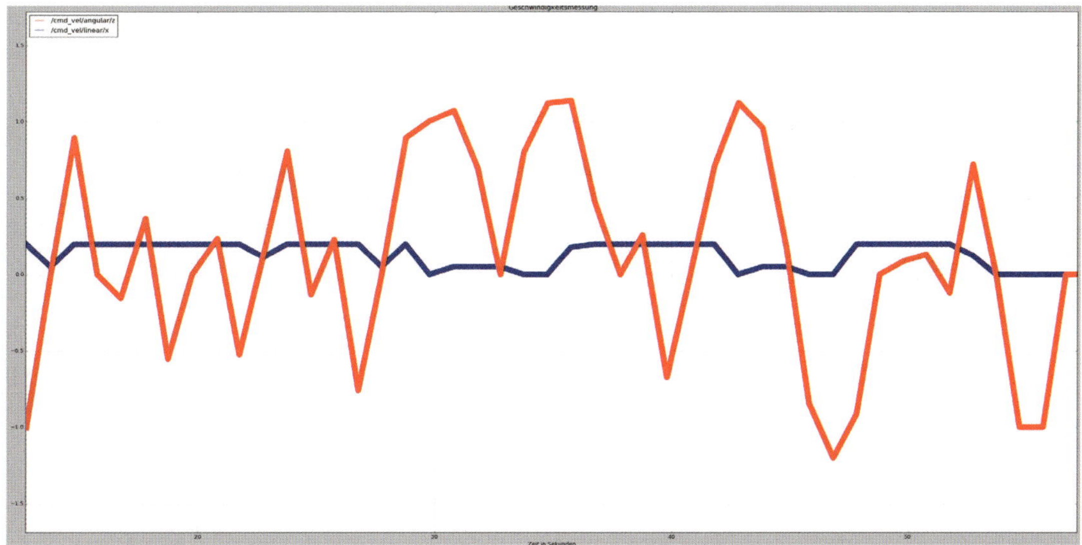

Abb. 1–10 ROS-Topics grafisch dargestellt mit rqt_plot.

In der Abbildung ist erkennbar, dass die maximale Geschwindigkeit von 0,2 m/s in x-Richtung nicht überschritten wird. Der Roboter ist auch nie rückwärts gefahren, sonst hätte die blaue Linie auch in den negativen Bereich ausgeschlagen. Die Einstellungen für die Maximalgeschwindigkeit in x-Richtung und die maximale Drehgeschwindigkeit um die z-Achse wurden in der Datei *base_local_planner_params.yaml* des Pakets *abot_navigation* vorgenommen.

1.3.3 rqt_robot_steering

Es ist zwar gut zu wissen, wie man einen Roboter mit Konsolenbefehlen fortbewegt, aber oft möchte man in einer grafischen Oberfläche schnell mal ein Gelände abfahren, ohne ständig an die Konsole gebunden zu sein. Dazu ist das Programm *rqt_robot_steering* gut geeignet. Es ist für Roboter konzipiert, die zwei unabhängig motorisierte Antriebsräder haben. Beide Antriebsräder sind fest am Chassis montiert, also ohne ein Lenkrad, das die Spur beeinflusst. Die Funktion des Lenkrads wird durch unterschiedliche Geschwindigkeiten der Motoren erreicht. Wenn ein Motor schneller dreht als der andere, dann fährt das Fahrzeug eine Kurve. Drehen beide Motoren gleich schnell, dann fährt es geradeaus. In der Abbildung 1–11 steuert der vertikal ausgelegte Regler die Geschwindigkeit nach vorne und hinten, während der horizontale Regler eine Drehung nach links oder rechts bewirkt. Eine Kombination beider Regler hat zur Folge, dass eine Bewegung nach vorne oder hinten und zusätzlich eine Drehung nach links oder rechts möglich ist.

```
rosrun rqt_robot_steering rqt_robot_steering
```

Das Programm *rqt_robot_steering* startet eine grafische Oberfläche. Ein *ROS-Master* muss bereits laufen, da das Programm mit *rosrun* aufgerufen wird und deshalb nicht automatisch einen *ROS-Master* startet.

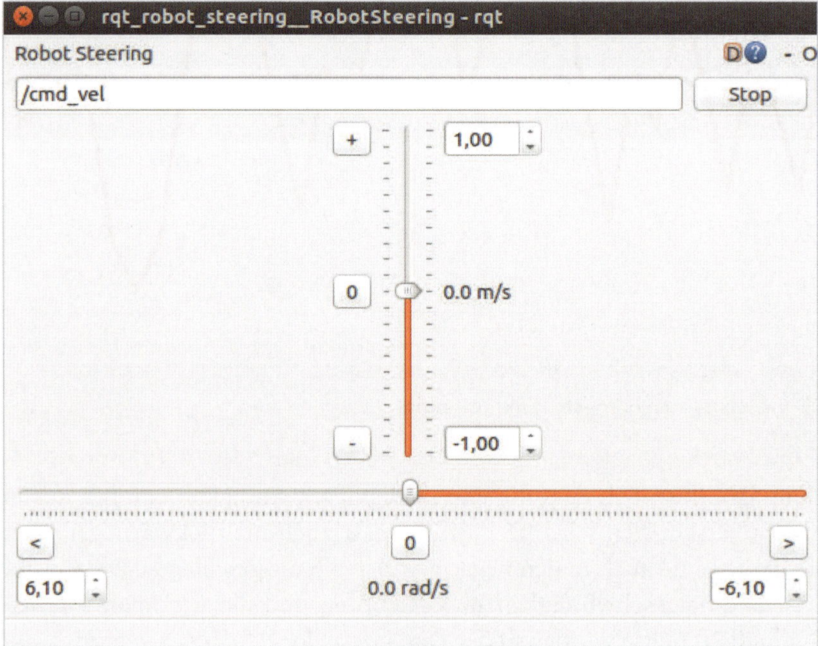

Abb. 1–11 ROS-Roboter-Fernsteuerung mit rqt_robot_steering

Wenn Sie das Programm zum ersten Mal starten, sind die Standardwerte stets brauchbar. Der Topic *cmd_vel* ist bekannt als Empfänger für Nachrichten des Typs *geometry_msgs/Twist*, die von *rqt_robot_steering* generiert werden und anschließend an das besagte Topic senden. Die Maximalgeschwindigkeit von 1 m/s nach vorne und hinten ist ebenso vernünftig. So kann es nicht passieren, dass der Roboter mit 20 *Meter/Sekunde* durch die Gegend flitzt. Ändern Sie diese Werte, dann werden sie beim nächsten Start als Standardwerte verwendet. Beginnen Sie am besten mit dem horizontalen Regler für Drehung in *Radiant/Sekunde* und belassen den vertikalen Regler bei 0 m/s. So bleibt der Roboter auf der Stelle stehen und dreht sich lediglich in die gewünschte Richtung.

1.3.4 ROS-Ereignisse und Logdateien

In der Softwareerstellung ist es wichtig zu wissen, was ein Programm tut, während es läuft. Am häufigsten werden Meldungen in einem Terminalfenster ausgegeben, in eine Datei geschrieben oder auch beides gleichzeitig. Mit dem ROS-Framework erhalten wir dazu eine Schnittstelle zu einem Logsystem, welches auf *Apache log4cxx* basiert und nützliche Funktionen für die Verwaltung von Meldungen bietet.

Ereignisflut

In der Entwicklungsphase ist es sehr wertvoll, Ereignisse in Logdateien oder in einem Terminalfenster zu untersuchen. Jedoch können zu viele Meldungen im Terminalfenster und Schreibzugriffe auf die Festplatte das System bremsen und sich negativ auf die Gesamtleistung auswirken. In der Produktivphase sollten Meldungen stets auf ein Minimum reduziert werden.

In der Grundeinstellung werden Ereignisse von *Nodes* und dem ROS-Master im Heimatverzeichnis des Benutzers und zwar unter *~/.ros/log* gespeichert. Dort wiederum befinden sich mit der Zeit eine Menge Unterverzeichnisse mit einer eindeutigen ID als Verzeichnisname. Um nicht erst das aktuelle Verzeichnis mit den Logeinträgen suchen zu müssen, gibt es einen symbolischen Link mit dem Namen **latest**, welcher immer zum Verzeichnis mit den neuesten Logdateien führt. Der Speicherort für Logdateien kann mit der optionalen Umgebungsvariable *ROS_LOG_DIR* bestimmt werden. Im nachfolgenden Befehl öffnen wir mit *gedit* die aktuellste Logdatei des ROS-Masters.

```
gedit ~/.ros/log/latest/master.log
```

Der Speicherverbrauch durch Logdateien kann dazu führen, dass die Festplatte einfach mal voll ist. Einen Blick auf den Verbrauch durch ROS-Logdateien erhalten wir mit dem nächsten Befehl.

```
rosclean check
```

Um Platz zu schaffen oder alle Logdateien, die von ROS erstellt wurden, zu löschen, können wir ebenso das Programm *rosclean* nutzen.

```
rosclean purge
```

Wenn wir wollen, dass unsere Nodes ihre Meldungen auch in der Konsole ausgeben, dann können für beliebige Nodes *output*-Attribute mit dem Wert »*screen*« gesetzt werden, so wie wir das in Abschnitt 1.2.11 in einer *launch*-Datei gesehen haben. Eine weitere Möglichkeit besteht darin, dem *launch*-Befehl den Parameter *screen* anzuhängen. Durch Letzteres wird die Ausgabe für alle *Nodes* in der *launch*-Datei auf die Konsole gelenkt.

Das Logsystem von ROS kennt fünf verschiedene Kritikalitätsstufen, auch bekannt als Logstufen, *engl. Loglevel*. Die niedrigste Stufe mit den häufigsten Meldungen heißt **DEBUG**, gefolgt von **INFO**, **WARN**, **ERROR** und schließlich **FATAL**. Das Gute an einem Logsystem ist, dass wir filtern können, welche dieser fünf Stufen wir in der Konsole für jeden einzelnen *Node* ausgeben möchten.

Die Standardstufe für das Logsystem in ROS ist **INFO**. Die Einstellung der Standard-Logstufe wird in der globalen Konfigurationsdatei **$ROS_ROOT/config/rosconsole.config** im Hauptverzeichnis von ROS vorgenommen. Die Einstellungen der globalen Konfigurationsdatei können durch Einstellungen in einer eigenen Konfigurationsdatei, die in der Umgebungsvariable *ROSCONSOLE_CONFIG_FILE* benannt wird, überschrieben werden.

Wer mehr Meldungen aus den ROS-*Nodes* bekommen möchte, stellt also die Logstufe für einzelne *Nodes* auf DEBUG oder ändert insgesamt die Standardstufe von ROS. In unseren eigenen Programmen können wir die Logstufe selbst bestimmen, dazu kommen wir später in Kapitel 5.

1.3.4.1 rosconsole

Bestimmte Meldungen werden nur in bestimmten Logstufen angezeigt. Nehmen wir ein Beispiel: Wir möchten wissen, wann unser Roboter sein Navigationsziel erreicht hat. Die entsprechende Meldung erscheint aber nur in der Logstufe DEBUG. Da wir bereits den Simulator und *RViz* gestartet haben, müssen wir lediglich die Logstufe einstellen und das Navigationsziel eingeben. Beachten Sie, dass die Einstellung der Logstufe für ein Node bei jedem Start mit roslaunch erneut vorgenommen werden muss, da die globale Konfigurationsdatei als Logstufe eben INFO eingestellt hat. Wenn Sie eine Logstufe für ein Node permanent machen möchten, geben Sie das in der globalen Konfigurationsdatei ein. Das folgende Beispiel ist äquivalent zu der Einstellung, die wir mit *rosconsole* vornehmen werden, nur dass die Einstellung hier permanent ist.

```
log4j.logger.ros.move_base=DEBUG
```

Beginnen wir also mit der Einstellung der Logstufe für die mobile Basis, sodass Meldungen der Stufe DEBUG ausgegeben werden.

```
rosconsole set /move_base ros.move_base debug
```

Ist die Logstufe für unsere mobile Basis auf DEBUG eingestellt, werden entsprechende Meldungen in unterschiedlicher Schriftfarbe angezeigt. Geben wir nun das Ziel ein und beobachten danach das Konsolenfenster, in dem wir ursprünglich die *launch*-Datei gestartet haben. Ein Navigationsziel können Sie auch interaktiv in RViz setzen. Verwenden Sie dazu das Werkzeug für 2D-Navigationsziele, welches in der Symbolleiste von Abbildung 2–6 in Abschnitt 2.2 dargestellt ist. Wer das Ziel in der Konsole eingeben möchte, beginnt mit dem Befehl *rostopic pub /move_base_simple* und den Rest erfüllt die `Tabulator`-Taste – einfach mehrmals hintereinander betätigen, bis keine Parameter mehr erscheinen. Danach ersetzen Sie die Vorgabewerte aus der Tabulatorexpansion mit denen, die in der folgenden Abbildung abweichen.

```
murat.calis@rosbox:~/catkin_ws/src/abot-kinetic$ rostopic pub /move_base_simple/goal geometry_msgs/PoseStamped "header:
  seq: 0
  stamp:
    secs: 0
    nsecs: 0
  frame_id: 'map'
pose:
  position:
    x: -1.0
    y: 1.25
    z: 0.0
  orientation:
    x: 0.0
    y: 0.0
    z: 0.0
    w: 1.0"
```

Abb. 1–12 Zieleingabe für eine mobile Basis

Nach der Eingabe eines Navigationsziels setzt sich der Roboter in Bewegung und die Meldungen in der Konsole vermehren sich. Sobald das Ziel erreicht ist, nehmen die Meldungen ab und es erscheint die DEBUG-Meldung, dass das Ziel erreicht wurde.

Die Einstellung der Logstufe ist nur eine von vielen Möglichkeiten, mit denen das Programm *rosconsole* zusammenhängt. Weitere Möglichkeiten sind auf den Wiki-Seiten aufgezeichnet *http://wiki.ros.org/rosconsole.*

1.3.4.2 rqt_logger_level

Die Einstellung der Logstufen bietet auch das grafische Pendant *rqt_logger_level*. Mit einem Mausklick auf die gewünschte Logstufe ist diese umgehend übernommen. So kann man spielerisch etwas mehr über Nodes erfahren.

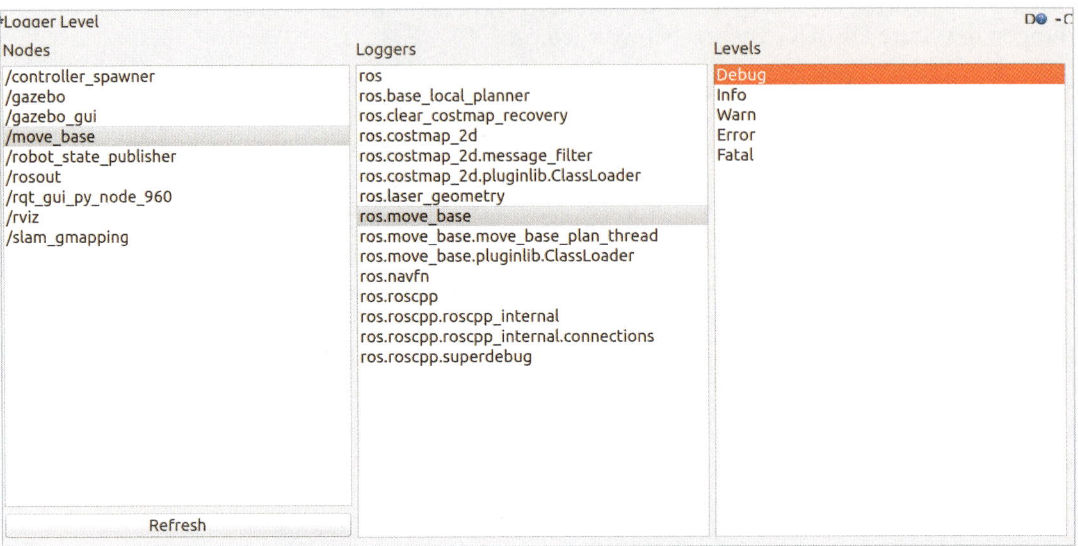

Abb. 1–13 Einstellung der Logstufe für eine mobile Basis

1.3.4.3 rqt_console

Ein weiteres grafisches Werkzeug zur Anzeige und zum Filtern von Logmeldungen ist das Programm *rqt_console*. Die Einstellung der Logstufen erfolgt wie in *rqt_logger_level* auch, nur dass der Knopf zum Aufruf des Fensters für die Logstufen etwas schwerer zu erraten ist. Er befindet sich oben rechts zwischen den Fenstersteuerungsbuttons im Hauptfenster von *rqt_console*. Wenn man mit der Maus über den Knopf fährt, erscheint ein Hinweistext mit dem Inhalt »Configuration«. Danach kann man die Logstufen der verschiedenen *Nodes* einstellen.

Darüber hinaus bietet *rqt_console* eine Filtermöglichkeit während der Anzeige. Es können reguläre Ausdrücke verwendet werden, um nach Schlüsselwörtern zu filtern, oder man lässt nur bestimmte Meldungen anzeigen, die einem bestimmten Muster entsprechen.

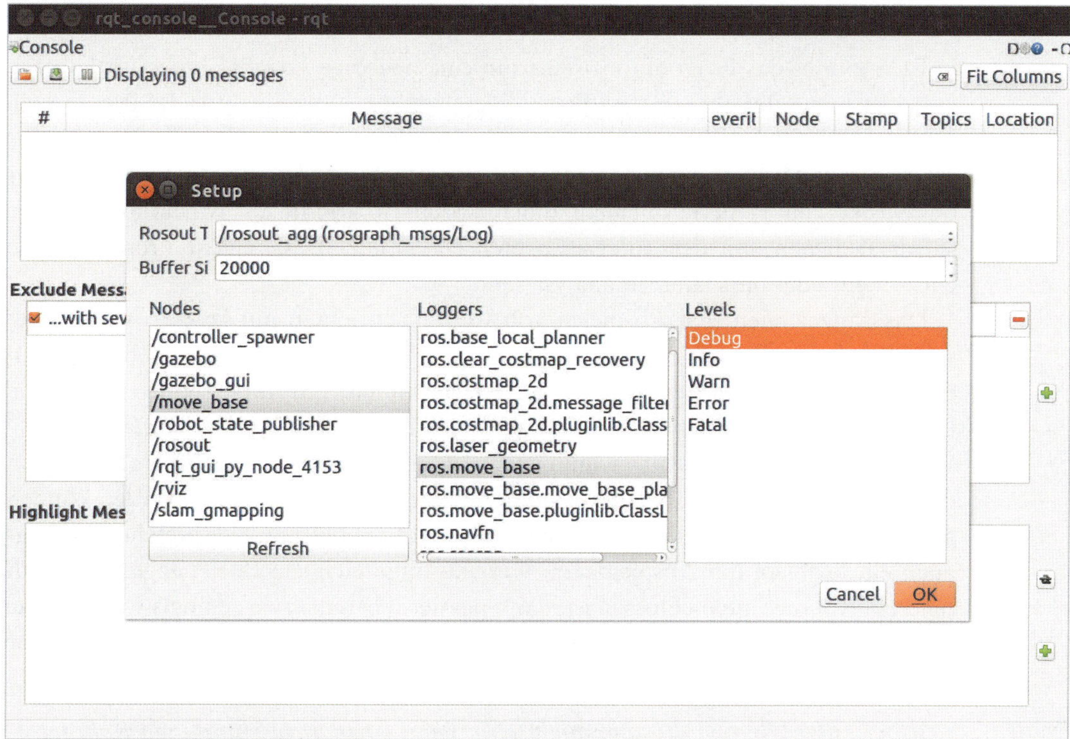

Abb. 1–14 Einstellung der Logstufe in rqt_console

Das Setupfenster von *rqt_console* erfasst Meldungen aus dem *Topic /rosout_agg*. Dieses *Topic* ist ein Aggregations-*Topic* und dient der Entlastung des zentralen Log-*Topics /rosout*, da sonst jeder Verbindungsaufbau über TCP mit dem zentralen Log-*Topic* die Performance zu sehr beeinträchtigen würde. Mit der Angabe in der Zeile *Buffer* werden bis zu 20000 Logmeldungen gepuffert, danach werden die ältesten Meldungen durch neue verdrängt.

1.3.5 roswtf

Wenn Logmeldungen nicht weiterhelfen oder ein Problem nicht erkennbar ist, hilft vielleicht das Programm *roswtf* weiter. Bevor Sie es starten, navigieren Sie mit *roscd* in das ROS-Paket, wo Sie das Problem vermuten. Dann analysiert das Programm alle Paketabhängigkeiten in diesem ROS-Paket und danach die Integrität der laufenden ROS-Programme und ROS-Variablen.

1.3.6 rosbag

In ROS gibt es das Programm *rosbag*, um eine beliebige Anzahl *Topics* zur Laufzeit aufzuzeichnen und abzuspielen. Es profitiert von der losen Struktur der Programme, die nach dem *Publish*- und *Subscribe*-Prinzip miteinander kommunizieren. Daraus ergeben sich Möglichkeiten, wie das Versenden einer Aufzeichnung zu Reproduktionszwecken bei Fehlern. In einem anderen Szenario könnte das wiederholte Abspielen dazu dienen, mit den aufgezeichneten Daten der Topics eigene Programme zu entwickeln oder die Daten zu analysieren.

Das Aufzeichnen und Abspielen von ROS-Nachrichten mit *rosbag* ist selbstverständlich nicht alles, was *rosbag* kann. Wir werden uns aber in diesem Abschnitt auf diese beiden wesentlichen Funktionen konzentrieren. Ein kurzes Video mit einem Überblick gibt es auf den Wiki-Seiten von ROS unter *http://wiki.ros.org/rosbag*.

Die Verwendung von Aufzeichnungen kann den Einsatz eines Roboters reduzieren, da Sensordaten von der Hardware aufgezeichnet und so verwendet werden können, als stammten sie tatsächlich von einem realen Roboter. Genau hier besteht allerdings auch ein Problem mit Abspieldaten. Werden aufgezeichnete Daten abgespielt, während ein Roboter angeschlossen ist, dann passiert eben das, was damals während der Aufzeichnung passiert ist inklusive dem, was der Roboter aktuell ausführt, also eine Mischung aus aktuellen und aufgezeichneten Daten und Befehlen.

Eine Aufzeichnung, die abgespielt wird, kann einen angeschlossenen Roboter bewegen und Schäden verursachen!

Starten Sie mit *roslaunch* eine Simulation und lassen Sie den Roboter ein oder mehrere Ziele ansteuern. Sobald wir mit *rosbag* eine Aufzeichnung starten, werden die gewünschten *Topics* abonniert und in einer *bag*-Datei gespeichert. Wenn zahlreiche *Topics* abonniert werden, inklusive Bild- und Sensordaten, kann die Datei sehr schnell sehr groß werden. Mit dem Befehl *rosbag help* erhalten Sie einen Überblick über die möglichen Unterbefehle, die mit *rosbag* ausgeführt werden können.

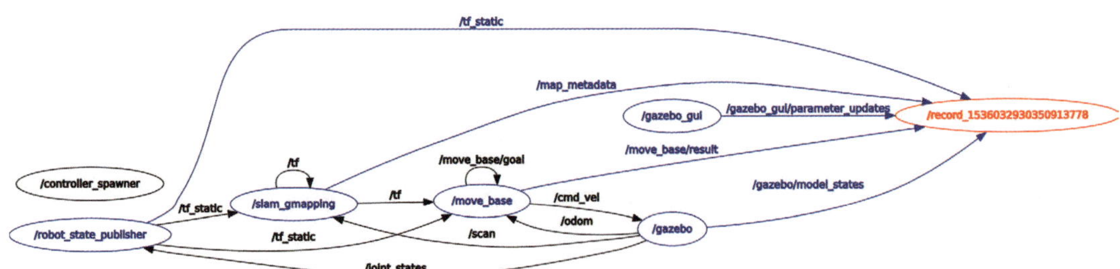

Abb. 1–15 Ein record-Node abonniert die ausgewählten Topics

```
rosbag record -a
```

Der obige Befehl startet eine Aufzeichnung mit allen verfügbaren *Topics*. Die *bag*-Datei wird in dem Ordner erstellt, in dem der *rosbag*-Befehl ausgeführt wurde. Der Dateiname ist standardmäßig ein Zeitstempel mit dem aktuellen Datum und der Dateiendung *bag*. Beendet wird die Aufzeichnung, indem man in dem Konsolenfenster, das die Aufzeichnung gestartet hat, `Strg` + `C` drückt.

Es ist möglich, bestimmte Topics anzugeben, die man aufzeichnen möchte. Das reduziert die Belastung für den Prozessor und den benötigten Speicherplatz. Der folgende Befehl zeichnet lediglich zwei Topics auf.

```
rosbag record /move_base_simple/goal /camera/image_raw
```

Zum Abspielen einer *bag*-Datei wird der Befehl mit der Option *play* und einem Dateinamen aufgerufen. Dann werden umgekehrt an alle *Topics*, die aufgezeichnet wurden, die gespeicherten Nachrichten zurückgesendet. In der obigen Abbildung zeigen die Pfeile dann in die entgegengesetzte Richtung und der Name des *Nodes* beginnt dann nicht mehr mit *record*, sondern mit *play*.

```
rosbag play <dateiname.bag>
```

Spielen wir eine *bag*-Datei ab, dann kommen einige Dinge im ROS-System durcheinander. Schließlich können die Position und Orientierung des Roboters auf der Karte eine ganz andere gewesen sein, als wir die Nachrichten aufgezeichnet haben. Da ROS viele Berechnungen auf Basis der aktuellen Zeit durchführt, können unterschiedliche Zeitstempel auch unterschiedliche Ergebnisse liefern. Es wird also nie eine exakte Wiedergabe dessen sein, wie der Ablauf der Simulation zum Zeitpunkt der Aufnahme stattgefunden hat.

Wer seine Aufnahmen mit dem Start einer *launch*-Datei ausführen will, kann dies durch Einbinden des *rosbag*-Pakets als *Node* in einer beliebigen *launch*-Datei tun.

```
<node
  pkg="rosbag"
  type="record"
  name="rosbag_recorder"
  args="
    -o
    $(find abot_gazebo)/aufzeichnung1
    /move_base/goal
    /camera/image_raw"
/>
```

Ein grafisches Programm als Alternative zur Konsole bietet das Programm rqt_*bag*. Es bietet die gleichen Funktionen und zusätzlich einen Editor für aufgezeichnete Inhalte. Damit lassen sich Videoströme inspizieren sowie *Topics* im Einzelnen betrachten. Die Funktionsknöpfe sind an einen Videorekorder angelehnt so findet man sich auch schnell darin zurecht. Ein Vorteil von *rqt_bag* ist, dass es möglich ist, die aufgezeichneten Daten einfach nur zu betrachten statt gleichzeitig zu publizieren.

2 Roboter konstruieren und simulieren

In diesem Kapitel lernen wir Programme und Werkzeuge kennen, um Roboter in Simulationen und ROS verwenden zu können. Die Konstruktionsphase ist ein sehr frühes Stadium in der Entstehung eines Roboters. Deshalb nutzt man sie idealerweise zum Evaluieren von Prototypen. Wir konstruieren einen Roboter zunächst rein softwarebasiert. Anschließend wird der aktuelle Stand des Roboters im Simulator getestet. Gab es konstruktionsbedingte Mängel während der Simulation, setzen wir uns erneut mit der Konstruktion auseinander. Nach jeder Modifikation testen wir den Roboter im Simulator. Diesen Vorgang wiederholen wir so lange, bis wir der Meinung sind, dass der Roboter der Realität und den Bedingungen standhält, denen er später ausgesetzt sein wird. In einem Simulator führt man mit einem virtuellen Roboter Tests durch, die in der Realität große Schäden und hohe Kosten verursachen könnten. Simulationen sind aber nicht nur eine Testumgebung, um rechtzeitig Defizite der Hardware zu erkennen. Sie sind für Wissenschaftler und Forscher die optimale Umgebung, um Software zu evaluieren. Stellen Sie sich Tausende Roboterarme vor, die jeweils eine Kamera haben, um Objekte zu erkennen. Jeder Roboterarm arbeitet isoliert für sich und hat einen Heuhaufen vor sich liegen. Das Ziel ist, eine Nadel aus diesem Heuhaufen herauszuholen. Nun können Tausende unterschiedliche Algorithmen oder Verfahren getestet werden, um herauszufinden, welche die besten oder die schnellsten sind. Solche Tests würden in der Realität Unmengen an Kosten verursachen.

Mit ROS, der Simulationssoftware Gazebo und *RViz* haben wir die nötigen Werkzeuge zur Hand.

ROS-Roboter basieren auf *URDF*, dem *Universal Robot Description Format*. Gazebo basiert auf *SDF*, dem *Simulation Description Format*. Diese Unterschiede in den verwendeten Formaten stellen für uns kein Problem dar, da Gazebo auch *URDF*-Dateien lädt und verarbeitet. Zunächst muss also eine *URDF*-Datei erstellt werden, die unseren Roboter visuell und physikalisch repräsentiert.

In einer frühen Phase der Konstruktion dient *RViz* zur Visualisierung und Validierung *kinematischer Ketten*,[1] die wir mit *URDF*-Dateien beschreiben werden. Darüber hinaus können in *RViz* anhand interaktiver Marker Navigationsziele für Fahrzeuge oder Wegpunkte für *Endeffektoren*[2] eingegeben werden. Diese Navigationsziele oder Wegpunkte werden dann von unserem Roboter angesteuert.

Die Beispiele in diesem Buch basieren auf Gazebo in der Version 7, da es die zu ROS Kinetic kompatible Version ist und standardmäßig in Ubuntu 16 angeboten wird.

---

1. Eine *kinematische Kette* besteht aus Gliedern und Gelenken. Ein Gelenk, meist bestehend aus einem Servomotor, dreht sich um eine Achse. Jeweils eine unterschiedliche Drehachse kann als Freiheitsgrad betrachtet werden. Es sind insgesamt sechs Freiheitsgrade möglich – oben/unten, rechts/links, vor/zurück, drehen, neigen und rollen.
2. Am Ende einer kinematischen Kette befindet sich der *Endeffektor* – ein Greifer oder eine Roboterhand.

Worauf hier nicht eingegangen wird, sind der Entwurf und die Konstruktion von Roboterteilen bzw. Robotern in CAD-Programmen. Wenn für bestimmte Arbeitsschritte externe CAD-Software benötigt wird, werden wir uns mit Blender und FreeCAD behelfen. Beide Programme sind kostenlos und es existieren ausreichend Video-Tutorials im Internet.

In den nächsten Kapiteln werden wir uns mit folgenden Themen auf dem Entwicklungsrechner beschäftigen:

- Gazebo und Simulationen
- RViz und kinematische Strukturen
- FreeCAD und Formatkonvertierungen
- Blender und 3D-Modelle
- URDF und das Roboter-Modell

2.1 Gazebo

Simulationen dienen auch der Qualitätsprüfung. Bevor ein Roboter tatsächlich gebaut wird, durchläuft der virtuelle Roboter verschiedene Tests in einer simulierten Umgebung. Da in einer Simulation nichts kaputt gehen kann, können die Tests so oft wie nötig ausgeführt werden. Eine Simulation ist ein mathematisch berechnetes Abbild der Realität. Und genau hier liegt auch ein Defizit heutiger Simulationen. Möchte man die Realität detailgetreu und mit allen physikalischen Eigenschaften simulieren, bräuchte man eine enorme Rechenkapazität, die es aktuell so noch nicht gibt. Man denke an das Earth Simulator Project, welches globale Klimamodelle simuliert und dessen Rechenzentrum so groß ist wie eine Sporthalle. So ist es eben noch nicht möglich, Regen, Schnee oder Nebel sowie Audio und Flüssigkeiten in Gazebo zu simulieren.

> *Ein Simulator in der Konstruktionsphase hilft, Konstruktionsfehler früh zu erkennen.*

Mittlerweile wird Gazebo weltweit in Wettkämpfen in der *RoboCup*-Simulations-Liga sowie der *Virtual Robotics Challenge* eingesetzt und für die Mars-Mission veranstaltet die NASA die *Space Robotics Challenge*. Die benötigten Roboter gibt es als steuerbare 3D-Modelle in Gazebo unter dem Bedienfeld *Insert*. Standardmäßig werden Benutzermodelle im Heimatverzeichnis des aktuellen Benutzers gespeichert: *~/.gazebo/models*.

2.1.1 Virtuelle Welten mit dem Simulation Description Format – SDF

SDF ist eine Beschreibungssprache im XML-Format mit dem wichtigsten Merkmal, dass es keine Syntaxfehler im XML-Dokument geben darf. Das XML-Format kommt oft dort zum Einsatz, wo die Konsistenz des Dokuments gewährleistet sein muss. In XML bezeichnet man syntaktisch einwandfreie Dokumente »wohlgeformt«. Nehmen wir an, der Warenkorb eines Onlineshops wird im XML-Format an einen Bezahldienst wie PayPal übermittelt. Enthält der Warenkorb im digitalen Format, also XML, einen Fehler, könnte das eine Verarbeitung an der virtuellen Kasse, welches in diesem Beispiel PayPal ist, unmöglich machen und somit zu einem finanziellen Schaden beim Shopbetreiber führen. Eine ausführliche Beschreibung des SDF-Formats bieten die Spezifikationsseiten auf *http://sdformat.org/spec.*

Das folgende XML-Dokument ist »*wohlgeformt*«, wenn es diese Eigenschaften besitzt: Der Prolog deklariert ein XML-Dokument. Im Anschluss an die XML-Deklaration darf es nur ein einziges Wurzelelement geben, in diesem Fall <sdf>. Als letzte Eigenschaft eines »*wohlgeformten*« Dokuments muss gewährleistet sein, dass jedes geöffnete Element wieder geschlossen wird, zum Beispiel <world>...</world>.

```
<?xml version='1.0'?>
<sdf version='1.6'>
  <world name='erde'>
    <light name='sonne' type='directional'>
      . . .
    </light>
    <model name='zweiraum-wohnung'>
      . . .
    </model>
  </world>
</sdf>
```

Gazebo bietet einen Modell-, Gebäude- und Welt-Editor. Modelle und Gebäude werden im SDF-Format gespeichert. Diese können in der Weltansicht eingefügt und mit anderen 3D-Modellen und Gebäuden als Welt ebenfalls im SDF-Format, aber mit der Dateiendung .world, gespeichert werden. So umgeht man das aufwendige Tippen in SDF-Dokumenten. Ein Blick in jene Dateien lohnt sich dennoch und Änderungen darin sind mit einem einfachen Texteditor möglich.

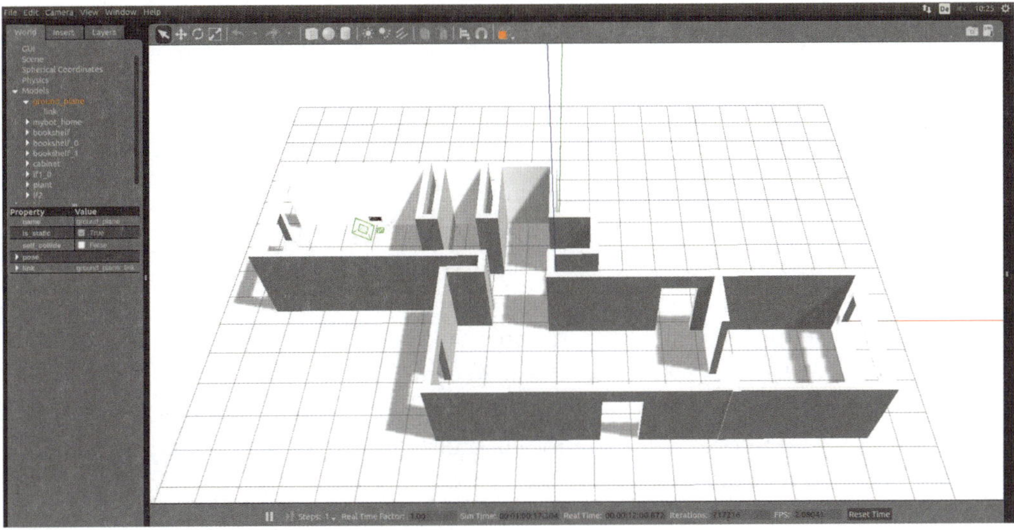

Abb. 2–1 Gazebo World-Editor

2.1.2 Gazebo-Benutzeroberfläche

Die Standardansicht in Gazebo ist World. Im linken Bereich befinden sich die Bedienfelder zum Auswählen und Inspizieren der Objekte sowie zum Einfügen eigener oder bereitgestellter 3D-Modelle. Auf den Internetseiten sind die Benutzeroberfläche und alle anderen Programmelemente bestens erklärt (*http://gazebosim.org*).

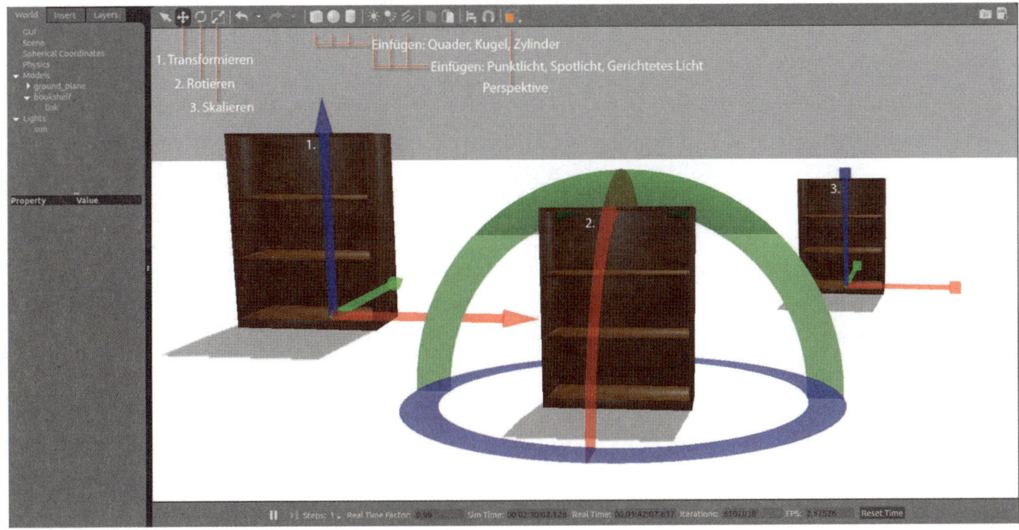

Abb. 2–2 Gazebo-Symbolleiste

Nachdem die Installation auf dem Entwicklungsrechner abgeschlossen ist, werfen wir mit folgendem Konsolen-Befehl einen Blick auf den Gazebo-Simulator.

```
gazebo
```

Der Befehl *gazebo* führt *gzserver* und *gzclient* aus, wobei *gzserver* das Hauptprogramm und *gzclient* eine grafische Benutzeroberfläche startet. Der englische Begriff »*headless*« rührt daher, dass man in bestimmten Umgebungen keine grafische Oberfläche benötigt, sondern nur die Simulations- und Sensordatenberechnung. Die Trennung in Server- und Client-Programm ist auch nützlich, wenn man die grafische Oberfläche auf einem entfernten Rechner starten möchte. Dazu muss die Variable *GAZEBO_MASTER_URI* beim Client-Rechner, auf welchem *gzclient* ausgeführt wird, korrekt konfiguriert sein. Die Befehle *whereis gazebo* und *whereis gazebo-7* geben die Speicherorte von Gazebo aus und mit *apropos gazebo* erfährt man die zugehörigen Programme.

Gazebo ist sehr leistungshungrig und wegen den 3D-Berechnungen kann es zum Flaschenhals werden, wenn andere Programme auf Daten von Gazebo warten müssen. Ein Indikator für die aktuelle Rechenleistung ist der *Real Time Factor*, der in der Statusleiste zu sehen ist. Dieser ergibt sich aus den Werten im Bedienfeldelement *Physics* und dem folgenden Produkt:

```
Real Time Factor = realtime update rate * max step size
```

Der *Real Time Factor* sollte möglichst bei 1.0 liegen. Ob Gazebo eine verfügbare 3D-Grafikkarte verwendet, überprüfen wir anhand der Umgebungsvariable *LIBGL_ALWAYS_SOFTWARE*. Existiert diese Umgebungsvariable und hat sie den Wert 1, dann verwendet Gazebo Software-Rendering anstelle einer 3D-Karte. Ist *LIBGL_ALWAYS_SOFTWARE* nicht gesetzt, lässt sich die GPU-Beschleunigung beim nächsten Start von Gazebo aktivieren.

Beenden Sie *gazebo* mit `Strg` + `C` im Konsolenfenster, welches Sie für den Start verwendet haben, oder schließen Sie einfach das Gazebo-Programmfenster.

Kehren wir zurück zu ROS, wo wir für die Befehle *gazebo*, *gzserver* und *gzclient* kaum Verwendung haben. Vielmehr werden wir Gazebo mittels *roslaunch* starten. Als Beispiel wählen wir Gazebo mit einer Beispielwelt aus dem Verzeichnis */usr/share/gazebo-<version>/worlds*.

```
roslaunch gazebo_ros shapes_world.launch
```

2.1.3 Physikalische Eigenschaften

Ein Simulator zeichnet sich dadurch aus, dass er die Realität mathematisch korrekt in einem Computer darstellt. Überprüfen wir das, indem wir die Gravitation auf 0,01 ms^2 einstellen und beobachten, ob die geladenen Objekte langsam vom Boden abheben. Ausgenommen sind Objekte, die als statische Objekte definiert wurden. Wir gehen wie folgt vor:

- Im Bedienfeld *World* wählen Sie *Physics*.
- Die Eigenschaft *gravity* wird im unteren Bereich des Bedienfelds sichtbar und kann mit dem Dreieck aufgeklappt werden.
- Verändern Sie die z-Achsengravitation auf 0,01.
- Beenden Sie den *roslaunch*-Befehl in der Konsole mit `Strg` + `C`.

Das Beispiel mit der Gravitation eignet sich gut für zahlreiche andere Experimente. Denkbar wäre, die x- oder y-Achsengravitation zu verändern, um die Trägheit oder Reibungskräfte eines Körpers entlang einer Grundfläche zu prüfen.

In den nachfolgenden Abschnitten wollen wir herausfinden, an welchen Speicherorten die Konfigurationsdateien des Roboters liegen, die in der Simulation verwendet werden. Danach spielen wir verschiedene Szenarien durch und integrieren die gewonnenen Erkenntnisse in die nächste Hardware- oder Software-Revision des Roboters.

2.1.4 Laserscanner

Die Roboter in diesem Buch sind für Gazebo vorbereitet und können mit *roslaunch* gestartet werden. Wir befinden uns auf dem Entwicklungsrechner und starten mit dem nächsten Befehl *Gazebo*, *RViz* und das Robotermodell *abot*.

```
roslaunch abot_gazebo abot_world.launch
```

Wenn alles ordnungsgemäß startet, erhalten wir ein Fenster mit Gazebo, ein Fenster mit *RViz* und das Konsolenfenster selbst, welches wir zum Ausführen des oben genannten Befehls verwendet haben. Vergleicht man die Programmfenster von Gazebo und *RViz*, dann stellt man fest, dass die Reichweite des Lasers in Gazebo größer ist als die Reichweite des Lasers in *RViz*. Die Ursache hierfür liegt in den Konfigurationseinstellungen, die einmal für Gazebo und dessen virtuellen Laser und an anderer Stelle für *gmapping*[3] und dessen Algorithmen gemacht wurden.

3. Das Programm *gmapping* enthält eine freie *SLAM*-Bibliothek. *SLAM* is die Abkürzung für *Synchronous Localization And Mapping*. Es ist also in der Lage, gleichzeitig die Position des Roboters und eine Karte seiner Umgebung bereitzustellen. Weitere Informationen finden Sie unter *https://openslam-org.github.io/gmapping.html*.

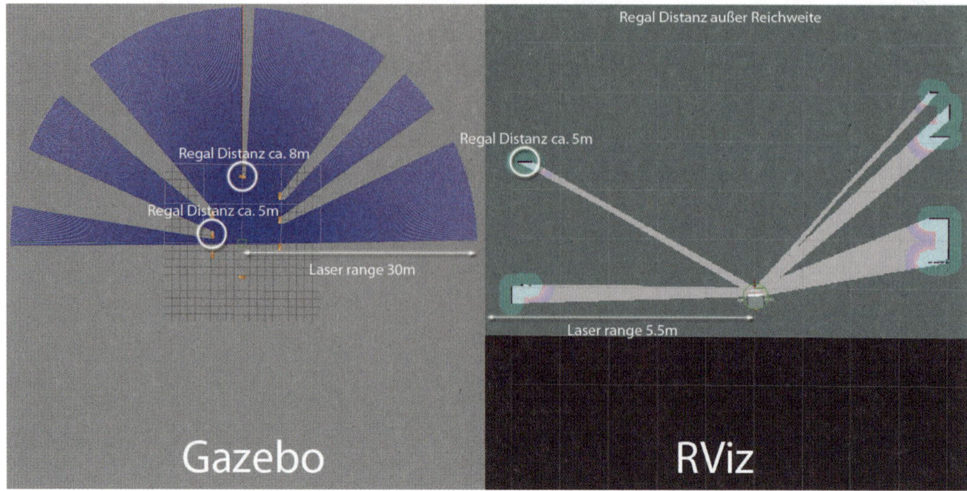

Abb. 2–3 Gazebo & RViz – unterschiedliche Laser-Reichweiten

Werfen wir einen Blick auf die Konfigurationseinstellungen, welche die Laser-Reichweiten definieren:

```
abot_description/urdf/abot.gazebo
abot_navigation/launch/gmapping_gazebo.launch
```

In der Datei *abot.gazebo* sind die Werte des virtuellen Lasers definiert. Der Treiber *lib_gazebo_ros.so* erzeugt entsprechend den Werten in abot.gazebo Laserstrahlen und veröffentlicht diese auf dem Nachrichtentopic */scan*. Auf der Gegenstelle liest ein Node, der für die Kartografierung zuständig ist, namentlich *slam_gmapping*, die Nachrichten von */scan* aus und verarbeitet diese gemäß den Einstellungen in gmapping_gazebo.launch. Mit dem folgenden Befehl kann man genau herausfinden, wer auf dem topic */scan* publiziert und auch wer das topic abonniert hat.

```
rostopic info /scan
```

Wer den Informationsfluss in einer grafischen Oberfläche betrachten möchte, startet in einer Konsole den nächsten Befehl.

```
rosrun rqt_graph rqt_graph
```

Überlegen wir, was passiert, wenn wir einen echten Laser verwenden bzw. nicht simulieren. Dann wird eben die Spezifikation des Lasers die Reichweite bestimmen. Der Treiber des Lasers wird nun die Messdaten an das topic */scan* übermitteln und *slam_gmapping* verrichtet wie oben besprochen seine Arbeit. Da für das eine Robotermodell ein *RPLidar A1* vorgesehen ist, wird die Reichweite bei ca. 6 m liegen, also in dem Rahmen, welcher in *gmapping.launch* festgelegt ist.

2.1.5 Kamera

Zuvor haben wir gesehen, wie die Daten aus einem virtuellen Lasermessgerät in *RViz* verwendet werden, um Hindernisse auf einer Karte darzustellen. Der Roboter hat darüber hinaus eine Kamera auf der mobilen Basis befestigt. Die Kamerabilder stammen aus der Simulationsumgebung in *Gazebo* und werden unter anderem an das topic */camera/image_raw* ausgegeben. Die Konfiguration der Kamera befindet sich in derselben Datei, in der auch der Laser konfiguriert ist.

```
abot_description/urdf/abot.gazebo
```

In der Datei *abot.gazebo* befindet sich ein Abschnitt für die Kamerakonfiguration, in dem auch das topic angegeben ist, welches zum Publizieren der Kameradaten verwendet wird. Der topic-Name resultiert aus dem Elementwert von *<cameraName>* und dem Elementwert von *<imageTopicName>*, also */camera/image_raw*. Mit folgendem Befehl schauen wir uns die Live-Daten der Kamera als RGB-Matrix in numerischer Form an.

```
rostopic echo /camera/image_raw
```

Live-Bilder einer virtuellen Kamera erhalten wir mit dem nächsten Befehl.

```
rosrun image_view image_view image:=/camera/image_raw
```

Live-Bilder können von bildverarbeitenden Programmen verwendet werden, um zum Beispiel Gesichter zu erkennen.

2.1.6 Simulationen

Als Nächstes überprüfen wir den Schwerpunkt des Roboters, indem wir ihn eine Rampe überqueren lassen. Wenn der Schwerpunkt des Roboters nach hinten verlagert ist, dann könnte er auf der ansteigenden Seite nach hinten kippen. Ist der Schwerpunkt nach vorne verlagert, müsste er folglich auf der abfallenden Seite nach vorne kippen. Bevor wir losfahren, starten wir den Befehl *roslaunch abot_gazebo abot_world.launch* erneut, nachdem wir in der Konsole mit `Strg` + `C` die Simulation des vorhergehenden Szenarios beendet haben. Wir senden einmal (--once) eine Nachricht an das topic */cmd_vel*, um den Roboter 0,2 m/s geradeaus zu fahren.

```
rostopic pub --once /cmd_vel geometry_msgs/Twist '{
                              linear: {x: 0.2, y: 0.0, z: 0.0},
                              angular: {x: 0.0, y: 0.0, z: 0.0}
                              }'
```

Die Räder drehen sich jetzt so lange, bis die nächste Nachricht die Räder anhält.

```
rostopic pub --once /cmd_vel geometry_msgs/Twist '{
                        linear: {x: 0.0, y: 0.0, z: 0.0},
                        angular: {x: 0.0, y: 0.0, z: 0.0}
                        }'
```

Der Roboter nimmt die Steigung ohne Probleme, jedoch auf der absinkenden Seite der Rampe fällt der Roboter plötzlich nach vorne über. Das überrascht nicht, betrachtet man den vorderlastigen Aufbau der mobilen Basis. Eine mögliche Verbesserung wäre, die Räder mittig am Roboter zu befestigen. Im vorderen Bereich müssten dann noch ein oder zwei Möbelrollen unterstützen.

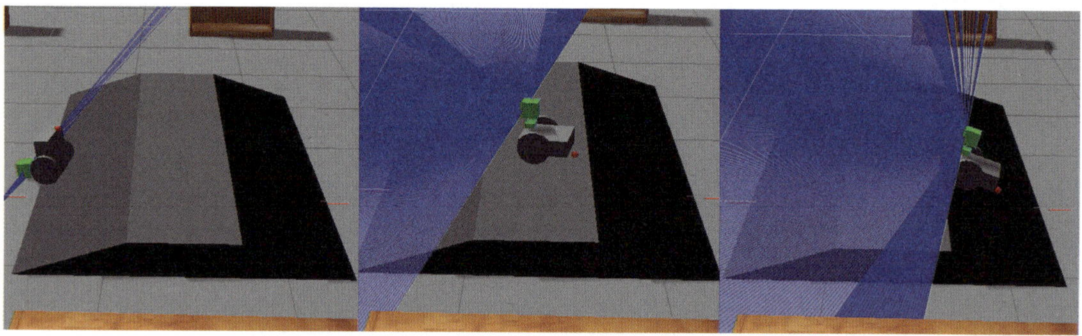

Abb. 2–4 Schwerpunkt des Roboters auf einer Rampe testen

So ähnlich könnten weitere Tests aussehen, um die Roboterkonstruktion zu bewerten. Versuchen Sie einen Simulationsaufbau ohne Objekte in Gazebo, um die Fliehkräfte am Roboter zu testen, wenn Sie ihn in einer Kreisbahn beschleunigen. Das Paket *abot_gazebo* hält im Ordner für Startdateien eine *launch*-Datei für derartige Tests bereit. Beenden Sie alle Programme, die durch vorherige *roslaunch*-Befehle laufen, und starten Sie mit dem nächsten Befehl eine leere Gazebo-Welt.

```
roslaunch abot_gazebo abot_empty_world.launch
```

Um eine Kreisbahn mit dem Roboter zu fahren, beschleunigt man beide Räder, wobei ein Rad sich schneller dreht als das andere. In folgendem Befehl beschleunigen wir beide Räder auf 1.5 m/s in x-Richtung. Die Drehung erfolgt um die z-Achse und gemäß der *Rechte-Hand-Regel* bewirken positive Werte eine Drehung gegen den Uhrzeigersinn. Bei Flugzeugen spricht man auch vom *»Gieren«*, wenn eine Drehung um die z-Achse vorgenommen wird. Allerdings haben Flugzeuge auch die Möglichkeit zu *»rollen«* und zu *»nicken«*, was unser Roboter nicht hat und darum auch die angulare Beschleunigung um die x- oder y-Achse nicht ausführen kann.

```
rostopic pub --once /cmd_vel geometry_msgs/Twist '{
                        linear: {x: 1.5, y: 0.0, z: 0.0},
                        angular: {x: 0.0, y: 0.0, z: 1.0}
                        }'
```

Die Räder drehen sich jetzt unterschiedlich schnell, der Roboter fährt eine Kreisbahn. Spielen Sie mit den Werten für die lineare Beschleunigung in x-Richtung und die angulare Beschleunigung um die z-Achse.

2.2 RViz

In *RViz* werden 3D-Daten von ROS visualisiert. In erster Linie handelt es sich bei diesen 3D-Daten um Roboter. Sie werden zuerst im URDF-Format beschrieben und anschließend in *RViz* geladen. Des Weiteren können ROS-Sensordaten im dreidimensionalen Raum von *RViz* dargestellt werden. Unter Sensordaten können wir uns beispielsweise Laserdaten vorstellen, aber auch Kamerabilder sind Sensordaten, genauso wie Ultraschall- oder Infrarotdaten. *RViz* ist die Kurzform von »*ROS Visualisation*«.

Eine weitere nützliche Funktion von *RViz* ist, dass Schnittstellen in Form von *Plugins* zu anderen ROS-Paketen existieren. Das ROS-Paket *MoveIt!* stellt ein *Plugin* bereit, mit dessen Hilfe es möglich ist, Roboterarme zu bewegen, indem man einfach die Ziel-Koordinaten im dreidimensionalen Raum angibt. So ähnlich können mit *RViz* Navigationsziele für eine mobile Basis angegeben werden und der Roboter steuert das Ziel mithilfe des Navigationspakets von ROS automatisch an, vorausgesetzt es findet einen Pfad zum Ziel. Unter dem Aspekt, dass wir bis jetzt nicht programmiert haben, sind diese *Plugins* eine enorme Arbeitserleichterung, denn sie funktionieren nicht nur in einer Simulation, sondern auch mit realen Robotern (*http://wiki.ros.org/rviz/UserGuide*).

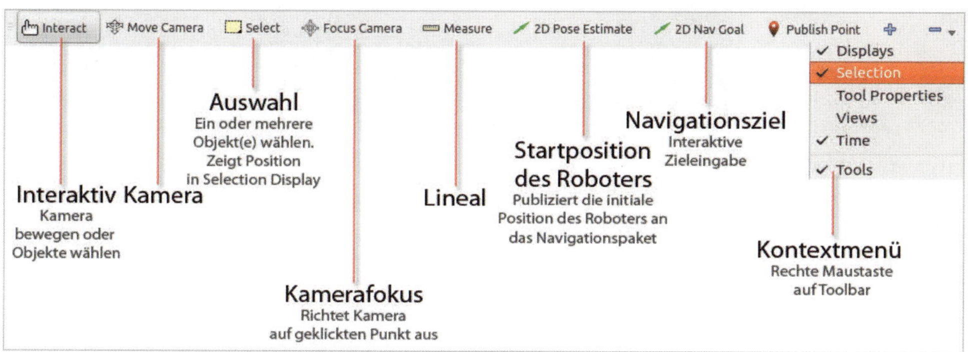

Abb. 2–5 RViz-Werkzeugleiste

Die Werkzeugleiste hat zwei wichtige Werkzeuge, mit denen wir oft arbeiten werden. Das Werkzeug »Interact« ist standardmäßig aktiv und wird für die Einstellung des Betrachtungswinkels verwendet. Ein Navigationsziel wird mit dem Werkzeug »2D Nav Goal« auf einer Fläche gesetzt. Sie halten dabei die linke Maustaste gedrückt und bestimmen mit einer Kreisbewegung die Blickrichtung, die der Roboter am Ziel einnehmen soll. Der Schwerpunkt unserer Arbeit mit *RViz* liegt in der Navigation von Robotern. Als Beispiel nehmen wir einen Roboter, der mit Laserscanner und Odometriedaten ein Wahrnehmungsmodell erstellt. Daraus wird dann ein Weltmodell und in diesem sollen die folgenden Fragen beantwortet werden: »Wo bin ich?«, »Wohin will ich?« und »Wie komme ich dahin?«. Diese Fragen werden aber nicht nur einmal gestellt, sondern wiederholt in einer ausreichend hohen Frequenz, die es erlaubt, dass ein plötzlich auftretendes Hindernis ohne Kollision umfahren werden kann. Doch zunächst schauen wir uns die grundlegenden Funktionen von *RViz* an. Wir starten *RViz* aus einer *launch*-Datei in der Konsole:

```
roslaunch abot_gazebo abot_home.launch
```

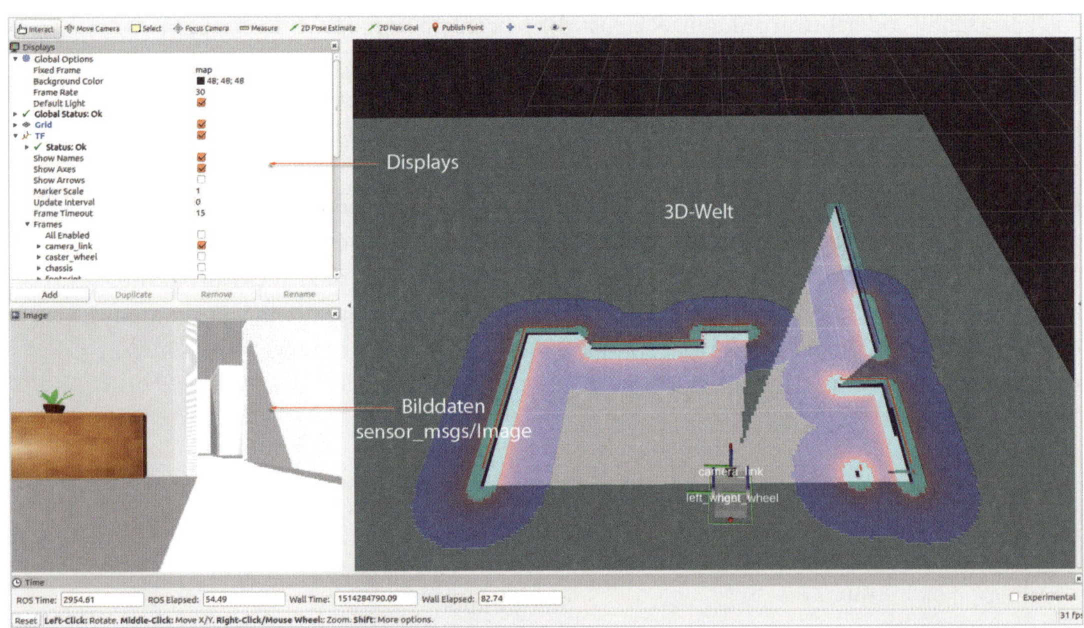

Abb. 2–6 RViz erstellt 3D-Daten aus ROS-Daten. 2D-Bilddaten werden aktualisiert dargestellt.

2.2.1 RViz-Maussteuerung

Wer sich in *RViz* bewegen möchte, benötigt eine Maus, idealerweise mit drei Tasten und einem Mausrad. Zuvor muss in der Werkezugleiste der Button »Interact« aktiviert sein.

- Mausbewegungen mit gedrückter linker Maustaste bewirken eine Drehung um den **Fokuspunkt**.
- Bei gedrückter mittlerer Maustaste verschieben Mausbewegungen den **Fokuspunkt**. In der Werkzeugleiste ist ein Button »*Focus Camera*«, womit die Kamera auf ein mit der linken Maustaste geklicktes Objekt gerichtet werden kann. Das ist nützlich, wenn man mit der mittleren Maustaste zu weit verschoben hat und schnell wieder auf ein bestimmtes Objekt fokussieren möchte.
- Die gehaltene rechte Maustaste zoomt bei Mausbewegungen in den **Fokuspunkt** hinein und heraus.
- Das Mausrad zoomt in den **Fokuspunkt** hinein und heraus.

2.2.2 RViz, Koordinaten- und Bezugssysteme

Die Platzierung der Objekte im dreidimensionalen Raum wird anhand eines **Bezugssystems** vorgenommen, namentlich **TF** (*http://wiki.ros.org/tf*). **Bezugssysteme** spielen in ROS und *RViz* eine wichtige Rolle bei der räumlichen Positionsbestimmung von Objekten. Als Beispiel stellen wir uns den Roboter mit einem Laserscanner vor. Der Roboter hat einen Grundkörper und dieser bildet die Basis für alle Objekte, die auf dem Roboter verbaut sind. Durch den Aufbau entsteht eine hierarchische Baumstruktur, wobei der Grundkörper das Wurzelelement darstellt. Der Laserscanner ist 30 cm entlang der positiven z-Achse auf dem Grundkörper montiert. Dreht sich der Grundkörper, so dreht sich auch der Laserscanner. Die Positionsangaben im Koordinatensystem sind relativ zum Roboter. Bewegt sich der Roboter fort, dann befindet sich der Laserscanner immer noch 30 cm auf der positiven z-Achse des Roboters, obwohl sich der Roboter relativ zu seinem Ursprungsort wegbewegt hat. *TF* kann uns aber sagen, wo sich der Laserscanner relativ zur Welt befindet, denn auch die Welt hat ein Bezugssystem, und so ist es möglich Berechnungen mit verschiedenen Bezugssystemen durchzuführen, um den Ort und die Orientierung eines Objekts relativ zu einem anderen Objekt zu ermitteln. Ein typisches Beispiel für eine solche Berechnung wäre eine Verfolgungsjagd, wobei ein Objekt einem anderen Objekt in einer vorgegebenen Distanz folgen soll.

So verhält es sich auch zwischen dem Roboter und seiner Umgebung. Meist verwendet man eine Karte oder Odometriedaten als Bezugssysteme und kann somit die Position des Roboters in einem Koordinatensystem bestimmen.

Schließlich gibt es noch Objekte außerhalb des Roboters. Angenommen, die Kamera hat einen Blumentopf entdeckt und der Laserscanner misst eine Entfernung von 2,1 m zu diesem. Die Entfernung, welche gemessen wurde, ist wiederum relativ zum Roboter, oder genauer gesagt zum Laserscanner. Interessanter ist stattdessen oft die Frage, wo sich der Blumentopf im Raum befindet. »*Der Blumentopf befindet sich im Raum auf der Kommode neben dem Eingang*«, ist eine Antwort, die ein Benutzer bevorzugen würde. Mathematisch ausgedrückt ist der Ort und die Orientierung des Objekts gemeint. In einer 3D-Welt entspricht die x-, y- und z-Koordinate dem Ort und der Roll-Nick-Gier-Winkel der Orientierung. Wie dieses Bezugssystem in *RViz* aufgebaut ist, erfährt man mit dem Displaytyp *TF*. Objekte, wie Roboter, Sensoren und Gegenstände müssen in ROS einen Bezugspunkt haben, die sogenannte *frame_id*. Diese Bezugspunkte werden von *RViz* verwendet, um Objekte in der 3D-Anzeige darzustellen und zu beschriften.

TF bietet ausreichend Befehle für die Konsole, darunter eine Ausgabemöglichkeit als PDF-Datei, um die strukturellen Zusammenhänge grafisch auszugeben. Vorausgesetzt, der zuvor genannte *roslaunch*-Befehl läuft noch, dann können wir den PDF-Export mit folgendem Befehl erreichen:

```
rosrun tf view_frames
```

Sobald der Befehl *view_frames* aus dem Paket *tf* ausgeführt wurde, beginnt eine fünf Sekunden andauernde Beobachtung des topics */tf*. Daraus werden die durchschnittlichen Aktualisierungsraten der Bezugssysteme berechnet und der PDF-Export gestartet. Die PDF-Datei wird in dem Ordner erstellt, wo der Befehl *view_frames* ausgeführt wurde. Der nächste Befehl kann zum Anzeigen der PDF verwendet werden. Standardmäßig lautet der Dateiname der erstellten PDF *frames.pdf*. Mit dem Linux-Programm *evince* können wir eine PDF-Datei öffnen.

```
evince frames.pdf
```

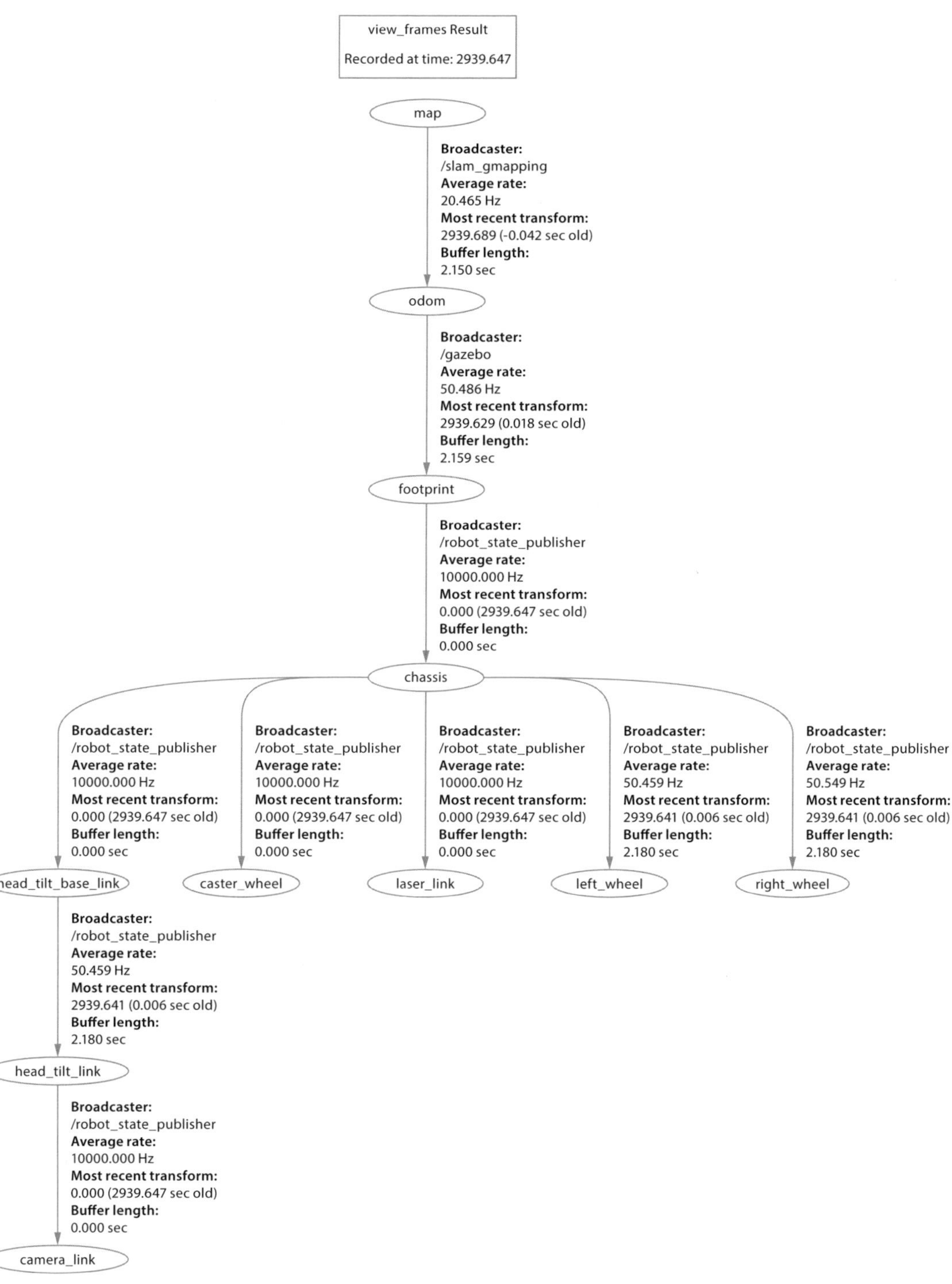

Abb. 2–7 TF-Bezugssysteme

Wenn alle Elemente der Baumstruktur in frames.pdf miteinander verbunden sind, dann ist das ein gutes Zeichen für ein fehlerfreies Bezugssystem. Gehen wir nun der Frage nach, wo sich der Laserscanner innerhalb der Welt aufhält. Wir hatten besprochen, dass der Laserscanner in einer Höhe von 30 cm auf dem Grundkörper des Roboters befindet. Mit dem Befehl *tf_echo* können wir das überprüfen.

```
rosrun tf tf_echo footprint laser_link
```

Ausgabe:

```
At time 0.000
- Translation: [0.000, 0.000, 0.300]
- Rotation: in Quaternion [0.000, 0.000, 0.000, 1.000]
            in RPY (radian) [0.000, -0.000, 0.000]
            in RPY (degree) [0.000, -0.000, 0.000]
```

Der rot markierte Wert sagt genau das, was wir besprochen haben. Der Laser befindet sich relativ zum Grundkörper, hier *chassis*, 30 cm entlang der z-Achse nach oben. Als Bezugssystem verwenden wir die Karte, nachfolgend als *map* bezeichnet. Diesmal prüfen wir also den Ort und die Orientierung des Laserscanners relativ zur Karte:

```
rosrun tf tf_echo map laser_link
```

Ausgabe:

```
At time 2904.290
- Translation: [-5.804, 2.000, 0.300]
- Rotation: in Quaternion [0.000, 0.000, 0.000, 1.000]
            in RPY (radian) [0.000, -0.000, 0.001]
            in RPY (degree) [0.000, -0.000, 0.034]
```

Es bleibt dabei, dass der Laserscaner 30 cm in der Höhe steht. Hinzu kommt nun, dass er relativ zur Karte betrachtet –5,8 m auf der x-Achse und 2 m auf der y-Achse versetzt ist. Die Erklärung dazu ist recht einfach. Die *launch*-Datei, die wir verwendet haben, um diese Tests durchzuführen, hat eine Positionsangabe für den Roboter mit der diese Versetzung bei jedem Start stattfindet. Ein Blick in die Datei *abot_home.launch* zeigt die Ursache für die Positionsverschiebung des Roboters.

```
<node
   name="abot_spawn"
   pkg="gazebo_ros"
   type="spawn_model"
   output="screen"
   args="-urdf -param robot_description -model abot -x -5.8 -y 2.0 -z 0.1"
   respawn="false"
/>
```

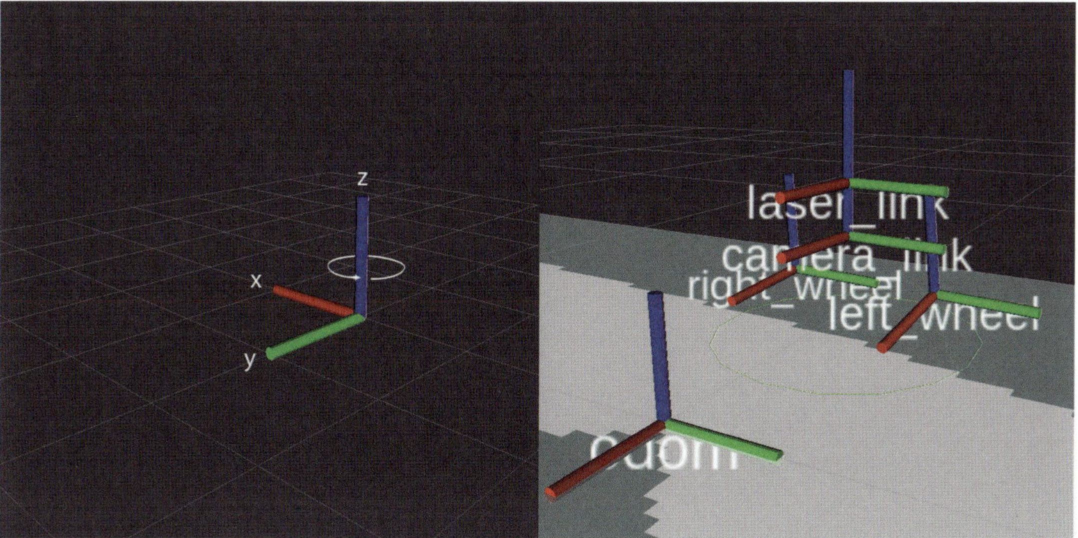

Abb. 2–8 RViz-Achsen nach der Rechte-Hand-Regel. Die Bezugssysteme des Roboters in RViz

2.2.3 RViz-Konfigurationsdatei

Sobald Sie die Kameraperspektive in *RViz* verändern, verändern Sie die RViz-Konfiguration. Die Standardkonfigurationsdatei im *YAML*-Format befindet sich in einem versteckten Ordner im Heimatverzeichnis des Benutzers:

```
cat ~/.rviz/default.rviz
```

Ein Blick in die Konfigurationsdatei verrät alle Parameter, die gespeichert werden können. Dazu zählen:

- Panele
- Displays
- Werkzeuge
- Kameraeinstellung und Perspektive
- Programmfenstereinstellungen

Startet man *RViz* mit dem Befehl *rosrun rviz rviz*, dann wird zunächst die Standardkonfigurationsdatei im Heimatverzeichnis des Benutzers gesucht. Ist diese nicht an ihrem Speicherort, startet *RViz* mit der Standardkonfiguration der ROS-Installation. Verändert man nun die Kameraperspektive in *RViz*, dann wird beim Beenden von *RViz* gefragt, ob man die veränderte Konfiguration im Standardspeicherort des aktuellen Benutzers erstellen möchte. Auf diese Weise stellt man seine Standardkonfiguration wieder her, wenn diese zu anderen Zwecken woanders hin verschoben wurde.

Eine Konfigurationsdatei lässt sich auch beim Start von *RViz* explizit als Argument angeben, sodass sich verschiedene Anzeigeeinstellungen für unterschiedliche Zwecke verwenden lassen. Der folgende Befehl lädt die Konfigurationsdatei aus einem ROS-Paket:

```
rosrun rviz rviz -d `rospack find abot_description`/config/abot_urdf.rviz
```

Allerdings wollen wir weniger mit *rosrun* arbeiten als mit *roslaunch*. Dann stellt sich die Frage, wie man die Konfiguration innerhalb einer *launch*-Datei einbindet. Nehmen wir ein Beispiel aus der Datei *abot_description.launch* des *abot_description*-Pakets. Dort steht im *node*-Element für das Paket *RViz*:

```
<node name="rviz"
      pkg="rviz"
      type="rviz"
      args="-d $(find abot_description)/config/abot_urdf.rviz"
/>
```

Das Makro *find* findet den Speicherort des ROS-Pakets und das Dollarzeichen ist ein Variablenersatz für das, was mit *find* zurückgegeben wird, also der absolute Pfad zum Paket *abot_description*. Angehängt an diesen Pfad wird schließlich noch das Unterverzeichnis *config* nebst Konfigurationsdatei.

2.3 FreeCAD

Wer seinen Roboter originalgetreu in ROS nachbauen möchte, kann CAD-Dateien im *Collada*- oder *Stereolithografie*-Format für die Verwendung in URDF erstellen. Grundlegend sollte man es möglichst vermeiden, alles selbst nachzubauen oder abzuscannen, da der Zeitaufwand für diese Arbeitsschritte schnell ausufern kann. Sind 3D-Modelle auf den Herstellerseiten verfügbar, verwenden wir diese. Die Bauteile von Robotis, die zum Download angeboten werden, enthalten in den Dateneigenschaften eine URL zu den Lizenzbedingungen. Wenn Sie diese URL in einem Browser aufrufen, erfahren Sie die Lizenzrechte, die Ihnen von Robotis zur Nutzung des Bauteils eingeräumt werden.

Es gibt zwei häufig vorkommende Arten von CAD-Modellierungsverfahren, die **parametrische** und die **direkte** Modellierung. Die parametrische Modellierung beinhaltet alle Schritte, die zum Modell geführt haben. Man beginnt beispielsweise mit der 2D-Zeichnung einer Fläche, diese wird dann extrudiert und schließlich wird mit einem Rechteck etwas ausgestanzt. Alle Arbeitsschritte sind reversibel, da diese im

Dokument anhand mathematischer Formeln beschrieben und enthalten sind. Komplexe Formen und Modelle sind mit dieser Methode daher sehr aufwendig zu erstellen.

Die direkte Modellierung ermöglicht es, durch Veränderung der Oberfläche die gewünschten Änderungen am 3D-Modell herbeizuführen, ohne, wie im vorherigen Abschnitt beschrieben, die vorangegangenen Schritte, die zum aktuellen Zustand des 3D-Modells geführt haben, zu studieren. Modelle sind somit auf eine intuitive Art direkt veränderbar.

Nehmen wir an, die gängigsten Programme, die in der Industrie im Bereich CAD eingesetzt werden, sind *AutoCAD*, *SolidWorks*, *Catia* und *3D-Studio*. Zunächst haben diese Programme ihre proprietären Dateiformate, um 3D- und 2D-Zeichnungen zu speichern. Ist eine Konstruktionszeichnung fertiggestellt und soll nun die Fabrikation erfolgen, wird ein Exportformat ausgewählt, da die Maschinen, die aus einem 3D-Modell ein Objekt fräsen oder drucken, selbst nur mit speziellen Formaten arbeiten können. Man denke dabei an CNC-Maschinen und 3D-Drucker.

Bei der Wahl der Dateiformate für URDF sind wir auf *Collada* und *Stereolithografie* beschränkt. Es muss also mindestens einen Weg geben, auf dem wir aus den proprietären Dateiformaten der gängigsten Programme ein Format für die Verwendung in ROS bekommen. Für die Formatkonvertierung verwende ich *FreeCAD*, da es die wichtigsten Formate importieren und exportieren kann. Wenn Sie selbst eines der oben genannten CAD-Programme besitzen, dann können Sie daraus meist direkt in das gewünschte Format exportieren. Wir betrachten im Zusammenhang mit CAD nur Programme, die als OpenSource zur Verfügung stehen.

Die Hersteller exportieren aus oben genannten CAD-Programmen meist in folgende Dateiformate für Downloads, für den Austausch mit Kunden oder für andere Programme. Der Vorteil dieser Formate ist, dass sie sehr viele Informationen zum Aufbau des 3D-Modells speichern. Das CAD-Modell wird auch nicht durch Triangulation oder andere speichersparende Maßnahmen reduziert – kurz: Es bleibt der Originalzustand weitestgehend erhalten.

- STEP, STP
- IGES, IGS
- DWG
- DXF

Als Nachfolger von *IGES* und als ISO-10303-21 bekannt ist *STEP* die erste Wahl, wenn man ein CAD-Dateiformat unter anderen Dateiformaten auswählen kann. Damit haben wir zwar noch keine *Collada*- oder *Stereolithografie*-Datei, aber ein qualitativ sehr gutes Ausgangsformat. Die folgende Tabelle zeigt die unterstützten Merkmale der Dateiformate.

Dateiformat	Geometrie	Farben	Texturen
STEP	Parametrisch	Ja	Nein
IGES	Parametrisch	Ja	Nein
DWG	Parametrisch	Ja	Nein
DXF	Parametrisch	Ja	Nein

Tab. 2–1 CAD – Export-Dateiformate

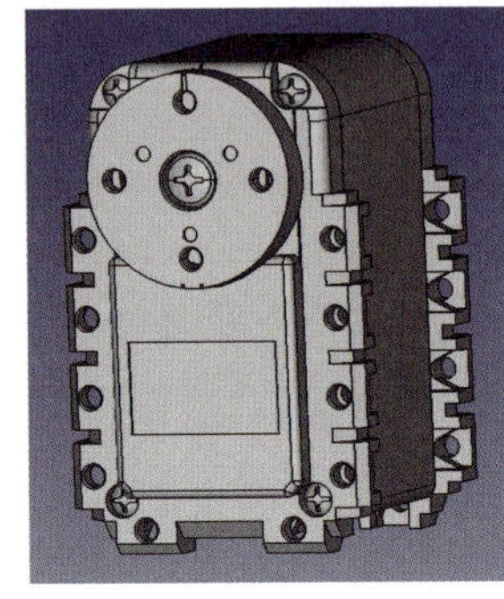

Wenn möglich, verwendet man das *STEP*-Format für Bauteile, da es gute Ergebnisse nach dem Export aus CAD-Programmen liefert. Die Konvertierung von *STEP* in *Collada* und *Stereolithografie* übernimmt dann das quelloffene CAD-Programm *FreeCAD*, das kostenlos unter *www.freecadweb.org* heruntergeladen werden kann. In Ubuntu können Sie es mit folgendem Befehl einfach über eine Konsole installieren:

```
apt install freecad
```

Als Beispiel soll ein Dynamixel-Motor, den wir in URDF-Dateien unseres ROS-Roboters verwenden möchten, nach *Collada* und *Stereolithografie* konvertiert werden. Robotis bietet im Internet unter *http://en.robotis.com/service/downloadpage.php?ca_id=70* aktuelle CAD-Modelle ihrer Produkte in unterschiedlichen Dateiformaten zum Download an. Nachdem Sie eine *STEP*-Datei heruntergeladen und entpackt haben, importieren Sie diese in *FreeCAD*, indem Sie zunächst eine neue leere Datei erzeugen und anschließend über das Menü »Datei« die heruntergeladene *STEP*-Datei im Menüpunkt »Importieren« auswählen. Bevor das CAD-Modell für ROS exportiert werden kann, wählen Sie das Bauteil aus. Standardmäßig ist nach dem Import das leere, unbenannte *FreeCAD*-Dokument ausgewählt. Wenn Sie das übergeordnete Bauteil anklicken, erscheinen in den Dateneigenschaften der Combo-Ansicht auch die entsprechende Lizenz-URL und das Lizenzmodell für diese CAD-Datei. Jetzt, wo das Bauteil ausgewählt ist, können Sie es exportieren. Im Menü »Datei – Exportieren« wählen Sie als Dateityp *Collada* und speichern die Datei in folgendem Verzeichnis:

abot_description/meshes/dynamixel

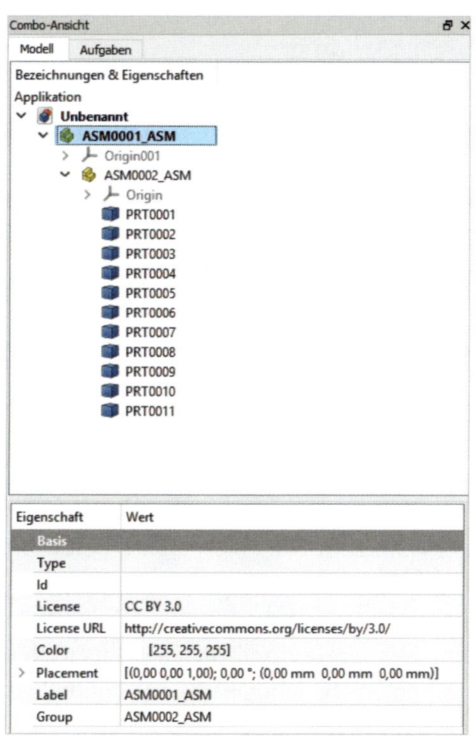

Abb. 2-9
FreeCAD Dateneigenschaften eines ausgewählten Bauteils

Wenn Sie während des Exportvorgangs wider Erwarten eine Fehlermeldung erhalten, dann wählen Sie alle Einzelbauteile der Baugruppe aus, indem Sie die Teile, die mit *PRT* beginnen mit gedrückter `Strg`-Taste einzeln anklicken, bis alle Teile ausgewählt sind, und exportieren dann erneut. Sie können auch das erste Bauteil, das mit *PRT* beginnt, anklicken und das letzte Bauteil in der Liste mit gedrückter `Shift`-Taste anklicken, sodass wiederum alle Teile ausgewählt sind. Starten Sie wie oben beschrieben den Exportvorgang über das Menü.

Wiederholen Sie den Export und wählen Sie diesmal als Dateityp *STL Mesh* aus. Die *Collada*-Datei können wir nun in *Blender* mit Farbe und Texturen versehen. Die Stereolithografie-Datei kann dagegen als Kollisionsobjekt in URDF-Dateien eingesetzt werden.

Dateiformat	Geometrie	Farben	Texturen
Stereolithografie – STL	Mesh	Nein	Nein
Collada – DAE	Mesh	Ja	Ja

Tab. 2-2 CAD – Mesh-Dateiformate

In diesem Kapitel haben wir gesehen, wie eine CAD-Datei für die Verwendung in ROS- bzw. URDF-Dateien konvertiert werden kann. Wie bereits erwähnt, können Sie die Konvertierung auch mit den kommerziellen CAD-Programmen durchführen. Die CAD-Modelle liegen nun in den Formaten *Collada* und *Stereolithografie* vor und können in URDF-Dateien zur visuellen Repräsentation oder als Kollisionsobjekte eingebunden werden. Wer die visuellen Vorgaben wie Farbe oder Textur von *Collada*-Dateien anpassen möchte, kann dies im nächsten Kapitel mit Blender machen. Es ist zwar auch mit FreeCAD möglich, Farben und Texturen in *STEP*-Dateien anzuwenden, nach dem Export in das *Collada*-Format waren diese aber verschwunden.

2.4 Blender

Nachdem eine CAD-Datei in die Formate *Collada* oder *Stereolithografie* konvertiert wurde, hat man es nunmehr mit *Mesh*-Dateien zu tun. Das Wort *Mesh* kann mit Gitter übersetzt werden. *Meshes* kennt man als Dreiecks- oder Vierecksgitter aus Computerspielen oder Modellen für 3D-Drucker. Ein Körper oder eine Fläche kann mit einem solchen Gitter dargestellt werden. Ein Drahtgitter, welches aus vielen viereckig geformten Drähten besteht, kann zu einem beliebigen Körper modelliert werden. Solch ein Drahtgitter gibt es in Bastelgeschäften und ist vergleichbar mit den *Meshes*, die wir nun in Blender verwenden werden.

Der Unterschied zwischen parametrischer und direkter Modellierung wurde bereits in FreeCAD besprochen und hier sei nur kurz erwähnt, dass Veränderungen an einer beliebigen Form einer *Mesh*-Datei irreversibel sind, sobald die *Mesh*-Datei in *Blender* gespeichert und geschlossen wird. Sie müssten also jeden Zustand in einem Backup speichern, wenn Sie die Arbeitsschritte rückgängig machen möchten. Modellieren in *Blender* ist vergleichbar mit der Arbeit an Knetmasse – Sie verändern die Form **direkt**.

Blender ist freie Software und kann mit folgendem Befehl auf Ubuntu-Systemen über die Paketverwaltung installiert werden. Für Windows existiert ein Installer auf der Downloadseite von *Blender* unter *https://www.blender.org/download*.

```
apt install blender
```

Die in diesem Buch verwendete Version ist 2.79b. Wichtig ist, dass die Möglichkeit zum Importieren von *Collada*-Dateien gegeben ist. Sie können dies über das Menü »File – Import« überprüfen. An erster Stelle sollte die Option für *Collada*-Dateien erscheinen.

Wenn Sie eine andere als die von der Paketverwaltung angebotene Version verwenden möchten, dann können Sie über den Downloadlink *https://download.blender.org/release* eine beliebige Version von *Blender* herunterladen, auspacken und *Blender* in dem ausgepackten Ordner starten. Das ist vergleichbar mit einer portablen Version und funktioniert auch auf einem USB-Stick, wenn dieser an ein Linux-System angesteckt wird.

Starten Sie Blender und klicken Sie außerhalb des sogenannten *splash screens* (aber innerhalb des Programmfensters) – dem Startmenü von *Blender* in der Mitte des Programms. Alternativ drücken Sie die `Esc`-Taste auf Ihrer Tastatur, so verschwindet ebenfalls das Startmenü. Befindet sich nun noch ein Quader in der Szene, dann können Sie ihn mit der rechten Maustaste auswählen. Anschließend entfernen Sie das Objekt mit der `Entf`- oder `X`-Taste und bestätigen die Aktion, wenn eine Rückfrage erscheint.

Tastenkombinationen oder Tasten haben keine Wirkung?

Wenn ein Kontextmenü nicht erscheint, nachdem Sie eine Tastenkombination oder Taste gedrückt haben, dann kann das daran liegen, dass sich der Mauszeiger über einer Region befindet, die auf Tastatureingaben nur bedingt reagiert. Bewegen Sie die Maus vorher in die perspektivische Ansicht bzw. 3D-Ansicht des Programmfensters von *Blender* und drücken Sie dann die gewünschte Tastenkombination oder Taste.

Der Dateityp von Blender ist *blend*. Wenn Sie also speichern, dann werden die Dateien mit der Dateiendung *blend* Ihre wertvolle Arbeit enthalten. Wir behandeln zwar hauptsächlich die Formate *Collada* und *Stereolithografie*, aber ich neige oft dazu, ein zusätzliches Format als Backup zu verwenden. Das native Format von *Blender* speichert zudem Informationen, die in den genannten Exportformaten nicht vorhanden sind. Zudem können Dateien mit der Endung *blend* mit *Blender* assoziiert werden und öffnen die Szene mit allen Objekten, die Sie im *Blender*-Dokument gespeichert haben. Wenn Sie *Collada*-Dateien mit *Blender* assoziieren, dann wird lediglich das *Blender*-Programm gestartet, aber die *Collada*-Datei nicht geöffnet bzw. importiert. Die Ursache ist, dass *Collada*-Dateien über die Import-Funktion von *Blender* importiert werden müssen.

Die Arbeit mit *Blender* ist gewöhnungsbedürftig und bis die wichtigsten Handgriffe sitzen, kann es eine Weile dauern. Suchen Sie nach Spickzetteln (engl. *cheatsheet*) für *Blender*, um eine Vorlage mit den wichtigsten Maus- und Tastatureingaben vor sich zu haben. *FreeCAD* bietet zudem in den Einstellungen die Möglichkeit, die Navigation in seiner 3D-Ansicht an die Navigation in *Blender* anzupassen. So können Sie in zwei unterschiedlichen Programmen mit den gleichen Navigationseinstellungen arbeiten.

2.4.1 Blender-Einstellungen

Wir gehen zuerst die für unsere Arbeit relevanten Grundeinstellungen von *Blender* durch. In den darauffolgenden Kapiteln wird ein Objekt in *Blender* erstellt, transformiert, modelliert, koloriert, texturiert und schließlich für die Verwendung in URDF-Dateien als *Collada* oder *Stereolithografie* exportiert.

Zur Veranschaulichung der Grundeinstellungen verwenden wir die exportierte *Collada*-Datei aus Abschnitt 2.3. Diese wird in *Blender* über das Menü »*File – Import*« und anschließend über die Option »*Collada (dae)*« importiert. Sobald Sie eine *Collada*-Datei ausgewählt und importiert haben, wird diese in der aktuellen Szene platziert. Wenn Sie vorher ein anderes Objekt in der Szene hatten, dann kann es sein, dass der Dynamixel-Motor nun davon verdeckt wird. Wenn Sie das Objekt nicht sehen können, könnte es auch daran liegen, dass die Ansicht nicht nahe genug am Objekt ist, wodurch es möglicherweise sehr klein erscheint. Zoomen Sie mit dem Mausrad in die 3D-Szene hinein, um kleine Objekte in der Nähe des Ursprungs besser zu erkennen.

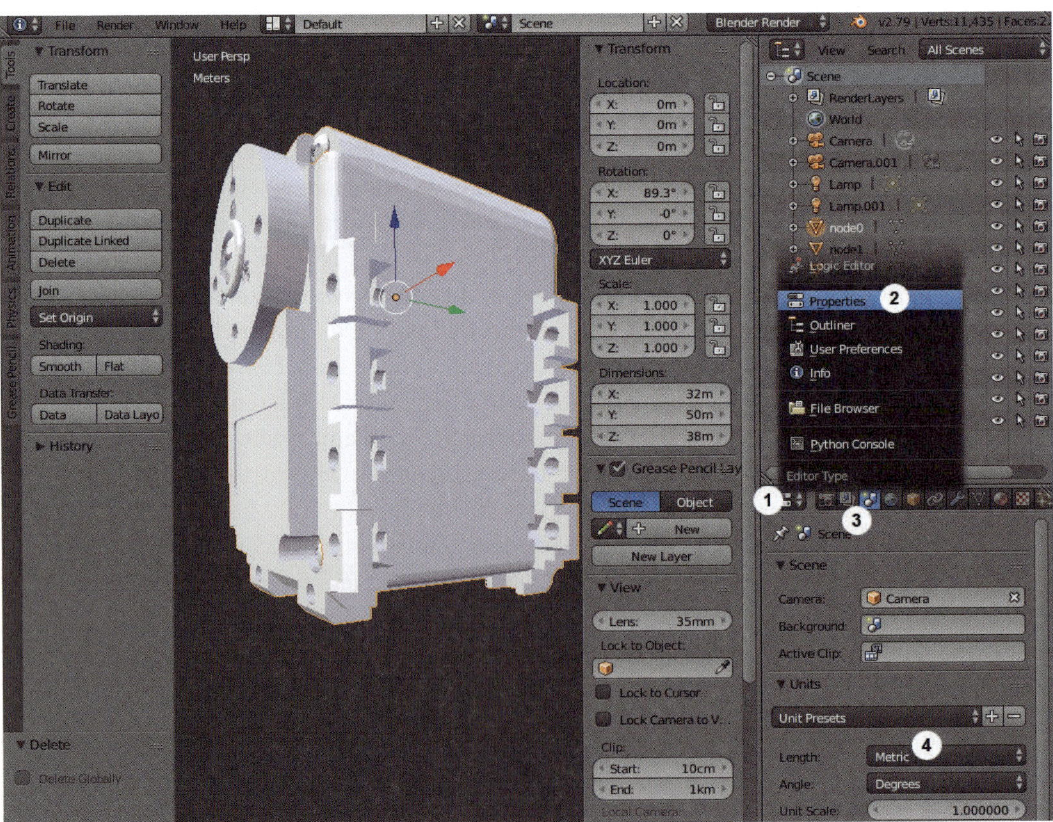

Abb. 2–10 Blender-Einheiten und x-, y-, z-Ausrichtung

Es gibt zwei wesentliche Dinge in *Blender*, die uns mehr oder weniger beschäftigen werden. Zum einen ist die Größenangabe in Blender standardmäßig in *Blender-Einheiten* und zum anderen müssen die Objekte im Koordinatensystem korrekt ausgerichtet werden. Beide Dinge können zwar in URDF-Dateien nachträglich angepasst werden, aber der Aufwand dafür lässt sich durch etwas Vorarbeit in *Blender* stark reduzieren.

Blender-Einheiten sind standardmäßig in Meter und bewirken, dass Objekte in *RViz* oder *Gazebo* viel zu groß erscheinen. Schließlich sind die Objektmaße der hier verwendeten 3D-Modelle meist viel kleinerer Natur und im Zentimeter- oder Millimeterbereich. Um die Einheitenangaben auf metrisch zu stellen, gehen Sie die folgenden Punkte im Bild nacheinander durch.

① Unterhalb des Szenengraphen klicken Sie auf den Dropdown-Button.

② Im darauf erscheinenden Menü wählen Sie Eigenschaften (»*Properties*«) aus.

③ Das Symbol mit den drei Grundkörpern öffnet die Datentypen.

④ Wählen Sie im Einheitensystem für die Einstellung »Length« »Metric« aus. Etwas weiter darunter befindet sich ein Button »Unit Scale« für die Einheitenskalierung. Damit ist es möglich, die aktuellen Dimensionen eines Objekts sofort hoch- oder herunterzuskalieren.

Von nun an werden die Einheiten in Meter, Zentimeter usw. für ausgewählte Objekte angezeigt. Das Standardobjekt, welches in *Blender* nach dem Start erscheint, hat eine Kantenlänge von 2 m. Die Objekteigenschaften werden mit der [N]-Taste angezeigt. Danach kann man im Bereich »*Transform*« die Dimensionen ablesen. Bei der Erstellung von Bauteilen in *Blender* können wir ab sofort Angaben in Meter, Zentimeter usw. machen. So können wir uns einfacher vorstellen, wie groß etwas in *RViz* oder *Gazebo* sein wird.

In der Abbildung kann man ebenfalls die Ausrichtung des Motors erkennen. Die Nabe zeigt in y-Richtung, also entlang des grünen Pfeils. Wenn der Motor in *RViz* angezeigt wird, dann ist das dort ebenso der Fall. Das Koordinatensystem ist identisch mit dem System in *RViz* und folglich auch in *Gazebo*.

Wenn wir also Objekte erstellen und exportieren, ist es sinnvoll die Ausrichtung bereits in *Blender* korrekt einzustellen. Sonst muss man in URDF-Dateien umständlich eine Rotation um eine oder mehrere Achsen angeben, um die Ausrichtung zu korrigieren. Wie man ein Objekt in Blender rotiert, beschreibt das nächste Kapitel.

2.4.2 Objekte transformieren

In den Objekteigenschaften, die mit der N-Taste aktiviert werden, gibt es einen Bereich »*Transform*«, wo Angaben zu Position, Rotation, Skalierung und Dimension gemacht werden können. Als Beispiel soll der Motor senkrecht ausgerichtet werden, was eine Rotation um die rote x-Achse erfordert. Intuitiv würde man den Motor mit der rechten Maustaste auswählen und im Bereich »Rotation« den Wert 90 in das Feld x eingeben und fertig. Normalerweise ist diese Vorgehensweise auch korrekt, leider wird das hier nicht so einfach funktionieren, denn der Motor besteht tatsächlich aus mehreren Einzelteilen, die aus der CAD-Datei ins *Collada*-Format exportiert wurden. Dazu gehören Anschlüsse, Gewindestifte, Motorlager usw. Wie wir im Szenengraph auch sehen können, gibt es zehn Bauteile, die mit »*node*« beginnen und alle Teile des Dynamixel-Motors sind. Wenn wir also den Motor aufrichten möchten, muss für alle Teile dieselbe Rotation angegeben werden. Sehen wir zunächst, wie wir statt zehn Teile einzeln zu rotieren eine Objektgruppe erstellen und nur diese eine Objektgruppe mit allen Einzelteilen gemeinsam rotieren. Vorab können die Bauteile, die gruppiert werden sollen, im Szenengraph ausgewählt werden. Halten Sie dazu die Shift-Taste gedrückt und klicken Sie mit der linken Maustaste alle Bauteile an, die mit »*node*« beginnen.

Bevor wir eine Objektgruppe anwenden können, muss das dafür notwendige *AddOn* in den Benutzer-Voreinstellungen von *Blender* aktiviert werden. Damit können beliebig viele ausgewählte Objekte durch ein unsichtbares Objekt in der Hierarchie des Szenengraphen untergeordnet werden – kurz, man baut eine neue Treppenstufe in die Hierarchieebenen ein.

Dann kann das unsichtbare Objekt im Szenengraph ausgewählt und statt vieler einzelner Teile nur das eine, oberste Objekt bewegt werden, wodurch man automatisch alle untergeordneten Objekte mitbewegt.

Die Benutzer-Voreinstellungen finden Sie im Menü »*File*« unter dem Menüpunkt »*User Preferences*«. Alternativ können Sie die Tastenkombination Strg + Alt + U verwenden. Die nächsten Schritte zeigen, wie man das benötigte *AddOn* aktiviert. Wählen Sie als Nächstes den Reiter *AddOn* im Fenster »*Blender User Preferences*«.

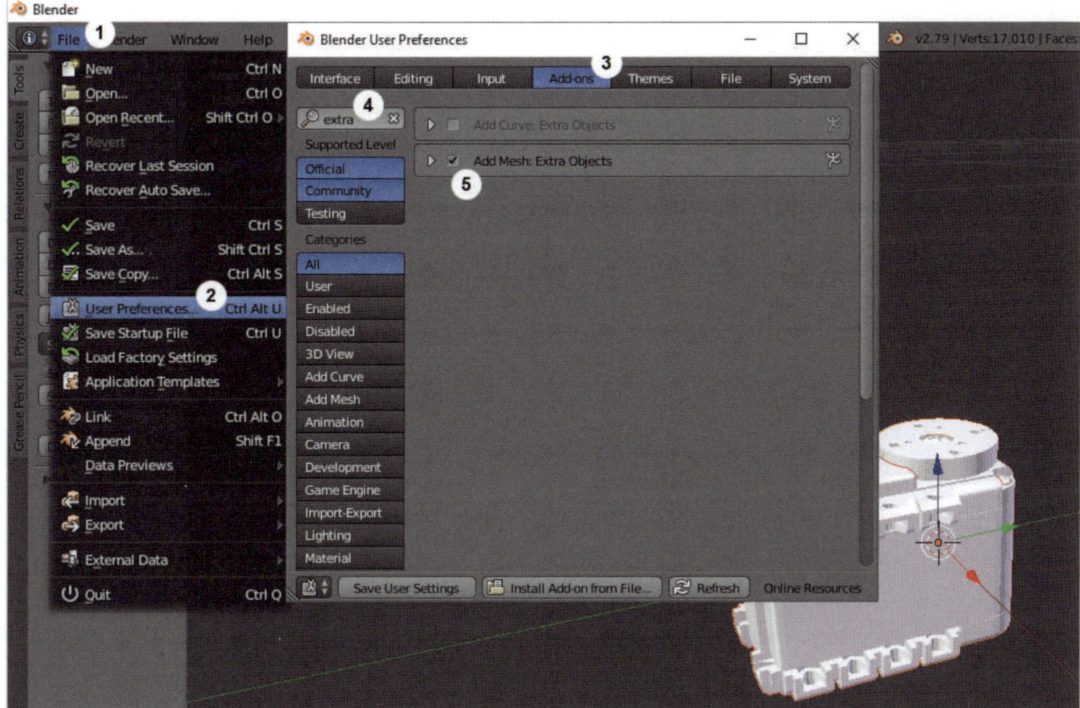

Abb. 2–11 Blender-Benutzereinstellungen und AddOns

① Die Benutzer-Voreinstellungen finden Sie im Menü »*File*«.

② Unter dem Menüpunkt »*User Preferences*« verbirgt sich das Fenster mit den *AddOns*. Alternativ können Sie die Tastenkombination `Strg` + `Alt` + `U` verwenden.

③ Der Reiter *AddOns* enthält die unterschiedlichen Kategorien mit den zugehörigen Paketen.

④ Geben Sie im Suchfeld das Wort »*extra*« ein.

⑤ Aktivieren Sie das *AddOn* »*Add Mesh: Extra Objects*«, indem Sie einen Haken davor setzen. Jedoch geht diese Einstellung beim nächsten Start von Blender verloren, wenn Sie nicht zusätzlich den Button »*Save User Settings*« im unteren Bereich desselbigen Fensters betätigen.

Nachdem das *AddOn* aktiviert wurde, stellen Sie sicher, dass die gewünschten Bauteile, die zu einer Gruppe zusammengefasst werden sollen, im Szenengraph ausgewählt sind. Innerhalb des Programmfensters von *Blender* erscheint durch Drücken der `Leer` ein Fenster, in dem Sie verschiedene Funktionen von vielen *AddOns*

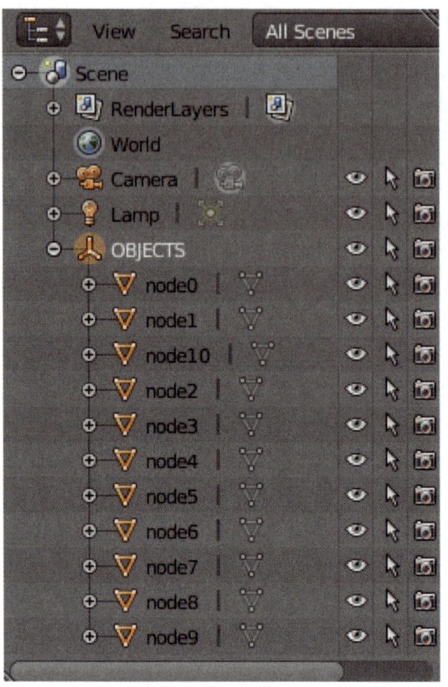

anwenden können. Geben Sie das Wort »*parent*« ein, um die Trefferliste auf das gewünschte *AddOn* zu reduzieren. Der vollständige Name der Funktion heißt »*Parent to Empty*« und kann mit einem linken Mausklick angewendet werden. Danach werden alle Teile, die mit »*node*« beginnen, in der Hierarchieebene um eine Ebene untergeordnet. Das übergeordnete Objekt ist leer und heißt standardmäßig »*OBJECTS*«. Es ist nicht möglich, für ein leeres Objekt eine Größenangabe zu machen. Das haben wir auch nicht vor, aber eine Rotation können wir nun vornehmen, ohne jedes Bauteil einzeln auswählen zu müssen.

Abb. 2–12
Blender-Szenengraph mit zusammengefassten Bauteilen in einem leeren Objekt

Vergewissern Sie sich, dass das übergeordnete leere Objekt wie in der Abbildung ausgewählt ist, und geben Sie nun wie zu Beginn dieses Kapitels beschrieben eine 90°-Rotation um die x-Achse ein.

Das leere Objekt kann jederzeit aus der Hierarchie entfernt werden. Mit einem Klick der rechten Maustaste auf das Objekt im Szenengraph erscheint ein Kontextmenü und die Möglichkeit, es zu löschen. Bedenken Sie dabei, dass dann auch die Rotation, die Sie auf das leere Objekt angewendet haben, entfernt wird. Die untergeordneten Objekte werden danach ihre ursprüngliche Rotation wiedergeben. Wir belassen es nun, wie es ist, und befassen uns im nächsten Kapitel mit Farben in *Blender*.

2.4.3 Objekte färben

Mit *Blender* können Farben für jedes einzelne Bauteil vergeben werden. Sollen die Farbangaben auch in ROS erhalten bleiben, kommt als Exportformat nur *Collada* in Frage. Das *Stereolithografie*-Format bietet, wie wir in Tabelle 2–3 gesehen haben, keine Möglichkeit, Farben zu speichern. Eine *Collada*-Datei *merkt* sich für jedes Bauteil einer Baugruppe die Objekteigenschaften und somit auch die Farbeigenschaften. In den folgenden Abschnitten sehen wir, wie die Farbangaben für ein einzelnes sowie für mehrere Objekte gleichzeitig verändert werden können.

Da wir zuvor ein leeres Objekt als Hilfsmittel für Rotationen erstellt und ausgewählt hatten, benötigt man zunächst ein Bauteil, welches eine Form oder ein Volumen hat. Mit einem Klick der rechten Maustaste auf den importierten Motor in der Standardperspektive von Blender kann ein Volumen-Objekt ausgewählt werden. Prüfen kann man die Auswahl wieder im Szenengraph, wo ein einzelnes Objekt aufleuchtet bzw. sich von den anderen abhebt, sobald es markiert wurde.

Möchte man ein Objekt markieren und färben, das sich innerhalb des Motorgehäuses befindet, kann man sich damit behelfen, das Motorgehäuse zuerst auszublenden und dann die inneren Teile auszuwählen. Das geht am schnellsten mit dem Auge-Symbol neben dem betroffenen Bauteil im Szenengraph. Da wir nicht beabsichtigen, die Innereien des Motors zu bearbeiten, bleibt dem interessierten Leser hier zumindest ein Blick »unter die Haube«.

Das ausgewählte Bauteil kann nun über die Materialeigenschaften des Objekts wie folgt gefärbt werden.

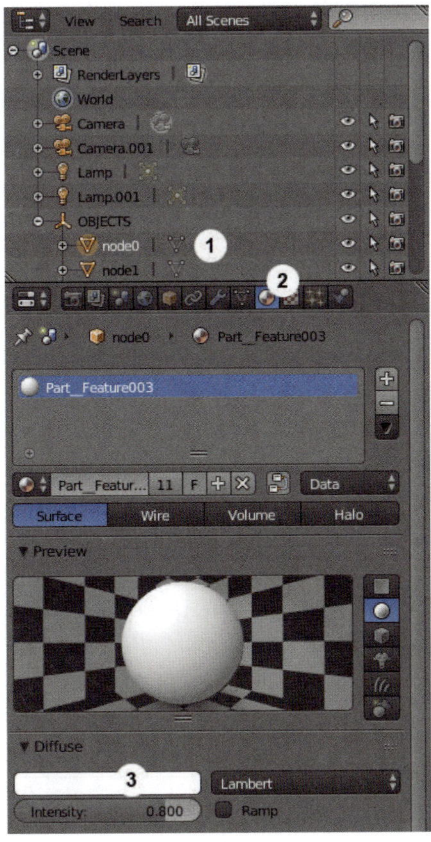

① Auswahl eines Bauteils mit der rechten Maustaste in der perspektivischen 3D-Ansicht von *Blender* oder mit der linken Maustaste auf die Bezeichnung des Bauteils im Szenengraph.

② Zu den Objekteigenschaften gehören die Materialeigenschaften. Sobald der *Material*-Button angeklickt wird, erscheinen im unteren Bereich eine perspektivische Vorschau und die Einstellmöglichkeiten für matte und spiegelnde Oberflächen.

③ Der Farbbalken öffnet mit der linken Maustaste einen Farbwähler für unterschiedliche Farbräume, in dem Sie intuitiv eine Farbe auswählen oder über Eingabefelder den gewünschten Farbwert angeben können.

Abb. 2-13
Blender-Materialeigenschaften eines ausgewählten Objekts

Ein Dynamixel-Motor aus der Modellreihe AX-12A hat eine schwarz-matte Oberfläche. Wählt man also schwarz über den Farbbalken im Abschnitt »*Diffuse*« aus, erhält man eine matte schwarze Oberfläche für das aktuell ausgewählte Objekt.

Wer eine spiegelnde Oberfläche einstellen möchte, kann dies im darunterliegenden Abschnitt »*Specular*« vornehmen. Ob spiegelnde Oberflächen im Zielprogramm auch angezeigt werden, ist allerdings abhängig vom *Shader*, einem Wiedergabemodul für Objektoberflächen. *RViz* verwendet zum Beispiel *OGRE* (*Object-Oriented Graphics Rendering Engine*) als Wiedergabemodul, aber es wird zurzeit nicht in vollem Umfang in *RViz* ausgenutzt, da es für ROS wichtiger ist, ein performantes Datenvisualisierungswerkzeug bereitzustellen als ein photorealistisches Abbild des Modells zu zeichnen. Mehr Realismus und authentische Wiedergaben der Objekteigenschaften erhält man dafür in Gazebo.

Um viele Objekte gleichzeitig zu färben, gibt es die Möglichkeit, die ausgewählten Objekte und deren Materialeigenschaften mit der Tastenkombination `Strg` + `L` miteinander zu verknüpfen. Das bewirkt, dass die Farbe des zuletzt ausgewählten Objekts für alle anderen ausgewählten Objekte übernommen wird.

Färben Sie zuvor ein Objekt so, wie Sie es für alle Objekte übernehmen möchten. Wie wir bereits gesehen haben, können mit gedrückter `Shift`-Taste mehrere Objekte nacheinander mit der linken Maustaste entweder in der perspektivischen Ansicht oder im Szenengraph ausgewählt werden. Wählen Sie nun zuerst alle Objekte aus, die Sie einfärben möchten, und zuletzt das Objekt, welches Sie anfangs eingefärbt hatten. Mit der Tastenkombination `Strg` + `L` erscheint das Kontextmenü »*Make Links*«. Darin wählen Sie *Materials*, dann wird die Farbe auf die Auswahl übertragen. Wenn nicht, ist das auch nicht schlimm, denn Sie können ja nun bei einem Objekt die Farbe ändern und alle anderen Objekte ändern sich mit. Das ist möglich, da für alle ausgewählten Objekte nach der oben genannten Tastenkombination die Materialeigenschaften verknüpft wurden.

Wenn Sie die Verknüpfung der Materialeigenschaften irgendwann aufheben möchten, wählen Sie alle oder eine bestimmte Anzahl Objekte aus und drücken die Taste `U`. In dem darauffolgend erscheinenden Kontextmenü können die verknüpften Materialeigenschaften gelöst werden.

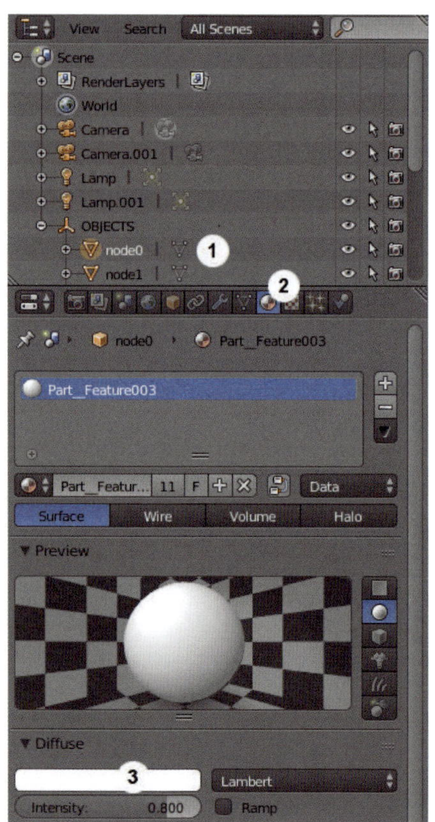

Abb. 2–14 Blender-Materialeigenschaften eines ausgewählten Objekts

① Wählen Sie ein Objekt aus, für das die Verknüpfung der Materialeigenschaften aufgehoben werden sollen.

② Die Zahl 11 besagt, wie viele Objekte aktuell mit dem Material verknüpft sind. Mit einem Klick der linken Maustaste auf die Zahl 11 heben Sie die Verknüpfung für das in Schritt 1 gewählte Objekt auf. Für das ausgewählte Objekt kann nun eine andere Farbe bestimmt werden, ohne dass alle anderen Objekte die ausgewählte Farbe mitübernehmen.

③ Wählen Sie mit dem Farbbalken eine individuelle Farbe für das ausgewählte Objekt.

Nachdem wir gesehen haben, wie Materialeigenschaften unterschiedlicher Objekte miteinander verknüpft und wieder gelöst werden, kann man nach diesem Prinzip verschiedene Materialgruppen erstellen, die unterschiedlich aussehen sollen. Das Motorgehäuse ist zwar schwarz, aber die Anschlussbuchsen sowie Schrauben haben eine andere Farbe. Denkbar wären drei Materialgruppen, wobei eine Gruppe »schwarz« für Gehäuseteile erstellt wird, eine Gruppe »weiß« für Anschlussbuchsen und eine Gruppe »silber« für Schrauben. Wer sich diese Mühe macht, erhält am Ende ein 3D-Modell, welches dem realen Motor sehr ähnlich ist.

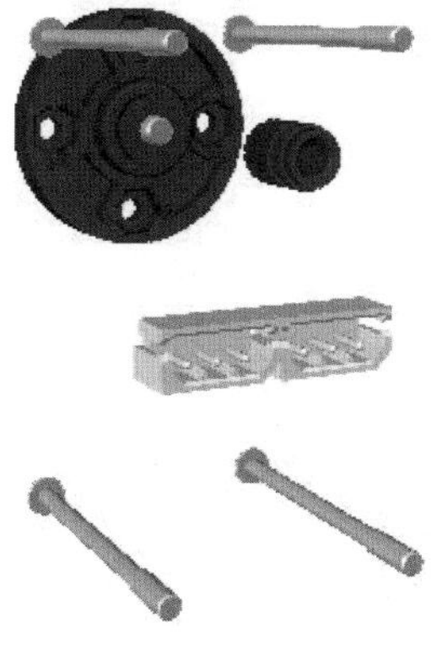

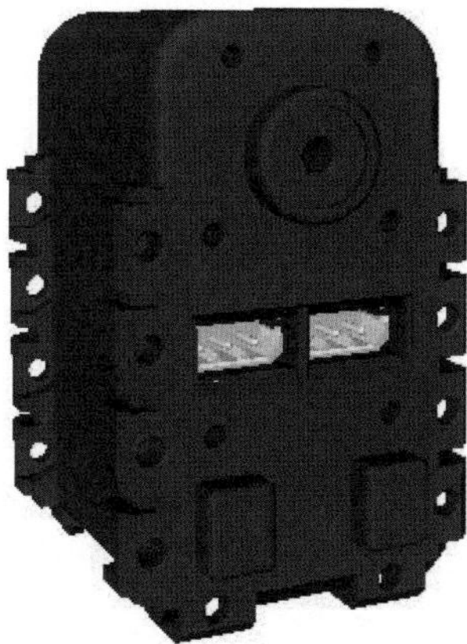

Abb. 2–15
Blender-Materialfarben für unterschiedliche Objekte

Zu beachten ist, dass beim Export in das *Collada*-Format die unterschiedlichen Farbgebungen erhalten bleiben, während für das *Stereolithografie*-Format nur eine Farbe verwendet werden kann.

2.4.4 Objekte modellieren

Bevor wir Objekte modellieren, definieren wir, was ein Objekt ist. Der Begriff Objekt entspricht in Blender einem beliebigen 2D- oder 3D-Modell. Dazu zählen Bauteile, Baugruppen, Volumenkörper, Grundkörper, Linien und Flächen. Ein einzelner Punkt dagegen ohne Ausdehnung ist für unser Verständnis von Objekten nicht relevant. Sind zwei Punkte miteinander verbunden, handelt es sich bereits um eine Linie. Wird eine Linie durch Hinzufügen weiterer Punkte auf einer planaren Ebene zu einer geometrischen Figur geschlossen, erhält man eine Fläche. Durch Extrusion einer Fläche erzeugt man einen Volumenkörper. Tatsächlich skizzieren diese Schritte den Arbeitsprozess beim Modellieren von Objekten. Alternativ könnte man auch wie Knetmasse einen Grundkörper verwenden und diesen solange bearbeiten, bis er dem entspricht, was man sich vorgestellt hat. Diese Vorgehensweise entspricht im weitesten Sinn der Tätigkeit eines Bildhauers. Man sollte unterschiedliche Verfahren ausprobieren, um für sich selbst zu entscheiden, welches das beste ist. Beim Modellieren gibt es schließlich viele Wege, ein Objekt zu verwirklichen. In den folgenden Abschnitten werden wir sehen, wie man eine Zeichnung oder Fotografie in Blender als Pauspapier in der 3D-Szene platziert, um die Grundform des gewünschten Objekts nachzuzeichnen. Danach wird die 2D-Zeichnung zu einer 3D-Form aufgepolstert. Im Anschluss verwenden wir ein weiteres Objekt, um aus der 3D-Form einen Bereich zu subtrahieren. Die Arbeitsschritte zum Färben von Objekten haben wir bereits kennengelernt. Anschließend kann bei Bedarf eine Textur auf das Objekt angewendet werden, um es optisch ansprechend wirken zu lassen. Da es sehr unterschiedliche Ansprüche an die Qualität des herzustellenden Objekts gibt, möchte ich anmerken, dass es hierbei um die grundlegenden Schritte geht, wie man schnellstmöglich ein Objekt in Blender verwirklicht, um es anschließend in ROS einzusetzen.

Die folgenden Kapitel erläutern die Herstellung einer *Realsense*-Kamera in Blender. Als Randnotiz bezüglich *Realsense*-Kamera sollte hier erwähnt werden, dass es 3D-Modelle im *Collada*-Format samt URDF-Datei von *Intel* bereits gibt. Die Dateien werden auf *github* unter *https://github.com/IntelRealSense/realsense_samples_ros/tree/kinetic-devel/realsense_ros_camera* zum Download bereitgestellt.

2.4.4.1 Hintergrundbilder verwenden

In den Objekteigenschaften (N-Taste) gibt es einen Bereich »*Background Images*«, in dem man eine Bildquelle angeben kann, die dann in der 3D-Ansicht platziert wird.

① Aktivieren Sie den Haken bei *Background Images*.

② Wenn noch kein Hintergrundbild eingestellt wurde, dann klicken Sie auf den »*Add image*«-Button.

③ Suchen Sie mit dem Ordnersymbol eine Bilddatei, die als Hintergrundbild platziert werden soll. In diesem Beispiel wählen Sie die Datei *realsense_r200.png* aus dem Verzeichnis *abot_description/meshes/devices* aus. Wenn Sie das Bild nicht unmittelbar nach dem Hinzufügen in der 3D-Ansicht sehen, kann das an der isometrischen Perspektivenansicht liegen. Wechseln Sie stattdessen in die orthogonale Ansicht von oben. Aktivieren Sie dazu zunächst das Nummernfeld Ihrer Tastatur und drücken Sie anschließend die Taste 7 für die Ansicht »*Top*«. Mit der Taste 5 auf dem numerischen Tastenfeld kann man nun zwischen orthogonaler und perspektivischer Ansicht hin- und herwechseln. Alternativ können Sie über das Menü »*View*« in der Symbolleiste der 3D-Ansicht die Perspektiven einstellen.

④ Die Transparenzeinstellung des Bilds kann mit dem *Opacity*-Wert gesteuert werden. Standardmäßig wird das Hintergrundbild semitransparent eingestellt. Wenn Sie sich also wundern, dass Ihr Bild undeutlich erscheint, könnte das an dieser Einstellung liegen. Experimentieren Sie mit Werten zwischen 0.5 und 1.0.

Abb. 2–16
Blender-Hintergrundbild als Pauspapier einstellen

Ist man zu weit vom Mittelpunkt entfernt, kann es passieren, dass das Hintergrundbild trotz korrekter Einstellung der orthogonalen Ansicht von oben nicht sichtbar ist. Zoomt man per Mausrad näher in den Mittelpunkt der 3D-Szene, kann man auch kleinere Objekte und Bilder besser erkennen. Beachten Sie dabei den Indikator für Entfernungen in der linken oberen Ecke der Standardansicht in Blender. Der

Indikator sollte »*Meters*« anzeigen. Wenn er »*100 Meters*« oder gar »*Kilometers*« anzeigt, ist es sehr wahrscheinlich, dass das Hintergrundbild zu weit entfernt ist. Kombinieren Sie das Mausrad mit der `Strg`-Taste und der `Shift`-Taste. Letzteres bewegt die Ansicht auf und ab.

2.4.4.2 Hintergrundbilder mit Eckpunkten nachzeichnen

Ist das Hintergrundbild vollständig sichtbar, geht es zum nächsten Schritt. Das Prinzip des Nachzeichnens bzw. Abpausens ist sehr einfach. Man zeichnet die Kontur einer Vorlage beginnend von einem Startpunkt solange nach, bis man wieder beim Startpunkt angekommen ist. Das Nachzeichnen in Blender bewerkstelligt man entweder mit einzelnen Eckpunkten (engl. *vertices*), die hintereinander gesetzt werden – die Verbindungen zwischen den Punkten generiert Blender automatisch – oder man verwendet *Bézier*-Kurven. Die Arbeit mit *Bézier*-Kurven ist anfangs sehr zeitaufwendig, wenn man noch nie damit gearbeitet hat. Den Unterschied zwischen Eckpunkten und *Bézier*-Kurven verrät teilweise der Name. Um eine Kurve zu zeichnen, muss man relativ viele Eckpunkte setzen, während bei *Bézier*-Kurven schon zwei Punkte ausreichen, um eine perfekte Kurve zu zeichnen.

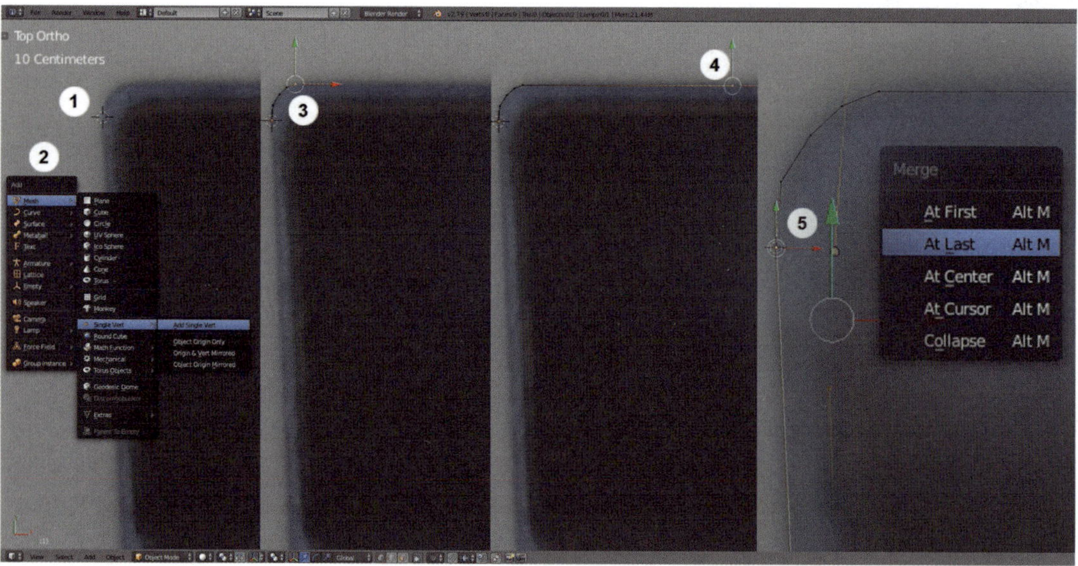

Abb. 2–17 Nachzeichnen mit *vertices* in Blender

① Den ersten Eckpunkt setzen wir in der linken oberen Ecke der *Realsense*-Kamera und zwar kurz vor der Eckenrundung. Bevor man einen Eckpunkt hinzufügt, ist es gut zu wissen, dass der erste Eckpunkt immer dort platziert wird, wo der 3D-Cursor sich befindet. Der 3D-Cursor von Blender lässt sich mit der linken Maustaste positionieren oder durch Eingabe der x-, y- und z-Koordinaten numerisch im Bereich »3D Cursor« der Objekteigenschaften (N-Taste) einstellen. Es kann vorkommen, dass durch manuelle Positionierung des 3D-Cursors dessen z-Koordinate nicht auf 0 steht, was sich in den Objekteigenschaften korrigieren lässt.

② Ist der 3D-Cursor korrekt platziert, dann prüfen Sie nochmals, ob Blender im »*Object Mode*« ist. Mit der Tabulator-Taste lässt sich schnell zwischen »*Edit Mode*« und »*Object Mode*« wechseln. Sobald der »*Object Mode*« aktiv ist, kann man mit der Tastenkombination Shift + A das Menü zum Hinzufügen öffnen. Dasselbe Menü erreicht man auch über den Eintrag »Add« in der Symbolleiste der 3D-Ansicht. Dort wählen Sie folgenden Pfad

Mesh → Single Vert → Add Single Vert

Danach ist der erste Eckpunkt an der Position des 3D-Cursors gesetzt. Außerdem hat Blender automatisch in den »*Edit Mode*« gewechselt, damit die Bearbeitung unmittelbar fortgesetzt werden kann.

③ Weiter geht es mit Eckpunkten, die man mit der Taste E hinzufügt. Dadurch wird der aktuell aktive Punkt extrudiert, also ein weiterer Eckpunkt an derselben Position hervorgebracht. Es scheint zunächst so, als hätte sich gar nichts verändert, aber sobald die Maus bewegt wird, kommt der Eckpunkt hervor und kann an einer neuen Position mit der linken Maustaste platziert werden. Wiederholen Sie diesen Schritt so lange, bis eine Kurve um die linke obere Ecke der *Realsense*-Kamera entstanden ist. Je weniger Eckpunkte man benötigt, um eine Kurve zu zeichnen, desto besser. Bei einer späteren Bearbeitung müssen dann weniger Eckpunkte markiert werden.

④ Wir verlassen die Kurve in der linken oberen Ecke und benötigen nun einen neuen Eckpunkt erst nach einer verhältnismäßig langen Strecke auf der Oberkante der *Realsense*-Kamera. Meist wird der Blick auf die gewünschte Zielposition, wo der Punkt platziert werden soll, durch Panele verdeckt oder sie ist erst gar nicht sichtbar, da der Zoomfaktor so groß ist, dass der Bildschirm diesen nicht anzeigt. Es heißt also, herauszoomen, in die rechte obere Ecke hineinzoomen und dann erst einen Eckpunkt platzieren. Herauszoomen ist mit dem Mausrad einfach, aber Hineinzoomen kann zeitintensiv werden. Nach der Tastenkombination Shift + B ist es möglich, mit gedrückter linker Maustaste ein Viereck aufzuziehen, das von Blender herangezoomt wird.

⑤ Nach mehreren Eckpunkten ist man dem Startpunkt schließlich wieder nähergekommen. Es geht nun darum, wie man Start- und Endpunkt zusammenbringt, um einen geschlossenen Kreis aus den Punkten zu gewinnen, die wir in den vorherigen Schritten erstellt haben. Der Zweck der Verbindung zwischen Start- und Endpunkt besteht darin, dass eine Füllfläche nur erstellt werden kann, wenn sie nirgends ausläuft – zum Beispiel aus einer undichten Stelle. Bewegen Sie den Endpunkt in die Nähe des Anfangspunkts. Markieren Sie beide Eckpunkte, indem Sie zuerst den Endpunkt mit der rechten Maustaste einmal anklicken, dann die `Umschalt`-Taste gedrückt halten und zuletzt den Startpunkt ebenfalls mit der rechten Maustaste anklicken, sodass nun Start- und Endpunkte markiert sind. Verbinden kann man die so markierten Elemente mit der Tastenkombination `Alt` + `M`. Es erscheint ein Auswahlmenü, in dem man festlegt, welcher Punkt übrigbleiben soll, wenn beide miteinander verschmolzen werden. Wählen sie »*Last*«, dann bleibt der Startpunkt übrig, aber bedenken Sie dabei die Reihenfolge, welchen Punkt Sie zuerst ausgewählt haben und welchen zuletzt, denn danach wird bestimmt, wer mit »*Last*« gemeint ist.

Ein geschlossener Pfad aus vielen Eckpunkten entspricht einer geometrischen Form, die gefüllt und anschließend extrudiert werden kann. Wichtig ist hierbei, dass wir die folgenden Schritte weiterhin im »*Edit Mode*« durchführen werden.

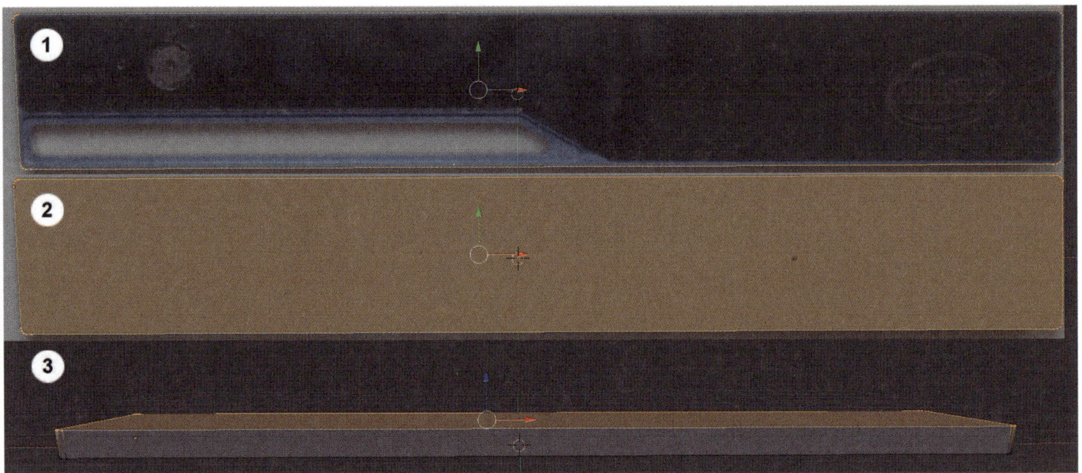

Abb. 2–18 Alle Eckpunkte auswählen, füllen und extrudieren.

① Wählen Sie zuerst einen Eckpunkt aus der Nachzeichnung aus. Alle Eckpunkte, die erstellt wurden, um die *Realsense*-Kamera nachzuzeichnen, werden mit der [A]-Taste im »*Edit Mode*« ausgewählt. Es kann passieren, dass auch andere Objekte der Szene ausgewählt werden, wenn der Fokus zuvor nicht auf einem der von uns erstellten Eckpunkte lag.

② Eine Fläche füllt man am einfachsten mit der Taste [F].

③ Um die folgende Extrusion zu beobachten, wechseln Sie zunächst mit der Taste [5] des Nummernblocks Ihrer Tastatur von der orthogonalen in die perspektivische Ansicht. Alternativ kann man über das Menü »*View*« in der Symbolleiste der 3D-Ansicht dasselbe Ergebnis erreichen, wenn man zum Beispiel kein numerisches Tastenfeld auf einem Notebook hat. Das Hintergrundbild sollte in der perspektivischen Ansicht verschwinden. Nun kann man mit gedrückter mittlerer Maustaste und einer langsamen Mausbewegung nach oben eine isometrische Ansicht einstellen, bei der eine Extrusion entlang der z-Achse gut zu beobachten sein wird. Zur Orientierung der gewünschten Ansicht betrachten Sie Schritt 3 in der obigen Abbildung. Die Taste [E] startet den Extrusionsmodus, der jederzeit mit der [Esc]-Taste abgebrochen werden kann. Anfangs wird die Fläche nicht extrudiert, sondern erst wenn die Maus oder eine Pfeiltaste auf der Tastatur benutzt wird. Bewegen Sie die Maus nach oben, bis Sie der Meinung sind, dass die Kamera die Dicke einer Tafel Schokolade erreicht hat. Drücken Sie die linke Maustaste oder die [Enter]-Taste, um die Extrusion zu übernehmen.

Der vorliegende Körper enstpricht den Ausmaßen der *Realsense*-Kamera aus dem Hintergrundbild, allerdings haben wir die Höhe intuitiv eingestellt und die Bemaßungen stimmen ganz und gar nicht mit denen einer echten *Realsense*-Kamera überein.

Wechselt man mit der [Tabulator]-Taste in den »*Object Mode*«, dann sieht man in den Objekteigenschaften ([N]-Taste) des ausgewählten Körpers im Bereich »*Dimensions*« anhand der Werte für X, Y und Z, dass die Angaben in Meter und Zentimeter vorliegen. Solch eine große *Realsense*-Kamera gibt es nicht und die Werte können jetzt angepasst werden, wenn Sie die beiden nächsten Kapitel nicht umsetzen. Wenn das Objekt an dieser Stelle vekleinert wird und Sie die folgenden Kapitel umsetzen möchten, dann würden die Dimensionen, auf die sich die Anleitungen beziehen, nicht stimmen. Verkleinern Sie in diesem Fall erst, nachdem Sie die folgenden Kapitel abgeschlossen haben. Die ungefähren Werte einer *Realsense*-Kamera der Modellreihe *r200* aus dem Jahr 2017 sind wie folgt:

- Länge: 130 mm
- Breite: 19 mm
- Tiefe: 7 mm

An dieser Stelle kann man das 3D-Modell bereits als fertiggestellt ansehen und für den Export und zur Verwendung in ROS vorbereiten. Man überprüft lediglich, ob das Objekt korrekt ausgerichtet ist und der Schwerpunkt des Körpers sich an der richtigen Stelle befindet. Die Ausrichtung sieht man spätestens in *RViz,* sobald das Objekt dort geladen wurde. Wie man den Schwerpunkt eines Objekts festlegt, ist in Abschnitt 2.4.7 beschrieben. Danach kann das 3D-Modell wie in Abschnitt 2.4.8 beschrieben exportiert werden.

Die beiden folgenden Kapitel erhöhen den Detailgrad des 3D-Modells um eine Textur und eine Aushöhlung. Die Reihenfolge ist absichtlich so gewählt, dass zuerst eine Textur angebracht wird und nachträglich eine Aushöhlung stattfindet. Der Grund dafür ist, dass das Anbringen einer Textur auf einer Fläche, die ein Loch enthält, viel aufwendiger ist als auf einer Fläche ohne Loch oder Ausbuchtung.

Eine Textur ergibt spätestens dann Sinn, wenn das eigene Firmen-Logo oder ein charakteristisches Merkmal transportiert werden soll.

Eine Aushöhlung bzw. Boolesche Operation ist eine oft verwendete Technik bei der Modellierung von 3D-Objekten. Damit werden einem Objekt Details hinzugefügt, die die Wiedererkennung erhöhen.

2.4.5 Objekte texturieren

Eine Textur auf der Oberfläche eines Objekts wird meist mit Bildern realisiert. In 3D-Computerspielen sieht man diese Technik sehr oft. Anstelle einer Mauer, die aus vielen einzelnen Steinblöcken besteht, setzt man gekonnt ein Bild einer abfotografierten Mauer auf eine ebene Fläche, die »nur« den Eindruck einer Mauer vermittelt. In Wirklichkeit besteht die Mauer also aus einem einzigen 3D-Objekt auf dem ein Bild angebracht wurde. Diese Technik ist sehr effizient, denn wenn man es gut macht, erkennt man den Trick nur bei näherer Betrachtung. Den Hauptgewinn bekommt der Prozessor, der dank dieser Technik weniger Last hat. Schließlich müssen nicht tausende Mauersteine berechnet und gezeichnet werden.

In den nächsten Abschnitten wird eine Textur auf der Frontseite des *RealSense*-Kamera-Objekts angebracht. Man spart damit zumindest die Modellierarbeit für eine Kameralinse und die Gravur eines *Intel*-Logos.

Knüpft man an den Zustand des vorangegangenen Kapitels an, dann ist der »*Object Mode*« aktiv und das *RealSense*-Kamera-Objekt ist immer noch ausgewählt. Die Auswahl und der Modus sind Voraussetzungen für die folgenden Schritte.

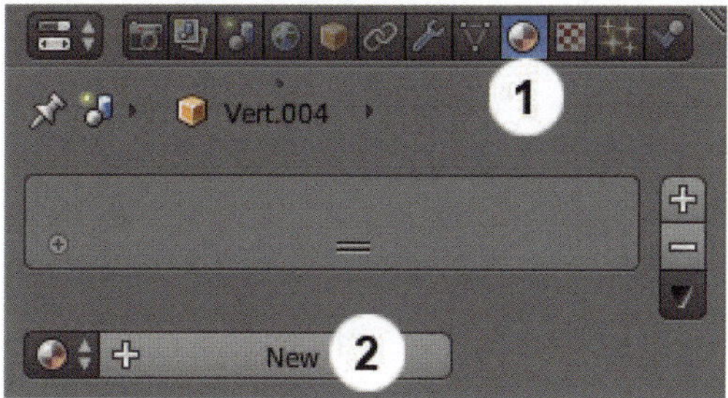

Abb. 2–19
Blender: Material hinzufügen.

① In den Eigenschaften wird zuerst das »*Material*«-Symbol angeklickt.

② Mit dem »*New*«-Button kann dem ausgewählten Objekt eine neue Materialeigenschaft hinzugefügt werden. Es erscheinen umgehend alle Möglichkeiten zum Färben und Einstellen der Materialeigenschaften. Dieser Schritt ist nötig, um in den folgenden Abschnitten eine Textur hinzuzufügen, die auf dem eben erstellten Material des Objekts platziert wird.

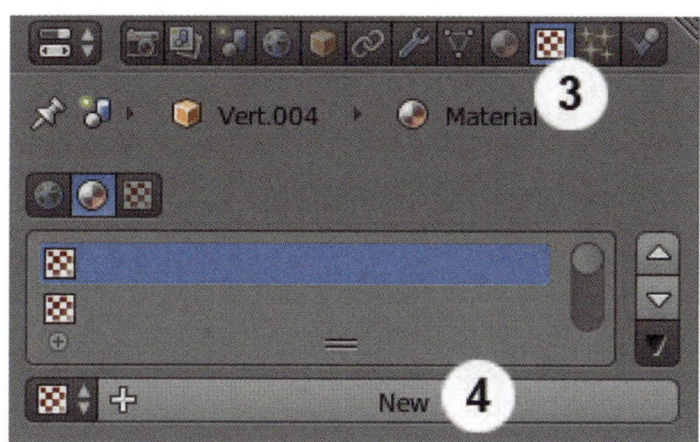

Abb. 2–20
Blender: Textur hinzufügen.

③ Das »*Texture*«-Symbol sieht aus wie ein Schachbrett.

④ Nach der Aktivierung des Texturbedienfelds kann eine Textur auch mit einem »*New*«-Button erstellt werden. In der Abbildung ist erkennbar, dass die Textur dem Material eines mit »*Vert.004*« beginnenden Objekts hinzugefügt werden soll. Steht hier stattdessen »*world*« oder etwas, das kein Material hat, dann ist offensichtlich das falsche oder kein Objekt ausgewählt. Nachdem eine Textur dem Material mit dem »*New*«-Button hinzugefügt wurde, erscheinen viele neue Einstellmöglichkeiten im selben Bedienfeld.

Abb. 2–21 Blender: UV-Editor-Menü

⑤ Nicht im Bild: In den neuen Einstellmöglichkeiten befindet sich ein »*Open*«-Button. Dieser öffnet ein Dialogfenster, in dem eine Bilddatei als Textur geöffnet werden kann. Verwenden Sie die Datei *realsense_r200.png* aus dem Verzeichnis *abot_description/meshes/devices*.

⑥ Als Nächstes spannen wir das Bild auf die Frontfläche des *RealSense*-Kamera-Objekts, wozu man einen speziellen Editor benötigt. In Blender findet man diesen Editor unter der Bezeichnung »*UV Editing*« in der Info-Symbolleiste im Dropdown-Menü für die Bildschirmansichten. Die Buchstaben *UV* stehen für das Koordinatensystem bei der Arbeit mit Texturen, vergleichbar mit *x* und *y* im kartesischen Koordinatensystem. Nachdem »*UV Editing*« ausgewählt wurde, teilt sich das Programmfenster von Blender in zwei Hälften. Die eine Hälfte stellt die Textur dar und die andere das 3D-Objekt, auf das die Textur angewendet werden soll.

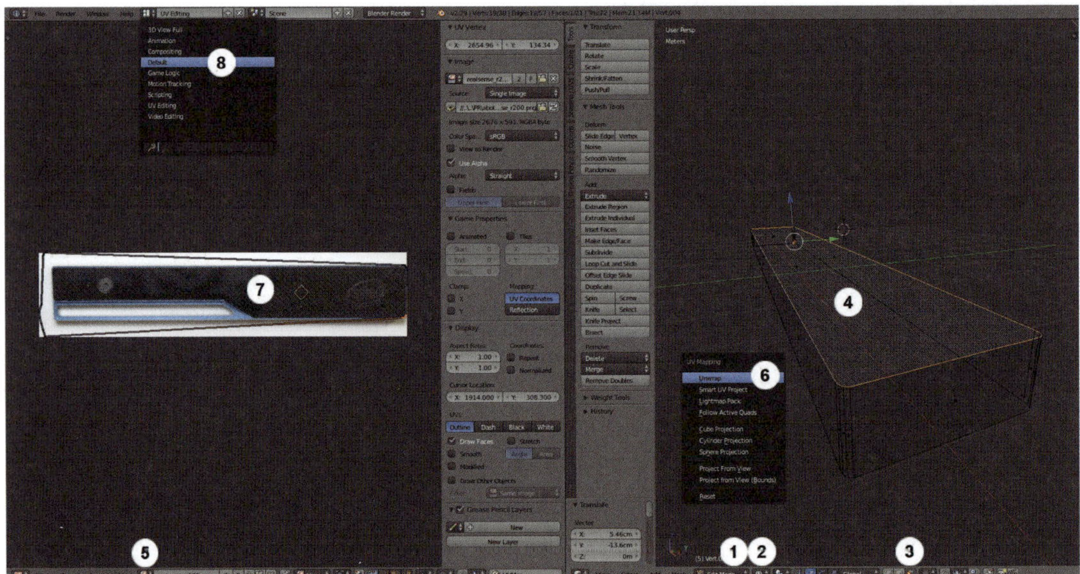

Abb. 2–22 Blender UV Editor

① Eine Textur wird immer auf eine Auswahl oder alle Eckpunkte angewendet. Für die Arbeit mit Eckpunkten wechseln wir in den »*Edit Mode*« über die Symbolleiste oder mit der `Tabulator`-Taste.

② Da wir aus vier Ecken die Eckpunkte auswählen möchten, ist es einfacher, im Drahtgittermodus zu arbeiten. In der Symbolleiste befinden sich neben dem »*Edit Mode*« das Dropdown-Menü »*Viewport Shading*« und darin der Modus »*Wireframe*«, den wir für die aktuelle Arbeit einschalten. Danach erscheint das Objekt transparent und Eckpunkte, die falsch ausgewählt wurden, sind leichter zu erkennen.

③ Die Auswahl, die wir benötigen, ist die Oberfläche. Man könnte jetzt jeden Eckpunkt, der diese Fläche bildet, einzeln auswählen, was sehr viel Zeit und Aufmerksamkeit verlangt, oder man schaltet in den »*Face select*«-Modus und wählt mit einem gezielten Rechtsklick auf den geometrischen Mittelpunkt die gesamte Fläche auf einmal aus.

④ Betrachtet man das Drahtgittermodell des *RealSense*-Kamera-Objekts etwas genauer, kann man erkennen, dass jede Fläche einen geometrischen Mittelpunkt hat, der von einem kleinen schwarzen Viereck gekennzeichnet wird. Lokalisieren Sie den Mittelpunkt der Oberfläche und klicken Sie mit der rechten Maustaste einmal drauf. In der Abbildung ist die gesamte Oberfläche ausgewählt und wird mit Punkten und farbigen Kanten hervorgehoben.

⑤ In der linken Programmhälfte kann nun die Textur angezeigt werden, welche auf die Oberfläche projiziert werden soll. Standardmäßig wird nichts angezeigt. Erst nachdem über den Browser neben dem »*UVs*«-Menü in der Symbolleiste das Bild ausgewählt wurde, erscheint es in der Bearbeitungsfläche.

⑥ Bewegt man die Maus wieder in die rechte Programmhälfte, kann man die Projektionsfläche mit der [U]-Taste auf die Textur übertragen. An dieser Stelle probiere ich immer erst alles aus, was das Menü anzubieten hat. In der Abbildung sieht man in Schritt 6, dass die erste Option »*Unwrap*« ausgewählt wurde. Das Ergebnis erscheint unmittelbar in der linkten Programmhälfte auf der Textur. Hier versucht der UV-Projektor, die aktuelle Eckpunkte-Auswahl auf die aktuelle Textur zu spannen. Das klappt manchmal gut, aber in diesem Fall ist viel Handarbeit angesagt. Probieren Sie später statt »*Unwrap*« auch die Option »*Cube Projection*« aus.

⑦ Geht man davon aus, dass die Option »*Unwrap*« zuvor ausgewählt wurde, dann wird auf der Textur, also dem Bild in der linken Programmhälfte, ein ungleichmäßiger Projektionsrahmen angezeigt. Dieser Rahmen wird nun über jenen Bereich des Bilds gespannt, der auf die ausgewählte Fläche des *RealSense*-Kamera-Objekts projiziert werden soll. Folgendes ist dafür in der linken Programmhälfte zu tun:

- Die Eckpunkte der rechten oberen Ecke des Projektionsrahmens auf die rechte obere Ecke der *RealSense*-Kamera verschieben.

- Die übrigen Ecken respektive auf die entsprechenden Ecken des Bilds verschieben.

Das Mausrad zoomt ein und aus, während die mittlere der drei Maustasten die Arbeitsfläche in x- und y-Richtung bewegt, sobald man sie gedrückt hält. Die Bearbeitungsmöglichkeiten im linken Programmbereich entsprechen weitestgehend denen, die vom Blenderprogramm bekannt sind. Zum Auswählen einer Ecke heben Sie zunächst die Auswahl mit der Taste [A] auf. Gegebenenfalls drücken Sie die Taste [A] zweimal. Sobald die Eckpunkte schwarz sind, ist die Auswahl aufgehoben. Mit der Taste [B] kann man nun einen Bereich mit Eckpunkten auswählen. Danach kann mit der Taste [G] die Ecke bzw. die Auswahl mit den Eckpunkten auf die korrespondierende Ecke im Bild verschoben werden. Der Schiebemodus endet, sobald die linke Maustaste gedrückt wird. Mit der rechten Maustaste kann der Vorgang abgebrochen werden.

Wenn Sie in Schritt 6 mit der Option »*Cube Projection*« gestartet haben, ist es noch einfacher, den Projektionsrahmen auf dem Bild zu platzieren. Sie erhalten dann nämlich einen gleichmäßigen rechteckigen Rahmen. Dieser wird mit folgenden Schritten auf dem Bild platziert:

- Alle Eckpunkte werden mit der Taste [A] ausgewählt. Wenn alle Eckpunkte zuvor schon ausgewählt waren, dann hebt die Taste [A] die Auswahl auf. Ein ausgewählter Eckpunkt wird von Blender farblich hervorgehoben.
- Mit der Taste [G] kann der ausgewählte Projektionsrahmen verschoben werden. Optional kann danach mit der Taste [X] oder [Y] die Richtung, in die bewegt werden soll, festgestellt werden. Wenn nur ein Eckpunkt ausgewählt war, wird folglich auch nur der eine Eckpunkt verschoben. Die linke Maustaste beendet den Vorgang und die rechte Maustaste bricht die Aktion ab.
- Wenn die Größe des Rahmens nicht mit der Größe der *RealSense*-Kamera auf dem Texturbild übereinstimmt, kann mit der [S]-Taste der ausgewählte Rahmen skaliert werden. Auch hierbei ist es möglich, die Richtung, in die skaliert wird, mit der Taste [X] oder [Y] einzuschränken. Übernehmen Sie die Skalierung mit der linken Maustaste oder brechen Sie mit der rechten Maustaste ab.
- Es kann vorkommen, dass ein Texturbild nicht korrekt ausgerichtet ist. Mit einer Rotation kann der Rahmen an die Schieflage des Bilds angepasst werden. Die Taste R startet die Rotation. Zum Übernehmen oder Abbrechen verwenden Sie die oben genannten Maustasten.

⑧ Der UV-Editor wird in der Info-Symbolleiste im Dropdown-Menü für die Bildschirmansichten beendet. Dort führt der Eintrag »*Default*« wieder zurück in die 3D-Ansicht von Blender.

In der 3D-Ansicht von Blender angekommen, kann man nun überprüfen, ob die UV-Projektion erfolgreich war. Über die Symbolleiste der 3D-Ansicht wechseln Sie mit einem Klick auf das Dropdown-Menü »*Viewport Shading*« in den Modus »*Texture*«. Im selben Dropdown-Menü hatten wir zuvor im UV-Editor den »*Wireframe*«-Modus eingeschaltet.

Blender zeichnet im »*Texture*«-Modus alle Flächen inklusive Bilder, sofern eine UV-Projektion auf eine Fläche angewendet wurde. Es kann vorkommen, dass trotz korrekter Anwendung der UV-Projektion kein Bild auf der Oberfläche des 3D-Objekts erscheint. Versuchsweise kann in den »*Material*«-Modus gewechselt werden. Erscheint nun ebenfalls nichts, dann liegt mit hoher Wahrscheinlichkeit ein Fehler in der Anwendung der UV-Projektion vor. Überprüfen kann man den Sachverhalt am besten wieder im UV-Editor. Dort kann für jede Fläche eine eigenständige Textur eingestellt werden. Es muss also vorab immer eine Fläche ausgewählt sein, um zu sehen, ob für die Auswahl eine Textur existiert. Anschließend kann man prüfen, ob der Projektionsrahmen ausreichend Bildmaterial einschließt.

Textur auf fehlerhaften Flächen

Wenn die Überprüfung im »*Material*«-Modus erfolgreich war und eine Textur auf der Oberfläche angezeigt wird, im »*Texture*«-Modus jedoch keine Textur sichtbar ist, dann ist das 3D-Objekt fehlerhaft.

Markiert man die Lampe mit der rechten Maustaste in der 3D-Szene, drückt dann die Taste G gefolgt von der Taste Z und bewegt die Maus nach unten, bis die Lampe unter das texturierte Objekt gewandert ist, sollte die Textur sichtbar werden. Dann liegt allerdings ein fehlerhaftes Objekt vor. Überprüfen kann man das durch sukzessives Entfernen der Eckpunkte, die eine Textur umschließen. Erscheinen dort mehrfach übereinanderliegende Eckpunkte, dann ist dies die Ursache für eine fehlerhafte Darstellung. Solche Fehler können durch Extrusionen entstehen, die nicht bemerkt wurden und exakt auf derselben Position liegen wie die Eckpunkte, aus denen sie entsprungen sind.

2.4.6 Objekte von anderen Objekten abziehen

Für das nächste Objekt benötigt man freie Sicht auf das Hintergrundbild. Im Szenengraph kann mit dem Auge-Symbol die Sichtbarkeit für Objekte in der 3D-Szene eingestellt werden. Lokalisieren Sie dort zunächst das 3D-Objekt, welches in den vorherigen Kapiteln aus einzelnen Eckpunkten erstellt wurde. Das englische Wort für Eckpunkte ist *vertices* und so ähnlich könnte der Name im Szenengraph lauten. Da wir sonst keine weiteren Objekte erstellt haben, kann man auch durch Ausprobieren im Szenengraph herausfinden, welches Auge zu welchem Objekt gehört. Bevor ich mich wiederhole, soll hier auf den Anfang des übergeordneten Kapitels verwiesen werden. Dort finden Sie alle Vorkehrungen, die gemacht werden müssen, um die Arbeit an einem neuen Objekt zu beginnen. Insbesondere die orthogonale Ansicht von oben ist nötig.

Ist das Hintergrundbild wieder sichtbar und der Zoomfaktor ausreichend, kann die Arbeit am Hohlraum beginnen. Es handelt sich dabei um jene Stelle, die in der Abbildung 2–18 auf Seite 82 unten links des ersten Bearbeitungsschritts als durchsichtige Stelle zu sehen ist. Der Hohlraum wird mit denselben Werkzeugen nachgezeichnet, die wir bereits kennengelernt haben.

Am Ende wird die Fläche gefüllt und entlang der z-Achse extrudiert. Die Extrusion darf diesmal großzügig übertrieben werden, da das Ergebnisobjekt lediglich zur Subtraktion von unserem eigentlichen Objekt – dem *RealSense*-Kamera-Objekt – eingesetzt wird und es danach keine Verwendung mehr dafür gibt.

Als Synonym zu Subtraktion kann man auch die Bezeichnung »Differenz« zwischen zwei Operanden verwenden, in diesem Fall zwei 3D-Objekte. In Blender findet man logische Operatoren auch unter dem Begriff *Boolean*.

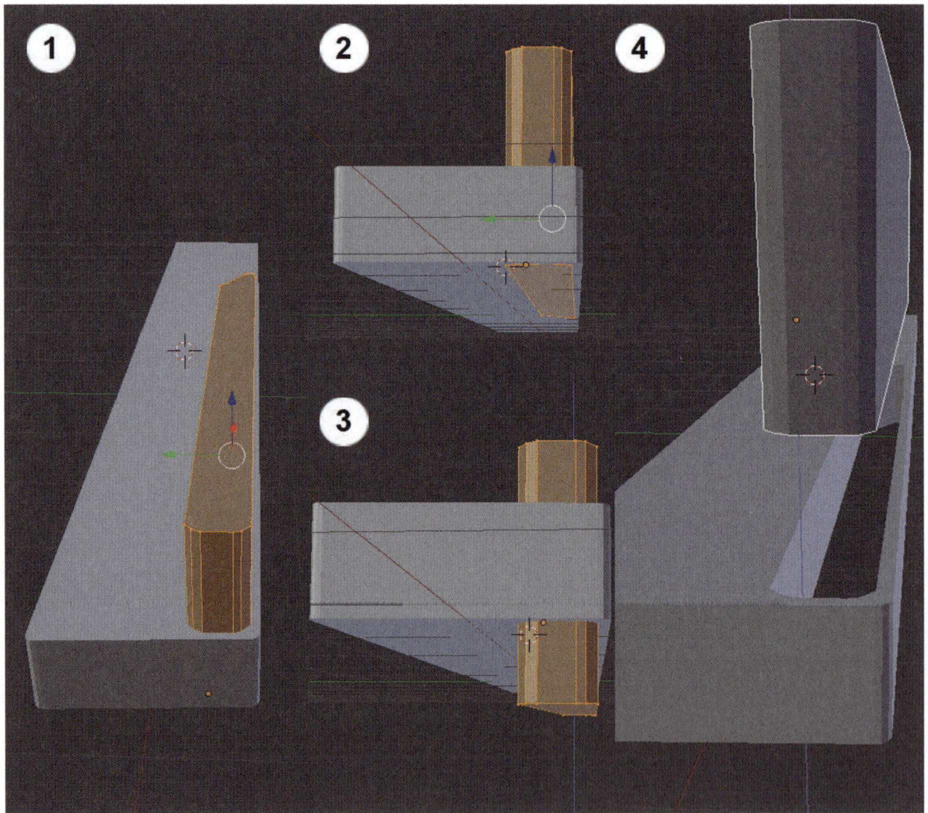

Abb. 2–23 Blender: Boolesche logische Operation

① Nachdem die Eckpunkte gesetzt, gefüllt und extrudiert wurden, kann das ursprüngliche *RealSense*-Kamera-Objekt wieder angezeigt werden. Aktivieren Sie das Auge für das entsprechende Objekt im Szenengraph. Beenden Sie die orthogonale Ansicht über das Menü »View« in der Symbolleiste der 3D-Ansicht oder mit der Taste `5` auf dem Nummernblock der Tastatur. Mit gedrückter mittlerer Maustaste und Mausbewegungen lässt sich das erstellte Objekt aus verschiedenen Richtungen inspizieren.

② Für eine zuverlässige Subtraktion ist es empfehlenswert, den in diesem Kapitel erstellten Hohlraumkörper in beide Richtungen der z-Achse überragen zu lassen. Die ideale Perspektive für den nächsten Schritt ist eine von unten nach oben gerichtete Froschperspektive, wobei die Unterseite des Hohlraumkörpers erkennbar sein sollte.

③ Damit nicht versehentlich nur einzelne Eckpunkte verschoben werden, wechselt man mit der `Tabulator`-Taste vom »*Edit Mode*« in den »*Object Mode*«, wenn das nicht bereits geschehen ist. Der Hohlraumkörper wird mit der rechten Maustaste ausgewählt. Nun kann man nach Belieben entweder in den Objekteigenschaften (`N`-Taste) die Position im Bereich »*Location*« für die z-Achse numerisch eingeben oder man wendet die Tastenfolge `G`, `Z` an und bewegt dann langsam die Maus nach unten, bis das Objekt auf beiden Seiten der z-Achse übersteht.

④ Für eine logische Operation zwischen zwei Objekten müssen zuerst die Rollen geklärt werden. In diesem Fall ist der Hohlraumkörper der Subtraktor, also das abzuziehende Objekt – es wird als zweiter Operand eingesetzt. Der erste Operand ist die *RealSense*-Kamera, deshalb wird sie jetzt im »*Object Mode*« mit der rechten Maustaste ausgewählt.

⑤ Mit der *RealSense*-Kamera als Auswahl geht es nun in den Eigenschaften zur Einstellung des *booleschen* Operators. Der Schraubenschlüssel öffnet die entsprechende Werkzeugpalette.

⑥ Im Dropdown-Menü »*Add Modifier*« befindet sich das benötigte Werkzeug »*Boolean*«. Sobald es im Menü angeklickt wird, erscheint ein neuer Bereich unterhalb des Dropdown-Menüs. Entfernen kann man es jederzeit mit dem weißen »x« in der rechten oberen Ecke des soeben hinzugefügten Bereichs.

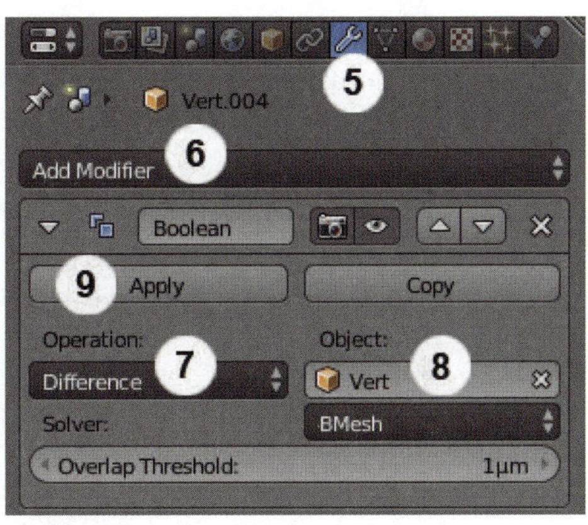

Abb. 2–24 Blender: boolesche Werkzeuge anwenden

⑦ Die Operation, die wir anwenden möchten, ist eine Subtraktion. Da dieses Wort als Parameter von »*Operation*« nicht zur Verfügung steht, wählt man »*Difference*« aus dem Dropdown-Menü, denn es liefert dasselbe Ergebnis.

⑧ Der zweite Operand ist der Hohlraumkörper und wird als Parameter im Dropdown-Menü von »*Object*« ausgewählt. Hier sollte nur ein Objekt zur Auswahl stehen, wenn das *RealSense*-Kamera-Objekt bereits ausgewählt ist. Mehr Objekte haben wir schließlich nicht erstellt.

⑨ Zuletzt werden die Einstellungen mit dem »*Apply*«-Button auf das ausgewählte Objekt angewendet. Überprüfen kann man das Ergebnis der booleschen Operation am schnellsten, indem man den Hohlraumkörper vom *RealSense*-Kamera-Objekt wegbewegt oder das Auge für den Hohlraumkörper im Szenengraph anklickt, um es unsichtbar zu machen. Wenn ein Hohlraum entstanden ist, dann löschen Sie das Objekt, das für die boolesche Operation verwendet wurde, und speichern das Dokument an dieser Stelle ab.

2.4.7 Objektschwerpunkt festlegen

Jeder Körper hat einen Schwerpunkt (engl. *Center of Gravity*). In Blender ist dieser Punkt auch Dreh- und Angelpunkt. Sobald eine Rotation im »*Object Mode*« gestartet wird, dreht sich das Objekt um diesen Punkt. Noch wichtiger ist, dass in URDF-Dateien der Schwerpunkt gleichzeitig zum Bezugspunkt wird. In einem Bezugssystem, zum Beispiel einem räumlichen Koordinatensystem, ist der Bezugspunkt relativ zum Beobachter an einer bestimmten Position. Angenommen, der Beobachter ist ein Mensch und sieht ein Kameraobjekt in einer Entfernung von 2 m. Dann wird die Entfernung gemessen zwischen dem Schwerpunkt des Menschen und dem Schwerpunkt der Kamera. Beobachtet man die Kamera nun vom Chassis aus, worauf die Kamera eigentlich befestigt ist, befindet sich diese nur noch 20 cm entfernt. Beide Beobachter haben mit ihren Angaben Recht, da sie realtiv sind.

An dieser Stelle bietet es sich an, die Bemaßung des Objekts auf die Werte einer echten *RealSense*-Kamera anzugleichen. Im Bereich *Dimensions* der Objekteigenschaften (`N`-Taste) übernehmen Sie die folgenden Werte:

- X: 130 mm
- Y: 19 mm
- Z: 7 mm

Danach erscheint das Objekt relativ klein zu dem jetzigen Standpunkt. Zoomen Sie in den Mittelpunkt der 3D-Szene hinein, indem Sie zuerst `Shift` + `B` drücken und dann mit gedrückter linker Maustaste einen kleinen Rahmen um den Mittelpunkt der Szene aufziehen, wo Sie das Objekt vermuten.

Als Nächstes markieren Sie das Objekt im »*Object Mode*«, dessen Schwerpunkt festgelegt werden soll. Anschließend drücken Sie die `Leer` und im darauf erscheinen Popup-Eingabefenster geben Sie das Wort »*origin*« ein. Eine Liste mit verschiedenen Vorschlägen erscheint, darunter der Befehl »*Set origin*«. Klicken Sie den Befehl an oder drücken Sie die `Enter`-Taste, nachdem Sie mit den Pfeiltasten die entsprechende Zeile markiert haben. Für den Masseschwerpunkt eines Volumenkörpers wählen Sie »*Origin to Center of Mass (Volume)*«. Die Position des 3D-Objekts kann nun in x-, y- und z-Richtung auf 0 gesetzt werden. Dann stimmt der Schwerpunkt des Objekts mit dem Ursprung der 3D-Welt überein. Wird dieses Objekt später in *RViz* oder *Gazebo* eingesetzt, dann befindet es sich unmittelbar dort wo es entstehen soll. Andernfalls würde ein Versatz vom Mittelpunkt der 3D-Welt auch in RViz und Gazebo sichtbar werden und man müsste aufwendig eine Korrektur der Raumkoordinaten für das importierte Objekt vornehmen.

2.4.8 3D-Modelle exportieren

Sobald man 3D-Modelle, die in Blender erstellt wurden, für andere Programme zur Verfügung stellen möchte, verwendet man ein adäquates Austauschformat. Für ROS ist die Auswahl auf die Formate *Collada* und *Stereolithografie* beschränkt. Letzteres ist ein stark reduzierendes Dateiformat, in dem viele Details wie unterschiedliche Objektfarben und Texturen verloren gehen bzw. vom Dateiformat nicht unterstützt werden. Da *Stereolithografie*-Dateien sehr klein sind, eignen sie sich in manchen Fällen als Kollisionsobjekt, wenn beispielsweise primitive Objekte nicht ausreichend die Form repräsentieren, für die eine Kollision berechnet werden soll. Wegen ihrer Detailtreue haben *Collada*-Dateien den Nachteil, dass sie sehr groß werden können. Andererseits unterstützt das Format unterschiedliche Farbgebungen für Bauteile einer Baugruppe sowie Texturen auf Flächen. Bevor der Export gestartet wird, sollten folgende Punkte überlegt werden:

- **Ist die Größe realistisch?**
  Blender arbeitet standardmäßig in Meter. Wenn die genauen Maße vorliegen, ist jetzt die Gelegenheit, diese in den Objekteigenschaften anzupassen.
- **Wo befindet sich das Objekt?**
  Wenn das zu exportierende Objekt sich weit entfernt vom Mittelpunkt der 3D-Szene befindet, dann kann es schwierig werden, es im importierenden Programm wiederzufinden. Im vorigen Kapitel haben wir das Objekt im Zentrum der 3D-Szene positioniert.
- **Wohin »*schaut*« das Objekt?**
  Die Ausrichtung eines Objekts hängt mit dem Koordinatensystem zusammen. In ROS gilt bekanntlich die Rechte-Hand-Regel. Demzufolge sollte das »*Gesicht*«

des Objekts in X-Richtung »*schauen*«. Auf das *RealSense*-Kamera-Objekt übertragen sind dann eine 90°-Rotation um die X-Achse und eine 90°-Rotation um die Z-Achse nötig, wenn die Blickrichtung der Kamera für ROS angepasst werden soll.

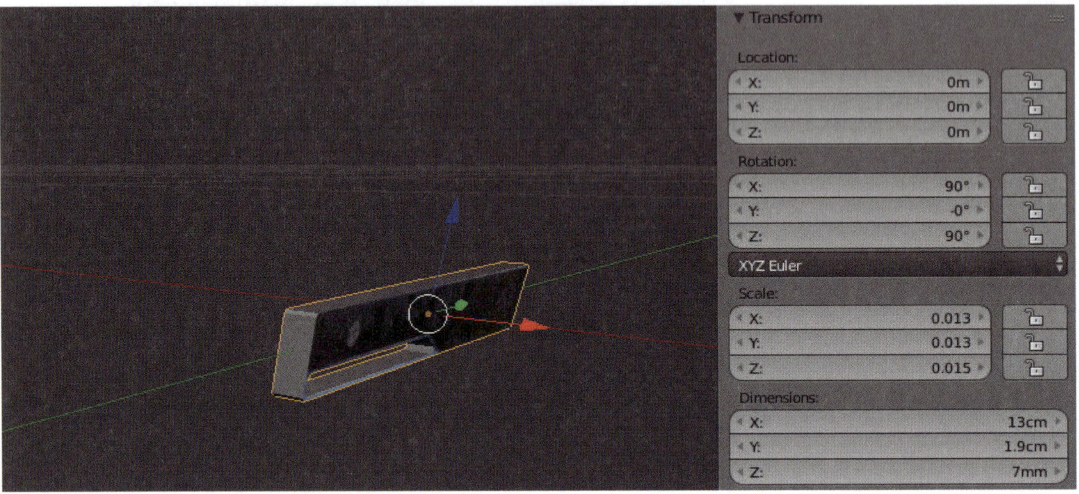

Abb. 2–25 Blender: Ausrichtung

Der eigentliche Exportvorgang erfolgt, indem man das Menü »*File*« aufruft. Von dort geht es in die Abzweigung »*Export*« und schließlich wählt man das gewünschte Format aus dem Untermenü. Die Blender-Version 2.79, die für dieses Buch verwendet wird, hat alle nötigen Voraussetzungen für einen erfolgreichen Export, insbesondere in das *Collada*-Format, voreingestellt. In früheren Versionen fehlte das Häkchen bei Texturen, sodass der Export ins *Collada*-Format ohne Textur ausgeführt wurde. Obwohl Texturen korrekt exportiert werden, ist zu beachten, , dass die Bilddatei für die Textur im selben Verzeichnis liegen muss wie die *Collada*-Datei. Also nicht vergessen, dass eine texturierte *Collada*-Datei mit der Bilddatei weitergegeben werden sollte. Spätestens wenn man eine *Collada*-Datei in URDF-Dateien einbindet, ohne das zugehörige Texturbild im selben Verzeichnis vorzuhalten, kommt eine Fehlermeldung, dass das Bild nicht gefunden werden konnte.

Bevor das 3D-Modell einer *Collada*-Datei in ROS- bzw. URDF-Dateien verwendet wird, überprüfe ich gerne vorab in Blender, ob das exportierte Modell wie gewünscht erstellt wurde. Das geht am einfachsten, indem man die exportierte *Collada*-Datei in eine leeren Blenderdatei importiert. Wenn Flächen fehlen oder Deformationen erkennbar sind, muss die Exportprozedur wiederholt werden, diesmal mit anderen Einstellungen. Außerdem kann man im Szenengraph schnell feststellen, ob die Textur für das importierte Objekt vorhanden ist. Besteht ein Problem weiterhin, gibt es eine weitere Möglichkeit, das Objekt zu »*heilen*«: Mit *MeshLab* existiert dazu ein wertvolles Werkzeug für Mesh-basierte 3D-Modelle unter *http://www.meshlab.net/*.

2.5 URDF – Unified Robot Description Format

Die Bestandteile eines Roboters, wie Bauteile, Motoren und Sensoren, werden in einer *URDF*-Datei beschrieben. *URDF*-Dateien werden im *XML*-Format verfasst. Die Erstellung einer *URDF*-Datei für einen komplexen Roboter kann sehr aufwendig sein. *SolidWorks* bietet die Möglichkeit, eine *URDF*-Datei automatisch zu generieren und zu speichern, die Ergebnisse sind allerdings oft schwer anzupassen. Die Anschaffungskosten für *SolidWorks* sind so hoch, dass es günstiger erscheint, die Erstellung der *URDF*-Datei bei einem Dienstleister in Auftrag zu geben. Eine kostenlose Alternative bietet das *DFKI – Deutsches Forschungszentrum für Künstliche Intelligenz GmbH* mit dem Projekt *phobos*. Es befindet sich auf github unter *https://github.com/dfki-ric/phobos* und wird als *AddOn* in *Blender* installiert und dann wie ein *WYSIWYG*-Editor verwendet. Um das Thema *URDF* besser zu verstehen, ist es empfehlenswert, *URDF*-Dateien selbst zu erstellen. Dabei ist es von Vorteil, eine vorhandene URDF-Datei als Vorlage zu verwenden und diese an die eigenen Bedürfnisse anzupassen. Wichtige Informationsquellen sind die ROS-Wikis (*http://wiki.ros.org/urdf*). Dort findet man zahlreiche Tutorials und Beispiele für die Erstellung eigener *URDF*-Dateien. Die *URDF*-Datei soll den realen Roboter widerspiegeln, schließlich möchte man reale Verhältnisse simulieren. Die fertige *URDF*-Datei wird zum einen vom Navigationspaket für Wegberechnungen verwendet, zum anderen verwendet *RViz* es als Roboter-Modell. Später stattet man die *URDF*-Datei mit XML-Elementen aus, die die physikalischen Eigenschaften des Roboters beschreiben. Dadurch können in Gazebo Simulationen mit dem Roboter durchgeführt werden, um Designschwächen oder Konstruktionsfehler aufzuzeigen.

In der frühen Phase beschäftigt man sich vorwiegend mit dem Design und dem 3D-Modell des virtuellen Roboters, bevor eine Konstruktion nachgebaut wird. Die Beispielroboter bestehen aus vielen primitiven Grundkörpern. Das hat den Vorteil, dass man zu Beginn keine CAD-Programme benötigt, denn ein Viereck mit *URDF* zu beschreiben ist trivial. Schwierig wird es erst, wenn wir ein komplexes Design mit vielen Kurven implementieren möchten. Wer einen virtuellen Roboter mit komplexen Formen ausstatten möchte, kommt meist nicht um ein CAD-Programm herum.

Die benötigte Rechenleistung, um eine komplexe Form zu berechnen ist ein zusätzlicher Faktor, den man berücksichtigen sollte. Spätestens wenn der Gazebo-Simulator sich anstrengen muss, um Kollisionsberechnungen zwischen komplexen Körpern durchzuführen, bemerkt man die Belastung am Computer. Später, wenn wir damit in die Herstellung gehen, ist ein komplexer Körper wesentlich teurer als eine Box, die aus gleichgroßen Seiten besteht, welche im Mengenrabatt von einem Zulieferer bestellt werden können.

Die Simulationen des Roboters in Gazebo und die Navigation in RViz basieren zudem nicht auf Programmierarbeit unsererseits, sondern stets auf dem Roboter-Modell, welches wir mit der *URDF*-Datei beschreiben. Wie man einen Roboter in *URDF* beschreibt, sehen wir in den folgenden Abschnitten.

2.5.1 URDF-Dateien

Das ROS-Paket, welches die *URDF*-Dateien vorhält, heißt standardmäßig *robot_description*, wobei das Wort *robot* durch den Namen des eigenen Roboters ersetzt wird. In unserem Fall heißen die Pakete also *abot_description* oder *bbot_description*. Das Wort »*description*« heißt übersetzt *Beschreibung* und bedeutet, dass in jenem Paket die Beschreibung des Roboters im *Unified Robot Description Format* zu finden ist. Prüfen wir zunächst die *URDF*-Dateien und lernen dann die nötigen Werkzeuge kennen. Ein Blick in den Ordner, der die *URDF*-Dateien enthält, sollte aussagekräftig sein, damit man anhand der Verzeichnis- und Dateinamen eine gesuchte Datei schnell findet.

```
rosls abot_description/urdf
```

```
abot.gazebo.xacro
abot_head/
abot.xacro
devices/
macros.urdf.xacro
materials.urdf.xacro
properties.urdf.xacro
```

Die Dateinamen, wie wir sie hier sehen, haben alle die Dateiendung *xacro*. *XACRO* ist ein XML-Makro-Mechanismus, der einen modularen Aufbau ermöglicht. Das bedeutet, dass lose, verteilte *xacro*-Dateien erst kurz vor deren Verwendung in eine einzelne URDF-Datei transformiert[4] werden. Danach erst landen sie auf dem Parameter-Server von ROS, wo sie unter dem Parameter »*robot_description*« zu finden sein werden.

4. Der Prozess, in dem alle XACRO-Dateien in eine URDF-Datei konsolidiert werden, nennt sich Transformation. Bekannt ist dieser Vorgang insbesondere von *XSLT – Extensible Stylesheet Language Transformation*. Mit *XSLT* kann man beispielsweise XML-Dateien in eine PDF-Datei transformieren. Während der Transformation werden Makros expandiert, Variablen in Werte und arithmetische Ausdrücke in Ergebnisse umgewandelt.

Es wäre zwar möglich, statt viele XACRO-Dateien, alle in einer einzigen Datei zu verfassen, aber bei zunehmender Größe leidet die Überschaubarkeit und man findet nur schwer die zu bearbeitende Stelle. Die Namen der XACRO-Dateien verraten ja schon teilweise etwas über deren Einsatzzwecke. So behält man die Übersicht und erhöht gleichzeitig die Wartbarkeit.

Je komplexer ein Roboter wird, desto mehr bedarf es eben einer Möglichkeit, einen Roboter modular zu beschreiben. Eine Makrodatei definiert zum Beispiel ein Rad, welches viermal instanziiert wird, da der Roboter aus vier Rädern besteht. Man hat also die Arbeit nur für ein Rad gemacht, statt für insgesamt vier Räder. Darüber hinaus erspart es uns viel Wartungsarbeit, wenn wir zum Beispiel das Rad viermal kopieren und später eine Änderung anfällt, die wir sonst an allen vier Rädern manuell vornehmen müssten. Mit einem Makro wird die Änderung an einem Makro-Rad vorgenommen und alle Rad-Instanzen, die mit dem Makro erstellt wurden, erben die Änderung automatisch.

2.5.2 URDF-Werkzeuge

Wie bereits erwähnt, ist eine *URDF*-Datei inhaltlich eine XML-Datei, die wir daran erkennen können, dass jede Datei im Ordner *urdf* mit einem XML-Prolog beginnt. In Abschnitt 2.1.1 haben wir XML bereits kennengelernt. Ich verwende oft einen Browser, um ein XML-Dokument zu validieren. Dazu öffnet man die XACRO-Datei mit einem Doppelklick oder zieht die Datei manuell in einen Browser. Sind Strukturfehler enthalten, werden diese vom Browser sehr genau angezeigt und beschrieben.

2.5.2.1 check_urdf

Prüfen wir zuerst die Integrität unserer *URDF*-Datei mit dem Befehl *check_urdf*. Das Programm prüft eine Eingabedatei auf Verschachtelungsfehler in der XML-Baumstruktur sowie Inkonsistenzen bei Namensraumdefinitionen. Der Befehl *check_urdf* erwartet eine *URDF*-Datei als Eingabe. Wir verwenden jedoch eine XACRO-Datei und transformieren diese ad hoc in *URDF*, damit sie als Eingabe für den *check_urdf*-Befehl verwendet werden kann. Für die Beispiele in den nächsten Abschnitten wechseln wir mit *roscd* in das Verzeichnis, welches die Datei *abot.xacro* enthält.

```
roscd abot_description/urdf
check_urdf <(xacro --inorder abot.xacro)
```

Sind keine Fehler enthalten, so gibt die folgende Ausgabe den hierarchischen Aufbau des Roboters und das Eltern-Kind-Verhältnis der XML-Struktur wieder.

```
robot name is: abot
---------- Successfully Parsed XML ---------------
root Link: footprint has 1 child(ren)
      child(1):  chassis
      child(1):  caster_wheel
      child(2):  laser_link
      child(3):  left_wheel
      child(4):  right_wheel
      child(5):  camera_link
```

2.5.2.2 xacro

Damit wir nicht ständig manuell nach URDF transformieren müssen, gibt es die Möglichkeit, XACRO-Dateien bei Bedarf mit dem *xacro*-Befehl in URDF zu konvertieren.

Xacro – Makro XML (***http://wiki.ros.org/xacro*****)**

Das Programm xacro transformiert XACRO-Dateien in eine URDF-Datei. In *launch*-Dateien verwenden wir aus diesem Grund niemals URDF-Dateien als Quelldokument, sondern generieren diese aus den XACRO-Dateien bei jedem Aufruf neu. Somit ist sichergestellt, dass bei Änderungen an einer XACRO-Datei die *launch*-Datei mit aktuellen Daten startet.

Xacro ist eine XML-Makro-Sprache, mit der viele Schreibarbeiten verkürzt und zusammengefasst werden können. Beispiele mit Xacro werden wir in XACRO-Dateien sehen.

Mit *xacro* erstellen wir im nächsten Befehl eine URDF-Datei. Die Eingabedatei *abot.xacro* referenziert weitere XACRO-Dokumente, die während des Transformationsprozesses in eine URDF-Datei mit einbezogen werden. Der Parameter *inorder* weist *xacro* an, die Abarbeitungsreihenfolge nach dem Prinzip »Wer zuletzt kommt, bleibt erhalten« zu behandeln. Weitere Informationen zum Parameter *inorder* erhalten Sie auf den Wiki-Seiten von xacro (*http://wiki.ros.org/xacro#Processing_Order*).

```
xacro --inorder abot.xacro > abot.urdf
```

Nach der Ausführung dieses xacro-Befehls öffnen Sie das URDF-Ergebnisdokument *abot.urdf*. Verwenden Sie einen Editor Ihrer Wahl und betrachten Sie die konsolidierten Ressourcen und die Variablen, die mit Werten ersetzt wurden. Je umfangreicher Ihr Roboter wird, desto größer wird diese URDF-Datei. Die Größe und die leidende

Übersichtlichkeit ist auch der Grund, warum man es vermeiden sollte, alles in mühsamer Handarbeit in eine einzige URDF-Datei zu packen und auf Variablen und Makros zu verzichten.

2.5.2.3 urdf_to_graphviz

Ein grafisches Modell der oben erzeugten Baumstruktur erstellen wir mit dem Befehl *urdf_to_graphviz*. Die Ausgabe dieses Befehls ist eine Graphviz- und eine PDF-Datei. Die PDF-Datei können wir dann einfach mit *evince* öffnen.

```
urdf_to_graphviz abot.urdf
evince abot.pdf
```

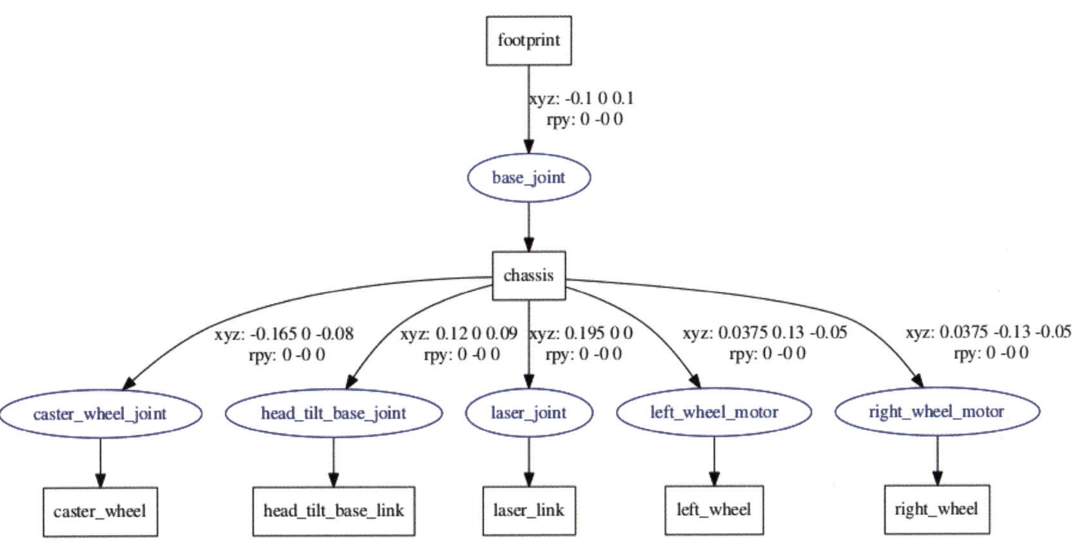

Abb. 2–26 PDF-Datei, die mit urdf_to_graphviz erstellt wurde.

2.5.3 Maßeinheiten

Die Maßeinheiten in der PDF-Datei und in URDF-Dateien werden wie folgt definiert (siehe auch *http://www.ros.org/reps/rep-0103.html)*:

- x, y und z-Angaben erfolgen in der Einheit *Meter*.
- r, p und y-Angaben erfolgen in *Radiant*.
- Masse wird in *kg* angegeben.

Die Zusammenhänge zwischen den Achsen in RViz, den Koordinaten und Winkel in URDF sind in Tabelle 2–3 zusammengefasst:

RViz-Achsen Farben	x-, y-, z-Koordinaten	Rollen, Neigen, Gieren
Rot	X	r (Rollen um die X-Achse)
Grün	Y	p (Neigen um die Y-Achse)
Blau	Z	y (Gieren um die Z-Achse)

Tab. 2–3 Zusammenhänge zwischen Achsfarben, Koordinaten und Winkel

Behalten wir die PDF-Datei und die XML-Struktur im Auge und öffnen die Datei *abot.xacro* zum Vergleich.

2.5.4 Wichtige Elemente in URDF-Dateien

Innerhalb von URDF-Dokumenten gibt es gewisse Regeln, die in erster Linie aus der XML-Spezifikation resultieren, da es sich bei URDF-Dokumenten im Grunde um XML-Dokumente handelt. Die Spezifikation für URDF-Dokumente finden Sie im Internet unter *http://wiki.ros.org/urdf/XML* und für XML unter *https://www.w3.org/TR/xml*. Im Gegensatz zu HTML, wo die Elemente eines HTML-Dokuments weltweit von einem Gremium standardisiert sind, ist es möglich, mit XML eigene Dokumenttypen zu definieren. Für die Beschreibung von Robotern in XML-Dokumenten wurden dafür von den ROS-Entwicklern eigens Elemente und Attribute ausgedacht. Das erste XML-Element in einer URDF-Datei nach dem XML-Prolog ist das Wurzelelement, namentlich *robot*. Das Wurzelelement darf laut XML-Standard nur einmal vorkommen, ergo kann es nur einen Roboter[5] pro XML-Datei geben. Am Ende der Datei finden wir auch das zugehörige, gleichnamige schließende Element.

```
<robot name="abot" xmlns:xacro="http://www.ros.org/wiki/xacro">
</robot>
```

Das *robot*-Element hat zwei Attribute – *name* und *xmlns*. Das Attribut *xmlns* beschreibt unter der URI *http://www.ros.org/wiki/xacro* das Präfix *xacro*, welches mit einem Doppelpunkt vom Attribut *xmlns* getrennt ist. Wenn wir also XACRO-Makros in unserem XML-Dokument einsetzen, ist die Angabe des *xmlns*-Attributs mit dem *xacro*-Präfix und dem Verweis zu einer Internet-Ressource (*URI – Uniform*

5. Mit hoher Wahrscheinlichkeit wird sich das in Zukunft mit der Spezifikation URDF 2.0 ändern. Dann können mehr als ein Roboter in einem XML-Dokument beschrieben werden. Allerdings bleibt die XML-Spezifikation davon unberührt und man darf weiterhin nur ein Wurzelelement pro XML-Dokument verwenden. Umgehen kann man das Problem, indem dann ein übergeordnetes Element in die URDF-Spezifikation eingeführt wird, dem die *robot*-Elemente untergeordnet werden. Als übergeordnetes Element der *robot*-Elemente könnte *world* ein Kandidat werden.

Resource Identifier) obligatorisch. Die Angabe einer Internet-Ressource darf in zusammenhängenden XML-Dokumenten nicht unterschiedlich sein, sonst gibt es bei der Verwendung von *check_urdf* eine Fehlermeldung, dass Namensraumdefinitionen inkonsistent sind.

xmlns – XML Namespace

Ein Namensraum verhindert Namenskollisionen mit anderen gleichnamigen Elementen anderer Programme. Ein XML-Element mit der Bezeichnung *property* könnte mit einem gleichnamigen XML-Element eines anderen Programms kollidieren, wenn die Elemente in einer XML-Datei gleichzeitig vorkommen. Mit einem Präfix *xacro:property* statt *property* verhindert man solche Kollisionen.

2.5.4.1 Xacro-Elemente mit dem include-Präfix

Ein praktisches Beispiel einer *Namensraum:Präfix*-Kombination sehen wir in dem XML-Element *include*. Wer seine Dateien klein und übersichtlich halten möchte, tut das am besten mit einzelnen XML-Dateien, die in einem zentralen Dokument eingebunden werden. So ist das auch hier der Fall und wir sehen im nächsten Beispiel, wie eine entfernte XML-Datei eingebunden wird.

```
<xacro:include
    filename="$(find abot_description)/urdf/properties.urdf.xacro"/>
```

Sind alle benötigten Dateien inkludiert, geht es schließlich mit der Beschreibung des Roboters los. Dazu benötigen wir die Elemente *link* und *joint*. Detaillierte Informationen über beide Elemente erhalten wir auf den Wiki-Seiten von ROS: *http://wiki.ros.org/urdf/XML/joint* und *http://wiki.ros.org/urdf/XML/link*. Die verwendeten Namen für *link*- und *joint*-Elemente sind nicht ganz frei erfunden. Ich halte mich meist an Standards, die von ROS vorgegeben werden, oder Roboter, die als Beispiele veröffentlicht wurden, wie zum Beispiel unter dem Link *http://wiki.ros.org/urdf/Examples*. So ist gewährleistet, dass sich andere Programmiererinnen schnell in das Thema einarbeiten können und nicht erst die Bedeutung der Namen entziffern müssen.

2.5.4.2 Xacro-Elemente mit dem property-Präfix

Bevor wir die *link*- und *joint*-Elemente betrachten, werfen wir einen Blick in die Datei *properties.urdf.xacro*. Dort sehen wir wieder Beispiele einer *Namensraum:Präfix*-Kombination. Da die Räder des Roboters rund sind und es mindestens zwei davon gibt, bietet es sich an, eine Variable *Pi* zu deklarieren und ihr einen Wert zuzuweisen, um Kreisberechnungen mit einer einzigen Variablen, statt zwei Werten durchzuführen. Genau das wird im Folgenden mit dem Präfix *property* gemacht. Ab sofort kann im aktuellen und allen eingebundenen XML-Dateien die Variable *Pi* verwendet werden und ihr Wert ist in einem zentralen Dokument gespeichert.

```
<xacro:property name="PI" value="3.1415926535897931"/>
```

Die Datei *properties.urdf.xacro* enthält weitere Variablen, die in den nachfolgenden Abschnitten erwähnt werden, weshalb wir an dieser Stelle nicht weiter auf diese eingehen werden.

Reihenfolge der inkludierten URDF-Dateien

Beachten Sie, dass die Datei *properties.urdf.xacro* als Erste in der Datei *abot.xacro* inkludiert wird. Wird diese Datei zu spät eingebunden, können vorher eingebundene Dateien, die auf Variablen in der Datei properties.urdf.xacro verweisen, diese nicht finden. Das merkt man spätestens anhand einer Fehlermeldung in der Konsole, weil der Name einer Variablen nicht definiert wurde.

2.5.4.3 Link- und Joint-Elemente

In unserer URDF-Datei *abot.xacro* folgt den Xacro-Elementen ein *link*-Element mit einem *name*-Attribut. Das name-Attribut ist erforderlich, sonst kann keine Eltern-Kind-Beziehung zwischen *links* und *joints* erstellt werden. Das erste *link*-Element hat die Bezeichnung »*footprint*« und bildet unser Wurzel-*link*, was auch das Programm *check_urdf* zuvor ausgegeben hat. Der Wurzel-*link* spielt eine wichtige Rolle, wenn es um andere Programme geht, die den Inhalt dieser Roboterbeschreibung als Konfigurationsparameter verwenden. Das Navigationspaket fragt zum Beispiel den Basis-Referenzpunkt des Roboters ab, den man eben mit dem Namen des Wurzel-*links* in der Konfiguration angibt. Wer wissen möchte, wo überall der Name des Wurzel-*links* verwendet wird, kann dies mit einem *GREP*-Befehl herausfinden. Der folgende Befehl kann im Paket-Verzeichnis des Roboters ausgeführt werden.

```
grep -rl footprint
```

Der Wurzel-*link* ist leer und hat nicht einmal eine visuelle Eigenschaft, die wir in der *Gazebo*-Simulation oder in *RViz* hätten sehen können. Da wir das erste *link*-Element als Referenzpunkt verwenden, ist es schlicht nicht erforderlich, diesem visuelle Eigenschaften zu vergeben. In *RViz* wird der Referenzpunkt als Bezugssystem in den globalen Optionen unter »*Fixed Frame*« gesetzt.

```
<link name="footprint" />
```

Alle folgenden *link*- und/oder *joint*-Elemente werden Kindknoten dieses Wurzel-*link* sein und bilden insgesamt eine Baumstruktur. Mit einer Baumstruktur ist es jedoch nicht möglich, einen geschlossenen Kreis zu beschreiben, indem das letzte Kind-Element das Eltern-Element des Wurzel-*link* wird. Wer eine geschlossene kinematische Kette bauen möchte, kann sich mit SDF behelfen. Die meisten Roboter entsprechen einer Baumstruktur weshalb wir nicht näher auf geschlossene Kreise eingehen werden. In vielen anderen Roboterbeschreibungen sieht man oft erst alle link-Elemente und dann alle joint-Elemente aufgelistet. Das ist eine Frage des persönlichen Geschmacks, wie man seine XML-Datei strukturiert. In den hier behandelten URDF-Dateien werden wir abwechselnd zuerst ein *joint*-Element und danach ein dazugehöriges *link*-Element sehen.

Auf das *link*-Element folgt nun also ein *joint*-Element wobei es sich um eine starre Verbindung zwischen dem Wurzel-*link* und dem Chassis handelt. Das Attribut *type* mit dem Wert *fixed* weist darauf hin, dass dieses Gelenk unbeweglich und zwischen *footprint* und *chassis* eingebaut ist. Mögliche Werte für das *type*-Attribut sind **revolute, continuous, prismatic, fixed, floating** und **planar.** In der PDF-Datei, die von *urdf_to_graphviz* erstellt wurde, sind *joint*-Elemente in blauen Ellipsen eingerahmt und in Abschnitt 2.5.6 werden wir *joint*-Elemente vom Typ *revolute* genauer kennenlernen. Ein Beispiel für *continuous joint*-Elemente findet man bei den Rädern in der Datei *macros.urdf.xacro*.

Das *origin*-Element innerhalb des *joint*-Elements beschreibt die Distanz zwischen *footprint* und *chassis* im dreidimensionalen Raum. Da der Wurzel-*link* selbst keinerlei Angaben zu seiner Position und Orientierung im Raum macht, gehen wir davon aus, dass der Ursprung von *footprint* bei 0 liegt, also 0 Meter in x-Richtung, 0 Meter in y-Richtung sowie 0 Meter in z-Richtung. Diese Raumkoordinaten sind für alle auf *footprint* aufbauenden XML-Elemente der Bezugspunkt.

Das *joint*-Element mit der Bezeichnung *base_joint* beschreibt auch eine Verlagerung des *chassis* im dreidimensionalen Raum um exakt die Werte, die im Attribut *xyz* gemacht wurden, und zwar relativ zum *footprint*! Wir werden das *origin*-Element später etwas genauer betrachten, aber das Prinzip von Bezugspunkt und relativer Verlagerung haben wir hiermit gesehen. Im Englischen kommt das Wort *frame* oft im Zusammenhang mit Bezugssystemen und Bezugspunkten vor. In *RViz* gibt es, wie oben bereits erwähnt, eine Auswahlmöglichkeit für einen festen Bezugspunkt, der die Bezeichnung »*Fixed Frame*« hat.

```
<joint name="base_joint" type="fixed">
   <parent link="footprint"/>
   <child link="chassis"/>
   <origin xyz="-0.1 0 ${2 * wheel_radius}" rpy="0 0 0"/>
</joint>
```

Link und Joint-Elemente

Ein *link*-Element beschreibt ein starres, geometrisches Objekt, vergleichbar mit den Gliedmaßen des menschlichen Körpers, und ein *joint*-Element beschreibt ein kinematisches, bewegliches Objekt, vergleichbar mit den Gelenken des menschlichen Körpers.

Beim Chassis eines Roboters handelt es sich vielmehr um etwas Physisches, Greifbares und so sehen wir als Nächstes ein umfangreich ausgestaltetes *link*-Element mit dem Namen *chassis*. Oft wird das *link*-Element statt *chassis* auch *base_link* genannt. Es hat die drei Kindknoten *collision*, *visual* und *inertial*. Alle drei Kindknoten sind optional, sonst hätten wir nicht, wie oben beschrieben, ein leeres *link*-Element *footprint* erstellen können. In den folgenden Abschnitten schauen wir uns die drei Kindknoten etwas genauer an.

```
<link name="chassis">
    <collision>…</collision>
    <visual>…</visual>
    <inertial>…</inertial>
</link>
```

2.5.4.4 Collision-Elemente

Das *collision*-Element beschreibt ein geometrisches Objekt, welches in Kollisionsberechnungen mit der Umwelt und sich selbst verwendet wird. Eine Kollisionsberechnung warnt zum Beispiel vor Bewegungen eines Roboter-Arms, die einen anderen Körper, der sich in der Trajektorie der Armbewegung befindet, treffen könnte. Das Objekt des *collision*-Elements, welches durch das *geometry*-Element repräsentiert wird, sollte mindestens dieselbe Größe wie das *visual*-Element haben. Wird das *visual*-Element durch ein CAD-Modell dargestellt, verwende ich oft ein stark vereinfachtes Objekt wie ein Rechteck oder einen Kubus. Primitive Objekte reduzieren die Prozessorlast während einer Kollisionsberechnung spürbar. Das Objekt des *collision*-Elements sollte jedoch das Objekt des *visual*-Elements vollständig einschließen, denn *nur* für das *collision*-Element werden Kollisionsberechnungen durchgeführt. Das *collision*-Element benötigen wir für einen Simulator wie *Gazebo*. Dort sowie in *RViz* sind Kollisionselemente standardmäßig nicht sichtbar. In *Gazebo* können *collision*-Elemente über das Menü »*View*« und dann »*Collisions*« angezeigt werden. In *RViz* gibt es im »*Robot Model*«-Panel einen Schalter »*Collision Enabled*«. Ein häufiger Fehler bei der Arbeit mit URDF-Dokumenten ist, dass das *collision*-Element nachrangig behandelt wird. Während man das *visual*-Element auf jeden Fall zu sehen bekommt und deswegen meist vorrangig bearbeitet, wird eine Anpassung des *visual*-Elements nicht auf das *collision*-Element übertragen. Beispielsweise müsste eine Rotation des *visual*-Elements auch im *collision*-Element abgebildet werden. Diese Fehlerquelle gilt auch für das *inertial*-Element.

```
<collision>
  <origin xyz="0 0 0" rpy="0 0 0"/>
  <geometry>
    <box size="${chassis_length} ${chassis_width} ${chassis_height}"/>
  </geometry>
</collision>
```

Die Kindknoten des *collision*-Elements, insbesondere *origin* und *geometry* erläutern wir etwas später.

2.5.4.5 Visual-Elemente

Optisch wird ein Roboterbauteil mit dem *visual*-Element beschrieben. Es handelt sich dabei – wie beim *collision*-Objekt – um ein geometrisches Objekt. Es wird als sichtbares Darstellungsobjekt in *Gazebo* oder *RViz* verwendet. Mit etwas Mehraufwand ist es möglich, aus CAD-Programmen *Collada*-Dateien (*.dae*) oder *Stereolithografie*-Dateien (*.stl*) zu exportieren, um optisch ansprechende Objekte für seinen Roboter zu verwenden. Beispiele für *mesh*-Elemente und die Verwendung von CAD-Dateien sehen wir später.

```
<visual>
  <origin xyz="0 0 0" rpy="0 0 0"/>
  <geometry>
    <box size="${chassis_length} ${chassis_width} ${chassis_height}"/>
  </geometry>
  <material name="gray"/>
</visual>
```

2.5.4.6 Inertial-Elemente

Ein *inertial*-Element innerhalb eines *link*-Elements definiert die physikalischen Eigenschaften eines geometrischen Objekts und ist Voraussetzung für eine URDF-Datei, die in Gazebo-Simulationen funktionieren soll. Zu den wichtigsten Eigenschaften zählen das Trägheitsmoment und der Schwerpunkt, also benötigen wir Angaben wie Masse und Größe eines Objekts. Später sehen wir noch Beispiele für Objekte wie Räder, die andere Objekte berühren. Dann kommen zusätzliche Koeffizienten ins Spiel, wie Reibung, Steifheit und Dämpfung.

Zum Kennenlernen verwenden wir das *inertial*-Element des Chassis. Das Chassis ist ein Quader, also ein einfacher Grundkörper für unsere folgenden Berechnungen.

Das *inertial*-Element hat zwei Pflichtangaben, die gemacht werden müssen. Das eine ist das *mass*-Element und das andere ist das *inertia*-Element. Das *origin*-Element ist optional und bestimmt den Masse-Schwerpunkt dieses Objekts.

Das vorliegende *inertial*-Element hat zwar ein *mass*-Element, aber das *inertia*-Element ist nicht vorhanden oder wird durch ein Makro eingefügt. Letzteres ist hier der Fall, denn wie wir sehen wird das *box_inertia*-Element durch das *box_inertia*-Makro aus einer externen Datei vollständig ersetzt werden. Der Ersetzungsprozess findet immer dann statt, wenn wir das *xacro*-Programm verwenden und unsere XACRO-Dateien in eine einzige URDF-Datei konsolidieren.

Die Verknüpfung eines XML-Elements mit einem Makro wird mit dem Namen des Makros hergestellt. Das *name*-Attribut des Makros hat den Wert *box_inertia*, also genau den Wert, den auch unser XML-Element innerhalb des *inertial*-Elements hat.

Während der Ersetzung werden die Attribute *mass*, *x*, *y* und *z* als Parameter an das Makro übergeben, um diverse Berechnungen durchführen zu lassen. Die Ergebnisse erscheinen schließlich in der URDF-Datei und tatsächlich erscheint dann auch ein *inertia*-Element innerhalb des *inertial*-Elements, denn das bekommt man ja vom Makro namentlich zurückgeliefert.

Ein *inertial*-Element aus der Datei *abot.xacro*:

```
<inertial>
  <origin xyz="0 0 0" rpy="0 0 0"/>
  <mass value="${chassis_mass}"/>
  <box_inertia mass="${chassis_mass}"
               x="${chassis_length}"
               y="${chassis_width}"
               z="${chassis_height}"
  />
</inertial>
```

Ein Makro aus der Datei macros.urdf.xacro:

```
<xacro:macro name="box_inertia" params="mass x y z">
  <inertia ixx="${mass*(y*y+z*z)/12}" ixy = "0" ixz = "0"
           iyy="${mass*(x*x+z*z)/12}" iyz = "0"
           izz="${mass*(x*x+z*z)/12}"
  />
</xacro:macro>
```

Die Formeln der einzelnen *inertia*-Attribute finden wir, wenn wir nach dem Wort »*Trägheitsberechnung*« im Internet suchen. Meist erscheint in den Suchtreffern ein Link zu einer Wikipedia-Seite mit Formeln zur Berechnung der Trägheitsmomente einfacher geometrischer Grundkörper. Eine andere Informationsquelle für derartige

Berechnungen wären die Beispielroboter auf den Wiki-Seiten von ROS, die wir in Abschnitt 2.5.4.1 als Vorlage für URDF-Dateien genannt haben.

2.5.4.7 origin-Elemente

Den Ursprung eines Objekts beschreiben wir mit dem *origin*-Element. Ein benachbartes *geometry*-Element würde dann aus diesem Ursprung erscheinen. Stellen wir uns eine Kugel vor, dann ist das *origin*-Element der Kern dieser Kugel, also der Mittelpunkt. Im Idealfall ist der Mittelpunkt auch der Schwerpunkt des Objekts. Von diesem Mittelpunkt dehnen sich nun die Körper in x-, y- und z-Richtung aus. Wie weit die Ausdehnung geht, bestimmen zum Beispiel das *geometry*-Element mit dem *size*-Attribut oder bei kreisförmigen Objekten das *radius*-Attribut. Die Größe des *link*-Elements *chassis* wird hier mit Variablennamen, die mit Werten ersetzt werden, angegeben. Die Variablen und Werte wurden in *property*-Präfixe am Anfang der XML-Datei definiert.

```
<link name="chassis">
  <visual>
    <origin xyz="0 0 0" rpy="0 0 0"/>
  </visual>
  <geometry>
    <box size="${chassis_length} ${chassis_width} ${chassis_height}"/>
  </geometry>
</link>
```

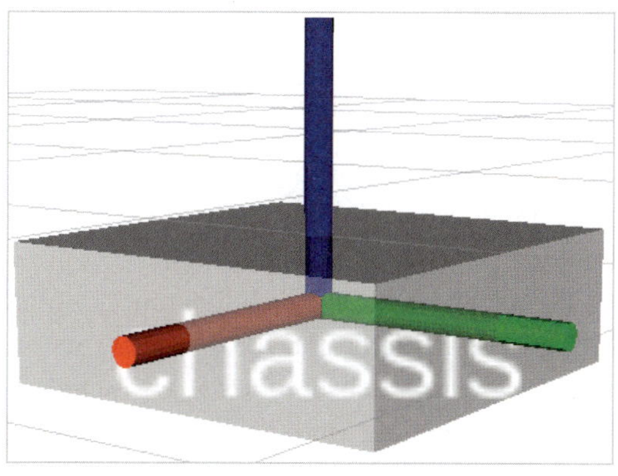

Abb. 2–27
Ursprung von chassis – *origin*-Element

In Abbildung 2–1 sehen wir zwei Elemente, ein *joint*- und ein *link*-Element. Das *joint*-Element ist ein Gelenk und bietet deshalb keine visual-Elemente für eine optische Darstellung. Sichtbar wird ein *joint*-Element also nur, wenn wir die Achsen in *RViz* oder in *Gazebo* aktivieren. Achsen haben die Farben rot, grün und blau. Die

Zusammenhänge zwischen den Achsfarben und Koordinaten haben wir in Tabelle 2–3 auf Seite 100 gesehen.

Betrachten wir nun das nächste Bild. Verändert wurde der Wert für die z-Achse. Der Wert 0.2 Meter beschreibt eine Verschiebung des *link*-Elements in der positiven *z*-Achse relativ zur Position des *joint*-Elements.

```
<origin xyz="0 0 0.2" rpy="0 0 0"/>
```

Die Position des *joint*-Elements *base_joint* ist unverändert. Die Frage lautet nun, haben sich alle anderen Elemente, die auf *chassis* aufbauen, auch verschoben? Wenn wir in *RViz* die anderen *link*-Elemente wieder einschalten, würden wir sehen, dass diese ihre Position nicht verändert haben. Sie würden ihre Position tatsächlich erst dann verändern, wenn wir die Position des *joint*-Elements, worauf das chassis aufgebaut ist, verändern.

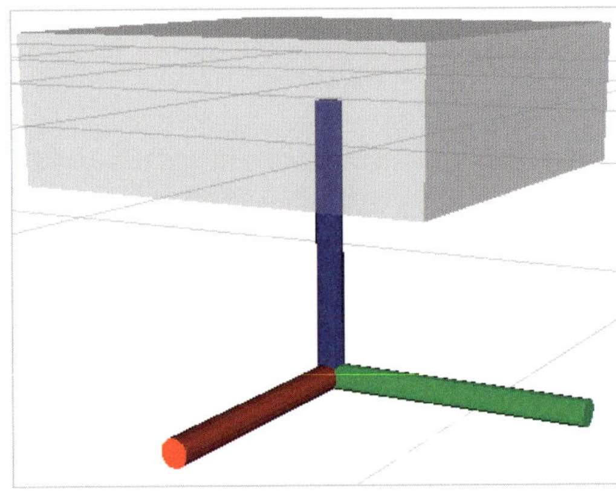

Abb. 2–28
Ursprung von chassis verschoben – *origin*-Element

Wie wir bereits gesehen haben, ist für die korrekte Erstellung einer kinematischen Kette, das Verständnis der relativen Bezüge zueinander wichtig. Das wollen wir am Beispiel von *chassis* und seinem relativen Bezug zu *footprint* wiederholen.

Im nächsten Bild sehen wir zwei *joint*-Elemente und zwei *link*-Elemente, wobei das *link*-Element *footprint* keine optische Darstellung bietet und somit unsichtbar ist. Trotzdem sehen wir an der Stelle von *footprint* die 3D-Achsen eines *joint*-Elements. Diese Achsen bilden eine Verbindung zur 3D-Umgebung und sind standardmäßig aktiviert, sobald das erste *link*-Element des Roboters angezeigt wird. Der Versatz zwischen *footprint* und *chassis* wurde im *origin*-Element des *joint*-Elements *base_joint* festgelegt. Betrachten wir zunächst den XML-Baum *footprint – base_joint – chassis*.

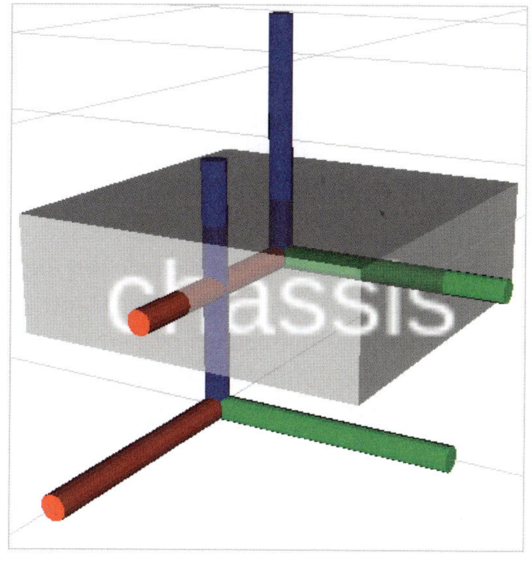

Abb. 2–29
Bezug zwischen footprint und chassis

```
<link name="footprint" />

<joint name="base_joint" type="fixed">
    <parent link="footprint"/>
    <child link="chassis"/>
    <origin xyz="-0.1 0 ${2 * wheel_radius}" rpy="0 0 0"/>
</joint>

<link name="chassis">
  <visual>
    <origin xyz="0 0 0" rpy="0 0 0"/>
  </visual>
  <geometry>
    <box size="${chassis_length} ${chassis_width} ${chassis_height}"/>
  </geometry>
</link>
```

Das *joint*-Element definiert hier den Versatz zwischen Eltern- und Kindknoten. Rechnen wir kurz nach. In x-Richtung besteht ein Versatz von –0.1 Meter. Wenn die rote Achse in die positive x-Richtung (vorne) zeigt, dann ist entgegengesetzt die negative x-Richtung (hinten). Das Ergebnis ist hiermit eine Verschiebung um 10 Zentimeter nach hinten auf der x-Achse.

Die grüne y-Achse hat den Wert 0 und somit geht es weder nach links noch nach rechts.

Zuletzt haben wir einen Wert für z, welcher mit einem mathematischen Ausdruck festgelegt wird. Die Variable *wheel_radius* wird mit dem Wert ersetzt, der im gleichnamigen *property*-Präfix in der XML-Datei *properties.urdf.xacro* definiert wurde. Nach der Ersetzung multiplizieren wir mit zwei und erhalten so das Ergebnis für z. Da der Wert für *wheel_radius* positiv ist, wird der Versatz dementsprechend nach oben ausfallen, denn die blaue Achse zeigt positive z-Werte nach oben und negative nach unten an.

Die Richtungsangaben vorne und hinten sowie oben und unten bleiben bestehen, auch wenn wir später mit dem *rpy*-Attribut die Orientierung verändern. Dann ist eben oben und unten relativ zum Bezugspunkt. In leeren Räumen benötigen wir also einen Bezugspunkt, um uns orientieren zu können. Diese Aufgabe erfüllt das *origin*-Element, wie wir gesehen haben.

2.5.4.8 Xacro-Makros

Eine der wichtigsten Möglichkeiten von xacro ist es, Makros zu schreiben. Makros reduzieren die Dateigröße und erhöhen die Lesbarkeit einer XACRO-Datei. In den Abschnitt 2.5.4.1 und 2.5.4.2 haben wir bereits gesehen, wie wir Xacro-Elemente entsprechend einsetzen können. Die letzten zwei XML-Elemente in der Datei *abot.xacro* beziehen sich beispielsweise auf ein Makro in der Datei *macros.urdf.xacro* und expandieren erst in der URDF-Datei vollständig. Betrachten wir zunächst beide XML-Elemente.

```
<wheel suffix="left" reflect="1"/>
<wheel suffix="right" reflect="-1"/>
```

Die Elementnamen *wheel* verweisen auf ein Makro mit dem gleichnamigen Attributwert in der Datei *EMG30_wheels.urdf.xacro*. Wenn wir im Verzeichnis *abot_description* nach dieser Makrodatei suchen, finden wir darin auch einen etwas umfangreicheren Abschnitt der von einem *xacro:macro*-Element umschlossen wird.

```
<xacro:macro name="wheel" params="suffix reflect">
```

Das öffnende Makroelement beschreibt neben dem Namen auch die erwarteten Parameter. Der erste Parameter *suffix* wird mit *left* oder *right* ersetzt, wie wir in den aufrufenden XML-Elementen sehen können. Der Parameter *reflect* wird mit 1 und -1 ersetzt. Den genauen Einsatzzweck der Parameter besprechen wir im betroffenen Makroabschnitt weiter unten.

```
<joint name="${suffix}_wheel_motor" type="continuous">
  <parent link="chassis"/>
  <child link="${suffix}_wheel"/>
  <origin xyz="${-wheelPos + chassis_length / 2}
               ${reflect * wheel_width / 2 + reflect * chassis_width / 2}
               ${-wheel_radius}" rpy="0 0 0" />
  <axis xyz="0 1 0" />
  <limit effort="100" velocity="100"/>
  <joint_properties damping="0.7" friction="100.0"/>
</joint>
```

Ein Beispiel mit umfangreichen Variablenersetzungen sehen wir im vorliegenden *joint*-Element unseres Makros. Der Wert des *name*-Attributs verwandelt sich für das jeweilige Rad unseres Roboters in *left_wheel_motor* und in *right_wheel_motor*, da wir ja das Makro zweimal hintereinander mit den *wheel*-Elementen aufrufen. Das *type*-Attribut beschreibt den Gelenktyp, der hier eingesetzt wird. Der Wert *continuous* besagt, dass es sich um ein in beide Richtungen endlos drehendes Gelenk handelt – was eine Voraussetzung für unsere Räder ist.

Im *origin*-Element befinden sich eine Menge Variablen und mathematische Ausdrücke. Löst man die Variablen auf, so erhält man die Werte für x, y und z bzw. die Raumkoordinate, wo sich das linke bzw. das rechte Rad befinden sollen. Die Variablen haben wir in *property*-Präfixen definiert. Die Variable *reflect* jedoch stammt vom aufrufenden *wheel*-Element und bewirkt, dass die Werte von y für das eine Rad negativ und für das andere Rad positiv ausfallen. Das bedeutet einmal eine Verschiebung nach links und einmal nach rechts, da die Variable *reflect* auf der y-Achse eingesetzt wird. Am besten verändert man in den *property*-Präfixen die vorgegebenen Werte und beobachtet in *RViz* die Auswirkung.

Das *axis*-Element definiert die Gelenk-Achse. Während das *origin*-Element die Position und Orientierung eines Objekts im Raum angibt, verwenden wir das *axis*-Element bei beweglichen Gelenken, um die Achse zu definieren, um die sich das Gelenk dreht. In obigem *axis*-Element steht der Wert 1 für die Variable y und definiert diese als die Drehachse. Also ergibt dieses Element nur Sinn bei Rotations- oder Schubgelenken, denen man sagen muss, um welche Achse sie sich drehen bzw. verschieben sollen. Da wir die Räder an der y-Achse anbringen, sollen sich diese auch um die y-Achse drehen, das ist alles.

```
<transmission name="${suffix}_trans">
  <type>transmission_interface/SimpleTransmission</type>
  <joint name="${suffix}_wheel_motor">
    <hardwareInterface>
      hardware_interface/EffortJointInterface
    </hardwareInterface>
  </joint>
  <actuator name="${suffix}Motor">
    <mechanicalReduction>1.0</mechanicalReduction>
  </actuator>
</transmission>
```

Beim *transmission*-Element handelt es sich ebenfalls um eine Erweiterung für URDF, indem es der Steuerungseinheit (engl. *controller*) unter anderem die Übersetzung zwischen Gelenk (engl. *joint*) und Motor (engl. *actuator*) mitteilt. Vergleichbar mit Zahnrädern, die am Gelenk und am Motor befestigt sind. Unterschiedliche Zahnradgrößen ergeben unterschiedliche Übersetzungsverhältnisse, die im *mechanicalReduction*-Element bekanntgegeben werden. Die Steuerungseinheit wird aus dem Paket *ros_control* bereitgestellt, das vom *abot_control*-Paket unseres Roboters installiert[6] wird. Das *transmission*-Element bezieht sich auf die *joint*-Elemente, die mit dem *name*-Attribut referenziert und angetrieben werden sollen. Das *hardwareInterface*-Element benennt den zu verwendenden *controller*. Der Wert dieses Elements ist ausschlaggebend für das *gazebo_ros_control*-Plugin, welches dann die korrekte virtuelle Hardware-Schnittstelle in Form eines *controllers* lädt. Das Paket *ros_control* ist aus dem *pr2_mechanism*-Paket entsprungen. Es wurde aus dem Bedürfnis nach einer generischen Schnittstelle für beliebige Robotermotoren erstellt, statt nur für Hardwarekomponenten des *PR2*-Roboters. Ein besonderes Merkmal ist die Abstraktionsschicht, die über die Hardware gelegt wird. Sie müssen sich am Ende nicht darum kümmern, ob Simulationshardware oder echte Hardware angetrieben wird. Besuchen Sie einige Roboterbeispiele von ROS, um zu sehen, wie das Paket dort eingesetzt wird. Einen Einstieg in das Thema *ros_control* bietet *http://wiki.ros.org/ros_control*.

Die *transmission*-Elemente der Radgelenke und das *gazebo*-Element mit dem *name*-Attributwert *differential_drive_controller* sind eng miteinander verbunden. Insgesamt ist an drei unterschiedlichen Stellen der Wert **right_wheel_motor** und **left_wheel_motor** einzutragen. Im *transmission*-Element entstehen die genannten Werte durch automatische Ersetzung der Variablen *suffix* durch die Werte *left* und *right* – die erste Stelle. Diese Werte werden später im Gazebo-*Plugin differential_drive_controller*

6. In Wirklichkeit handelt es sich hierbei um die Abhängigkeiten, die in der Datei *package.xml* des Pakets *abot_control* beschrieben sind. Diese Abhängigkeiten werden mit dem Befehl *rosdep install* automatisch installiert, wenn sie nicht bereits vorinstalliert sind.

verwendet, um eine zweirädrige mobile Basis anzutreiben – die zweite Stelle. Zuletzt suchen wir die Datei, die diese Werte ebenfalls verwendet, und zwar mit folgendem Befehl in unserem Roboterverzeichnis:

```
grep -rl right_wheel_motor
```

Die Ausgabe des *grep*-Befehls ist eine *yaml*-Datei, die im *abot_control*-Paket unseres Roboters residiert – die dritte Stelle. Ist ein Wert an einer dieser drei Stellen unterschiedlich oder nicht angegeben, entstehen Warnungen und Fehler beim Start der Simulation.

```
</xacro:macro>
```

Das Makro endet an dieser Stelle mit einem schließenden xacro-Element. Das Ergebnis aus der Zusammenführung zweier *wheel*-Elemente mit dem gerade beschriebenen Makro sehen wir in der resultierenden URDF-Datei, die wir mit dem Programm *xacro* erstellen können.

```
check_urdf <(xacro --inorder abot.xacro)
```

2.5.4.9 gazebo-Elemente

Simulationen verwenden Treiber für virtuelle Hardware so wie man das von realer Hardware kennt. Also benötigen wir eine Treiber-Software, die in Gazebo-Simulationen die virtuelle Hardware antreibt. Mit *Plugins* können wir *Gazebo* dazu bringen, bestimmte Treiber zu laden und zu verwenden. Die nötigen Treiberparameter liefern wir in den entsprechenden XML-Elementen mit. Das *plugin*-Element ist das vorgesehene XML-Element, um verschiedene Treiberprogramme zu konfigurieren und in Simulationen zu verwenden.

```
<gazebo>
  <plugin name="differential_drive_controller"
          filename="libgazebo_ros_diff_drive.so">
    <rosDebugLevel>debug</rosDebugLevel>
    <publishWheelTF>false</publishWheelTF>
    <publishTf>1</publishTf>
    <publishWheelJointState>true</publishWheelJointState>
    <wheelAcceleration>1.5</wheelAcceleration>
    <odometrySource>world</odometrySource>
    <legacyMode>false</legacyMode>
    <alwaysOn>true</alwaysOn>
    <updateRate>50</updateRate>
    <leftJoint>left_wheel_motor</leftJoint>
    <rightJoint>right_wheel_motor</rightJoint>
```

```
      <wheelSeparation>${chassis_width+wheel_width}</wheelSeparation>
      <wheelDiameter>${2*wheel_radius}</wheelDiameter>
      <wheelTorque>5</wheelTorque>
      <commandTopic>cmd_vel</commandTopic>
      <odometryTopic>odom</odometryTopic>
      <odometryFrame>odom</odometryFrame>
      <robotBaseFrame>footprint</robotBaseFrame>
    </plugin>
  </gazebo>
```

Das hiesige *plugin*-Element verwendet einen Differentialgetriebe-Controller aus der im *filename*-Attribut angegebenen Treibersoftware. Voraussetzung für die Verwendung sind bestimmte ROS-Pakete, die vorinstalliert sein müssen. Ein Blick in die *package.xml* des *abot_control*-Pakets unseres Roboters verrät jene Abhängigkeiten, insbesondere *ros_control*, *ros_controllers* und *gazebo_ros_control*.

Die XML-Elemente innerhalb des *plugin*-Elements beschreiben das Fahrzeug. Zwei Antriebsgelenke rechts und links, wie wir zuvor schon besprochen hatten. Der Durchmesser der Räder spielt für die Wegmessung eine Rolle, genauso die Spurbreite des Fahrzeugs, welche aus der Summe der Breite des Chassis und der Breite eines Reifen berechnet wird. Das mag vielleicht seltsam klingen, da wir zwei Räder haben, aber die Spur beginnt ja von der Mitte des ersten Rads und geht bis zur Mitte des zweiten Rads, also ist die Rechnung mit nur einer Radbreite ausreichend und korrekt.

Abschließend folgen XML-Elemente mit Angaben zu *Topics* und *Frames*, die sich auf dieselben Angaben beziehen, die bereits an anderer Stelle gemacht wurden. Erinnern wir uns an das erste *link*-Element unseres Roboters mit dem Namen *footprint*. Dieser Wert wird hier also ebenfalls verwendet, und bei einer Änderung an nur einer Stelle würden wieder Warnungen und Fehler erscheinen.

Lokale und globale Konfiguration

Einige Werte, die wir in URDF-Dateien festgelegt haben, werden in anderen Konfigurationsdateien, auch außerhalb unserer URDF-Datei, verwendet. Eine Änderung eines global verwendeten Werts, sollte an allen Stellen angepasst werden, wo der Wert verwendet wird. So wurde zum Beispiel der Wert *footprint* für *robotBaseFrame* auch im Navigationspaket für *base_frame* eingesetzt.

2.5.5 URDF-Datei testen

Es ist hilfreich, während der Erstellung einer URDF-Datei, die Konfiguration in regelmäßigen Abständen zu testen. Ich mache das zum Beispiel nach jeder Änderung an einer URDF-Datei, die sich auf Position, Orientierung oder Gelenke auswirkt. Kosmetische oder beschreibende Änderungen prüfe ich weniger frequentiert.

Testen wir unsere Konfiguration mit einer vorgefertigten Startdatei aus unserem Beschreibungspaket, namentlich *abot_description*. Die Startdatei *abot_description.launch* haben wir bereits in Abschnitt 1.2.11 kennengelernt. Zusammenfassend möchte ich ergänzen, dass folgende Schritte in der besagten *launch*-Datei abgearbeitet werden:

- Das *arg*-Element erzeugt mit *xacro* ein URDF-Ergebnis, das als Argument für das nächste XML-Element verwendet wird.
- Das im *arg*-Element generierte URDF-Ergebnis wird auf dem Parameter-Server von ROS im Parameter *robot_description* gespeichert.
- Das node-Element *robot_state_publisher* publiziert ausgehend vom Parameter *robot_description* ein Robotermodell, das von *RViz* in der Anzeige *RobotModel* für alle *link*-Elemente bzw. visuelle Elemente des Roboters in 3D dargestellt wird.
- Das Paket *joint_state_publisher* des nächsten node-Elements publiziert, ebenfalls ausgehend vom Parameter *robot_description*, die Gelenke inklusive Position und Orientierung, die dann in *RViz* in der Anzeige *TF* für alle *joint*-Elemente als farbige Achsen erscheinen. Wenn wir den Wert des untergeordneten *param*-Elements bei *value* auf »*true*« setzen, bekommen wir ein grafisches Werkzeug, mit dem wir Gelenke bewegen können.
- Schließlich starten wir *RViz* im letzten *node*-Element. *RViz* startet vorkonfiguriert mit den nötigen Anzeigen (engl. *Displays*) und Anzeigeoptionen. Die Konfigurationsdatei von *RViz* können wir im *args*-Attribut ablesen.

Mit folgendem Befehl lassen wir das Ergebnis der URDF-Datei in *RViz* anzeigen.

```
roslaunch abot_description abot_description.launch
```

Nachdem der ROS-Master gestartet wird, erscheint *RViz* und gegebenenfalls versteckt sich das grafische Werkzeug zum Bewegen der Gelenke dahinter, also einfach die Fensteranordnung überprüfen, und falls es sich hinter *RViz* oder einem anderen Programm befindet, das Fenster *joint_state_publisher* in den Vordergrund bringen.

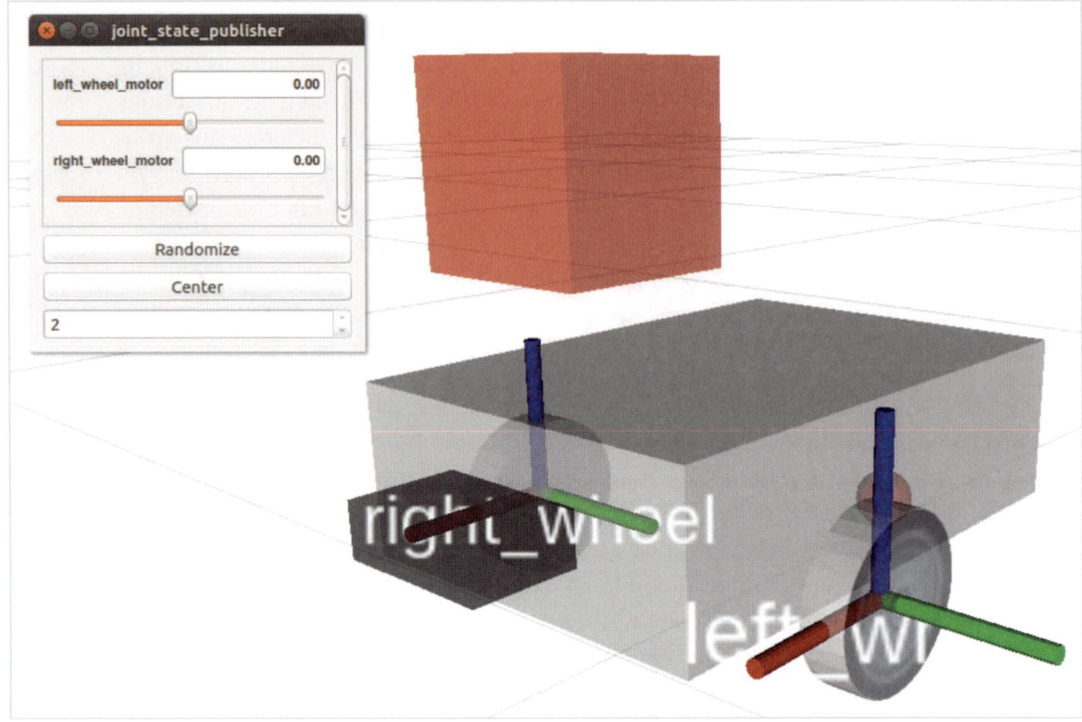

Abb. 2–30 URDF-Datei testen mit RViz.

Die Regler drehen die Räder. Dann können wir prüfen, ob Drehachse und Drehrichtung in der URDF-Datei korrekt angegeben wurden.

2.5.6 Aufbau und Struktur komplexer URDF-Dateien

Bis hier haben wir einzelne Komponenten in URDF-Dateien besprochen. Die Räder waren dabei die einzigen beweglichen Teile. Ein größeres Projekt beginnt zwar schon ab einem beweglichen Gelenk, aber wie ist die Vorgehensweise, wenn wir größere URDF-Dateien erstellen und organisieren möchten? Worauf ist zu achten? Diese und andere Fragen behandeln wir in den folgenden Kapiteln. Als Beispielprojekt realisieren wir eine bewegliche Kamera in URDF. Die Kamera soll austauschbar sein und von einem CAD-Modell repräsentiert werden. Ein Überblick soll hier nochmals die Punkte zusammenfassen, die man für ein umfangreiches URDF-Projekt inklusive CAD-Modelle in Erwägung ziehen sollte:

- URDF-Ordner- und Dateistruktur anlegen.
- Austauschbare Makros schreiben.
- Ein bewegliches Gelenk beschreiben.
- Ein Kamera-Objekt auf dem Gelenk positionieren.
- CAD-Modelle einbinden.

2.5.6.1 Eine Ordnerstruktur für URDF-Dateien anlegen

Es gibt viele ROS-Roboter-Beispiele, deren ROS-Pakete als Vorbild für eine geeignete Struktur im *URDF*-Verzeichnis dienen können. Der Verzeichnisinhalt der obersten Ebene in einem ROS-Paket wurde in Abschnitt 1.2.2 beschrieben. Dort sind die Verzeichnisnamen **urdf, meshes** und **cad** im Zusammenhang mit *URDF* empfohlen worden. Für die Inhalte im Verzeichnis *urdf* gibt es leider keine klaren Vorgaben, weshalb man hier oft unterschiedliche Verzeichnisstrukturen und Namen findet, wenn man in fremden ROS-Paketen stöbert. Im Ordner *urdf* residieren die zentralen *xacro*-Dateien neben Unterverzeichnissen, in denen sich logisch zusammenhängende *xacro*-Dateien befinden. Sind die Ordnernamen aussagekräftig, würde es also im Verzeichnis *urdf* eine Ansammlung von Funktionen geben, aus denen der Roboter in einer zentralen *URDF*-Datei zusammengesetzt wird. Schauen wir uns eine beispielhafte Ordnerstruktur für das Verzeichnis *urdf* an.

Die Ordner *devices* und *wheels* enthalten keinen Roboternamen. Daraus lässt sich schließen, dass sie leicht für andere Roboter portierbar sind, also keine Spezialanfertigung für einen ganz bestimmten Roboter sind.

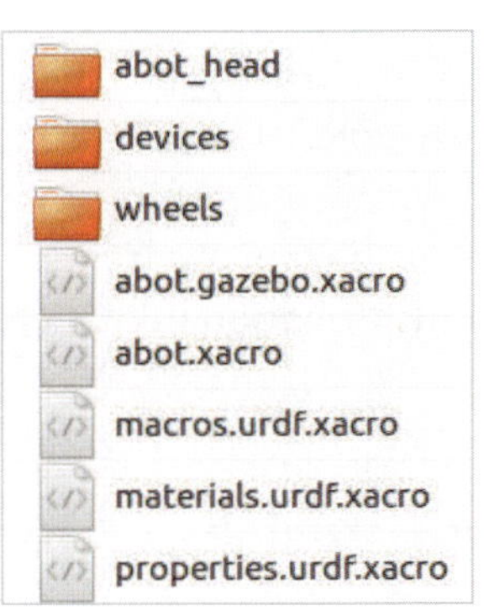

Abb. 2–31
URDF-Ordnerstruktur

Man könnte auch sagen, die bereitgestellten Funktionen in dem Ordner sind »*generisch*«. Umgekehrt betrachtet können diese Ordner von anderen Robotern ohne großen Aufwand importiert und verwendet werden.

Das Verzeichnis mit Roboternamen hingegen enthält speziell für diesen Roboter entwickelte *URDF*-Dateien und ist schließlich nicht ohne Weiteres für andere Roboter portierbar.

Die Abbildung der Verzeichnisse dient nur als Beispiel für eine mögliche Strukturierung. Über Ordnerstrukturen lässt sich endlos diskutieren. Eine flache Struktur ist unübersichtlich, während eine sehr tiefe Verzeichnisstruktur zu sehr langen Pfadangaben führt. Den Mittelweg sollte aber jeder für sich selbst finden. Am Anfang spielt die Ordnerstruktur sowieso keine besonders große Rolle. Wichtiger ist, wie man Roboterbestandteile in Makros verteilt und aus diesen dann einen Roboter zusammensetzt. Nehmen wir beispielsweise an, dass der Roboter momentan mit Sommerreifen fährt. Im Winter sollen die Sommerreifen durch Winterreifen ersetzt werden. Diese Ersetzung so einfach wie möglich zu gestalten, ist ein Ziel von Makros in verteilten URDF-Dateien.

2.5.6.2 Eine Struktur für URDF-Dateien festlegen

Das Programm *xacro* generiert bekannterweise die URDF-Ergebnisdatei aus einem oder mehreren XACRO-Dateien. Öffnen wir beispielsweise die *launch*-Datei *abot_description.launch*. Darin ist das folgende *arg*-Element mit dem *xacro*-Befehl zum Generieren der URDF-Ergebnisdatei aufgeführt:

```
<arg name="urdf_file"
     default="$(find xacro)/xacro --inorder '$(find abot_description)/urdf/
abot.xacro'" />
```

Hier wird die Datei *abot.xacro* aufgerufen, wenn das Argument *urdf_file* beim Start der *launch*-Datei nicht mit einem Verweis zu einer anderen XACRO-Datei ausgestattet wird. Der Befehl *xacro* transformiert dann die XACRO-Datei, die im ROS-Paket *abot_description* gefunden wird, in eine URDF-Datei. Wir werden sehen, dass die Datei abot.xacro nur ein Einstiegspunkt ist und weitere XACRO-Dateien darin folgen werden.

Unser nächster Halt ist die Datei *abot.xacro*. Interessant in diesem Zusammenhang sind die Zeilen, wo weitere XACRO-Dateien für die Transformation inkludiert werden.

```
<xacro:include
  filename="$(find abot_description)/urdf/properties.urdf.xacro" />
<xacro:include
  filename="$(find abot_description)/urdf/abot.gazebo.xacro" />
<xacro:include
  filename="$(find abot_description)/urdf/materials.urdf.xacro" />
<xacro:include
  filename="$(find abot_description)/urdf/macros.urdf.xacro" />
```

In der Summe sind es bereits fünf XACRO-Dateien, die in der *launch*-Datei für die Transformation einbezogen werden. Das *include*-Präfix darf in beliebigen XACRO-Dateien verwendet werden und somit ist es nicht ausgeschlossen, dass die inkludierten XACRO-Dateien selbst weitere XACRO-Dateien inkludieren. Verfolgt man die Dateiverweise weiter, zum Beispiel in der Datei *macros.urdf.xacro*, findet man tatsächlich weitere Verweise zu entfernten XACRO-Dateien, unter anderem die Folgenden:

```
<xacro:include
  filename="$(find abot_description)/urdf/devices/device_macros.urdf.xacro"
/>
```

Das Besondere an der Datei *device_macros.urdf.xacro* ist, dass sie lediglich aus *include*-Präfixen besteht. Sie dient somit als Verweisdokument für alle Geräte (engl. *devices*), die zur Verwendung in XACRO-Dateien bereitgestellt werden sollen. Möchte man irgendwann ein neues Gerät in *device_macros.urdf.xacro* aufnehmen, erstellt man zunächst im Ordner *devices* eine XACRO-Datei, in der die Beschreibung des Gerätes in URDF verfasst wird. Danach fügt man einen Verweis auf diese XACRO-Datei innerhalb der *device_macros.urdf.xacro* hinzu. Ein typischer Fehler ist, die Verweise nicht zu pflegen. Dennoch, die Fehlermeldungen, die beim Start der *launch*-Datei erscheinen, bringen die Ursache schnell auf den Punkt. Ein weiterer Fehlerhinweis in *RViz* ist, dass dort, wo man ein Objekt erwartet hätte, nichts erscheint.

Der Befehl *roscat* zeigt den Inhalt von Dateien innerhalb des ROS-Ökosystems an. Verwendet man ihn, um den Inhalt von *device_macros.urdf.xacro* auszugeben, erfährt man, welche »*Geräte*«[7] darin inkludiert sind. Danach zählt man die Dateien, die mit *rosls* im Verzeichnis devices vorhanden sind, und prüft, ob diese Anzahl auch tatsächlich mit der Anzahl der inkludierten Dateien in *device_macros.urdf.xacro* übereinstimmt. Die Datei *device_macros.urdf.xacro* und Verzeichnisse dürfen dabei selbstverständlich nicht mitgezählt werden.

```
roscat abot_description device_macros.urdf.xacro

<?xml version="1.0"?>
<robot name="abot" xmlns:xacro="http://www.ros.org/wiki/xacro">
<xacro:include
filename="$(find abot_description)/urdf/devices/camera_static.urdf.xacro" />
<xacro:include
filename="$(find abot_description)/urdf/devices/camera_q9000.urdf.xacro" />
<xacro:include
filename="$(find abot_description)/urdf/devices/camera_r200.urdf.xacro" />
</robot>
```

Der Verzeichnisname *devices* ist frei gewählt. Stattdessen könnte der Ordner auch *sensors* heißen, da eine Kamera ein Bildsensor ist und gleichzeitig die Geräteklasse präziser beschreibt. Dadurch würde aber der Inhalt im Verzeichnis auf sensorbasierte Geräte eingegrenzt. Ein motorisiertes Schwenksystem für Kameras würde man in einem so benannten Verzeichnis nicht erwarten.

---

7. Der Begriff »Geräte« wird hier als Synonym für XACRO-Dateien verwendet, um den Zusammenhang zwischen der XACRO-Datei *device_macros.urdf.xacro* und den inkludierten Geräten deutlich zu machen.

```
rosls abot_description/urdf/devices

camera_q9000.urdf.xacro
camera_r200.urdf.xacro
camera_static.urdf.xacro
device_macros.urdf.xacro
```

Das Verzeichnis *devices* enthält viele XACRO-Dateien, die Kameras beschreiben. In Zukunft könnten hier auch andere Geräte beschrieben werden. Ob man dann in Unterverzeichnisse aufteilt, ist eine Frage, die der Leser am besten für sich beantwortet. Ich selbst würde es so belassen, schließlich gibt es einen Ordner ausschließlich für Räder (engl. *wheels*) im übergeordneten Verzeichnis. Dort könnte man bei Bedarf für eine neue Geräteklasse ein weiteres Verzeichnis anlegen oder ein vorhandenes kopieren und anschließend anpassen.

Die Namen der Verzeichnisse sowie der enthaltenen Dateien innerhalb des *urdf*-Verzeichnisses können frei gewählt werden. Als Orientierung sind die Beispielroboter von ROS und deren Namensvergabe immer eine gute Inspirationsquelle, bevor man sich festlegt. Zusätzlich können Makronamen als Orientierungshilfe herangezogen werden. Eine Analogie zwischen Verzeichnis- und Makronamen ist hilfreich bei der Lokalisierung von Makrodateien und suggeriert einen logischen Zusammenhang.

2.5.6.3 Austauschbare Makros

Das erste Makro, das man entwickelt, besteht oft aus hartkodierten Zeilen. Später, wenn es darum geht, Objekte anzupassen oder auszutauschen, stößt man schließlich an die Grenzen, die dadurch entstanden sind. Parametrisierte Makros ermöglichen Objekte, deren Eigenschaften während der Erzeugung beeinflusst werden können. Ein erstes Beispiel dafür wurde in Abschnitt 2.5.4.8 vorgestellt. In diesem Kapitel werden Makros beschrieben, die gegenseitig ausgetauscht werden können. Dabei spielt die Position der Objekte eine wesentliche Rolle. Ein weiteres Thema ist, CAD-Modelle anstelle primitiver Grundkörper einzusetzen.

Betrachten wir ein Makro in der zentralen URDF-Datei *abot.xacro*, wo eine Kamera anhand lediglich einer einzigen XML-Zeile eingebunden wird.

```
<camera_static name="camera" parent="chassis" />
```

Makro-Datei-Verweise überprüfen

Um ein Makro aus einer entfernten URDF-Datei verwenden zu können, wird es an geeigneter Stelle eingebunden. Im zentralen URDF-Dokument des Roboters (*abot.xacro*) wurde mit dem in Abschnitt 2.5.4.1 gezeigten *include*-Präfix die URDF-Datei *macros.urdf.xacro* eingebunden. Diese wiederum inkludiert weitere URDF-Dateien. Ob diese Kette an Einbindungen konsistent ist, sieht man erst, wenn alle verwiesenen Dateien geöffnet und überprüft wurden.

Das Element *camera_static* ist ein Verweis auf folgendes verkürzte Makro in der Datei *camera_static.urdf.xacro* im Verzeichnis *abot_description/urdf/devices*.

```
❶ <xacro:macro name="camera_static" params="name parent">
❷  <joint name="${name}_joint" type="fixed">
        <parent link="${parent}"/>
        <child link="${name}_link"/>
❸      <origin xyz="
                 ${chassis_length/2-camera_size_x/2}
                 0
                 ${chassis_length/2}"
                 rpy="0 0 0"/>
      </joint>

❹   <link name="${name}_link">
        <visual>
          <origin xyz="0 0 0" rpy="0 0 0" />
          <geometry>

❺         <box size="${camera_size_x} ${camera_size_y} ${camera_size_z}"/>
          </geometry>
❻         <material name="red" />
          </visual>

        ...

      </link>
    </xacro:macro>
```

❶ Das Makro *camera_static* erwartet die Parameter *name* und *parent*. Alle anderen vorkommenden Variablen werden mit Werten aus der Datei *properties.urdf.xacro* ersetzt. Werte, die nicht von Variablen ersetzt werden, sind *hartkodiert*.

❷ Das Gelenk ist fixiert und bewirkt, dass die Kamera sich nicht um eine Achse dreht.

❸ Die Position dieses Objekts wird für x und z anhand einer mathematischen Berechnung bestimmt. Die Variable *chassis_length* ist in der Datei *properties.urdf.xacro* vorgegeben. Die Position ist also abhängig vom Chassis. Eine individuelle Anpassung der Position an veränderte Umstände muss an dieser Stelle händisch durchgeführt werden. Komfortabler wäre es, die Position als Parameter zu empfangen. So könnte die Anpassung von *außen*[8] stattfinden.

❹ Im name-Attribut resultiert der Wert *camera_link*. Die Datei *abot.gazebo.xacro* stattet einen so benannten Link mit einem Kamera-Treiber aus und streamt das Kamerabild im topic */camera/image_raw*. Ein anderer Wert anstelle von *camera_link* würde dazu führen, dass kein Kamerabild veröffentlicht wird.

❺ Die Geometrie der Kamera wird von einem primitiven Grundkörper repräsentiert.

❻ Die Kamera hat die Farbe Rot.

In einer zentralen URDF-Datei – in diesem Fall *abot.xacro* – wird mit XML-Elementen auf externe Ressourcen verwiesen, die erst im URDF-Ergebnisdokument expandiert und sichtbar werden. Für das Ergebnisdokument wechselt man zunächst mit *roscd* in das Verzeichnis, welches die Datei *abot.xacro* enthält. Danach erstellt man mit dem *xacro*-Befehl die URDF-Ergebnisdatei. Die beiden folgenden Befehle erstellen nacheinander ausgeführt eine URDF-Datei.

```
roscd abot_description/urdf
xacro --inorder abot.xacro > abot.urdf
```

Mit Makros können wir austauschbare Module realisieren, die dem Roboter beliebig hinzugefügt oder entfernt werden. Das Verzeichnis *abot_description/urdf/devices* enthält auch eine bereits vorgefertigte URDF-Datei für die *Quickcam Pro 9000*. Diese soll nun gegen die aktuelle Kamera ausgetauscht werden. Dazu muss lediglich eine XML-Zeile im zentralen URDF-Dokument des Roboters verändert werden.

- Vorher

```
<camera_static name="camera" parent="chassis" />
```

- Nachher

```
<camera_q9000 name="camera" parent="chassis" />
```

Das neue Element *camera_q9000* ist ein Verweis auf folgendes gekürzte Makro in der Datei *camera_q9000.urdf.xacro* im selben Verzeichnis wie die zuvor genannte Kamera.

8. Der Blickwinkel bezieht sich hier auf den Makro-Anwender, der in der zentralen XACRO-Datei *abot.xacro* arbeitet und von dort aus bestimmen möchte, wo die Kamera im Raum positioniert werden soll.

```
❶ <xacro:macro name="camera_q9000"
               params="
                       name
                       parent
                       offset_x:=${(chassis_length)/2-(q9000_size_x/4)}
                       offset_y:=0
                       offset_z:= ${chassis_length/2}">

❷   <joint name="${name}_joint" type="fixed">
       <parent link="${parent}"/>
       <child link="${name}_link"/>
       <origin xyz="${offset_x} ${offset_y} ${offset_z}" rpy="0 0 0" />
       <axis xyz="0 1 0" />
       </joint>

❸   <link name="${name}_link">
       <visual>
       <origin xyz="0 0 0" rpy="0 0 0" />
       <geometry>
❹      <mesh
           filename="package://abot_description/meshes/devices/q9000.dae"
           scale="0.01 0.01 0.01"
           />
         </geometry>
❺        <material name="lime" />
       </visual>
       <collision>
         <origin xyz="-0.01 0.02 0" rpy="0 0 0"/>
         <geometry>
❻          <box size="${q9000_size_x} ${q9000_size_y} ${q9000_size_z}"/>
         </geometry>
       </collision>

       ...

     </link>
  </xacro:macro>
```

❶ Das Makro *camera_q9000* erwartet die Parameter *name*, *parent*, *offset_x*, *offset_y* und *offset_z*. Der Parameter *offset_x* wird, wenn er nicht übergeben wurde, von *xacro* während der Konvertierung nach URDF berechnet. Dasselbe gilt für *offset_z*, wenn kein Parameterwert übergeben wurde.

❷ Die *xyz*-Position des Gelenks wird durch Übernahme der Parameterwerte des *xacro*-Elements in das *origin*-Element definiert. Hier kann bequem durch Übergabe der Parameterwerte für *x*, *y* und *z* von einem aufrufenden Dokument ausgehend gesteuert werden, wo das Objekt im Raum erscheinen soll.

❸ Im *name*-Attribut resultiert der Wert *camera_link*. Hier gilt dasselbe, wie es bereits für das Makro *camera_static* in Punkt 3 beschrieben wurde.

❹ Die Geometrie des *link*-Elements wird nun von einem *mesh*-Element repräsentiert. Im Gegensatz zu primitiven Grundkörpern, die bisher verwendet wurden, erlauben *mesh*-Elemente anhand des *filename*-Attributs die Einbindung komplexer CAD-Modelle im *Collada*- oder *Stereolithografie*-Format. Im *filename*-Attribut sind **absolute Pfadangaben, ROS-Paketpfade** und **Variablen** erlaubt. ROS-Paketpfade werden mit dem Schlüsselwort *package* referenziert, für absolute und variable Pfade wird *file* verwendet. Die absolute Pfadangabe ist nicht empfehlenswert, da bei einer Installation auf unterschiedlichen Systemen dieser Pfad immer wieder angepasst werden muss. Die Geometrie der Kamera wird von einer *Collada*-Datei aus dem *meshes*-Verzeichnis repräsentiert.

Die Werte des *scale*-Attributs werden mit den Größenangaben des 3D-Objekts in der Collada-Datei multipliziert. Dabei wird jede Kante einzeln mit dem entsprechenden Skalierungsfaktor berechnet. In diesem Beispiel ist das Ergebnis eine 100-fache Verkleinerung des Objekts in x-, y- und z-Richtung. Wenn Sie sich fragen, wann und warum ein 3D-Objekt skaliert werden muss, dann findet man die Antwort dort, wo die *Collada*-Datei erstellt wurde. Beispielsweise arbeitet man mit Blender standardmäßig in der Einheit Meter, wenn man die Einstellungen dort nicht verändert hat. Eine Kantenlänge von 1 entspricht also in Wirklichkeit 1 m. Wie man Blender korrekt einstellt, ist in Abschnitt 2.4.1 beschrieben.

❺ Die Kamera hat die Farbe Limette. Collada-Dateien können selbst eine Farbangabe enthalten. Diese wird jedoch von der Farbangabe im *material*-Element – wenn es denn existiert – dominiert bzw. überschrieben.

❻ Das *collision*-Element wird von einem *box*-Element, also einem rechteckigen Grundkörper beschrieben. Da die *Collada*-Datei aber eine komplexe Kameraform abbildet, ist hier abzuwägen, ob für Kollisionsberechnungen eine originalgetreue Form einbezogen werden soll oder ob eine vereinfachte Box, die die Kameraform einschließt, ausreichend ist. Da *Collada*-Dateien sehr groß sein können, kommen sie für Kollisionsberechnungen nicht in Frage. Eine Alternative dazu sind *Stereolithografie*-Dateien mit der Dateiendung *stl*. Im Gegensatz zu *Collada*-Dateien haben *Stereolithografie*-Dateien eine kleinere Dateigröße und eignen sich gut als relativ präzise Formgeber für *geometry*-Elemente in *collision*-Elementen.

In diesem Kapitel haben wir zwei Makros gesehen, die gegeneinander ausgetauscht wurden. Das klappt mit lediglich einer Zeile im XACRO-Dokument *abot.xacro*. Das Dokument beschreibt eine Komposition des Roboters aus unterschiedlichen Bauteilen. Nun gibt es nicht nur eine Zusammenstellung, sondern viele verschiedene, wie der Roboter ausgestattet und aufgebaut sein könnte. An dieser Stelle lohnt sich ein Ausblick in die Zukunft. Wie geht man vor, wenn man zwei Robotermodelle bereitstellen möchte, die im Grunde identisch sind, aber unterschiedliche Kameras einsetzen?

Wir haben gesehen, wie man Kameras in URDF auswechselt, aber die Treiber[9] wurden nicht angepasst. Irgendwo in unserem ROS-Paket ist eine *launch*-Datei, die unsere Kamera inklusive der benötigten Treiber startet. Die *launch*-Datei bekommt jedoch nichts davon mit, wenn wir die Kameras in URDF auswechseln. Sie startet also mit den Treibern, die irgendwann mal für ein Basismodell ausgewählt wurden. Die ideale Lösung für solche Anpassungsprobleme wäre ein Konfigurator für Roboter. Der Kunde stellt beispielsweise seinen Roboter über eine Weboberfläche zusammen, während im Hintergrund die URDF-Dateien, *launch*-Dateien und Konfigurationsdateien automatisiert an die Auswahl des Kunden angepasst werden. Da es so etwas noch nicht gibt, passen Sie die Abweichungen überall, wo Abhängigkeiten auftreten, manuell an.

Eine aktuell gängige Lösung für unterschiedliche Robotermodelle besteht aus XACRO-Dateien, die unterschiedliche Modelle beschreiben. Anstelle von *abot.xacro* könnte eine XACRO-Datei *abot_quickcam.xacro* heißen, während ein fortgeschrittenes Modell in der Datei *abot_realsense.xacro* beschrieben wird. Eine dieser beiden XACRO-Dateien müsste schließlich in der zentralen *launch*-Datei aufgerufen werden. Die aufrufende *launch*-Datei muss ebenfalls so modifiziert werden, dass sie abhängig vom gewählten Modell die passenden Treiber usw. lädt. Spätestens hier könnte man auch darüber nachdenken, ob unterschiedliche *launch*-Dateien für unterschiedlich ausgestattete Robotermodelle sinnvoll wären.

2.5.6.4 Ein bewegliches Gelenk beschreiben

Ein Roboter zeichnet sich oft dadurch aus, dass er mindestens ein bewegliches Gelenk hat. Kann ein Roboter sein Gesicht zu uns drehen, entsteht wohl eher ein persönlicheres Verhältnis zwischen Mensch und Maschine, als wenn ein starres Objekt mit blecherner Stimme etwas von sich gibt. Je mehr Gelenke ein Roboter hat, desto organischer kann er sich verhalten und mit seiner Umwelt interagieren. Wie man ein Gelenk in URDF aufbaut, ist das Thema in diesem Kapitel. In der Robotik kann ein Gelenk mit einem Motor gleichgesetzt werden, der sich um eine Achse vor- oder zurückdreht.

9. Die Treiber, um die es sich hier handelt, sind die Treiber der realen Hardware, nicht der simulierten Gazebo-Treiber. Die Gazebo-Treiber werden in der Datei *abot.gazebo.xacro* für jedes *camera_link*-Element geladen und sind auch für die Austauschkamera gültig.

Diese Bewegungsmöglichkeit bezeichnet einen Freiheitsgrad. Darauf basierend ist es möglich, beliebig viele weitere Gelenke dazuzubauen. Mit sechs Freiheitsgraden kann man jeden Punkt und jede Ausrichtung innerhalb eines Arbeitsbereichs[10] erreichen. Davon bestimmen drei Freiheitsgrade die Position im Raum und die anderen drei die Ausrichtung. Zwischen den Gelenken befinden sich die starren Glieder, die alles miteinander zu einer kinematischen Kette verbinden. Am Ende dieser Kette ist meist ein Endeffektor in Form eines Greifers befestigt. Die Steuerung kinematischer Ketten mit bis zu drei Freiheitsgraden bekommt man mit etwas Trigonometrie und Tüftelarbeit selbst hin. Danach ist es einfacher, ein Zusatzprogramm zu verwenden, das die Berechnungen für Position und Ausrichtung der kinematischen Kette übernimmt. Ein bekanntes Programm für die Konfiguration und Steuerung kinematischer Ketten in ROS ist *MoveIt!*.

Unser Vorhaben erstreckt sich zu Beginn über lediglich einen Motor bzw. ein Gelenk. Jedes weitere Gelenk wird dann vom Prinzip her genauso aufgebaut wie das, was wir jetzt sehen werden. Wir beginnen mit der Planung einer beweglichen Kamera in URDF. Sie soll um die y-Achse rotieren, also nach oben und unten neigen. Damit sich die Kamera dreht, benötigt man einen Motor. Der Motor wird am Chassis und die Kamera auf dem Motor befestigt. Zusammengebaut erhält man folgende kinematische Kette:

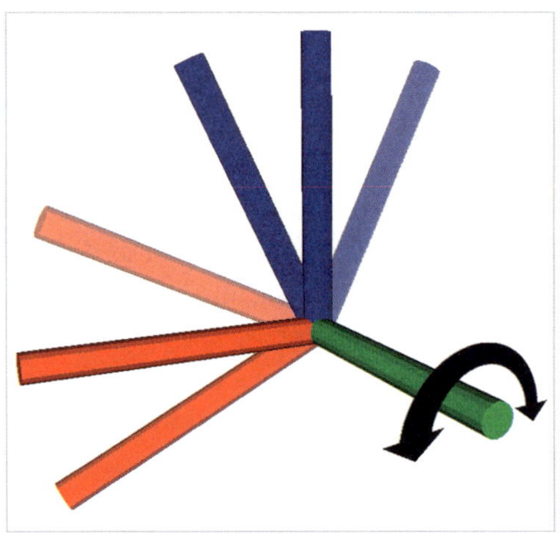

Abb. 2–32 Drehung um die y-Achse.

Chassis → Motor → Kamera

In dieser Kette ist der Motor das einzige Gelenk, welches nicht fixiert ist. Der Motor ist vergleichbar mit einem Rotationsgelenk, das sich auf einer vorgegebenen Achse in zwei Richtungen drehen lässt. Das Chassis selbst sowie die Kamera sind fixiert. Die Kamera wird jedoch insofern beweglich, da sie auf dem Motor befestigt ist und dieser sich vor- und zurückdreht und dabei die Kamera mitbewegt. Das folgende Bild zeigt unser Vorhaben und die Zusammenhänge zwischen Chassis, Motor und Kamera. Die Kamera wurde mit dem Schieberegler *head_tilt_motor* leicht nach hinten gekippt. Die Bezeichnung *tilt* ist das englische Wort für *»Neigen«* bzw. *»Nicken«*. In der nächsten Abbildung ist auch erkennbar,

10. Ein Arbeitsbereich eines Roboterarms ist der Bereich, den der ausgestreckte Arm in alle Richtungen maximal erreichen kann.

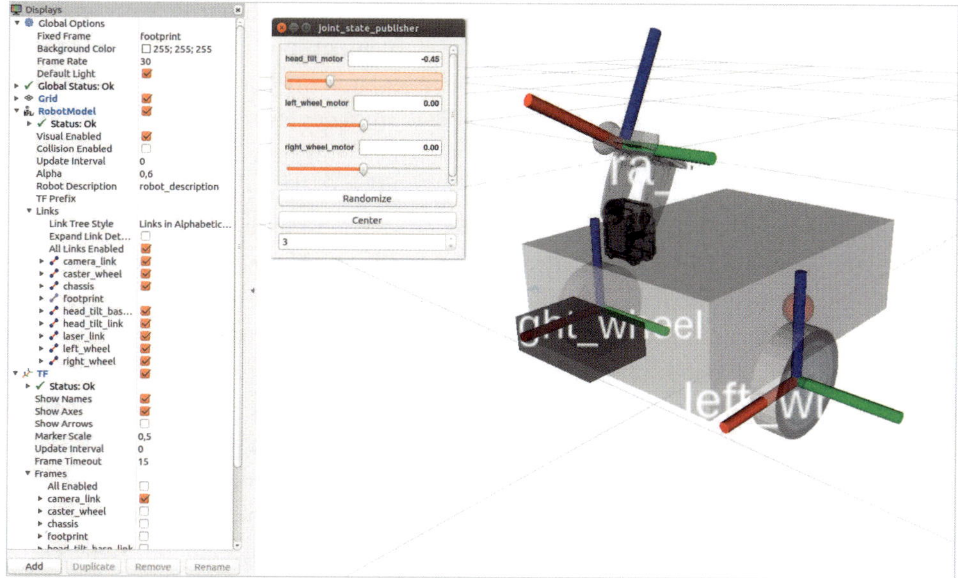

Abb. 2–33 Kamerarotation um die y-Achse.

dass CAD-Modelle eingesetzt wurden. Wie man eigene 3D-Modelle verwendet, sehen wir ebenso in den folgenden Abschnitten.

Wenn wir das Bild genauer betrachten, sehen wir einen auf dem Chassis montierten Motor, einen am Motor befestigten Befestigungsrahmen und oben drauf eine Kamera, die sich auf dem Befestigungsrahmen befindet. Gehen wir diese Kette gedanklich durch. Ein Motor dreht sich nicht! Die Motorachse dreht sich stattdessen und damit eben das, was an der Achse des Motors befestigt ist. Hier kommt der Befestigungsrahmen ins Spiel. Das Drehgelenk befindet sich also im Befestigungsrahmen und an diesem ist die Kamera befestigt, die sich automatisch mitdreht. Beschreiben wir erneut unsere kinematische Kette, erhält man folgenden Aufbau:

Chassis → *Motor* → *Befestigungsrahmen* → *Kamera*

Das Chassis haben wir in URDF bereits beschrieben. Man findet die Beschreibung in der Datei abot.xacro oder ab Abschnitt 2.5.4.3. Bleiben also der Motor und ein Befestigungsrahmen. Ebenfalls existiert bereits die Kamera einerseits als primitiver Grundkörper und andererseits als CAD-Modell der *QuickCam 9000 Pro*.

Spielen wir einen weiteren Gedanken durch, bei dem wir uns wünschen, dass die Kamera auf dem Befestigungsrahmen durch einen Abstandhalter verlängert wird. Vielleicht soll ein langer Hals darauf, damit man näher an den Gesichtern ist, die die Kamera erkennen soll. Diese Beispielkette könnte dann so aussehen:

Chassis → *Motor* → *Befestigungsrahmen* → *Abstandhalter* → *Kamera*

Das einzige bewegliche Element in dieser Kette ist immer noch der Befestigungsrahmen. Theoretisch bräuchte man lediglich dieses Element, um in URDF eine bewegliche Kamera zu beschreiben. Der Motor, der Abstandhalter und die Kamera selbst sind »nur« optische Elemente. Es bedarf in URDF für jedes einzelne optische Element ein *joint-link*-Paar, so wie wir das in den Beispielelementen von Abschnitt 2.5.4 gesehen haben. Ein Trick, wie man eine Menge *joint-link*-Paare einspart, besteht aus einem CAD-Modell, das den Befestigungsrahmen, den Abstandhalter und die Kamera in einem vereint. Dann verabschiedet man sich allerdings von der Flexibilität, die Kamera einzeln austauschen zu können. Man bräuchte wiederum ein CAD-Modell, das den Befestigungsrahmen, den Abstandhalter und nun ein anderes Kameramodell enthält. Irgendwann entsteht das Bedürfnis, den Abstandhalter zu verkürzen oder zu verlängern. In einem parametrisierten Makro könnte man eine optionale Längenangabe einbauen, wodurch der Hals kürzer oder länger gestaltet werden kann. Das ist bei einem CAD-Modell, in dem alle Teile zu einem verbaut sind, nur sehr aufwendig möglich. Die Absicht, ein modulares bzw. flexibles URDF-Dokument zu schreiben, verlangt von uns, diese Überlegungen gemacht zu haben. An geeigneter Stelle ist es gut, viele CAD-Modelle zu einem Objekt zu vereinen, an anderer Stelle verliert man dadurch Flexibilität. Das Chassis ist ein Beispiel für ein vereinheitlichtes Objekt, das in Wirklichkeit aus einem Akku, einem Computer, vielen Kabeln und Mikrocontrollern besteht. Alle Einzelteile des Chassis in URDF zu beschreiben, würde die Größe der URDF-Datei sprengen.

Zurück zu unserem Vorhaben und der kinematischen Kette, die wir als Nächstes in URDF implementieren werden. Da das Chassis bereits in URDF existiert, bleibt folgende Struktur:

Motor → *Befestigungsrahmen* → *Kamera*

Ansehnlicher wird eine URDF-Datei mit 3D-Konstruktionszeichnungen aus einem CAD-Programm. Beim Motor handelt es sich um einen *Dynamixel* AX-12A, zu welchem es von *Robotis* erfreulicherweise fertige CAD-Dateien zum Download gibt. Ebenso stehen Befestigungsrahmen zur Verbindung von Motoren mit anderen Motoren oder Bauteilen in unterschiedlicher Ausführung zum Herunterladen bei *Robotis* bereit.

Bei der Kamera haben wir die Wahl. In diesem Buch verwende ich eine mittlerweile etwas veraltete Quickcam Pro 9000. Die Kamera habe ich mit Blender nachgebaut, um die Wiedererkennung in RViz oder Gazebo zu erhöhen. Das 3D-Modell befindet sich als Collada-Datei im *mesh*-Verzeichnis des Pakets *abot_description*.

Etwas fortschrittlicher ist eine *RealSense*-Kamera von *Intel*. Das zugehörige 3D-Modell haben wir in *Blender* konstruiert und steht als optionale Kamera in einer *URDF*-Datei zur Verfügung. Die viereckige Form der *RealSense*-Kamera bietet sich hinsichtlich des Zeichenaufwands am ehesten für eine Konstruktionsübung in einem *3D*-Programm an, da komplexe Formen den Rahmen dieses Buchs sprengen würden und nur optische Hilfsmittel sind, schließlich haben wir bereits gesehen, dass jedes Bauteil auch mit primitiven Grundkörpern repräsentiert werden kann. Wer also das 3D-Modell herstellen möchte, findet eine Anleitung in Abschnitt 2.4.4, ansonsten stehen alle hier beschriebenen 3D-Modelle, darunter auch die *RealSense*-Kamera im Verzeichnis des Roboters zur Verfügung.

Am Ende soll es möglich sein, ein Robotermodell mit der *Quickcam Pro 9000* und ein Modell mit einer *RealSense*-Kamera auszustatten. Beginnen wir im zentralen URDF-Dokument *abot.xacro*. Dort stehen an geeigneter Stelle die XML-Elemente, die unser Kameragelenk- sowie die Kamera-Makros aufrufen. Die Reihenfolge spielt zwar keine Rolle, aber die Verkettung im URDF-Baum anhand des *parent*-Attributs ist wichtig. Das Kameragelenk wird zum Kindknoten des Chassis und die Kamera zum Kindknoten des Kameragelenks, so wie das hier nachfolgend in URDF beschrieben ist. Die Attribute, die mit *offset* beginnen, bestimmen die relative Position der Objekte im Raum. Der Bezugspunkt für die relative Position ist immer das übergeordnete Element.

```
❶   <head_tilt
    name="head_tilt"
❷   parent="chassis"
    offset_x="0.12"
    offset_y="0"
    offset_z="0.09"
  />
❸   <camera_q9000
    name="camera"
❹   parent="head_tilt_link"
    offset_x="0.01"
    offset_y="-0.02"
    offset z="0.0555"_
  />
```

❶ Das bewegliche Gelenk wird im Makro *head_tilt* realisiert.

❷ Das Element *head_tilt* übergibt das Attribut *parent* an das zu instanziierende Makro. Der Wert dieses Attributs dient der Verkettung mit dem Eltern-Element. Die anschließende Verkettung mit dem Kind-Element erfolgt ebenfalls im Makro mithilfe des *name*-Attributs.

❸ Das Makro einer *Quickcam*-Kamera wird instanziiert.

❹ Das *parent*-Attribut enthält den Wert des übergeordneten *Link*-Elements. An dieser Stelle ist die kinematische Kette für unser Vorhaben realisiert. Wie die Verkettung im Detail geschieht, sieht man in den Makrodateien.

Die beiden Makros, die hier aufgerufen wurden, befinden sich im Ordner *abot_head* innerhalb des *urdf*-Verzeichnisses. Dort fungiert die Datei *abot_head_macros.urdf.xacro* als Verweisdokument[11] für alle Makros, die in der Datei *abot.xacro* inkludiert werden sollen. Das Makrodokument des beweglichen Kameragelenks heißt *tilt.urdf.xacro*. Es wird durch das Verweisdokument in *abot.xacro* zur Verfügung gestellt.

```
❶  <xacro:macro
   name="head_tilt"
   params="name parent offset_x:=0 offset_y:=0 offset_z:=0">

  <joint name="${name}_base_joint" type="fixed">
❷  <parent link="${parent}"/>
❸  <child link="${name}_base_link"/>
    <origin xyz="${offset_x} ${offset_y} ${offset_z}" rpy="0 0 0" />
    <axis xyz="0 1 0" />
  </joint>

❹  <link name="${name}_base_link">
   <visual>
     <geometry>
❺      <mesh
       filename="package://abot_description/meshes/dynamixel/AX-12A.dae" />
     </geometry>
     <material name="lime" />
   </visual>

   ...

❻ </link>
```

❶ Ein XML-Element mit dem *macro*-Präfix leitet ein Makro ein. Verwendet man den Wert des *name*-Attributs als Elementbezeichnung, so wird eine Instanz dieses Makros generiert. Das *params*-Attribut definiert die Parameter, die während der Instanziierung übergeben werden. Obligatorische Parameter sind lediglich *name* und *parent*, da die restlichen Parameter, die mit *offset* beginnen, einen Standardwert erhalten, wenn sie nicht übergeben werden. Sucht man im Makro die Attributwerte, die mit *offset* beginnen, kann man erkennen, dass diese im *origin*-Element verwendet werden. Das *origin*-Element steuert bekannterweise die Position

11. Beschreibung der Vorgehensweise aus Abschnitt 2.5.6.2, wo wir ein Verweisdokument erstellen, in dem alle benötigten Dokumente des aktuellen Verzeichnisses inkludiert werden. Später wird lediglich auf das Verweisdokument in der zentralen URDF-Datei *abot.xacro* verwiesen. Dadurch inkludiert man in *abot.xacro* anhand einer einzigen Zeile so viele Makros, wie im Zielverzeichnis vorliegen.

des Objekts im Raum. Folglich ist es mit den *offset*-Werten möglich, schon während der Instanziierung dieses Makros, eine Position anzugeben, wo das Objekt relativ zu seinem übergeordneten Objekt erscheinen soll. Die Parametrisierung der Position ist eine komfortable Schnittstelle zum Makro. Ein Entwickler ist damit nicht mehr gezwungen, die Position im Makro zu bearbeiten, sondern kann diese von *außen*[12] bestimmen.

❷ Die Verkettung im *parent*-Element ist abhängig von dem Wert, der im *link*-Attribut ersetzt wird. Wird beispielsweise im Parameter *parent* der Wert »*chassis*« übergeben, dann wird mit einem *link*-Element, dessen *name*-Attribut diesen Wert enthält, eine Verkettung hergestellt. Ein häufiger Fehler sind Werte, die keinem *link*-Element zugeordnet werden können.

❸ Eine weitere Verkettung wird mit einem *child*-Element hergestellt. Die Funktionsweise ist dieselbe, wie das bei einem *parent*-Element dargestellt wurde. Der Wert des *link*-Attributs wird hier nur zu einem Teil aus dem Parameter *name* zusammengesetzt. Wird beim Aufruf dieses Makros im Parameter *name* der Wert »*head_tilt*« übergeben, dann ist das Ergebnis der Wert »*head_tilt_base_link*«.

❹ Das *link*-Element entspricht dem gesuchten Kind-Element, wenn man die Werte im *name*-Attribut auflöst.

❺ Innerhalb eines *geometry*-Elements können primitive Grundkörper erstellt werden oder komplexe CAD-Modelle, die in einem *mesh*-Element einbezogen werden können. Das *filename*-Attribut verweist auf einen Dynamixel-Motor. In Abschnitt 2.3 ist beschrieben, wie man einen Dynamixel-Motor herunterlädt und für die hiesige Verwendung konvertiert. CAD-Modelle sind visuelle Komponenten. Unsichtbare Komponenten wie das *collision*-Element statte ich stets mit einem primitiven Grundkörper aus, da nicht jede Physik-Engine[13] mit CAD-Modellen arbeitet und außerdem mehr Rechenleistung abverlangt wird.

❻ Hier endet das *link*-Element, allerdings nicht das Makro. Nach einer kurzen Zusammenfassung geht es in den folgenden Abschnitten mit dem zweiten Teil von diesem Makro weiter.

---

12. In Anlehnung an Funktionen in höheren Programmiersprachen, wo durch Parametrisierung generische Funktionen erstellt werden. Ein Entwickler, der eine generische Funktion anwendet, kann in seinem Hauptprogramm verweilen, da er die benötigten Einstellungen über die Parameter der Funktion vornimmt.

13. Ein Physik-Engine simuliert physikalische Prozesse. Um eine Kollision zwischen zwei Körpern zu berechnen, arbeitet die Physik-Engine während den Bewegungsabläufen ihre Kollisionsberechnungen parallel ab. Je komplexer ein 3D-Modell, desto aufwendiger sind die Berechnungen. Darüber hinaus gibt es weitere physikalische Prozesse, wie Materialeigenschaften oder Gravitation, die gleichzeitig berechnet werden müssen. Gazebo startet standardmäßig mit ODE – Open Dynamics Engine. Mit ODE können CAD-Modelle als Kollisionskörper verwendet werden.

Das erste *joint-link*-Paar, das hier beschrieben wurde, repräsentiert das unbewegliche Basisteil der beweglichen Kamera. Als Nächstes folgt ein weiteres *joint-link*-Paar mit dem beweglichen Teil. Ausschlaggebend dafür, ob ein Teil beweglich oder unbeweglich ist, ist das *type*-Attribut eines *joint*-Elements. Der Wert »*fixed*« bedeutet unbeweglich.

Es wäre eine Überlegung wert, ob man an dieser Stelle das Makro in zwei Dokumente aufteilt. Und wenn man es genau nimmt, wäre eine solche Fragmentierung sogar sinnvoll. Das unbewegliche Basisteil entspricht anatomisch betrachtet dem menschlichen Hals, worauf das bewegliche Kopfgelenk montiert ist. Wir belassen das Makro in seinem jetzigen Zustand und sehen, wie das bewegliche Gelenk aufgebaut ist.

```
❶   <joint name="${name}_motor" type="revolute">
❷   <parent link="${name}_base_link"/>
❸   <child link="${name}_link"/>
❹   <origin xyz="0 0 0" rpy="0 0 0" />
❺   <axis xyz="0 1 0" />
❻   <limit velocity="3.0" effort="30.0" lower="-1.0" upper="1.0" />
  </joint>
```

❶ Ein *joint*-Element mit dem *type*-Attributwert »*revolute*« kennzeichnet ein drehbares Gelenk um eine vorgegebene Achse. Die Drehachse wird im *axis*-Element definiert. Im Gegensatz zum Attributwert »*continuous*«, bei dem sich das Gelenk unendlich in beide Richtungen drehen kann, ist die Reichweite für Gelenke mit dem Attributwert »*revolute*« eingeschränkt. Die Einschränkung, wie weit sich ein Gelenk in die eine oder andere Richtung drehen darf, wird im *limit*-Element spezifiziert. Die Variable *${name}* wird standardmäßig durch den Parameterwert »*head_tilt*« ersetzt, sodass der Wert *head_tilt_motor* als Ergebnis des *name*-Attributs übrigbleibt.

❷ Die kinematische Kette wird hier weitergeführt. Das Eltern-Element ist nun das *link*-Element mit dem Wert »*head_tilt_base_link*« im *name*-Attribut. Die Verkettung im *parent*-Element bezieht sich also auf das vorhergehende *joint-link*-Paar.

❸ Das letzte Glied in der Kette dieses Makros ist das *link*-Element mit dem Wert »*head_tilt_link*« im *name*-Attribut. Möchten Sie diese Kette irgendwann weiterführen, erfolgt die Verkettung an eben diesem *link*-Element.

❹ Wenn die Position im *origin*-Element unverändert ist, dann liegt dieses Gelenk exakt auf derselben Position wie das vorhergehende *joint*-Element. Jetzt könnte nur noch das verkettete *link*-Element, das im *child*-Element angegeben ist, einen Versatz herbeiführen, wenn es in seinem *origin*-Element eine Positionsangabe hat.

❺ Ein *axis*-Element wird nur verwendet, wenn ein bewegliches Gelenk vorliegt. Damit wird die Rotationsachse festgelegt. Das Attribut *xyz* hat standardmäßig den Wert »*1 0 0*«, was bedeutet, dass die Rotationsachse sich auf der *x*-Achse befindet. Möchte man die Rotation um die *y*-Achse definieren, dann muss der Wert »*0 1 0*« gegeben sein. Den richtigen »*Dreh*« findet man auch durch Ausprobieren der Einstellungen heraus. Hilfreich ist dabei, den Parameter *use_gui* des *joint_state_publisher*-Nodes auf *true* zu setzen. Den Parameter finden Sie in der Datei *abot_description.launch* im *abot_description*-Paket. Dann bekommt man Schieberegler, wie es in Abbildung 2–33 auf Seite 129 gezeigt wurde. Mit diesen Reglern kann die Rotation für jeden einzelnen Motor beeinflusst werden, um so die eigenen Einstellungen verifizieren zu können. Mit folgendem Befehl können die Einstellungen getestet werden:

```
roslaunch abot_description abot_description.launch
```

❻ Die *harten* Grenzen (engl. *hard limit*) eines *joint*-Elements werden im *limit*-Element gesetzt. Hart deswegen, weil es noch ein optionales Element gibt – das *safety_controller*-Element –, wo die *weichen* Grenzen (engl. *soft limit*) definiert werden können. Die Grenzen beziehen sich auf Kraft (engl. *effort*) in Newton/Meter, Geschwindigkeit (engl. *velocity*) in Radiant/Sekunde und minimale bzw. maximale Position in Radiant eines Gelenks. Nähere Informationen zu Sicherheitsbegrenzungen finden Sie unter *http://wiki.ros.org/pr2_controller_manager/safety_limits*.

Hilfreich ist auch hier – wie im vorigen Abschnitt beschrieben – die Schieberegler zu aktivieren und mit dem oben genannten Befehl zu testen. Diese sollten das betroffene Gelenk nur soweit vor- und zurückdrehen, wie Sie es im *limit*-Element für die Attribute *lower* und *upper* vorgegeben haben. Allerdings wird dabei die Geschwindigkeitsbegrenzung, die das *velocity*-Attribut vorgibt, von den Schiebereglern nicht beachtet.

Da die Schieberegler die Attribute *effort* und *velocity* nicht beachten, testet man diese stattdessen mit einer Nachricht an den Befehlsempfänger[14] des entsprechenden Gelenks. Betrachten wir als Beispiel die Geschwindigkeit, mit der sich ein Gelenk drehen soll. Die Einstellungen testen wir in einer Simulation, da die Schieberegler nur für die Attribute *lower* und *upper* geeignet sind. Die Schieberegler publizieren an das Topic *joint_state* und stellen damit die Position eines Gelenks direkt ein, ohne Rücksicht auf *velocity* oder *effort*. Der Name des Gelenks wird nach der Variablenersetzung standardmäßig »*head_tilt_motor*« lauten.

14. Der Begriff Befehlsempfänger soll darauf hinweisen, dass es sich um ein *Topic* handelt, der die Bezeichnung *cmd* bzw. *command* enthält. Hinter dem Befehlsempfänger verbirgt sich eine Steuerungseinheit, im Englischen *controller* genannt. Alle *controller* werden im Paket *abot_control* konfiguriert und bereitgestellt.

- Stellen Sie zunächst den maximal gewünschten Wert im *velocity*-Attribut in Radiant pro Sekunde ein.
- Verwenden Sie zum Lokalisieren des Befehlsempfängers folgenden Konsolenbefehl im Hauptverzeichnis des Roboters:

```
grep -rl head_tilt_motor
```

- Die Ausgabe liefert den Dateinamen *abot_control.yaml*, in dem der Befehlsempfänger definiert ist. An dieser Stelle kann man sich fragen, was denn passiert wäre, wenn man anstelle des Parameterwerts »*head_tilt*« etwas anderes gewählt hätte. In Abschnitt 2.5.4.8 haben wir bereits gesehen, an wievielen unterschiedlichen Stellen des ROS-Ökosystems die Werte, die in URDF-Dateien gemacht werden, zum Einsatz kommen. Die einfachste Lösung wäre, den Wert »*head_tilt*« in allen XACRO-Dateien fest vorzugeben bzw. hart zu kodieren. Dann entsteht wiederum das Problem redundanter Daten, also Mehrfachvorkommen, die einzeln editiert werden müssen, sobald eine Änderung ansteht. Eine aufwendige Lösung könnte vielleicht so aussehen, dass ein Installationsassistent die Parameterwerte der zentralen XACRO-Datei ausliest und anschließend an den betroffenen Stellen im Dateisystem synchronisiert. Wir behalten diese Problematik im Hinterkopf und belassen es so, wie es momentan ist.
- Geben Sie mit dem nächsten Befehl den Inhalt der gefundenen Datei aus:

```
roscat abot_control abot_control.yaml
```

- Der Befehl listet alle Steuerungseinheiten (engl. *controller*) der beweglichen Gelenke auf, darunter auch jene für unser Gelenk. Die gesuchte Steuerungseinheit hat die Bezeichnung *head_tilt_controller*. Wichtig ist, dass diese Steuerungseinheit auch in der Start-Datei *abot_control.launch* des *abot_control*-Pakets als Argument aufgeführt wird.
- Nachdem der Befehlsempfänger bekannt ist, starten Sie mit dem nächsten Befehl eine Simulation.

```
roslaunch abot_gazebo abot_home.launch
```

- Finden Sie nun das gesuchte *Topic*, sobald alle Programme vollständig gestartet sind. Das Datenformat des gesuchten *Topics* ist *std_msgs/Float64*. Am schnellsten findet man es mit folgendem Befehl:

```
rostopic list | grep head_tilt
/head_tilt_controller/command
```

- Das Ergebnis ist direkt unter dem Befehl aufgeführt.

- Zuletzt testen Sie die Geschwindigkeit, mit der sich das Gelenk bewegt. Platzieren Sie dazu ein Konsolenfenster, welches über dem Programmfenster von *Gazebo* oder von *RViz* liegt. Der Wert hinter *data:* ist der Wert, den Sie ändern können.

```
rostopic pub /head_tilt_controller/command
std_msgs/Float64 "data: 0.7"
```

- Probieren Sie als Datenbereich die Werte von –3.14 bis 3.14 aus. Das Gelenk sollte nie weiter drehen, als Sie im *limit*-Element mit den Attributen *lower* und *upper* festgelegt haben. Wenn Sie die Geschwindigkeit, mit der sich das Gelenk an seine Zielposition bewegt, beobachtet haben, stoppen Sie die Simulation, ändern den Wert des *velocity*-Attributs und starten die Simulation und die Tests erneut. Auf diese Weise bekommt man ein Gefühl für die Einstellung Radiant pro Sekunde.

Das *limit*-Element ist ein wichtiges Werkzeug bei der Einschränkung der Gelenkmobilität. Die Auswirkungen des *limit*-Elements konnten wir in *Gazebo* und *RViz* bereits sehen. Sobald wir echte Hardware und Motoren betreiben, werden Hardware-Treiber die Steuerung übernehmen. Wenn diese Treiber jenseits von *ros_control* angesteuert werden, dann greifen die Einstellungen des *limit*-Elements eventuell nicht und man muss sich erneut Gedanken machen, wie man den Motoren ihre Grenzen aufzeigt.

Ein bewegliches Gelenk ist ein wichtiges Element in der Welt der Roboter. Es ermöglicht Kopfbewegungen, wie wir es hier implementiert haben, aber das ist erst der Anfang. Wenn Sie mehrere Gelenke miteinander verketten, können Arme und Beine mit viel größeren Freiheitsgraden realisiert werden.

Gelenke, Kraft und Bewegung

Beachten Sie, dass Gelenke immer mit Vorsicht zu genießen sind. Ein Sicherheitsabstand ist unabdinglich, wenn Verletzungsgefahr besteht. Unterschätzen Sie niemals die Kraft eines Motors. Auch wenn dieser gerade mal ein Drehmoment von 1,5 Nm ausüben kann, so kann der Schmerz vergleichsweise um ein Vielfaches größer sein, wenn die Bewegung »ins Auge« geht!

Vertrauen Sie nichts und niemandem, wenn Sie mit Steuerungsprogrammen Ihre Motoren betreiben. Die Steuerungsprogramme könnten fehlerhaft sein oder man könnte Ihre Sicherheitsbegrenzungen umgehen. Ein Notschalter ist Pflicht in der Robotik, aber auch Überlegungen, wie man die Stromzufuhr auf Hardwareebene automatisch trennt, wenn ein Motor Amok läuft, können lebenswichtig sein.

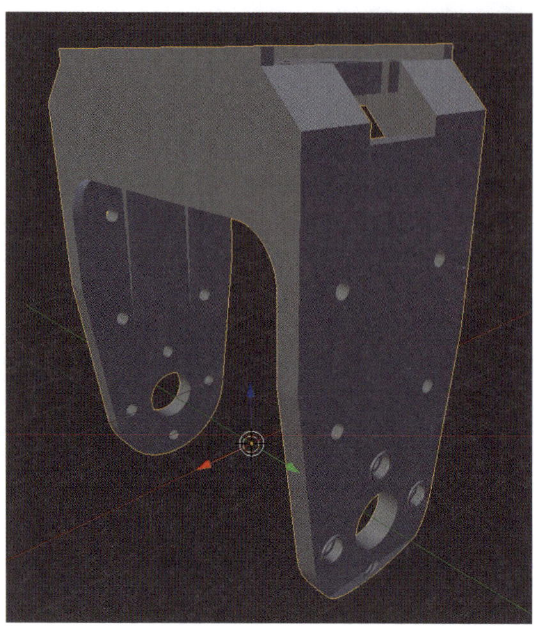

Als Nächstes folgt das zugehörige *link*-Element zum vorherigen *joint*-Element. Bisher hatten wir den Aufbau des Motors als *joint-link*-Paar beschrieben. Nun, mit einem weiteren *joint-link*-Paar, das den Befestigungsrahmen beschreibt, gelangen wir zu folgender kinematischen Kette:

Motor → *Befestigungsrahmen*

Abb. 2–34
URDF, Befestigungsrahmen FP04-F4.dae

Das nachfolgende *mesh*-Element enthält einen Link zum Befestigungsrahmen von *Robotis*. Dieser Rahmen wurde aus Blender so exportiert, dass die y-Achse durch den Mittelpunkt der Befestigungsringe verläuft. Wenn sich nun das zugehörige *joint*-Element dreht, dann dreht sich dieser Befestigungsrahmen korrekt um die y-Achse. Es ist daher nicht nötig, die Positionierung oder Ausrichtung mit einem *origin*-Element vorzunehmen, da es schon korrekt ausgerichtet und positioniert geladen wird.

Wenn Sie an Ihrem echten Roboter anstelle des Befestigungsrahmens mit der Modellnummer »FP04-F4« den Befestigungsrahmen mit der Modellnummer »FP04-F2« verwenden, dann exportieren Sie die entsprechende CAD-Datei aus *FreeCAD* bzw. *Blender* und passen das *mesh*-Element in der URDF-Datei an.

```
❶ <link name="${name}_link">
    <visual>
      <geometry>
❷      <mesh
         filename="package://abot_description/meshes/frames/FP04-F4.dae"/>
      </geometry>
      <material name="lime" />
    </visual>

    ...

  </link>
```

```
❸ <transmission name="${name}_trans">
     <type>transmission_interface/SimpleTransmission</type>
❹   <joint name="${name}_motor">
❺   <hardwareInterface>
       hardware_interface/PositionJointInterface
     </hardwareInterface>
     </joint>
❻   <actuator name="${name}Motor">
❼     <mechanicalReduction>1.0</mechanicalReduction>
     </actuator>
   </transmission>
```

❶ Das *link*-Element *head_tilt_link* gehört zum *joint*-Element *head_tilt_motor*.

❷ Der visuelle Bestandteil des *link*-Elements ist ein CAD-Modell eines Befestigungsrahmens von Robotis.

❸ Die Steuerungseinheit, die den Motor betreiben soll, wird im *transmission*-Element beschrieben. Es ist notwendig, sobald wir Simulationen in Gazebo ausführen möchten. Das Paket *ros_control*, welches vom *abot_control*-Paket unseres Roboters verwendet wird, ist abhängig von diesem Element. Im Verzeichnis *abot_control/config* befindet sich eine Konfigurationsdatei *abot_control.yaml*, wo der Wert des *name*-Attributs aus dem *joint*-Element verwendet wird.

❹ Nach der Transformation in eine URDF-Datei wird aus der Variablen *${name}_motor* der Wert *head_tilt_motor*. Dieser Wert wird in der Datei *abot_control.yaml* verwendet. Sobald Sie einen anderen Parameterwert anstelle von »*head_tilt*« an dieses Makro übergeben, muss auch die Datei *abot_control.yaml* manuell angepasst werden.

❺ Die Hardware-Schnittstelle, die zur Steuerung des Gelenks verwendet werden soll. In diesem Fall eine Schnittstelle, die auf Positionsangaben reagiert. Der *controller* sendet Positionsbefehle an das Gelenk und das *transmission*-Element beschreibt, wie die Positionsbefehle für den Motor übersetzt werden sollen.

❻ Ein beliebiger Name für den Motor.

❼ Das Übersetzungsverhältnis zwischen Gelenk und Motor. Negative Werte bedeuten eine entgegengesetzte Drehrichtung.

Der bewegliche Teil unserer kinematischen Kette ist abgeschlossen. Das Makro für die Kamera enthält keine Neuigkeiten, die wir hier erörtern müssten. Wir können nun eine Kamera um die y-Achse auf- und abbewegen. Die Ausrichtung der Kamera haben wir mittels manueller Positionsangabe in einer Konsole eingegeben. In Kapitel 5 werden wir die Kamera programmatisch und schließlich automatisch bewegen.

Für die erste Begegnung mit ROS mag das Thema URDF vielleicht etwas viel verlangen. Lassen Sie sich daher nicht entmutigen, wenn etwas nicht klappt. Die ROS-Entwickler und die ROS-Community sind sehr hilfsbereite Menschen. Suchen Sie auf *https://answers.ros.org* nach Fragen, die auf Ihr Problem zutreffen. Wichtig sind die Fehlermeldungen, die meist schon einen guten Hinweis geben, wo das Problem zu finden ist. Wie bereits erwähnt, ist es hilfreich, mit einer funktionierenden Vorlage zu beginnen, anstatt alles von Neuem zu entwickeln.

Gratulation – Sie haben Ihren Roboter konstruiert und können ihn in Simulationen verwenden. Für einige ist hier bereits ein Meilenstein erreicht, wenn es um Robotik geht. Denn ein virtueller Roboter kann schon jetzt in ROS so verwendet werden wie ein echter Roboter. In Gazebo-Simulationen liefert die virtuelle Kamera Bilder, die nun von Programmen ausgewertet werden können. Wer keinen realen Roboter benötigt, kann folglich direkt zum Kapitel Programmierung springen und erfahren, wie man ROS-Programme schreibt.

Unsere Buch-Empfehlungen für Sie
Computing
dpunkt.verlag

Stand: 07/2019

H. Mössenböck

Sprechen Sie Java?

Eine Einführung in das systematische Programmieren

Dieses Buch zeigt von Grund auf, wie man Software systematisch entwickelt. Es beschreibt Java in allen Einzelheiten und vermittelt darüber hinaus allgemeine Programmiertechniken: algorithmisches Denken, systematischer Programmentwurf, moderne Softwarekonzepte und Programmierstil.

5., überarbeitete und erweiterte Auflage
2014, 360 Seiten, Broschur, € 29,90 (D)
ISBN 978-3-86490-099-0

M. Inden

Der Weg zum Java-Profi

Konzepte und Techniken für die professionelle Java-Entwicklung. Aktuell zu Java 9.

Diese umfassende Einführung in die professionelle Java-Programmierung vermittelt das notwendige Wissen, um stabile und erweiterbare Softwaresysteme auf Java-SE-Basis zu bauen. Die Neuauflage wurde durchgehend überarbeitet, aktualisiert und erweitert. Natürlich darf das aktuelle Java 9 nicht fehlen.

4., überarbeitete und aktualisierte Auflage
2018, 1416 Seiten, Festeinband, € 49,90 (D)
ISBN 978-3-86490-483-7

M. Inden

Java – die Neuerungen in Version 9 bis 12

Modularisierung, Syntax- und API-Erweiterungen

Dieses Buch richtet sich an Leser, die bereits solides Java-Know-how besitzen und sich prägnant über die wichtigsten Neuerungen in den Java-Versionen 9 bis 12 informieren und ihr Wissen auf den neuesten Stand bringen möchten. Vertiefen können Sie ihr Wissen durch eine Vielzahl an Übungen.

2019, 344 Seiten, Broschur, € 26,90 (D)
ISBN 978-3-86490-672-5

J. Bloch

Effective Java

Best Practices für die Java-Plattform

Dieser Klassiker wird oft als Pflichtlektüre für Java-Entwickler bezeichnet und liegt jetzt endlich auch in deutscher Sprache vor. Joshua Bloch taucht mit Best Practices und in verständlicher Sprache in die Tiefen der Sprach- und Bibliotheksfunktionen von Java ein – inklusive der Neuerungen von Java 8 und 9.

3. Auflage, 2018, 410 Seiten, Broschur, € 36,90 (D)
ISBN 978-3-86490-578-0

S. Ruppert

Kotlin in Produktion

Vom Java- zum Kotlin-Entwickler

Koltin eignet sich nicht nur für Android-Entwickler, auch für Backend-Entwickler hat die Programmiersprache einiges zu bieten. Dieses Buch zeigt den Weg von objektorientierter zur funktionaler Programmierung. Für den Praxisfokus sorgen Tipps und Methoden rund um Integration, Migration und Testing.

1. Quartal 2020, ca. 250 Seiten, Broschur, ca. € 29,90 (D)
ISBN 978-3-86490-706-7

K. Spichale

API-Design

Praxishandbuch für Java- und Webservice-Entwickler

Mit APIs bzw. Schnittstellen zum Zweck der Arbeitsteilung, Wiederverwendung oder Modularisierung haben Entwickler täglich zu tun. Dieses Buch zeigt, was gute APIs ausmacht. Nach der erfolgreichen Lektüre können Sie APIs für Softwarekomponenten und Webservices entwerfen, dokumentieren und anpassen.

2., überarbeitete und erweiterte Auflage
2019, 382 Seiten, Broschur, € 36,90 (D)
ISBN 978-3-86490-611-4

M. Bancila

Die C++-Challenge

Echte Probleme lösen und zum C++-Experten werden – 100 Aufgaben und ausprogrammierte Lösungen

Dieses Buch zeigt dir viele bemerkenswerte Features, die C++ zu bieten hat, und wie du sie implementierst. Jedes Problem ist einzigartig und testet nicht nur deine Sprachkenntnisse, sondern ebenso deine Fähigkeit, über den Tellerrand hinaus zu denken und die besten Lösungen zu finden.

2019, 306 Seiten, Broschur, € 29,90 (D)
ISBN 978-3-86490-626-8

D. Bader

Python-Tricks

Praktische Tipps für Fortgeschrittene

Wenn du schon eine Weile in Python programmierst und bereit bist, in die Tiefe zu gehen, deine Kenntnisse abzurunden und deinen Code pythonischer zu machen, dann ist dieses Buch genau das Richtige für dich. Du wirst einen wahren Schatz an praktischen Tipps und Entwurfsmustern finden, die dir helfen, ein noch besserer Python-Programmierer zu werden.

2018, 210 Seiten, Broschur, € 29,90 (D)
ISBN 978-3-86490-568-1

H. Mössenböck

Kompaktkurs C# 7

Dieses Buch beschreibt in kompakter Form den gesamten Sprachumfang von C# 7. Es richtet sich an Leser, die bereits Erfahrung mit einer anderen Programmiersprache wie Java oder C++ haben und sich rasch in C# einarbeiten wollen, um damit produktiv zu werden. Mit zahlreichen Beispielen und weit über 100 Übungsaufgaben mit Musterlösungen.

2019, 344 Seiten, Broschur, € 29,90 (D)
ISBN 978-3-86490-631-2

M. Simons

Spring Boot 2

Moderne Softwareentwicklung mit Spring 5

Spring Boot verdrängt seit einigen Jahren zunehmend »klassische« Spring-Anwendungen. Dieses Buch bietet eine umfassende und praktische Einführung in die von Spring Boot 2 unterstützten Spring-Module und -Technologien. Behandelt werden dabei Themen wie Testen, Security, Deployment und Dokumentation.

2018, 460 Seiten, Broschur, € 36,90 (D)
ISBN 978-3-86490-525-4

R. Preißel · B. Stachmann

Git

Dezentrale Versionsverwaltung im Team
Grundlagen und Workflows

Nach einer kompakten Einführung in die wichtigen Konzepte und Befehle von Git beschreiben die Autoren ausführlich deren Anwendung in typischen Workflows, z. B. »Mit Feature-Branches entwickeln«, »Ein Release durchführen«, »Große Projekte aufteilen« oder »Continuous Delivery« und parallele Releases.

5., aktualisierte und erweiterte Auflage
3. Quartal 2019, 360 Seiten, Broschur, € 34,90 (D)
ISBN 978-3-86490-649-7

L. D. Gardner

JavaScript für Raspi, Arduino & Co.

Roboter, Maker-Projekte und IoT-Geräte programmieren und steuern

Verwenden Sie JavaScript zur Steuerung von kleinen Robotern, kreativen Maker-Projekten und IoT-Geräten. Mit dem Node.js-Ökosystem funktioniert Hardware-Prototyping intuitiv. Dieses ansprechend illustrierte Buch lehrt, wie man Plattformen wie Arduino, Tessel 2 und Raspberry Pi einsetzt.

2018, 514 Seiten, Broschur, € 32,90 (D)
ISBN 978-3-86490-554-4

E. Matthes

Python Crashkurs

Eine praktische, projektbasierte Programmiereinführung

Zunächst werden Sie mit grundlegenden Programmierkonzepten wie Listen, Wörterbüchern, Klassen und Schleifen vertraut gemacht. Sie erlernen das Schreiben von sauberem Code und wie Sie ihn sicher testen. In der zweiten Hälfte des Buches werden Sie Ihr neues Wissen mit drei praxisnahen Projekten umsetzen.

2017, 622 Seiten, Broschur, € 32,90 (D)
ISBN 978-3-86490-444-8

F. Maurice

PHP 7 und MySQL

Ihr praktischer Einstieg in die Programmierung dynamischer Websites

Mit diesem Buch meistern Sie elegant den Einstieg in die Programmierung dynamischer Webseiten mit PHP & MySQL. Anhand vieler Beispiele und Übungen und immer gut vermittelt Ihnen Florence Maurice verständlich Grundlagen und fortgeschrittene Techniken für die Entwicklung sicherer Websites.

5., aktualisierte und erweiterte Auflage
2019, 600 Seiten, Festeinband, € 22,90 (D)
ISBN 978-3-86490-601-5

F. Malcher · J. Hoppe · D. Koppenhagen

Angular

Grundlagen, fortgeschrittene Themen und Best Practices – inklusive NativeScript und NgRx

Suchen Sie einen Schnelleinstieg in das populäre JavaScript-Framework von Google? Dieses Buch führt Sie anhand eines Beispielprojekts schrittweise an die Entwicklung heran und vermittelt, wie Sie strukturierte und modularisierte Single-Page-Anwendungen mit dem neuen Angular (ab Version 8) programmieren.

2., aktualisierte und erweiterte Auflage
2019, 746 Seiten, Festeinband, € 36,90 (D)
ISBN 978-3-86490-646-6

M. Schmidt

Microsoft Office 365 im Team nutzen – Das Praxisbuch

Der Einsatz der Online-Apps für Anwender

In diesem Praxisbuch erfahren Sie, welche Anwendungen wie SharePoint Online, Teams und OneDrive for Business Ihnen mit Office 365 im Unternehmen zur Verfügung stehen. Sie erkunden deren Einsatz anhand vieler praktischer Beispiele, um so die für Sie relevanten Anwendungen erkennen und auswählen zu können.

4. Quartal 2019, ca. 400 Seiten, Festeinband, ca. € 39,90 (D)
ISBN 978-3-96009-102-8 (O'Reilly)

T. Joos

Microsoft Windows Server 2019 – Das Handbuch

Von der Planung und Migration bis zur Konfiguration und Verwaltung

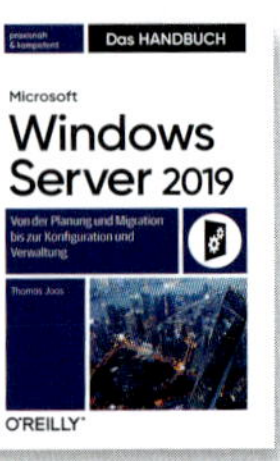

Dieses Standardwerk gibt Ihnen einen tiefgehenden Einblick in den praktischen Einsatz von Windows Server 2019, egal ob Sie Neueinsteiger, Umsteiger oder Profi sind. Planung, Migration, Konzepte und Werkzeuge zur Administration sowie die wichtigsten Konfigurations- und Verwaltungsfragen werden praxisnah erklärt.

2019, 1124 Seiten, Festeinband, € 59,90 (D)
ISBN 978-3-96009-100-4 (O'Reilly)

T. Joos

Microsoft Exchange Server 2019 – Das Handbuch

Von der Einrichtung bis zum reibungslosen Betrieb

Dieses Handbuch bietet Ihnen einen tiefgehenden Einblick in den Einsatz von Microsoft Exchange Server 2019. Sowohl Neueinsteiger als auch Umsteiger von Vorgängerversionen profitieren vom Expertenwissen des Autors in den Bereichen Konfiguration und Verwaltung von Exchange Server.

4. Quartal 2019, ca. 700 Seiten, Festeinband, ca. € 59,90 (D)
ISBN 978-3-96009-101-1 (O'Reilly)

T. Lee

Windows Server 2019 Automatisierung mit PowerShell – Das Kochbuch

Praxiserprobte Rezepte zur Automatisierung und Verwaltung von Administrationsaufgaben

Mit über 90 praxisnahen Rezepten zu allen wichtigen Themen wie z. B. Active Directory, Hyper-V, Azure und Container lernen Sie, wie Sie Windows Server 2019 mithilfe von PowerShell automatisieren, um einfacher, schneller und effektiver zu arbeiten.

4. Quartal 2019, ca. 600 Seiten, Festeinband, ca. € 49,90 (D)
ISBN 978-3-96009-126-4 (O'Reilly)

E. Bott · C. Stinson

Windows 10 für Experten

Insider-Wissen – praxisnah & kompetent

Geschrieben von einem Expertenteam erklärt Ihnen dieses Buch alles, was Sie über Windows 10 wissen müssen: von der Verwendung der neuen Zeitachse über Sicherheitsfragen bis zum fortgeschrittenen System-Management, mit vielen zeitsparenden Lösungen und Tipps.

3., aktualisierte Auflage
2019, 854 Seiten, Festeinband, € 36,90 (D)
ISBN 978-3-86490-638-1 (Microsoft Press)

R. G. Haselier · K. Fahnenstich

Microsoft Office 2019 – Das Handbuch

Für alle Editionen inklusive Office 365

Ob auf dem Desktop oder in der Cloud mit Office 365 – dieses umfassende Handbuch bietet Ihnen das notwendige Know-how für den Einsatz von Word 2019, Excel 2019, PowerPoint 2019 und Outlook 2019.

2019, 960 Seiten, Festeinband, € 29,90 (D)
ISBN 978-3-96009-103-5 (O'Reilly)

B. Jelen · T. Syrstad

Microsoft Excel 2019 VBA und Makros

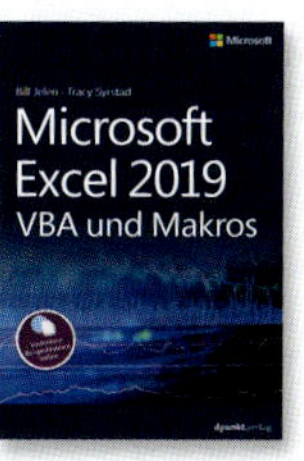

In diesem praktischen Leitfaden erfahren Sie, wie Sie mithilfe von VBA und Makros nahezu jede Excel-Routineaufgabe automatisieren und zuverlässigere und effizientere Excel-Arbeitsblätter erstellt, um in kürzerer Zeit mehr Aufgaben zu erledigen.

2019, 706 Seiten, Broschur, € 39,90 (D)
ISBN 978-3-86490-693-0 (Microsoft Press)

W. Assaf · R. West · S. Aelterman · M. Curnutt

SQL Server Administration

Insider-Wissen – praxisnah & kompetent

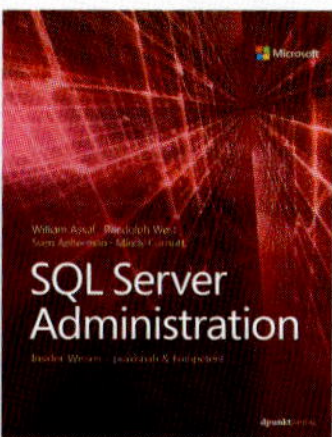

Dieses von Experten für Experten geschriebene Handbuch ist vollgepackt mit hilfreichen Tipps, zeitsparenden Problemlösungen und allem, was Sie zum Planen, Implementieren, Verwalten und Sichern von SQL Server benötigen – egal ob am eigenen Standort, in der Cloud oder in einer Hybridinstallation.

2019, 674 Seiten, Festeinband, € 49,90 (D)
ISBN 978-3-86490-584-1 (Microsoft Press)

T. Geis · G. Tesch

Basiswissen Usability und User Experience

Systematisch und strukturiert vom Nutzungskontext zum gebrauchstauglichen Produkt

Aus- und Weiterbildung zum UXQB® Certified Professional for Usability and User Experience – Foundation Level (CPUX-F)

Gebrauchstaugliche Produkte, die ein positives Benutzererlebnis erzeugen, sind das Ergebnis eines systematischen Prozesses. Die Autoren geben einen fundierten Einstieg sowie einen Überblick über die Kompetenzfelder »Usability und User Experience« und deren Zusammenspiel anhand zahlreicher Beispiele für Gestaltungsprinzipien und Gestaltungsregeln.

2019, 282 Seiten, Festeinband, € 34,90 (D)
ISBN 978-3-86490-599-5

T. Geis · K. Polkehn

Praxiswissen User Requirements

Nutzungsqualität systematisch, nachhaltig und agil in die Produktentwicklung integrieren

Aus- und Weiterbildung zum UXQB® Certified Professional for Usability and User Experience – Advanced Level »User Requirements Engineering« (CPUX-UR)

Im Buch wird fundiert aufgezeigt, wie mit User Requirements erfolgreich die Usability & User Experience und damit die Nutzungsqualität von Produkten maximiert werden kann. Die systematische Herleitung, Spezifikation und Strukturierung von Nutzungsanforderungen aus dem Nutzungskontext werden im Detail erörtert.

2018, 220 Seiten, Festeinband, € 32,90 (D)
ISBN 978-3-86490-527-8

M. Unterauer

Workshops im Requirements Engineering

Methoden, Checklisten und Best Practices für die Ermittlung von Anforderungen

Dieses Buch zeigt, wie Workshops zur schrittweisen Ermittlung von Anforderungen effektiv gestaltet werden können. Der Autor geht dabei über eine theoretische Betrachtung allgemeiner Methoden hinaus und tief hinein in die Mühen der täglichen Arbeit als Projektleiter, Business Analyst oder Requirements Engineer. Die 2. Auflage enthält weitere Workshop-Ideen speziell für agile Teams.

2., überarbeitete und erweiterte Auflage
4. Quartal 2019, ca. 218 Seiten, Festeinband, ca. € 29,90 (D)
ISBN 978-3-86490-695-4

T. Weilkiens · A. Huwaldt · J. Mottok · S. Roth · A. Willert

Modellbasierte Softwareentwicklung für eingebettete Systeme verstehen und anwenden

Das Buch beschreibt den effektiven Einsatz der Modellierung eingebetteter Software von den Anforderungen über die Architektur bis zum Design, der Codegenerierung und dem Testen. Für jede Phase werden Paradigmen, Methoden, Techniken und Werkzeuge beschrieben, wobei die praktische Anwendung im Vordergrund steht.

2018, 384 Seiten, Broschur, € 39,90 (D)
ISBN 978-3-86490-524-7

K. Pohl · C. Rupp

Basiswissen Requirements Engineering

Aus- und Weiterbildung nach IREB®-Standard zum Certified Professional for Requirements Engineering – Foundation Leve

Dieses Lehrbuch für die Zertifizierung zum Foundation Level des CPRE umfass Grundlagenwissen in den Gebieten Ermittlung, Dokumentation, Prüfung und Abstimmung, Verwaltung von Anforderungen sowie die Werkzeugunterstützung. Die 4. Auflage ist konform zum IREB®-Lehrplan Foundation Level Version 2.2.

4., überarbeitete Auflage
2015, 192 Seiten, Festeinband, € 29,90 (D)
ISBN 978-3-86490-283-3

V. Vernon

Domain-Driven Design kompakt

Aus dem Englischen von Carola Lilienthal und Henning Schwentner

Dieses Buch bietet einen kompakten Einstieg in die wesentlichen DDD-Konzepte, wie Ubiquitous Language, Bounded Contexts, Aggregates, Entities und Subdomänen. Nach der Lektüre sind Sie in der Lage, in Projekten eine gemeinsame Sprache für Fachanwender und Entwickler auch über Teamgrenzen hinweg zu finden.

2017, 158 Seiten, Broschur, € 29,90 (D)
ISBN 978-3-86490-439-4

Auch als englische Ausgabe erhältlich

C. Lilienthal

Langlebige Software-Architekturen

Technische Schulden analysieren, begrenzen und abbauen

Die Autorin beschreibt, wie langlebige Softwarearchitekturen entworfen, umgesetzt und erhalten werden können. Sie erörtert an Beispielen aus real existierenden Systemen, wie die typischen Fehler in Softwarearchitekturen aussehen und was sinnvolle Lösungen sind. Hinzugekommen in der 2. Auflage sind u.a. der Modularity Maturity Index und Mob Architecting.

2., überarbeitete und erweiterte Auflage
2017, 304 Seiten, Broschur, € 34,90 (D)
ISBN 978-3-86490-494-3

Auch als englische Ausgabe erhältlich

M. Gharbi · A. Koschel · A. Rausch · G. Starke

Basiswissen für Softwarearchitekten

Aus- und Weiterbildung nach iSAQB®-Standard zum Certified Professional for Software Architecture – Foundation Level

Dieses Buch vermittelt das nötige Grundlagenwissen, um eine dem Problem angemessene Softwarearchitektur für Systeme zu entwerfen. Es behandelt die wichtigen Begriffe und Konzepte der Softwarearchitektur sowie deren Bezug zu anderen Disziplinen. Die 3. Auflage ist konform zum iSAQB®-Lehrplan Version 2017.

3., überarbeitete und aktualisierte Auflage
2018, 228 Seiten, Festeinband, € 32,90 (D)
ISBN 978-3-86490-499-8

E. Wolff

Das Microservices-Praxisbuch

Grundlagen, Konzepte und Rezepte

Eberhard Wolff zeigt Microservices-Rezepte, die Architekten anpassen und zu einem Menü kombinieren können. So lässt sich deren Implementierung individuell auf die Anforderungen im Projekt ausrichten. Demo-Projekte und Anregungen für die Vertiefung runden das Buch ab.

2018, 328 Seiten, Broschur, € 36,90 (D)
ISBN 978-3-86490-526-1

E. Wolff

Microservices

Grundlagen flexibler Softwarearchitekturen

Eberhard Wolff bietet hier »einen umfassenden und tiefen Einstieg« (iX) in Microservices, inklusive deren Vor- und Nachteile. Dabei erklärt er die übergreifende Architektur von Microservices-Systemen, die Architektur einzelner Services und die Auswirkungen auf Projektorganisation, Deployment und Betrieb.

2., aktualisierte Auflage
2018, 384 Seiten, Broschur, € 36,90 (D)
ISBN 978-3-86490-555-1

K. Hightower · B. Burns · J. Beda

Kubernetes

Eine kompakte Einführung

Kubernetes vereinfacht das Bauen, Deployen und Warten skalierbarer, verteilter Systeme in der Cloud radikal. Dieser praktische Leitfaden zeigt Ihnen, wie Kubernetes und die Container-Technologie dabei helfen können, in Bezug auf Schnelligkeit, Agilität, Zuverlässigkeit und Effizienz in ganz neue Bereiche vorzudringen.

2018, 204 Seiten, Broschur, € 29,90 (D)
ISBN 978-3-86490-542-1

J. Arundel · J. Domingus

Cloud Native DevOps mit Kubernetes

Bauen, Deployen und Skalieren moderner Anwendungen in der Cloud

Dieses praxisorientierte Buch zeigt wie Kubernetes funktioniert und was es kann. Bauen Sie Schritt für Schritt eine Cloud-native Anwendung und die zugehörige Infrastruktur inkl. Continuous-Development-Pipeline auf, die Sie für Ihre eigenen Anwendungen nutzen können.

3. Quartal 2019, ca. 380 Seiten, Broschur, ca. € 36,90 (D)
ISBN 978-3-86490-698-5

A. Spillner · T. Linz

Basiswissen Softwaretest

Aus- und Weiterbildung zum Certified Tester – Foundation Level nach ISTQB®-Standard

Das Buch umfasst den benötigten Stoff zum Ablegen der Prüfung »Certified Tester« (Foundation Level) nach dem Standard des International Software Testing Qualifications Board (ISTQB®) und ist auch für das Selbststudium geeignet. Die 6. Auflage wurde komplett überarbeitet, beinhaltet praxiserprobte Testverfahren aus dem aktuellen ISO-Standard 29119 und ist konform zum ISTQB®-Lehrplan Version 2018.

6., überarbeitete und aktualisierte Auflage
2019, 378 Seiten, Festeinband, € 39,90 (D)
ISBN 978-3-86490-583-4

A. Spillner · T. Roßner · M. Winter · T. Linz

Praxiswissen Softwaretest – Testmanagement

Aus- und Weiterbildung zum Certified Tester – Advanced Level nach ISTQB®-Standard

In diesem Buch werden Grundlagen, praxiserprobte Methoden und Techniken sowie die täglichen Aufgaben und Herausforderungen des Testmanagements vorgestellt und anhand eines durchgängigen Beispiels erläutert. Es umfasst den benötigten Stoff zum Ablegen der Prüfung Certified Tester – Advanced Level – Testmanager.

4., überarbeitete und erweiterte Auflage
2014, 506 Seiten, Festeinband, € 44,90 (D)
ISBN 978-3-86490-052-5

G. Bath · J. McKay

Praxiswissen Softwaretest – Test Analyst und Technical Test Analyst

Aus- und Weiterbildung zum Certified Tester – Advanced Level nach ISTQB®-Standard

Das Buch deckt sowohl funktionale als auch technische Aspekte des Softwaretestens ab und vermittelt damit das notwendige Praxiswissen für Test Analysts und Technical Test Analysts – beides entscheidende Rollen in Testteams. Es umfasst den benötigten Stoff zum Ablegen der Prüfung Certified Tester – Advanced Level – TA/TTA.

3., überarbeitete Auflage
2015, 588 Seiten, Festeinband, € 44,90 (D)
ISBN 978-3-86490-137-9

T. Linz

Testen in Scrum-Projekten – Leitfaden für Softwarequalität in der agilen Welt

Aus- und Weiterbildung zum ISTQB® Certified Agile Tester – Foundation Extension

Entwicklungsleiter, Projektleiter, Testmanager und Qualitätsmanager erhal in dem Buch Hinweise und Tipps, wie Testen und Qualitätssicherung in agile Projekten erfolgreich organisiert werde können. Tester erfahren, wie sie in agile Teams mitarbeiten und ihre Expertise optimal einbringen können. Die 2. Auflage ist konform zum ISTQB®-Lehrplan Foundation Level Agile »Agile Tester«.

2., aktualisierte und überarbeitete Auflage
2017, 270 Seiten, Festeinband, € 34,90 (D)
ISBN 978-3-86490-414-1

M. Winter · T. Roßner · C. Brandes · H. Götz

Basiswissen modellbasierter Test

Aus- und Weiterbildung zum ISTQB® Foundation Level – Certified Model-Based Tester

Modellbasiertes Testen umfasst die Erstellung und Nutzung von Modellen für die Systematisierung, Formalisierung und Automatisierung von Testaktivitäten. Dieses Buch vermittelt die Grundlagen und gibt einen fundierten Überblick über den modellbasierten Testprozess. Die 2. Auflage ist konform zum ISTQB®-Lehrplan Foundation Level Specialist »Model-Based Tester«.

2., vollständig überarbeitete und aktualisierte Auflage
2016, 474 Seiten, Festeinband, € 44,90 (D)
ISBN 978-3-86490-297-0

M. Daigl · R. Glunz

ISO 29119

Die Softwaretest-Normen verstehen und anwenden

Die ISO/IEC/IEEE 29119 stellt eine neue Normenreihe für Softwareprüfungen dar, die Vokabular, Prozesse, Dokumentation und Techniken für Softwaretesten beschreibt. Das Buch gibt eine praxisorientierte Einführung und einen fundierten Überblick über diese Normen (Teil 1 bis 4) und zeigt insbesondere die Umsetzung der Anforderungen aus der ISO 29119 hinsichtlich der Testaktivitäten auf.

2016, 264 Seiten, Festeinband, € 34,90 (D)
ISBN 978-3-86490-237-6

J. Albrecht-Zölch

Testdaten und Testdatenmanagement

Vorgehen, Methoden und Praxis

Der Leser erfährt in diesem Buch, wie man Testdaten gewinnt, nutzt, archiviert und inwiefern der Datenschutz zu beachten ist. Es zeigt Methoden, Best Practices und ein Vorgehen zum Verbessern eines Testdatenmanagements auf. Mustergliederungen und Checklisten helfen bei der Umsetzung in der Praxis.

2018, 454 Seiten, Festeinband, € 42,90 (D)
ISBN 978-3-86490-486-8

K. Franz · T. Tremmel · E. Kruse

Basiswissen Testdatenmanagement

Aus- und Weiterbildung zum Test Data Specialist Certified Tester Foundation Level nach GTB

Das Buch gibt einen praxisorientierten Überblick über das Testdatenmanagement sowie konkrete Anregungen für die effiziente Bereitstellung von Testdaten. Der Inhalt ist konform zum Lehrplan »Certified Tester Foundation Level Test Data Specialist« nach GTB und eignet sich gleichermaßen für das Selbststudium wie als Begleitliteratur zu den entsprechenden Schulungen.

2018, 208 Seiten, Festeinband, € 32,90 (D)
ISBN 978-3-86490-558-2

C. Ebert

Systematisches Requirements Engineering

Anforderungen ermitteln, dokumentieren, analysieren und verwalten

Dieses Buch beschreibt praxisorientiert und systematisch das gesamte Requirements Engineering vom Konzept über Analyse und Realisierung bis zur Wartung und Evolution eines Produkts. Die 6. Auflage vertieft Themen wie agile Entwicklung, Design Thinking, verteilt arbeitende Teams sowie Soft Skills.

6., überarbeitete und erweiterte Auflage
2019, 496 Seiten, Broschur, € 39,90 (D)
ISBN 978-3-86490-562-9

F. Simon · J. Grossmann · C. A. Graf · J. Mottok · M. A. Schneider

Basiswissen Sicherheitstests

Aus- und Weiterbildung zum ISTQB® Advanced Level Specialist – Certified Security Tester

Die Autoren geben einen fundierten, praxisorientierten Überblick über die technischen, organisatorischen, prozessoralen, aber auch menschlichen Aspekte des Sicherheitstestens und vermitteln das erforderliche Praxiswissen, um für IT-Anwendungen die Sicherheit zu erhalten, die für eine wirtschaftlich sinnvolle und regulationskonforme Inbetriebnahme von Softwaresystemen notwendig ist.

2019, 414 Seiten, Festeinband, € 39,90 (D)
ISBN 978-3-86490-618-3

J. Noack · J. Diaz

Das Design Sprint Handbuch

Ihr Wegbegleiter durch die Produktentwicklung

Design Sprints sind eine ideale Methode, um mit einem klaren Fokus auf Kundenbedürfnisse innovative Lösungen zu entwickeln – egal ob digitale oder physische. Dieses Handbuch dient als Wegbegleiter für den Sprint Master, der den Sprint durchführt. Es ist Ablaufplan, Guideline und Checkliste in einem.

2019, 220 Seiten, Klappenbroschur, € 24,90 (D)
ISBN 978-3-86490-656-5

T. Steimle · D. Wallach

Collaborative UX Design

Lean UX und Design Thinking: Teambasierte Entwicklung menschzentrierter Produkte

Dieses Buch bietet einen praxisorientierten Überblick zu Grundlagen und Anwendungen kollaborativer Methoden des User Experience Design. Von einem durchgängigen Praxisbeispiel ausgehend werden disziplinübergreifende UX-Methoden vorgestellt und in einem kohärenten Vorgehensmodell miteinander verknüpft.

2018, 240 Seiten, Festeinband, € 29,90 (D)
ISBN 978-3-86490-532-2

A. Gerling · G. Gerling

Der Design-Thinking-Werkzeugkasten

Eine Methodensammlung für kreative Macher

Die Autoren beschreiben kompakt und praxisnah den Design-Thinking-Prozess in sechs Phasen. Sie geben dem Leser einen strukturierten und für die tägliche Arbeit nützlichen Werkzeugkasten an die Hand. Die konkret beschriebenen Anleitungen für den gesamten Projektverlauf erleichtern die Entscheidung für das richtige Werkzeug zur richtigen Zeit.

2018, 160 Seiten, Klappenbroschur, € 16,95 (D)
ISBN 978-3-86490-589-6

J. Bergsmann

Requirements Engineering für die agile Softwareentwicklung

Methoden, Techniken und Strategien

Das Buch gibt einen praxisorientierten Überblick über die am weitesten verbreiteten Techniken für die Anforderungsspezifikation und das Requirements Management in agilen Projekten. Es beschreibt sowohl sinnvolle Anwendungsmöglichkeiten als auch Fallstricke der einzelnen Techniken. Die 2. Auflage berücksichtigt den IREB®-Lehrplan RE@Agile Primer.

2., überarbeitete und aktualisierte Auflage
2018, 386 Seiten, Festeinband, € 36,90 (D)
ISBN 978-3-86490-485-1

G. Gerling · M. Breunig

Pragmatische Innovation

Ein Leitfaden für Macher und Manager im Zeitalter der Digitalisierung

Dieses Buch führt Sie an die systematische Entwicklung insbesondere digitaler Innovationen heran. Es vermittelt anschaulich die Phasen des Innovationsprozesses, Innovationsstrategie und -portfolio sowie organisatorische Voraussetzungen. Die Verwendung von Design Thinking und Business Model Canvas wird im Kontext erläutert.

4. Quartal 2019, ca. 250 Seiten, Broschur, ca. € 29,90 (D)
ISBN 978-3-86490-544-5

mit Poster zu SAFe 4.5

C. Mathis

SAFe – Das Scaled Agile Framework

Lean und Agile in großen Unternehmen skalieren

Das Buch gibt einen praxisorientierten Überblick über die Struktur, Rollen, Schlüsselwerte und Prinzipien von SAFe und führt den Leser im Detail durch die Ebenen des Frameworks. Dabei steht die Umsetzung in den agilen Teams im Vordergrund. Die 2. Auflage wurde auf SAFe Version 4.5 aktualisiert.

2., überarbeitete und aktualisierte Auflage
2018, 254 Seiten, Broschur, € 34,90 (D)
ISBN 978-3-86490-529-2

K. Bittner · P. Kong · D. West

Mit dem Nexus™ Framework Scrum skalieren

Kontinuierliche Bereitstellung eines integrierten Produkts mit mehreren Scrum-Teams

Das Nexus™-Framework ist ein einfacher und effektiver Ansatz, um Scrum in mehreren Teams über verschiedene Standorte und Zeitzonen hinweg erfolgreich anzuwenden. Die Autoren zeigen in kompakter Form, wie Teams mit Nexus™ ein komplexes Produkt in kurzen Zyklen und ohne Einbußen bei der Konsistenz oder Qualität liefern können.

2019, 166 Seiten, Broschur, € 29,90 (D)
ISBN 978-3-86490-576-6

C. Larman · B. Vodde

Large-Scale Scrum

Scrum erfolgreich skalieren mit LeSS

Das Skalierungsframework LeSS setzt auf Scrum auf und unterstützt Unternehmen dabei, Agilität über den gesamten Projektlebenszyklus hinweg zu skalieren: von der Sprint-Planung bis hin zur Retrospektive. Die Autoren zeigen, welche Anpassungen gegenüber Scrum im Kleinen für einen Einsatz im Großen notwendig sind und wie diese Anpassungen so minimal wie möglich gehalten werden können.

2017, 396 Seiten, Broschur, € 34,90 (D)
ISBN 978-3-86490-376-2

Sven Röpstorff · Robert Wiechmann

Scrum in der Praxis

Erfahrungen, Problemfelder und Erfolgsfaktoren

Anhand zahlreicher Praxisbeispiele erfährt der Leser, wie agile Softwareprojekte aufgesetzt und durchgeführt werden können, welche typischen Fehler dabei auftreten und wie diese zu vermeiden sind. Die 2. Auflage wurde um weitere Praxistipps ergänzt und auf Neuerungen im »Scrum Guide« aktualisiert.

2., aktualisierte und überarbeitete Auflage
2016, 368 Seiten, Festeinband, € 36,90 (D)
ISBN 978-3-86490-258-1

Openbook zum Thema: www.dpunkt.de/s/spm

S. Roock · H. Wolf

Scrum – verstehen und erfolgreich einsetzen

Die Autoren beschreiben in kompakter Form die Scrum-Grundlagen und die hinter Scrum stehenden Werte und Prinzipien sowie die kontinuierliche Prozessverbesserung. Dabei unterscheiden sie zwischen den produktbezogenen Aspekten, den entwicklungsbezogenen Aspekten und dem kontinuierlichen Verbesserungsprozess. Neu hinzugekommen sind in der 2. Auflage Techniken wie Storytelling, Story Mapping, Roadmap Planning sowie Lean Forecasting.

2., aktualisierte und erweiterte Auflage
2018, 264 Seiten, Broschur, € 29,90 (D)

U. Vigenschow · B. Schneider · I. Meyrose

Soft Skills für Softwareentwickler

Fragetechniken, Konfliktmanagement, Kommunikationstypen und -modelle

Die Autoren zeigen praxisnahe Wege auf, im Arbeitsumfeld besser miteinander zu kommunizieren und Konflikte frühzeitig zu erkennen, um sie erfolgreich zu lösen. Aus ihrer langjährigen Entwickler- und Projektleiterpraxis heraus vermitteln sie die verschiedensten arbeitspsychologischen Modelle und Techniken anhand konkreter Beispiele aus der IT.

4., überarbeitete Auflage
2019, 376 Seiten, Broschur, € 36,90 (D)
ISBN 978-3-86490-697-8

M. Burrows

Openbook zum Thema: www.dpunkt.de/s/kanb

Kanban

Verstehen, einführen, anwenden

Mike Burrows vermittelt die Kanban-Methode anhand von neun Werten, wodurch er den Prinzipien und Praktiken Kanbans ein starkes Gerüst verleiht. Weiter werden neuere Konzepte wie die drei »Agenden« und die »Kanban-Linse« sowie die Implementierung von Kanban mittels STATIK (Systems Thinking Approach to Introducing Kanban) vorgestellt.

2015, 272 Seiten, Broschur, € 34,90 (D)
ISBN 978-3-86490-253-6

S. Kaltenecker

Tatort Kanban

Ein agiler Kriminalroman

Ein Sicherheitsunternehmen, das sich Agilität auf die Fahnen geschrieben hat. Ein Whiteboard, an dem viele bunt Karten hängen. Ein Mitarbeiter, der vor dem Board tot aufgefunden wird. War es Mord? Bei seiner Ermittlungsarbeit muss Chefinspektor Nemecek ei dichtes Netz an Beziehungen entwirrer entdeckt dabei Kanban und setzt es sogar für die eigenen Untersuchungen ei

2019, 316 Seiten, Broschur, € 19,95 (D)
ISBN 978-3-86490-653-4

D. J Anderson · A. Carmichael

Die Essenz von Kanban

kompakt

Dieses Buch bietet in einem kompakten Überblick die »Essenz« dessen, was Kanban ist und wie es effektiv eingesetzt werden kann. Es führt in die Werte, die grundlegenden Prinzipien und Praktiken sowie wesentlichen Metriken für die Verbesserungsarbeit ein und gibt einen ersten Einblick in die Implementierung von Kanban in Organisationen.

2018, 112 Seiten, Broschur, € 14,95 (D)
ISBN 978-3-86490-531-5

D. J Anderson · T. Bozheva

Kanban Maturity Model

So werden Unternehmen Fit for Purpose

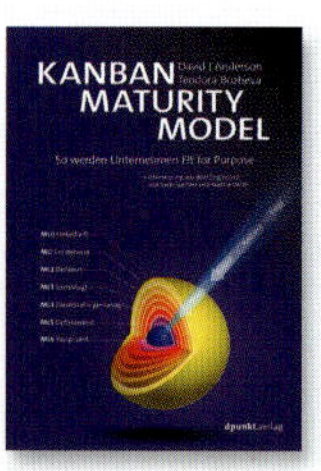

Das Kanban Maturity Model entstand durch die Arbeit in den letzten zehn Jahren bei der Einführung von Kanban in kleinen und großen Unternehmen verschiedener Branchen. Es spiegelt die Erfahrung wider, dass die angewendeten Kanban-Praktiken zur organisatorischen Reife des Unternehmens passen müssen. Die KMM-Roadmap und konkrete Maßnahmen ermöglichen, die gewünschte Business-Agilität zu erreichen.

4. Quartal 2019, ca. 220 Seiten, Broschur, ca. € 34,90 (D)
ISBN 978-3-86490-608-4

H. Koschek · R. Dräther

Neue Geschichten vom Scrum

Von Führung, Lernen und Selbstorganisation in fortschrittlichen Unternehmen

Drei Jahre nach dem Bau der besten Drachenfalle aller Zeiten hat Scrum viele Anhänger gefunden. Der Open Space beim zweiten Wieimmerländer Scrum-Treffen ist deshalb vollgepackt mit Themen – von Führung über Selbstorganisation bis Vertrauen. Und dann geraten die agilen Werte in Gefahr!

2018, 464 Seiten, Broschur, € 32,90 (D)
ISBN 978-3-86490-273-4

V. Kotrba · R. Miarka

Agile Teams lösungsfokussiert coachen

Sinnvolle Selbstorganisation braucht Vertrauen. Wie können agile Teams zusammen wachsen? Wie kann Kooperation gefördert werden? Die Autoren stellen lösungsorientierte Coaching-Methoden vor und erklären, wie sie im beruflichen Alltag erfolgreich angewendet werden können. Die 3. Auflage enthält zusätzliche Tools und neue Gedanken zum Thema Selbstorganisation.

3., überarbeitete und erweiterte Auflage
2019, 284 Seiten, Broschur, € 32,90 (D)
ISBN 978-3-86490-614-5

S. Kaltenecker

Selbstorganisierte Unternehmen

Management und Coaching in der agilen Welt

Das Buch bietet Ihnen alles, was Sie für die Gestaltung agiler Unternehmen brauchen. Es vermittelt ein solides Grundverständnis sozialer Systeme, beschreibt bewährte Prinzipien und Praktiken der Selbstorganisation und bietet eine breite Palette von Praxisbeispielen, die das Zusammenspiel von Management und Coaching veranschaulichen.

2017, 330 Seiten, Broschur, € 34,90 (D)
ISBN 978-3-86490-453-0

S. Kaltenecker

Selbstorganisierte Teams führen

Arbeitsbuch für Lean & Agile Professionals

Der Autor beschreibt, wie Führung in einem sich selbst organisierenden Umfeld funktioniert, und zeigt, wie die eigenen Führungskompetenzen durch den Einsatz bewährter Techniken systematisch ausgebaut werden können. Die 2. Auflage wurde komplett überarbeitet und um neue Werkzeuge und Fallbeispiele ergänzt.

2., überarbeitete und erweiterte Auflage
2018, 254 Seiten, Broschur, € 32,90 (D)
ISBN 978-3-86490-551-3

M. Burrows

Agendashift™

Ergebnisorientertes Change Management und kontinuierliche Transformation

Agendashift™ ist ein Framework und Teil des Engagement-Modells zur Implementierung einer partizipativen Kultur in Organisationen. Dieses Buch bietet eine pragmatische Anleitung für einen klar strukturierten fünfstufigen Prozess, um kulturelle Veränderungen zu ermöglichen. Dabei werden Techniken und Konzepte aus Lean-Agile, Kanban, Clean Language, Cynefin, Lean Startup und A3 eingesetzt.

4. Quartal 2019, ca. 186 Seiten, Broschur, ca. € 26,90 (D)
ISBN 978-3-86490-665-7

C. Avery

The Responsibility Process

Wie Sie sich selbst und andere wirkungsvoll führen und coachen

Der Autor zeigt mit »The Responsibility Process™« den Weg und die Zwischenschritte hin zu echter Verantwortungsübernahme. Er gibt Ihnen konkrete Werkzeuge, Praktiken und Leadership-Weisheiten an die Hand, mit denen Sie lernen, diesen Prozess bewusst einzusetzen, um sich selbst und anderen kraft- und wirkungsvolles Handeln zu ermöglichen.

2019, 294 Seiten, Broschur, € 24,90 (D)
ISBN 978-3-86490-577-3

Auch als Hörbuch erhältlich

R. van Solingen

Der Bienenhirte – über das Führen von selbstorganisierten Teams

Ein Roman für Manager und Projektverantwortliche

Dieses außergewöhnliche Buch handel von der Geschichte von Mark, einer Führungskraft in einer Supermarktkette in der auf Selbstorganisation umgestellt wird. Eines Tages erfährt Mark von seinem Großvater, wie dieser vom Schafhirten zum Imker wurde und was dabei gelernt hat. Seine klugen und pra tischen Lektionen scheinen überrascher gut auf Marks Situation zu passen.

2017, 126 Seiten, Broschur, € 19,95 (D)
ISBN 978-3-86490-495-0

J. Hoffmann · S. Roock

Agile Unternehmen

Veränderungsprozesse gestalten, agile Prinzipien verankern, Selbstorganisation und neue Führungsstile etablieren

Agile Unternehmen agieren flexibler am Markt, entwickeln begeisternde Produkte und bieten Mitarbeitern sinnstiftendere Arbeitsplätze. Die Autoren beschreiben, was agile Unternehmen ausmacht, und bieten konkrete Praktiken an, mit denen das eigene Unternehmen schrittweise agiler gestaltet werden kann – mit vielen Fallbeispielen aus der Praxis.

2018, 214 Seiten, Broschur, € 29,90 (D)
ISBN 978-3-86490-399-1

F.-U. Pieper · S. Roock

Agile Verträge

Vertragsgestaltung bei agiler Entwicklung für Projektverantwortliche

Die Autoren beschreiben die vertragsrechtlichen Grundlagen bei agiler Softwareentwicklung, die verschiedenen Varianten der Vertragsgestaltung sowie die einzelnen Vertragsformen mit ihren Eigenschaften, Funktionsweisen, Vorteilen und Risiken, wobei auch eine formalrechtliche Einordnung vorgenommen wird.

2017, 168 Seiten, Broschur, € 26,90 (D)
ISBN 978-3-86490-400-4

P. Koning

Toolkit für agile Führungskräfte

Selbstorganisierte Teams zum Erfolg führen

Sie fühlen sich verantwortlich für Ihre agilen Teams. Sie möchten, dass die Teams wachsen, schneller auf Veränderungen in komplexen und sich schnell verändernden Märkten agieren und selbstorganisiert arbeiten. Was ist das richtige Maß an Selbstorganisation für Ihre Teams? Wann sollten Sie Raum geben, wann eingreifen? Peter Koning zeigt anhand konkreter Werkzeuge zur kontinuierlichen Verbesserung, wie Sie auf neue, effektive Art und Weise führen können.

2019, 192 Seiten, Festeinband, € 26,90 (D)
ISBN 978-3-86490-628-2

A. Rüping

Gute Entscheidungen in IT-Projekten

Unbewusste Einflüsse erkennen, Hintergründe verstehen, Prozesse verbessern

Gute Entscheidungen in IT-Projekten zu treffen, ist nicht einfach. Manchmal fehlt das notwendige Wissen, manchmal kann sich eine gute Meinung nicht durchsetzen. Oft erschweren auch kognitive Verzerrungen die Entscheidungsfindung. Wer jedoch auf diese Hindernisse vorbereitet ist und mit ihnen umzugehen weiß, trifft bessere Entscheidungen; gerade in Projekten, die komplex oder unübersichtlich sind.

2019, 204 Seiten, Broschur, € 29,90 (D)
ISBN 978-3-86490-648-0

D. J Anderson · A. Zheglov

Fit for Purpose

Wie Unternehmen Kunden finden, zufriedenstellen und binden

Dynamische Märkte erfordern an den Kundenbedürfnissen ausgerichtete Produkte. Erfahren Sie, wie Sie Kunden finden, kontinuierlich zufriedenstellen und langfristig binden. Finden Sie konkrete Antworten darauf, ob Produkte an Kundenbedürfnissen ausgerichtet sind und wie diese verbessert werden können. Lernen Sie mit dem »Fit for Purpose«-Framework ein pragmatisches Vorgehen kennen, das Sie hierbei unterstützt.

2019, 302 Seiten, Broschur, € 34,90 (D)
ISBN 978-3-86490-579-7

R. Finger (Hrsg.)

BI & Analytics in der Cloud

Architektur, Vorgehen und Praxis

Die Autoren geben einen fundierten Überblick und behandeln im Detail Themen wie die Cloud als Agilitätshebel für BI und Analytics, Big Data in der Cloud, Cloud Services, Cloud-Nutzungsstrategien für Data Analytics und Social-Media-Integration. Abgerundet wird das Buch mit einem Marktüberblick zu Cloud BI. Die Beiträge spiegeln dabei die konkreten Umsetzungserfahrungen der Autoren wider.

2019, 262 Seiten, Festeinband, € 59,90 (D)
ISBN 978-3-86490-591-9

U. Haneke · S. Trahasch · M. Zimmer · C. Felden (Hrsg.)

Data Science

Grundlagen, Architekturen und Anwendungen

Das Buch bietet eine umfassende Einführung in Data Science und dessen praktische Relevanz für Unternehmen. Es behandelt die wichtigen Aufgabenfelder, Methoden, Rollen- und Organisationsmodelle sowie grundlegenden Konzepte und Architekturen für Data Science. Zahlreiche Anwendungsfälle helfen bei der konkreten Umsetzung in der Praxis.

2019, 336 Seiten, Festeinband, € 59,90 (D)
ISBN 978-3-86490-610-7

M. Knoll

Praxisorientiertes IT-Risikomanagement

Konzeption, Implementierung und Überprüfung

Das Buch beschreibt die Grundlagen sowie Organisationsstrukturen und Elemente des IT-Risikomanagement-Prozesses. Dabei werden gängige Methoden sowie der Einsatz von Werkzeugen anhand von Beispielen aus der Praxis erläutert. Die 2. Auflage wurde komplett überarbeitet und um Themen wie DevOps, Schatten-IT, Industrie 4.0 erweitert.

2., überarbeitete und erweiterte Auflage
3. Quartal 2019, ca. 448 Seiten, Festeinband, ca. € 46,90 (D)
ISBN 978-3-86490-655-8

U. Troppens · N. Haustein

Speichernetze

Grundlagen, Architekturen, Datenmanagement

Lernen Sie die grundlegenden Techniken für die Speicherung von Daten auf Disk- und Flashsystemen, Magnetbändern, Dateisystemen sowie Objektspeichern kennen und erfahren Sie alles über wesentliche Übertragungstechniken wie Fibre Channel, iSCSI, InfiniBand und NVMe sowie deren praktischen Einsatz.

3., aktualisierte und erweiterte Auflage
2019, 960 Seiten, Festeinband, € 69,90 (D)
ISBN 978-3-86490-503-2

L. Betz · T. Widhalm

Icinga 2

Ein praktischer Einstieg ins Monitoring

Die erweiterte und aktualisierte Neuauflage von »Icinga 2« gibt eine umfassende Einführung in das Monitoringprodukt. Dabei zeigt es Umsteigern und Monitoring-Neulingen praxisnah, wie eine Umgebung aufgebaut und Schritt für Schritt immer umfangreicher und umfassender gestaltet wird.

2., aktualisierte und erweiterte Auflage
2018, 686 Seiten, Broschur, € 44,90 (D)
ISBN 978-3-86490-556-8

E. Glatz

Betriebssysteme

Grundlagen, Konzepte, Systemprogrammierung

Dieses Buch bietet eine umfassende Einführung in die Grundlagen der Betriebssysteme und in die Systemprogrammierung. Im Vordergrund stehen die Prinzipien moderner Betriebssysteme und die Nutzung ihrer Dienste für die systemnahe Programmierung. Die 4. Auflage ist in zahlreichen Details überarbeitet. Neu aufgenommen wurden u. a. das Thread-Pool-Konzept, CFS und Container-Systeme.

4., überarbeitete und aktualisierte Auflage
4. Quartal 2019, ca. 718 Seiten, Festeinband, ca. € 42,90 (D)
ISBN 978-3-86490-705-0

Secorvo (Hrsg.)

Datenschutz und Informationssicherheit

Handbuch für Praktiker und Begleitbuch zum T.I.S.P.

Das Grundlagenwerk strukturiert das Basiswissen der Informationssicherheit in 27 aufeinander aufbauenden Kapiteln. Es stammt aus der Feder von Praktikern mit langjähriger Erfahrung in allen Bereichen der IT-Sicherheit. Das Buch eignet sich als Begleitbuch zur T.I.S.P.-Schulung.

3., aktualisierte und erweiterte Auflage
3. Quartal 2019, ca. 826 Seiten, Festeinband, € 84,90 (D)
ISBN 978-3-86490-596-4

J. Forshaw

Netzwerkprotokolle hacken

Sicherheitslücken verstehen, analysieren und schützen

Top-Bug-Hunter James Forshaw befasst sich mit Netzwerken auf Protokollebene aus der Perspektive eines Angreifers, um Schwachstellen zu finden, auszunutzen und letztendlich zu schützen. Das Buch ist damit ein Muss für jeden Penetration Tester, Bug Hunter oder Security-Entwickler.

2018, 366 Seiten, Broschur, € 36,90 (D)
ISBN 978-3-86490-569-8

J. Jacobsen

Website-Konzeption

Erfolgreiche und nutzerfreundliche Websites planen, umsetzen und betreiben

In seinem erfolgreichen Klassiker zur Website-Konzeption vermittelt Jens Jacobsen Ihnen, wie Sie eine Website planen, konzipieren, umsetzen und betreiben. Ob Sie alles selbst machen oder mit Agenturen und/oder Auftragnehmern arbeiten – Sie sehen, wie Sie schon in der Konzeptionsphase Fehler vermeiden, die später nur schwer zu korrigieren sind.

8., aktualisierte Auflage
2017, 500 Seiten, Broschur, € 39,90 (D)
ISBN 978-3-86490-427-1

S. Schulze

Auf dem Tablet erklärt

Wie Sie Ihre guten Ideen einfach und digital visualisieren

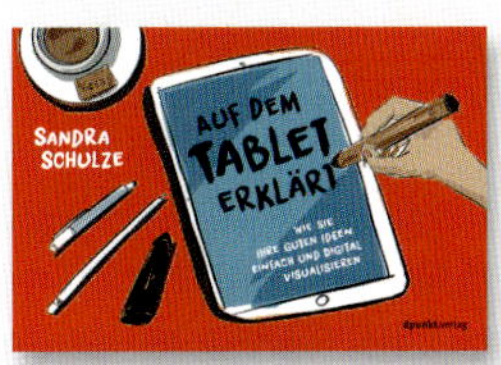

Lassen Sie sich inspirieren, wie Sie mit einfachen Mitteln Ihre Ideen verdeutlichen, Gedanken strukturieren und Ihre Botschaft visuell darstellen. Von ersten Skizzen bis zur fertigen Präsentation – hier finden Sie Anleitungen, kleine Helfer und hilfreiche Tipps für das Zeichnen mit dem Tablet.

Weitere Titel zum Thema Zeichnen:
www.dpunkt.de/s/zeichnen

2018, 316 Seiten, Broschur, € 24,90 (D)
ISBN 978-3-86490-513-1

K. Sckommodau

Magazindesign

Gestaltungsgrundlagen und Umsetzung mit InDesign und Photoshop

Diese Anleitung führt Sie praxisnah durch den gesamten Workflow – von den grundlegenden Überlegungen zur Gestaltung über die Umsetzung in InDesign und die Bildbearbeitung bis hin zur fertigen Druckausgabe. Zudem finden Sie gezielt Lösungen für konkrete Fragestellungen und Checklisten.

2018, 320 Seiten, Festeinband, € 36,90 (D)
ISBN 978-3-86490-530-8

A. Weiss

Sketchnotes & Graphic Recording

Eine Anleitung

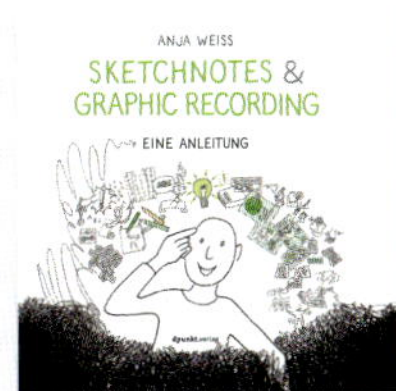

Visuell erfassen, festhalten, lernen, präsentieren – diese Anleitung führt vom einfachen Basisbildvokabular über die Umsetzung komplexer Themen in Bilder bis hin zum grafischen Verlaufsprotokoll in Wandgröße. Mit zahlreichen Beispielen, Anregungen, Übungen und Tipps zum simultanen Zeichnen vor Publikum.

2016, 206 Seiten, Festeinband, € 26,90 (D)
ISBN 978-3-86490-359-5

K. Posselt · D. Frölich

Barrierefreie PDF-Dokumente erstellen

Das Praxishandbuch für den Arbeitsalltag –
Mit Beispielen zur Umsetzung in Adobe InDesign und Microsoft Office / LibreOffice

Mit starkem Praxisbezug und anhand vieler Beispiele lernen Sie, barrierefreie PDF-Dokumente zu erstellen. Nach den gesetzlichen Anforderungen und den technischen Grundlagen zeigen die Autoren die praktische Umsetzung in den Standardprogrammen und die abschließende Prüfung und Korrektur der Dokumente.

2019, 614 Seiten, Broschur, € 46,90 (D)
ISBN 978-3-86490-487-5

Konferenzen 2019

3.–5. September 2019, Nürnberg
Die IT-Konferenz mit der Lern-Atmosphäre
www.herbstcampus.de

storage2day

17.–19. September 2019, Heidelberg
Die Konferenz für Speichernetze und Datenmanagement
www.storage2day.de

// heise devSec()

24.–26. September 2019, Heidelberg
Die Konferenz für sichere Software- und Webentwicklung
www.heise-devsec.de

data2day

22.–24. Oktober 2019, Heidelberg
Die Konferenz zu Big Data, Data Science und Machine Learning
www.data2day.de

» Continuous Lifecycle »
+ [Container Conf]

12.–15. November 2019, Mannheim
Die Konferenz für Continuous Delivery und DevOps
Die Konferenz zu Docker und Co.
www.continuouslifecycle.de
www.containerconf.de

}{ heise MacDev

3.–5. Dezember 2019, Karlsruhe
Die erste Entwicklerkonferenz von Mac & i, dem Apple-Magazin der c't.
www.heise-macdev.de

In Kooperation mit:

plus+

Als **plus+**-Mitglied können Sie bis zu zehn E-Books als Ergänzung zu Ihren gedruckten dpunkt.büchern herunterladen. Eine Jahresmitgliedschaft kostet Sie lediglich 9,90 €, weitere Kosten entstehen nicht.

Weitere Informationen unter:
www.dpunkt.plus

O'REILLY®

Weitere Bücher zum Thema Computing unter:
www.oreilly.de

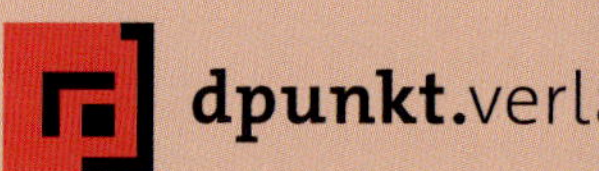

Wieblinger Weg 17
69123 Heidelberg
fon 0 62 21/14 83 0
fax 0 62 21/14 83 99
hallo@dpunkt.de
www.dpunkt.de

3 Roboterprojekt A

Im Roboterprojekt A entsteht ein leistungsstarker Roboter mit hoher Rechenkapazität und langer Akkulaufzeit. Ein kraftvolles Antriebssystem sorgt für ausreichend Schub bei Traglasten bis 5 kg. Der flache Aufbau ermöglicht die Erweiterung mit einem Roboterarm oder um einfach nur Güter zu transportieren. Eigene Modifikationen oder Prototypen sollen mit diesem Modell einfach und schnell realisierbar sein.

Abb. 3–1 Roboterprojekt A

3.1 Ziel

Oft heißt es »Man muss klein anfangen«. Zugegeben, mein erster Roboter war eine kleine mobile Basis mit drei Infrarotsensoren und einem *ATMega32*. Damit kann man insektenartige Verhalten programmieren, aber mehr nicht. Mit ROS haben wir uns bereits entschieden, etwas »Größeres« zu erschaffen. Nun benötigen wir ein passendes Gefäß, um diese Möglichkeiten ausschöpfen zu können. Ein Blick auf die Roboter,[1] die für ROS gebaut wurden oder ROS verwenden, kann hilfreich bei der Findung eines Konzepts für den eigenen Roboter sein. Anders als organische Lebewesen, die als kleine Zellen beginnen und durch Zellteilung auswachsen, befinden sich Roboter, die erschaffen wurden, am Anfang und am Ende ihrer Lebenszeit stets in einem ähnlichen Zustand. Wenn man sich also für ein Konzept entscheidet, sind die Anforderungen für heute und für die Zukunft mit eingeplant. Das Ziel dieses Projekts soll sein, dass der Roboter alle Möglichkeiten von ROS ausnutzen kann und gleichzeitig unsere eigenen Programmierideen performant ausführt. Beginnen wir mit den Primäranforderungen, die dafür von unserem Roboter erfüllt werden müssen.

Der Roboter soll kollisionsfrei navigieren. Das beinhaltet die Erkennung von Hindernissen und Fortbewegung auf einer planen Fläche, während gleichzeitig eine Karte von der Umgebung erstellt wird. Die so erstellte Karte kann dann gespeichert und jederzeit geladen werden, um die darauffolgenden Navigationen mit einer vorhandenen Karte zu beginnen. Heutzutage verwendet man meist einen *LIDAR (engl. Light Detection And Ranging)*[2] oder ein ähnliches System, um Karten zu generieren. Zur Fortbewegung wird ein Antriebssystem benötigt. Diese Rolle übernimmt ein Differenzialantrieb, der aus zwei separat angetriebenen Rädern auf einer Achse besteht. Zudem benötigt man ein oder zwei passiv mitlaufende Möbelroller. Die Disziplin der Kartenerstellung und der kollisionsfreien Navigation ist ein Hauptmerkmal von ROS. Diese Funktionalität ist von Haus aus mit dabei.

Eine Gesichtserkennung soll den Roboter für die Interaktion mit Menschen sensibilisieren. Im Idealfall sollen die erkannten Gesichter gespeichert und gelernt werden, damit in Zukunft auf immer wiederkehrende Gesichter bzw. Personen individuell reagiert werden kann. Hierfür ist eine handelsübliche USB-Kamera ausreichend. Befestigt man die Kamera zusätzlich auf einem motorisierten Gelenk, kann sie dynamisch ausgerichtet werden. Für die Gesichtserkennung gibt es bereits fertige Bibliotheken und Modelle, nur die Motorsteuerung bedarf etwas Programmierarbeit.

---

1. Viele Roboter, die ROS verwenden, finden sich im Internet unter *https://robots.ros.org/*.
2. Ein LIDAR ist ein laserbasiertes Messystem, um die Entfernung zu einem Gegenstand zu messen. Dabei wird ein Lichtimpuls ausgesendet, der von der Umgebung reflektiert wird. Die Reflexion kann gemessen und zur Ermittlung der Distanz verwendet werden. Ein ähnliches Prinzip der Reflexionsmessung existiert unter dem Begriff *Radar (engl. Radio Detection And Ranging)*.

Vorab legen wir die Betriebspannung fest, mit der wir unseren Roboter betreiben wollen. Eine 240-V-Spannung ist zu hoch, während eine 5-V-Spannungsquelle nicht ausreichend Energie einem Motor zur Verfügung stellen kann. Am einfachsten bestimmen wir die benötigte Spannung anhand der Endverbraucher, die wir einsetzen werden. Ein Mini-PC läuft erst ab 12 V, dann kommen die Motoren, die ebenso auf 12 V angewiesen sind. Sollte ein Verbraucher weniger benötigen, kann man mit den 5 V aus der USB-Buchse arbeiten. Eine andere Möglichkeit ist ein Pegelwandler, der aus einer Eingangsspannung die gewünschte Ausgangsspannung generiert. Für die meisten Anforderungen wird uns eine 12-V-Spannung ausreichen. Damit die Spannung konstant bleibt, bauen wir an geeigneter Stelle einen einstellbaren Aufwärtswandler (engl. *Booster*) ein, und lassen ihn auf einer Ausgangsspannung von 12 V, damit der Computer oder die Motoren bei sinkender Batteriekapazität nicht ausfallen oder an Kraft verlieren.

Wenn alle Stromverbraucher unter Last arbeiten, soll der Roboter mindestens eine Stunde autark sein, bevor er wieder an die Ladestation muss. Dieser Anforderung genügt ein 12-V-Batterie mit ca. 5000 mAh. Bei der Wahl des Akkus steht die Sicherheit an erster Stelle. Der Roboter wird in geschlossenen Räumen eingesetzt, wo auch Menschen anwesend sein können. Ist der Roboter allein zuhause, darf sein Akku nicht in Brand geraten, da niemand das Feuer löschen könnte.

Die bereits genannten Anforderungen verlangen ausreichend Rechenkapazität, die wir mit einem Mini-PC auf x86-Basis bereitstellen werden. Nach oben gibt es bekanntlich keine Grenzen, wenn es um Rechenleistung geht. Wir kalkulieren bei der Wahl des PCs die gleichzeitig laufenden Programme und zusätzlich noch etwas Kapazität für Hintergrundberechnungen ein. Wenn später weitere Anforderungen hinzukommen, sollten auch für diese noch ausreichend Resourcen berücksichtigt werden. Ein Beispiel wäre der Anbau eines Roboterarms und die dafür anfallenden Kinematikberechnungen.

Damit wir nicht einen riesigen Klotz am Bein haben, während wir die Teile bestellen, machen wir für unseren Roboter eine quadratische Flächenvorgabe von 30 × 30 cm. Eine Abweichung nach oben oder nach unten sollte nicht mehr als 5 cm betragen. Die Flächenvorgabe bietet eine ausgewogene Balance zwischen Größe und Stabilität. Ein kompakter Roboter, der in die Höhe gebaut wird, kippt schneller um als einer, der breiter angelegt ist. Als Berechnungsgrundlage kann man eine Wohnungstür verwenden. Durch eine Tür sollten ein Mensch und ein Roboter bequem gleichzeitig durchpassen.

Das Ganze soll schließlich zwischen 1200,– und 1600,– € kosten. Nicht einkalkuliert sind Werkzeuge, wie Schraubenzieher, Multimeter und Bohrmaschine. Diese Dinge verbleiben nicht am Roboter und wurden deshalb im Gesamtpreis nicht mitgerechnet.

3.2 Plan

Nachdem die Hauptanforderungen an das Projekt festgelegt wurden, planen wir die Realisierung. Für die genannten Anforderungen wird zunächst recherchiert, ob eine technische Lösung bereits existiert. Dann werden die Lösungen auf dem freien Markt verglichen, um den besten Preis zu finden. Eine tabellarische Einkaufsliste ist hilfreich, wenn man unterschiedliche Lösungen und Preise findet. Bevor der Einkauf getätigt wird, erstellt man eine grobe Konstruktionszeichnung des Roboters, um sicher zu gehen, dass alle Komponenten auf dem Roboter Platz haben. Dazu konsultiert man online die technischen Dokumente der Bestellteile, um deren Bemaßungen zu erfahren und mit in die Einkaufsliste aufzunehmen. Die Maße können irgendwann in einem CAD-Programm verwendet werden, um eine Konstruktionszeichnung des Roboters zu erstellen. Aus Zeitgründen genügt uns hier, eine grobe Skizze mit den Bestellteilen auf einer Fläche im Maßstab 1:2 zu zeichnen. Mit dieser Skizze halten wir schließlich den Plan in der Hand, um den Roboter entsprechend der Zeichnung nachzubauen.

3.2.1 Recherche

Eine gründliche Suche nach Informationen und Lösungen im Internet und in lokalen Märkten trägt wesentlich zum Erfolg eines Roboterprojekts bei. Robotik-Bücher sind ebenfalls eine wertvolle Inspirationsquelle. Vergleichen Sie auch die vielen Roboter und deren Bestandteile. Viele Antworten findet man auch über Suchmaschinen, man muss nur die richtigen Fragen stellen. Manchmal fehlt einem die Bezeichnung für eine Schaltung oder einen Werkstoff. Dann umschreiben Sie das, was Sie suchen, so genau wie möglich. Irgendwann stoßen Sie auf einen Blog oder ein Forum, wo ein Spezialist den gesuchten Begriff im Zusammenhang mit Ihrer Suche verwendet.

In den nächsten Abschnitten verwende ich Suchbegriffe. Das sind Wörter, die Sie in eine Suchmaschine eingeben können, um die nachfolgenden Bauteile zu finden. Beachten Sie bitte, dass nicht jede Suchmaschine verbindlich die vorhergesagten Ergebnisse liefern muss. Beschreiben Sie auch hier das gesuchte Bauteil so detailliert wie möglich. Wenn Sie einen bevorzugten Onlineshop haben, geben Sie dessen Namen mit in die Suche ein.

3.2.1.1 Chassis

Beginnen wir unsere Suche nach dem Chassis. Im Grunde könnte man eine einfache Holzplatte nehmen und diese zurechtsägen. Klar, das ist möglich, aber was ist, wenn die Konstruktion mit der Holzplatte in der Simulation versagt? Wenn der Roboter auf einer Seite Übergewicht hat oder in manchen Situationen sogar umkippt? Dann wird wieder gesägt und gebohrt, bis es vielleicht bei der nächsten Simulation erfolgreich getestet wird. Wenn nicht, bleiben nicht mehr viele Möglichkeiten, etwas wegzusägen oder zu bohren. Dann ist die Holzplatte nur noch Brennmaterial oder für den Müll.

Man sollte jederzeit mit Rückschlägen rechnen, die man schnell kompensieren kann. Dazu benötigt man ein flexibles Grundgerüst. Für mich hat sich eine Konstruktion aus Aluminiumprofilen als zuverlässig herausgestellt. Es muss weder gebohrt noch gesägt werden, da auf den Profilen mit Winkelverbindungen in L- oder T-Form alles angebracht und justiert werden kann.

Der Suchbegriff »*makerbeam chartup*« führt zu einem deutschen Onlineshop mit Angeboten zu fertig konfektionierten Aluminiumprofilen. In diesem Projekt kommen die etwas stabileren 15-mm-Profile zum Einsatz. Gehen die mitgelieferten Vorräte an Winkelverbindungen aus, dann können Sie diese in den meisten lokalen Baumärkten nachgekauft.

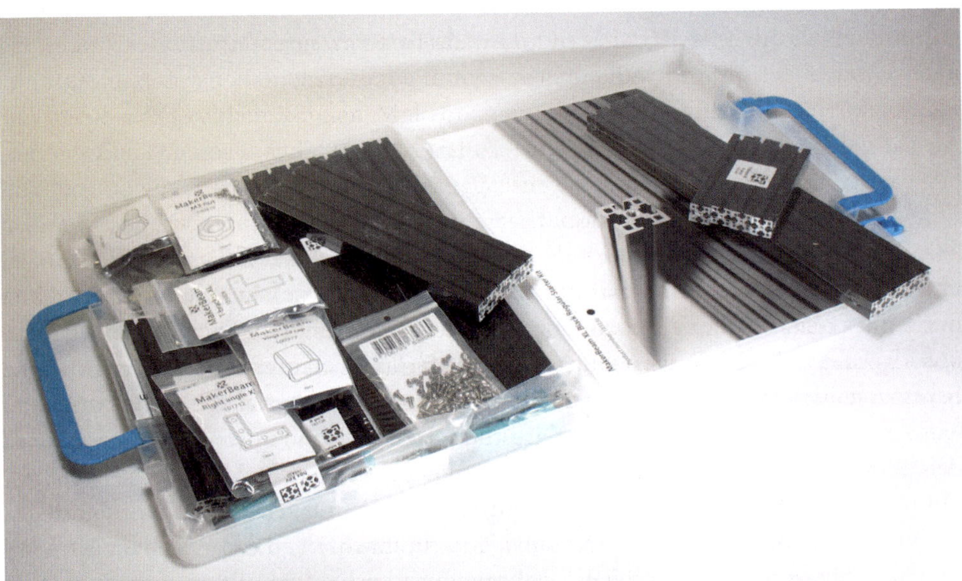

Abb. 3–2 Aluminiumprofile aus dem Premium MakerBeam XL Starter Kit

3.2.1.2 Antriebssystem

Ein Antriebssystem, wie wir es für das Roboterprojekt benötigen, besteht aus zwei Motoren, zwei Rädern und einem Motortreiber für zwei Motoren. Zur Fortbewegung genügen eigentlich zwei unabhängig motorisierte, endlos drehende Räder. Für das Navigationspaket von ROS benötigen wir jedoch motorisierte Räder mit Inkrementalgebern (engl. *Encoder*). Ein *Encoder* ist vergleichbar mit einem Tacho im Automobil. Jede Raddrehung wird gezählt und verändert somit den Kilometerstand des Fahrzeugs. Zählt man nur ganze Radumdrehungen, dann ist die Messung lediglich auf vollständige Radumdrehungen genau. Ein *Encoder* kann, je nach Auflösung, nicht nur einmal pro Drehung, sondern bei beliebig großen Winkeländerungen einen Impuls abgeben, um zu signalisieren, dass sich das Rad gerade vor- oder zurückdreht. Je mehr Impulse ein *Encoder* abgibt, desto genauer kann die zurückgelegte Wegstrecke berechnet werden. Das Verfahren zur Messung der zurückgelegten Wegstrecke anhand eines *Encoders* nennt man *Odometrie*.[3]

Für die Steuerung der Motoren wird ein Motortreiber benötigt. Der *MD25* ist ein guter Kandidat, nicht nur weil ich ihn schon kenne, sondern weil er schnell und einfach zu integrieren ist. Er bietet Anschlüsse für zwei Motoren inklusive *Encoder*. Die Anschlüsse für *Encoder* sind mit *Hall Sensor* beschriftet. Damit wir aus ROS heraus Geschwindigkeitsbefehle an den Motortreiber und somit an die beiden Motoren senden können, besitzt der *MD25* vier *I2C*[4]-Schnittstellen. Über eine dieser Schnittstellen empfangen wir dann auch Daten der beiden *Encoder*.

Am Roboter-Rechner wird ebenfalls eine *I2C*-Schnittstelle benötigt, um den Computer mit den *I2C*-Pins des Motortreibers zu verbinden. Dazu schließen wir später ein *Teensy 3.2* über USB am PC an, um die Rolle der *I2C*-Schnittstelle zum Motortreiber bereitzustellen. Diese Rolle könnte theoretisch auch ein Arduino übernehmen, aber früher oder später könnte dessen Arbeitsspeicher knapp werden. ROS verbraucht viel RAM, wenn es Nachrichten austauschen soll, insbesondere Nachrichten im *String*-Format, die wir zwar nur für das *Debugging* benötigen, aber eben benötigen.

Es gibt glücklicherweise eine Komplettlösung eines Antriebssystems, die uns eine Menge Zeit erspart. Auch wenn die Zusammensetzung eines solchen Systems auf den ersten Blick trivial erscheint, ist dennoch viel Logik darin verbaut und programmiert

---

3. Aus den altgriechischen Wörtern *hodós* »Weg« und *métron* »Maß« zusammengesetzt. Odometrie wird als nicht verlässliche Quelle in der Bestimmung der Position und Ausrichtung eines Roboters verwendet und darum oft erst in Kombination mit einem *LIDAR* zu einer verlässlichen Quelle hochgestuft. Wenn beispielsweise die Räder im Sand durchdrehen, geben die *Encoder* falsche Signale an das System, was unweigerlich zu einer falschen Wegmessung führt. In der Luft- und Raumfahrt verwendet man visuelle Odometrie oder die Daten eines Beschleunigungssensors in Kombination mit *GPS*, um eine verlässliche Odometriequelle zu bilden.
4. *I2C* ist ein von Philips entwickelter serieller Datenbus. An einem I2C-Datenbus, der von einem *Arduino*-Gerät ausgeht, können abhängig vom verwendeten Board theoretisch bis zu 128 Geräte – meistens Sensoren – angeschlossen werden.

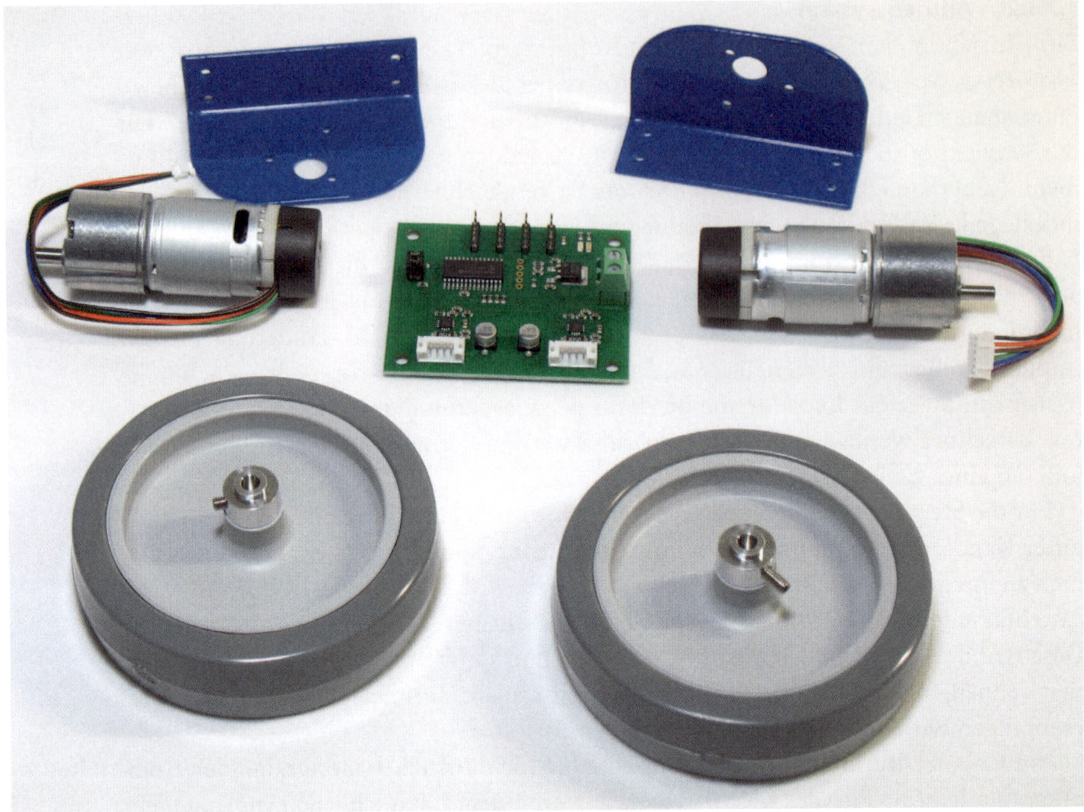

Abb. 3–3 RD02 – komplettes Antriebssystem

worden. Wir finden eine Komplettlösung unter dem Suchbegriff »*RD02 12V Roboterantriebssystem Devantech*« in Deutschland.

3.2.1.3 Mini-PC

Der Computer ist der Ort, an dem alle Kabel und Geräte direkt oder indirekt angeschlossen werden. Aus diesem Computer regeln und steuern wir alle elektronischen und mechanischen Bauteile unseres Roboters. Für den Einsatz in der Robotik ist ein Computer mit ausreichend Rechenkapazität eine wichtige Voraussetzung. Ein Sensor, der beispielsweise eine Klippe vor dem Roboter signalisiert, sollte unverzüglich das Hauptprogramm unterbrechen, damit dieses entsprechende Maßnahmen einleiten kann. Ist die Zeit für die Verarbeitung des Warnsignals inklusive Bremsvorgang zu lang, könnte der Roboter über die Klippe stürzen. Der Vorgang ist vergleichbar mit den Vorgängen bei Menschen im Straßenverkehr und soll hier nochmals deutlich machen, dass eine performante Signalverarbeitung ein wichtiges Kriterium bei der Wahl des Computers darstellt.

Nun kann man nicht einfach den schnellsten *Server* auf dem Markt am Roboter befestigen, da das Gewicht und die Größe eine ebenso wichtige Rolle spielen. Wir schauen uns vielmehr nach Personalcomputern der Kategorie *Mini*-PC um. Kategorien kennt man eher unter dem Fachausdruck *Formfaktor*, welcher in unterschiedliche Standards unterteilt. Die Standards beschreiben unter anderem die Kantenlänge einer Hauptplatine (engl. *Mainboard*). Das *ATX*-Format[5] ist beispielsweise ein Standard mit einer Länge von 305 mm und einer Breite von 244 mm. Einen *Mini*-PC findet man unter den Formfaktoren *Mini*-ITX und *Nano*-ITX. *Intel* hat hier zusätzlich neue Standards entwickelt, darunter den Formfaktor *UCFF – Ultra Compact Form Factor*. Dieser Standard beschreibt einen Formfaktor, dem auch die Hauptplatinen der von *Intel* geschaffenen *NUCs – Next Unit Computing* – angehören. Diese sogenannten *NUCs* sind für unser Projekt in vielerlei Hinsicht interessant.

Formfaktor	Länge in mm	Breite in mm
ATX	305	244
Micro-ATX	244	244
Mini-ITX	170	170
Nano-ITX	120	120
Pico-ITX	100	72
UCFF (Intel NUC)	101	101

Tab. 3–1 Formfaktoren und Größenangaben der gängigsten Hauptplatinen

Ein Fußabdruck von 10 cm × 10 cm ist erstaunlich klein, wenn man bedenkt, wieviel Rechenkapazität in einem so kleinen Raum geboten wird. Während dieses Buch entsteht, hat *Intel* die achte Generation seiner *NUCs* herausgebracht. Für unsere Zwecke interessant sind Computersysteme, die klein, leise und leistungsfähig sind. Zur Auswahl stehen also *Intels Core-i3*- und *Core-i5*-Prozessoren. Die Gehäuse der *NUCs* mit *Celeron*-Prozessor sind etwas zu hoch und können in diesem Projekt nicht verwendet werden. Ein *Intel-Core-i7*-Prozessor ist zu leistungsstark, um leise Lüfterdrehzahlen zu erlauben. Auf *heise.de* gibt es einen komfortablen Preisvergleich, wo die gewünschten Suchparameter angegeben werden könnnen. Wenn Sie einen *NUC*

5. *ATX – Advanced Technology Extended*. Der *ATX*-Formfaktor ist der am weitesten verbreitete Standard bei PCs und Desktops. *ATX*-Mainboards werden mit *ATX*-Stromsteckern am Netzteil des Computers angeschlossen. Aus Kompatibilitätsgründen sind viele *ITX*-Gehäuse mit *ATX*-Anschlüssen ausgestattet, sodass sie mit demselben Netzteil mit Strom versorgt werden können, wenn die Spannung ebenso identisch ist.

kaufen, sind Arbeitsspeicher und Festplatte nicht enthalten. Die meisten Anbieter von Mini-PCs bieten vollständig konfigurierte Pakete an oder zumindest eine Option, die fehlenden Komponenten mitzubestellen.

Abb. 3–4
Intel NUC Kit NUC6i5SYK

3.2.1.4 Batterie

Roboter bestehen unter anderem aus elektromechanischen Komponenten. Diese Komponenten benötigen elektrische Energie, die wir entweder aus der Steckdose oder aus Batterien nutzen können. Der Roboter soll autark funktionieren. Deshalb verwenden wir eine Batterie. Sie soll lange genug Energie an die Verbraucher liefern. Eine geeignete Batterie ist zudem nicht zu schwer, erfüllt einen hohen Sicherheitsstandard und ist viele Jahre verwendbar. Die Sicherheit spielt eine besonders große Rolle. Ein Roboter darf gerne mal alleine die Wohnung überwachen oder für Ordnung sorgen, während wir aus der Ferne angemeldet sind und eine Echtzeitübertragung der Roboterkamera betrachten. Am wenigsten wünscht man sich einen Kabel- oder Akkubrand, während man weit weg von zuhause ist. Mit Blick auf die Elektromobilität kann man erwarten, dass sich rund um das Thema Batterien noch einiges tun wird. Ein Auto muss oft in extremer Kälte bzw. Hitze stehen und auch nach wochenlangen Standpausen fahrbereit sein. Werden die Batterien entsorgt, sollte schließlich nicht gleich eine Tonne Gefahrgut pro Auto anfallen. Aktuell sind *Lithium-Ionen-* (*LiIon*), *Lithium-Polymer-* (*LiPo*) sowie *Lithium-Eisenphosphat*-Batterien (*LiFePo*) im Bereich der Robotik beliebt. Der *VDE*[6] hat ein kostenloses Kompendium rund um das Thema *Lithium-Ionen*-Batterien herausgebracht, das einen umfangreichen Überblick über die Begrifflichkeiten sowie Eigenschaften der *Lithium-Ionen*-Batterien

6. *VDE – Verband der Elektrotechnik Elektronik Informationstechnik e.V.* mit Sitz in Frankfurt. Er schafft Normen und Standards, die die Qualität und Sicherheit von Produkten bestätigen. Während das *CE*-Zeichen (franz. *Conformité Européenne*) gesetzlich vorgeschrieben wird, ist das *VDE*-Zeichen eine freiwillige Prüfung, die sich der Hersteller für seine technischen Produkte zertifizieren lassen kann.

bietet. Der folgende Link öffnet eine Datei im PDF-Format: *https://www.digitale-technologien.de/DT/Redaktion/DE/Downloads/Publikation/IKT-EM/ikt2-komp-lithium-ionen.pdf?__blob=publicationFile&v=4*. Das Kompendium findet man auch mit dem Suchbegriff »*Kompendium Li-Ion Batterien*«.

Für unser Roboterprojekt verwenden wir *Lithium-Eisenphosphat*-Batterien (*LiFePo*). Sie bieten Sicherheit und eine lange Lebensdauer, dafür verbrauchen sie mehr Platz und haben ein höheres Gewicht, um die Energiedichte von herkömmlichen *Lithium-Ionen*-Batterien zu erreichen. *Lithium-Eisenphosphat* kommt als natürliches Mineral vor und ist nicht giftig. Das bedeutet nicht, dass man Batterien essen oder bedenkenlos im Hausmüll entsorgen kann! Lesen Sie unbedingt die Gefahrenhinweise in den Dokumenten, die der Batterie beiliegen oder als Download-Link bereitgestellt werden.

Eigenschaften	LCO	LMO	LFP
Name	Lithium-Cobalt-Oxid	Lithium-Mangan-Oxid	Lithium-Eisen-Phosphat
Risiken für Gesundheit/Umwelt	Gesundheitsrisiko, Umweltrisiko	Ungiftig, Umweltrisiko	Ungiftig, geringes Umweltrisiko
Sicherheit	Hohes Risiko bei Überlastung, Tiefentladung und hohen/tiefen Temperaturen	Geringes Risiko, bildet im Vergleich zu LCO sehr wenig Sauerstoff bei Überlastung oder hohen/tiefen Temperaturen	Hohe Sicherheit, chemisch stabile Kristallstruktur auch bei extremen Temperaturen
Energiedichte (Wh/kg)	110 – 180	100 – 120	80 – 120
Lebensdauer (Zyklen)	300 – 1000	1000 – 2000	1000 – 8000

Tab. 3–2 Vergleich der gängigsten Lithium-Ionen-Batteriearten

Bevor wir uns auf die Suche nach *Lithium-Eisenphosphat*-Batterien machen, fassen wir nochmals die Rahmenbedingungen zusammen, die von der Batterie erfüllt werden sollen. Eine Stunde sollte der Roboter ohne Steckdose auskommen und die Grundspannung der Stromversorgung soll 12 V betragen. Man kann sicherlich länger autark bleiben, wenn eine größere Batterie eingesetzt wird. Eine Batterie bis 3 kg sollte auf unserem Roboter tragbar sein. Für dieses Roboterprojekt nehmen wir das kleinste und günstigste Modell einer *Lithium-Eisenphosphat*-Batterie, das wir finden können. Der Suchbegriff »*Vision LFP124.5*« führt zu einem Fabrikat, das mit integrierter Schutzschaltung ausgestattet ist und uns dadurch erlaubt, die Batterie mit einem gewöhnlichen Bleiladegerät zu laden.

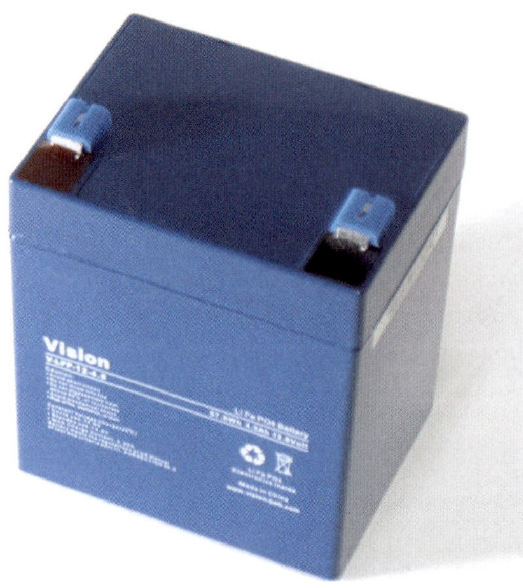

Abb. 3–5 Vision-LiFePo-12V-Batterie

Die Verbrauchskennzahlen der Batterie sind in der nachfolgenden Tabelle 3–3 aufgeführt. Die Zahlen können in einem Rechner zur Ermittlung der Betriebszeit verwendet werden. Im Internet gibt es unter dem Begriff »akkurechner« frei zugängliche Werkzeuge zur Berechnung der Ladezeit, Betriebszeit usw. Die Kennzahlen wurden mit einem Multimeter über eine Zeitspanne von 15 Minuten erfasst. Das Multimeter wird dazu auf *Ampere/Gleichstrom* eingestellt und die beiden Messspitzen bilden eine Brücke zwischen dem Pluspol der Batterie und dem Stromkabel, welches zuvor am Pluspol angeschlossen war. In der genannten Zeitspanne wurden die Räder mit 0,1 Meter/Sekunde angetrieben, während im Hintergrund ROS mit folgendem Befehl gestartet wurde:

```
roslaunch abot_bringup abot_base.launch
```

Die Räder waren freischwebend, also ohne Bodenkontakt. Zuletzt wurden ein Systemupgrade und eine Kompilierung des ROS-Arbeitsbereichs durchgeführt.

Systemauslastung	Stromstärke
Minimum	0,82 A
Maximum	3,37 A
Durchschnitt	1,15 A
apt upgrade (ca. 50 MB)	2 – 2,5 A
catkin_make	3 – 3,5 A

Tab. 3–3 Stromverbrauch unter ROS

Die Kennzahlen lassen auf eine lange Laufzeit hoffen, wenn der Durchschnittsverbrauch konstant bleibt. Leider sind hier noch keine Gesichsterkennung oder andere Programme berücksichtigt. Wenn man großzügig auf einen Durchschnittsverbrauch von 1,5 Ampere aufrundet, würde das bei einer Batterie mit 4500 mAh bedeuten, dass der Roboter drei Stunden ohne Steckdose arbeiten kann.

3.2.1.5 Batterieladegerät

Nach schätzungsweise drei Stunden Normalbetrieb unseres Roboters muss die Batterie aufgeladen werden. Die *Vision*-Batterie, für die wir uns in diesem Roboterprojekt entschieden haben, ist ein direkter Ersatz für Bleibatterien und kann deshalb mit handelsüblichen 12-V-Ladegeräten für Bleiakkus wieder aufgeladen werden. Das Aufladen findet immer stationär statt, da eine Verbindung mit der Steckdose hergestellt werden muss. Bei einer Lösung mit einem Standardladegerät werden zwei farbig unterschiedliche Krokodilklemmen an die farblich entsprechenden Pole der Batterie befestigt. Dazu müssen die Stromkabel zur Versorgung des Roboters vorher abgetrennt werden. Für eine andere Lösung mittels *USV – Unterbrechungsfreie Stromversorgung* – muss die Stromversorgungs des Roboters nicht unterbrochen werden, da die Logik zur Trennung zwischen Lade- und Entladestrom von der *USV* geregelt wird.

Die Suche nach einem Ladegerät für die *Vision*-Batterie ist einfach. Ein Standardladegerät für Bleiakkus reicht aus. Wichtig ist die 12-V-Spannung, die das Ladegerät beherrschen muss. Viele Ladegeräte haben eine automatische Erkennung der Spannung, die zum Laden der Batterie benötigt wird. Bereits auf den meisten Shop-Seiten für *Vision*-Batterien werden kompatible Ladegeräte angeboten. Wenn keine Ladegeräte angeboten werden, besuchen Sie einen Baumarkt Ihrer Wahl und fragen dort nach Batterieladegeräten für 12-V-Batterien.

Eine komfortable Lösung bietet eine *USV* von der Firma *CarTFT* aus Reutlingen. Dabei wird automatisch zwischen zwei Stromquellen umgeschaltet. Die Schaltung reagiert auf die höhere Spannung beider Stromquellen und wählt diese als Hauptversorgungsquelle. Die Stromverkabelung am Roboter muss zum Laden nicht verändert werden. Lediglich ein Netzteil, das eine Eingangsspannung von 240 V in 16 V wandelt und zwischen 2 A und 5 A Stromstärke an die *USV* liefert, wird zusätzlich zum Laden der Batterie über die *USV* benötigt. Ein Netzteil hat meist ein Klinkenkabel an der Ausgangsleitung, die irgendwie an der *USV* angeschlossen werden muss. Dafür gibt es einen Adpater von Klinkenanschluss auf zwei Flachstecker auf den *Shop*-Seiten von *CarTFT*. Man findet den Adpapter mit den Buchstaben »*ac*« in der Suche des *Shops*. Ein Netzteil wird zwar auch auf den *Shop*-Seiten von CarTFT angeboten, allerdings etwas überteuert und ohne Kaltgerätekabel. Ich würde erst alle Netzteile zuhause durchstöbern, ob etwas Passendes dabei ist. Die Ausgangsspannung muss auch nicht exakt 16 V betragen, meist reicht eine Spannung von 12 V schon aus. Wenn partout kein Netzteil zu finden ist, dann würde ich im Baumarkt oder im Elektrohandel danach fragen.

3.2.1.6 Stromversorgung

Eine Batterie verliert an Spannung je mehr Ladung verbraucht wird. Damit die Verbraucher nicht abschalten oder einfach ausgehen, halten wir die Spannung bei 12 V aufrecht. Dazu setzen wir einen Spannungswandler, genauer gesagt einen Aufwärtswandler (engl. *Step-Up* oder *Boost-Converter*) ein. Wenn die Batteriespannung unter 12 V fällt, dann hält der Aufwärtswandler die Spannung weiterhin konstant bei 12 V. Im aufgeladenen Zustand kann die Batterie aber eine Spannung von mehr als 12 V haben. Ein Aufwärtswandler wird die erhöhte Spannung **nicht** nach unten wandeln, was aber für unsere 12-V-Geräte kein Problem ist. Es gibt allerdings auch Wandler, die nach oben und nach unten wandeln können, sodass 12 V weder über- noch unterschritten werden. Bei unserer 12-V-Batterie rechnen wir mit Fluktuationen zwischen 9,2 V und 14,6 V, die der Wandler auf Eingangsseite verkraften muss. Als Ausgangsspannung möchten wir 12 V entweder einstellen können oder sie muss fest voreingestellt sein. Die Stromrichtung ist unidirektional, also von Eingangsspannung nach Ausgangsspannung.

Bei der Suche nach einem Aufwärtswandler schließen wir Angebote mit Bausätzen zum Löten aus. Fertige Wandler gibt es zwischen 3,- und 10,- Euro. Mit den Suchwörtern »*150W Boost Stromversorgungsmodul*« findet man meist einen Onlineshop, der eine gute Auswahl an Spannungswandlern in seinem Sortiment führt.

3.2.1.7 Möbelroller

Die beiden motorisierten Räder allein reichen nicht aus. Wir benötigen noch mindestens ein passiv mitlaufendes Stützrad. Diese Funktion soll eine Lenkrolle bzw. ein Möbelroller übernehmen. Es gibt auch sogenannte Ball Caster oder Kugelrollen. Diese können sehr laut sein, wenn kein Teppichboden verlegt ist. Möbelroller haben dagegen unterschiedliche Materialien als Bereifung. Vergleichbar mit Lenkrollen für Bürostühle auf Holz- oder Teppichböden kann das entsprechende Material gewählt werden.

Abb. 3–6 Möbelroller als Stützräder

Bei der Suche nach geeigneten Rädern achten Sie darauf, dass eine Platte zum Befestigen sowie ein Gleitlager enthalten sind. Die Platte hat meist vier Löcher zum Befestigen. Das Gleitlager lässt das Rad um die z-Achse drehen und bleibt während der Fahrt nicht starr in eine Richtung. Im Baumarkt kann man die Größe der Räder besser einschätzen als bei einem Kauf im Internet, wenn keine Maße angegeben sind. Ein Durchmesser von maximal 5 cm ist für unser Roboterprojekt ausreichend. Verwenden Sie bei der Suche auch die Begriffe »ball caster« und »Möbelräder«.

3.2.1.8 LIDAR – Light Detection And Ranging (Laserscanner)

Ein Roboter ist auch eine Zusammensetzung vieler kleiner technischer Wunder. Eines davon ist der Laserscanner, den wir für die Navigation benötigen. Noch vor 2014 war es undenkbar, so ein Gerät für unter 1000,– € zu bekommen. Mittlerweile ist ein Laser Standard auf vielen Saugrobotern. Aktuell arbeiten Laserscanner mit beweglichen Teilen, die den Laserstrahl ablenken, um einen bestimmten Radius abzutasten. Um Fehler und die Störanfälligkeit von beweglichen Teilen zu eliminieren, gibt es schon *Solid-State*[7]-Laserscanner, die ganz ohne bewegliche Bauteile auskommen. Dann werden uns Laserscanner, die per Drehteller eine 360°-Laserabtastung durchführen, wie Schallplattenspieler aus einer vergangenen Zeit erscheinen.

Einsatzort unseres Roboters sind Wohnräume. Davon ausgehend kann man die Reichweite festlegen, die unser LIDAR abdecken soll. Ein Wert zwischen fünf und sechs Meter ist ausreichend. Der Preis nimmt mit der Reichweite des Lasers exponentiell zu. Ein weiterer Kostenfaktor ist die Empfindlichkeit gegenüber Tageslicht und direkte Sonneneinstrahlung. Beispielsweise Rasenmähroboter, die im Freien arbeiten sollen, benötigen ein System, das nicht empfindlich gegen direkte Sonneneinstrahlung ist. Spiegelnde Oberflächen, die ausgesendete Laserstrahlen fehlerhaft reflektieren, können sich ebenfalls negativ auf Messergebnisse auswirken. Die genannten Faktoren sollten bei der Wahl des richtigen LIDARs berücksichtigt werden. Wenn wir in unseren Wohnräumen selten mit direkter Sonneneinstrahlung rechnen müssen und auch wenig spiegelnde Flächen an den Wänden sind, wählen wir das günstigste Modell von SLAMTEC. Der Suchbegriff »*rplidar A1*« liefert Ergebnisse für das Modell RPLIDAR A1 von SLAMTEC. In Deutschland liefern die Firmen *EXP-Tech* und *mybotshop* die gesuchten Laserscanner zu vergleichsweise günstigen Preisen. Geben Sie den gewünschten Firmennamen einfach in den Suchbegriff mit dazu, dann erhalten Sie die Links zu den Produktseiten.

Abb. 3–7 RPLIDAR A2 – um 360° rotierender Laserscanner von SLAMTEC

7. Auch als Flash-LIDAR bezeichnet; ist eine Form von Laserscanner, die ganz ohne bewegliche Teile auskommt. Solid-State-Laserscanner werden insbesondere in der Automobilbranche erforscht und entwickelt, um den Grad der Autonomie von Fahrzeugen sukzessive zu erhöhen. Gemessen wird der Autonomiegrad anhand der SAE-Norm J3016.

3.2.1.9 Teensy 3.2

Der Roboter-Computer kommuniziert mit dem Antriebssystem über eine *I2C*-Schnittstelle. Diese dedizierte *I2C*-Schnittstelle soll von einem *Teensy* bereitgestellt werden. Später können weitere Geräte, wie *Gyroskop*, *GPS*, Thermometer usw., über dieselbe *I2C*-Schnittstelle nachgerüstet werden. Ein *Teensy* ist eine zum *Arduino* kompatible Platine. Anstelle eines *AVR*-Prozessors kommt darin ein *ARM*-Prozessor zum Einsatz. *ARM*-Prozessoren sind leistungsfähiger als *AVR*-Prozessoren und haben meist mehr Schnittstellen und Speicher. Die Kombination aus Leistung gepaart mit Kompatibilität zu den *Arduino*-Bibliotheken hat dem *Teensy* maßgeblich zum Erfolg verholfen. Ich war irgendwann sozusagen »*gezwungen*«, mich vom *Arduino Nano* zu verabschieden. Sobald ich im *Arduino Nano* eine bestimmte Menge an ROS-Nachrichten überschritten hatte, ist er ständig abgestürzt. Der Mangel an Arbeitsspeicher – und wir reden hier von 2 KB – war für die Abstürze verantwortlich. Folglich suchte ich nach *Arduinos* mit mehr Arbeitsspeicher. Die Suche habe ich ziemlich schnell beendet, als ich die technischen Details eines *Teensy* auf dem Bildschirm hatte. Der Preis, die Größe und Leistung eines *Teensy 3.2* im Vergleich zu allen *Arduinos* sind unschlagbar.

Ein *Teensy 3.2* hat ausreichend Arbeitsspeicher und bietet neben einer USB-Schnittstelle in Richtung Computer auch eine *I2C*-Schnittstelle in Richtung Antriebssystem. Ein *Teensy* arbeitet mit 3,3 V, ist aber gegenüber 5 V auf digitalen Pins tolerant. Das ist zwar gut zu wissen, für die Kommunikation über *I2C* verwenden wir jedoch die Pins 18 und 19, also analoge Pins. Wir setzen deshalb einen Konverter ein, der die Strompegel für *Teensy* von 5 V auf 3,3 V reduziert, und umgekehrt für das Antriebssystem von 3,3 V auf 5 V anhebt. Wenn wir beide an *I2C* direkt zusammenschließen, könnte sonst ein Spannungsüberschuss zu Problemen beim *Teensy* führen. Der beschriebene Konverter ist findbar unter dem Begriff »*5 V Logic Level Converter*« und sollte nur wenige Euro kosten. Einen *Teensy 3.2* mit vorgelöteten Pins (engl. *Header Pins*) findet man schnell mit dem gleichnamigen Begriff.

3.2.1.10 Verbrauchsmaterial

Für die Verkabelung und Befestigung der Bauteile benötigen wir entsprechende Materialien. Dazu zählen in erster Linie Kabel und alles, was zur Verkabelung dazugehört. Wir unterscheiden zwischen Stromkabel und Schaltlitze. Das Stromkabel versorgt die Verbraucher mit 12-V-Spannung und muss folglich dicker sein als die Schaltlitze, die mit einer operativen Spannung von maximal 5 V auskommen soll. Für beide Kabelarten sollten ausschließlich mehrdrahtige Kupferkabel verwendet werden. Ein Roboter ist oft in Bewegung. Durch die dabei enstehenden Rüttelbewegungen könnten eindrahtige Kabel porös werden oder gar zerbrechen. Mehrdrahtige Kabel sind dagegen viel strapazierfähiger. Die Wahl der richtigen Kabel ist eine sicherheitstechnische Vorkehrung. Ein zu dünnes Stromkabel kann sich stark erwärmen und im schlimmsten Fall einen Brand verursachen. Ein zu dickes Kabel ist nie schädlich, es ist nur teurer und schwerer.

Stromkabel

Das optimale Stromkabel bestimmen wir anhand verschiedener Parameter, die in unserem Roboterprojekt verwendet werden. Die *Stromstärke* ist ein solcher Parameter. Wir können die *Stromstärke* in der Spezifikation der Batterie ablesen. Die *Spannung* liefert ebenfalls unsere Batterie. Die Legierung, die wir als leitendes Material verwenden, soll ausschließlich Kupfer sein, da es ideale Eigenschaften für Stromkabel mitbringt. Es fehlt noch der Parameter *Länge*, den wir nur begrenzt festlegen können, da er abhängig vom Standort des Verbrauchers variabel sein wird. Beginnen wir mit einer Formel zur Berechnung der Leiterquerschnittsfläche in Quadratmillimeter. Mit dem Ergebnis können wir dann im Fachhandel nach entsprechenden Kabeln suchen.

$$\mathit{Querschnitt} = \frac{\text{Faktor} \times \text{Länge} \times \text{Stromstärke} \times \text{spezifischer Widerstand}}{\text{Spannung} \times \text{Verlust}}$$

Der *Faktor* steht für die Anzahl der Leiter zwischen der Batterie und dem Verbraucher. Zum Vergleich, bei *Drehstrom* sind es 3 Leiter und der sogenannte *Verkettungsfaktor* beträgt dann die Wurzel aus 3.

Der *spezifische Widerstand* bezieht sich auf das Material Kupfer bei ca. 20° Celsius Raumtemperatur und ist eine Konstante, deren Wert unabhängig von der Kabellänge ist.

Der Parameter *Verlust* ist wiederum abhängig von der verwendeten Kabellänge und erhöht sich, je länger die Leitung ist. Wurden am Batterieanschluss noch 12 V gemessen, kann am Verbraucher eine separate Messung gerade mal 11 V ergeben, wenn die Leitung sehr lang ist. Die Leitungsverluste enstehen durch Erwärmung der Leitung. Die Leitung erwärmt sich umso mehr, je mehr Elektronen pro Zeiteinheit durch die Leitung bewegt werden. Die Verluste werden schließlich als Wärme an die Umgebung abgegeben. Bis zu 10 % Verlust können bei sehr langen Leitungen vorkommen. Für eine Kabellänge von 20 cm setzen wir zunächst 1 % Verlust an. Wir werden nach der Berechnung eine großzügig aufgerundete Kabelfläche für unsere Einsatzbedingungen bestimmen, um den fließenden Strom nicht zu knapp am *Limit* zu betreiben.

Parameter	Wert
Verkettungsfaktor aus Anzahl Phasen	2
Länge (Meter)	0,2
Stromstärke (Ampere)	4,5
Kupfermaterialwiderstand (Rho)	0,0175
Verlust (Prozent)	1
Spannung (Volt)	12

Tab. 3–4 Benötigte Parameterwerte zur Berechnung des Leiterquerschnitts

Setzt man nun für die Gleichungsparameter in der Formel Werte ein, erhält man folgendes Ergebnis:

$$A[mm^2] = \frac{2\,\mathrm{m} \times 0{,}2\,\mathrm{m} \times 4{,}5\,\mathrm{A} \times 0{,}0175\,\rho}{12\,\mathrm{V} \times 1\,\%} \approx 0{,}26\ mm^2$$

Eine Fläche von 0,26 mm² scheint nicht besonders viel zu sein. Die Quadratwurzel aus dem Ergebnis ergibt eine Katenlänge von ungefähr 0,5 mm. Das Doppelte dieser Kantenlänge sollte ausreichen, um alle Verbraucher sicher an einer 12 VStromquelle zu betreiben, also eine Querschnittsfläche von 1 mm². Zum Vergleich – eine Haushaltsleitung hat 1,5 mm² Querschnittsfläche für normale Verbraucher (Beleuchtung, Bügeleisen usw.) und 2,5 mm² für stärker belastete Steckdosen (Waschmaschine, Elektroherd, Geschirrspüler usw.).

Nachdem der benötigte Leiterquerschnitt berechnet ist, legen wir die Art der Leiter fest. Wir benötigen zwei Adern für Plus und Minus. Eine Ader kann aus eindrahtigem oder mehrdrahtigem Kupfer zusammengesetzt sein, wobei die mehrdrahtigen Adern auch unter dem Begriff »*Litze*« zu finden sind. Der Vorteil liegt klar bei den mehrdrahtigen Adern, da diese, wie anfangs beschrieben, wesentlich strapazierfähiger sind als ihre eindrahtigen Pendants.

Bevor ich im Internet Kabel bestelle, suche ich im Keller, ob da nicht noch brauchbare Kabelreste herumliegen. Ich habe die *ATX*-Kabel aus einem alten Rechner ausgesteckt, ausgemessen, die Belastbarkeit überprüft und dann für die Stromverkabelung verwendet. Die *ATX*-Kabel sind auch meist mit einem *AWG*-Wert[8] beschriftet und geben Auskunft darüber, wie stark man die Kabel belasten kann. Die Angabe *AWG18* ist ein Hinweis, dass das Kabel bei einer Umgebungstemperatur von höchstens 30 °C Stromstärken bis 9,5 Ampere aushalten kann.

Strom und Brandschutz!

Bei der Arbeit mit Strom gilt die höchste Sicherheitsstufe. Überprüfen Sie alles mehrfach, bevor Sie die Verbraucher anschließen. Das Anschließen ist ebenfalls eine Kunst. Gequetschte Drähte können brechen, einen Hitzestau erzeugen und schließlich zu einem Brand führen. Verwenden Sie Aderendhülsen bevor Sie nackte Litzen in einer Lüsterklemme festschrauben. Lassen Sie den Roboter nie unbeaufsichtigt!

Schaltlitze

Die Litze wird überall dort eingesetzt, wo man Bauteile mit maximal 5 V Spannung miteinander verschaltet. Ein Beispiel für den Einsatz von Schaltlitzen ist ein Arduino, das mit einem Servo verbunden wird.

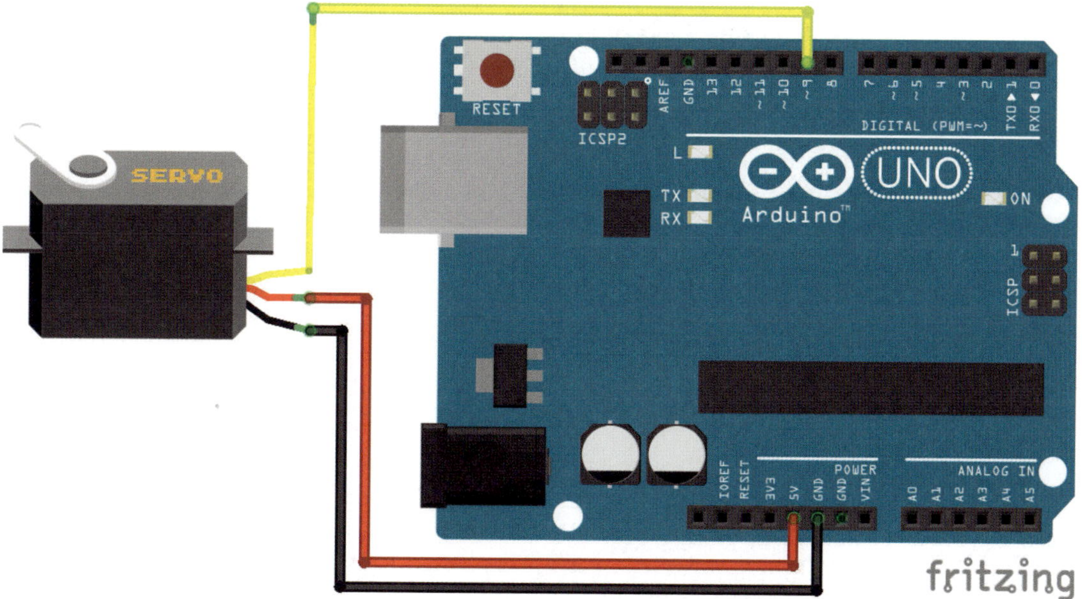

Abb. 3–8 Mit Schaltlitzen verbundene Bauteile – schematische Darstellung

8. *AWG – American Wire Gauge* ist ein amerikanisches Maß für eindrahtige und mehrdrahtige Leitungen. Eine vorgegebene Menge Kupfer wird erhitzt, bis es weich wird. Je länger das Kupfer nun gezogen wird, desto höher ist der *AWG*-Wert. Ein niedriger *AWG*-Wert bedeutet, dass das Kupfer kaum langgezogen wurde und somit einen größeren Querschnitt hat als Kupfer, das sehr langgezogen und somit sehr dünn wird. Bei Litzen existiert oft eine weitere Angabe, die Auskunft über die Anzahl und Art der Litzen gibt. Beispielsweise sagt die Angabe *AWG20 12/31*, dass zwölf *AWG31*-Drähte verwendet wurden, um ein *AWG20*-Kabel herzustellen.

Eine *Schaltlitze* hat typischerweise eine Querschnittsfläche von 0,14 mm² und besteht aus 18 Einzeldrähten zu je 0,1 mm Durchmesser. Sie halten eine Stromstärke von ca. 0,8 Ampere aus. Eine Alternative bieten Steckbrücken oder Steckverbinder (engl. *Jumper Wire*). Diese sind meist vorkonfektioniert und haben an beiden Kabelenden eine männliche oder weibliche Kontaktbuchse. Wer die Schaltlitzen nicht eigenhändig crimpen möchte, greift am einfachsten auf solche Steckverbinder zurück. Sie sind zwar in der Anschaffung etwas teurer als Eigenkreationen, aber dafür spart man eine Menge Zeit und eine Crimpzange, die zur Herstellung von Steckverbindern nötig wäre.

Bau- und Befestigungsmaterial

Am Robotergerüst werden viele Bauteile befestigt. Damit während des Betriebs keine Klappergeräusche oder Funktionsstörungen auftreten, sollten alle Teile solide mit dem Grundgerüst des Roboters verbunden sein. Vieles lässt sich einfach mit den Verschraubungen der *MakerBeams* anbringen. Teile, für deren Befestigung keine einfache Lösung zu finden ist, erhalten spezielle Anfertigungen. Wir verfolgen nach dem Prinzip des *Rapid Prototyping* eine schnelle und flexible Lösung bei der Herstellung unseres Roboters. Bei jeder Entscheidung für eine Lösung berücksichtigen wir zukünftige Änderungen. Wir könnten mit einem Sofortkleber alles irgendwie anbringen, doch ändern lässt sich dann eine solche starre Lösung nur mit Aufwand oder Schäden an den Teilen.

Ein Stück Holz ist schnell zurechtgesägt. Länger dauert es, wenn eine Befestigungsfläche aus einem 3D-Drucker entstehen soll. Auch im lokalen Baumarkt sollte für die meisten Bedürfnisse etwas Brauchbares zu finden sein. Fertige Platten, Winkel und Befestigungen gibt es auch unter den sogenannten *MakeBlocks*. Die meisten sind aus Aluminium, aber auch Acrylplatten mit ausreichend vorgebohrten Löchern sind darunter zu finden.

3.2.2 Einkauf

Eine detaillierte Excel-Liste mit den verwendeten Teilen habe ich im Verzeichnis *abot_description/extra* abgespeichert. Die Angaben und die Hyperlinks darin sind ohne Gewähr! Bevor Sie nun die Teile einkaufen, ist es hilfreich, eine Skizze zu erstellen. Darin sollten die Teile in einem angemessenen Maßstab abgebildet werden. So erkennt man schon früh, wo es eng werden könnte.

Die vorgestellten Teile sind keine verbindlichen Vorgaben für das Roboterprojekt. Sie können jedes Bauteil gegen andere austauschen. Beachten Sie dabei aber, warum die hier vorgestellten Teile so gewählt wurden. Wenn Sie der Ansicht sind, dass eine günstigere *LiPo*-Batterie genauso ihren Zweck erfüllt, dann sollten Sie bedenken, dass bei jeder Kaufentscheidung die Sicherheit an erster Stelle stehen sollte und erst danach der Preis. Wir können den Roboter unbeaufsichtigt laufen lassen oder aus der Ferne steuern. In einem Notfall können wir dann aber nicht mehr unmittelbar eingreifen.

Vergleichen Sie die hier vorgestellten Bauteile bei unterschiedlichen Anbietern. Die Preise variieren teilweise erheblich. Bei China-Importen ist es wie mit Eiern. Es gibt Bauern, die verkaufen faule Eier, und es gibt Bauern, die verkaufen frische Eier. Man muss ein paar Anbieter testen, bevor man weiß, wo es die frischen gibt, denn gut aussehen tun alle.

3.3 Bau

Sobald alle Roboter-Teile angekommen sind, beginnen wir mit dem Aufbau. Anders als bei Möbeln oder Küchen gibt es für dieses Roboter-Projekt keine Schritt-für-Schritt-Anleitung. In Abschnitt 2.5 haben Sie eine Roboter-Konstruktion in Form einer *URDF*-Datei erstellt, die nun real werden soll. Erinnern wir uns an das Thema *URDF*, wo es hieß, dass das Modell in der Konstruktionsphase solange simuliert und getestet wird, bis alle Designschwächen und Konstruktionsfehler eliminiert wurden. Erst dann geht es zum Nachbau, also dorthin, wo wir uns jetzt befinden. Sie werden Bilder sehen, wo ich die Teile nacheinander zusammengeschraubt habe. Diese Bilder sollen Ihnen eine Orientierungshilfe sein, aber keine verbindliche Vorgabe, wie Ihr Roboter schlussendlich aussehen muss. Während des Baus kann es vorkommen, dass man die Vorgaben aus der *URDF*-Datei nicht exakt nachbilden kann, ohne erheblich Zeit aufzuwenden. Die einfachste legitime Lösung ist, die *URDF*-Datei anzupassen. Selbstverständlich ist es belanglos, wo die Batterie platziert ist. Diese wurde schließlich in *URDF* gar nicht erst als XML-Element beschrieben. Eine Größenänderung des Chassis muss allerdings in der *URDF*-Datei und darüber hinaus auch im Navigationspaket bekannt gegeben werden. Im Navigationspaket spielt die Größe im Parameter *footprint* eine wichtige Rolle.

Beginnen werden wir mit dem Chassis, das aus den *MakerBeams* zusammengesetzt wird. Ich besuche oft vorab die Internetseiten der Hersteller oder eine Videoplattform, wo man die Arbeit mit dem Werkstoff gezeigt bekommt.

Gleich danach folgen das Antriebssystem und der Mini-PC, damit die wichtigsten Teile unseres Projekts ihren korrekten Platz zuerst zugewiesen bekommen. Die anderen Bauteile werden zur gleichmäßigen Gewichtsverteilung drumherum verbaut.

Sind alle Teile auf ihre Plätze montiert, vermessen wir die benötigten Kabellängen. Entweder Sie krimpen dann die Kabel selbst zurecht oder suchen diese aus Ihrer Sammlung fertig konfektionierter aus.

Nach sorgfältiger Prüfung, ob alle Kabel korrekt angeschlossen wurden, wird ein erster Warmstart durchgeführt. Springen alle elekronischen Systeme an und laufen nominal, dann ist der Bau erfolgreich abgeschlossen.

3.3.1 Chassis

Das Grundgerüst ist das tragende Element. Lockere Schrauben können sich durch Rüttelbewegungen während der Fahrt lösen und unvorhergesehene Folgen verursachen. Man muss aber auch nicht gleich alles mit chemischen Spezialklebern arretieren, insbesondere nicht zu Beginn der Bauphase. Schließlich kann es vorkommen, dass man noch etwas verändern oder justieren möchte. Für die Arbeit mit den *MakerBeams* ist ausreichend Platz auf dem Tisch oder Boden empfehlenswert, aber nicht dringend notwendig. Die *MakerBeams* sind aus Aluminium gefertigte Profile, deren Enden etwas scharfkantig sind und hier und da ein paar Kratzer hinterlassen können, während man sein Konstrukt hin- und herdreht. Im Idealfall verwendet man eine Schreibtischunterlage, um darauf die Profile miteinander zu verschrauben. *MakerBeams* werden mit Schrauben an Winkelelemente befestigt bzw. umgekehrt. Die Schrauben sollten zuvor zahlreich in die *MakerBeam*-Profile an einem Ende eingeführt werden. Sie rutschen in den Profilen wie auf Schienen durch, solange man sie nicht festschraubt.

Abb. 3–9 MakerBeams-Grundgerüst, Unterseite und Oberseite

Die linke Abbildung zeigt die Unterseite, die rechte die Ansicht von oben. Sie werden sich fragen, warum die wenigen L-Stücke auf der Oberseite nicht auch auf der Unterseite befestigt wurden. Ich habe das aus dem Grund gemacht, da ich an der entsprechenden Stelle auf der Unterseite später noch Scheinwerfer anbringen möchte.

Abgesehen davon hätte man aus Gründen der Stabilität beide Seiten vollständig mit L- und T-Stücken ausstatten können. Bisher hatte ich jedoch keine Schwierigkeiten mit der Anzahl an verwendeten Befestigungen. Die Schrauben, die lose auf den Seiten integriert wurden, dienen später als Verschraubung für Winkel. Die Winkel werden unter anderem zur Befestigung der Batterie und des Möbelrollers benötigt. Mit den Schrauben müssen wir nicht sparen, da den *MakerBeams* ausreichend beigelegt wurden. Es ist besser, man hat ein paar Schrauben zu viel auf den Profilen, als dass man die Konstruktion aufwendig auseinanderbauen muss, um letztlich eine weitere Schraube in eine Schiene einzuführen.

Für unser Vorgehen sind zunächst die Abmessungen des Chassis wichtig. Wir richten uns nach den Angaben, die wir dazu in den *URDF*-Dateien finden. Unsere *URDF*-Dateien enthalten an vielen Stellen Variablen statt Zahlen. Damit wir alle Zahlen als solche verwenden können, transformieren wir vorab die Makrodateien in eine einzige *URDF*-Datei. Dadurch werden alle Variablen wie folgt in Zahlen umgewandelt:

```
roscd abot_description/urdf
xacro --inorder abot.xacro > abot.urdf
vi abot.urdf
```

Die so erstellte *URDF*-Datei enthält unter anderem die Abmessungen für das Chassis und die Position beider Räder. Diese *URDF*-Datei werden wir während der gesamten Bauphase bezüglich der Objektpositionen immer wieder konsultieren. Nach dem Bau kann die Datei gelöscht werden. Wahlweise kann man sich mit dem folgenden Befehl auch optisch einen Überblick über die Objektpositionen verschaffen:

```
roslaunch abot_description abot_description.launch
```

In der transformierten *URDF*-Datei ist im Abschnitt Chassis ein *box*-Element mit den Größenangaben zu finden.

```
<box size="0.33 0.23 0.1" />
```

Die Werte des *size*-Attributs beschreiben die Größe des Chassis in *x*-, *y*- und *z*-Richtung. Das Chassis hat eine Länge von 33 cm, eine Breite von 23 cm und eine Höhe von 10 cm. Die 33 cm Länge können wir einfach nachbauen. Es gibt mehrere Profile mit einer Länge von 30 cm. Ein Aluminiumprofil hat eine Breite von 1,5 cm. Setzt man die Profile so zusammen, wie es in Abbildung 3–9 gezeigt wurde, dann erhalten wir die gewünschten 33 cm Länge.

Abb. 3–10 Makerbeams – Montagebeispiel

Die Breite beträgt nun ebenfalls 33 cm. Dies ist ein Sonderwunsch von mir gewesen, den Sie so übernehmen können, oder Sie entfernen die äußeren Streben aus der Abbildung und sägen die 30 cm-Profile vorne und hinten so zurecht, dass nichts über die 23 cm hinaussteht. Alternativ können zwei 20-cm-Profile vorne und hinten eingesetzt und befestigt werden. Dadurch erspart man sich das Sägen.

Die beiden inneren Streben werden so gesetzt, dass sie ingesamt 23 cm voneinander getrennt sind. Hierfür verwendet man zwei Profile à 20 cm und kombiniert sie mit zwei weiteren 30-cm-Profilen. Das Ergebnis aus den 20-cm-Profilen und der Gesamtstärke der beiden 30-cm-Profile ergibt 23 cm. Links und rechts sind nun Radkästen mit jeweils 3,5 cm Breite. Damit auf beiden Seiten exakt 3,5 cm breite Abstände bestehen, lockert man die L-Stücke, die mit den vorderen und hinteren Profilen befestigt sind, und zentriert mit einem Lineal oder anderen Hilfsmitteln die Profile. Sobald links und rechts gleichmäßig 3,5 cm Luft zwischen den Profilen ist, schraubt man die L-Stücke wieder fest.

3.3.2 Antriebssystem

Als Nächstes wird das Antriebssystem befestigt. Die Montage der Räder an die Befestigungsbügel ist denkbar einfach. Die Position der beiden Räder kann man ebenfalls in der *URDF*-Datei ablesen. Sollte es konstruktionsbedingt schwierig werden, die exakte Position der Räder am Roboter nachzustellen, dann muss das nicht auf Biegen und Brechen exakt dort hin. Passen Sie stattdessen die *URDF*-Datei an, testen Sie bei Abweichungen, die mehr als 5 cm betragen, ein paar Runden im Simulator und schrauben Sie dann die Räder dort fest, wo sie jetzt sind. Fährt der Roboter im Simulator ohne umzukippen, kann die neue Position verwendet werden. Die *URDF*-Datei gibt Folgendes für das rechte und das linke Rad vor:

```
<origin rpy="0 0 0" xyz="0.0375 0.13 -0.05" />
<origin rpy="0 0 0" xyz="0.0375 -0.13 -0.05" />
```

Für das richtige Verständnis dieser Positionsangaben müssen wir die Perspektive aus der Sicht des Chassis einnehmen. Dessen Ursprung ist der Bezugspunkt aus dem die Räder exponiert werden. Zum einen für das linke und zum anderen für das rechte Rad. Die erste Zeile ist das linke Rad und bedeutet, dass das Rad 3,75 cm in x-Richtung geschoben wird, also nach vorne. Danach wird eine Verschiebung um 13 cm nach links, also in y-Richtung vorgenommen. Zuletzt erfolgt eine Absenkung um 5 cm nach unten, und zwar entlang der z-Achse. Diese Angaben sind relativ, wie wir aus dem Kapitel über *URDF* erfahren haben. Der Bezugspunkt bzw. Ursprung muss zuerst ermittelt werden, bevor man sagen kann, wo das nächste Objekt enstehen wird.

Der Ursprung des Chassis befindet sich bei der Hälfte seiner dimensionalen Größen. Bei einer Chassis-Länge von 33 cm ist die Hälfte 16,5 cm. Addiert man die

Verschiebung für das Rad in x-Richtung, erhält man in der Summe 20,25 cm. Diesen Wert kann man nun mit einem Lineal von der Hinterkante des Chassis nach vorne messen und den Punkt markieren, wo später die Radachse in *y*-Richtung herausstechen wird.

Dasselbe Verfahren wendet man auch für die *y*- und *z*-Achsen an. Bei der *y*-Achse sticht das Rad nach rechts und links um 13 cm aus dem Mittelpunkt des Chassis heraus. Der Mittelpunkt der vorgegebenen Chassis-Breite von 23 cm beträgt 11,5 cm. In der Summe ergibt das eine Distanz von 24,5 cm, gemessen von der rechten oder linken Profilkante. Der Radmittelpunkt sollte also 1,5 cm über den linken oder rechten Profilrand hinausragen. Die Querstreben habe ich so weit zusammengeschoben, dass die blauen Befestigungswinkel wie eine Brücke an diese angeschraubt werden können.

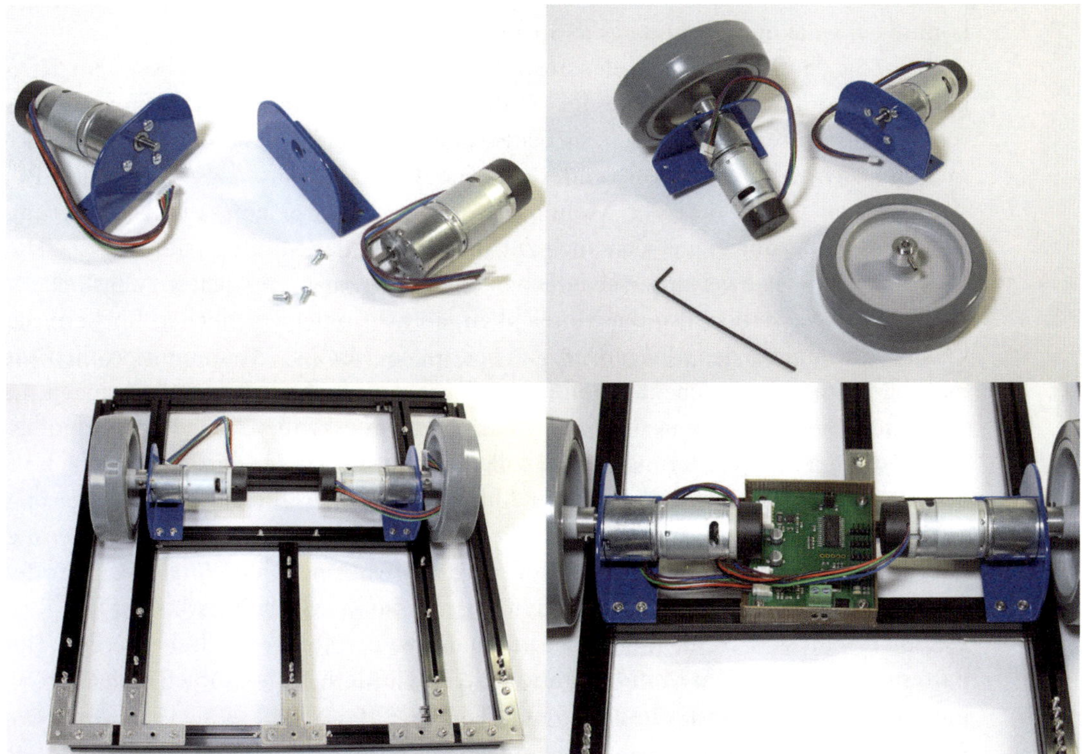

Abb. 3–11 Antriebssystem – Montage

Die Motoren haben ziemlich kurze Steuerungskabel. Der Motortreiber sollte deshalb unmittelbar in der Nähe der Motoren befestigt werden. Für den Motortreiber habe ich eine Halterung entworfen und mit einem 3D-Drucker ausgedruckt. Eine druckbare Datei mit der Bezeichnung »*MD25.stl*« befindet sich im Verzeichnis *abot_description/cad* des Roboters. Die Löcher für die Verschraubungen wurden nachträglich mit einer Bohrmaschine ergänzt, ebenso die Löcher für die Stromzufuhr. Die Stromanschlüsse des Motortreibers sind einfache Klemmanschlüsse. Bei der Ausrichtung des Motortreibers kann man etwas Kabel sparen, wenn man die Stromanschlüsse gleich in die Richtung dreht, in der später die Batterie befestigt werden soll.

3.3.3 Mini-PC

Einen Computer an einem Roboter-Chassis zu befestigen, war bis dato keine leichte Aufgabe. Bei den Erschütterungen, die während des Betriebs auftreten können, setzen mechanische Festplatten gerne mal aus und folglich auch der gesamte Roboter. Dank fortschrittlichlicher Festplatten ohne mechanische Komponenten können wir den Roboter heutzutage beruhigt auch über Schotterstraßen fahren lassen. Viel eher könnte ein wackliger Kontakt zum Stromausfall am PC sorgen.

Bevor Sie den Mini-PC anbauen, installieren Sie das passende Betriebssystem, ROS und die benötigten ROS-Pakete. Im Idealfall kann der Computer dann am Roboter verbleiben, während Sie Wartungsarbeiten über eine Fernverbindung an einem stationären PC vornehmen. Ich verwende dazu eine WLAN-Verbindung zum Roboter-PC.

Dem *Intel NUCs* liegt zur Montage an einem Monitor eine *VESA*[9]-Halterung bei. Diese Halterung eignet sich auch zur Befestigung des Mini-PCs am Chassis. Die Halterung ist mit zwei unterschiedlichen Lochmustern à vier Befestigungslöchern ausgestattet. Sie haben also die Möglichkeit, an acht unterschiedlichen Löchern die *VESA*-Halterung an den *MakerBeams* zu befestigen. Mit zwei Aluminiumprofilen hat man bereits eine ausreichend stabile Grundlage, um die Halterung anzubringen. In Abbildung 3–12 kann man die beiden Längsstreben erkennen, die als Befestigungsbasis für die *VESA*-Halterung dienen sollen. Durch Lösen der mittleren Strebe können Sie den Abstand zwischen beiden Aluminiumprofilen für die *VESA*-Halterung passend einstellen und anschließend wieder festmachen. Bevor Sie die Halterung anbringen, testen Sie in einer Trockenübung das Anbringen des *Intel NUC* an der Halterung. Dabei sollten die wichtigsten Anschlüsse leicht zugänglich sein. Das *Kensington*[10]-Schloss wird nicht benötigt und kann zu den Rädern gedreht werden. Die Batterie wird neben dem Mini-PC stationiert. Es würde sich also anbieten, den Stromanschluss auf die Batterie auszurichten.

---

9. *VESA – Video Electronics Standards Association* ist eine Norm, die drei Standards beschreibt, um typische Anzeigegeräte an einer Monitorhalterung zu befestigen. Zu den Standards zählen *VESA MIS-D*, *VESA MIS-E* und *VESA MIS-F*. Jeder dieser drei Standards beschreibt ein eigenes Lochmuster sowie die maximale Traglast und kompatible Bildschirmdiagonalen.
10. Ein *Kensington*-Schloss dient der Diebstahlsicherung von Computerhardware. Mit einem Stahlseil wird die Hardware an einem Gegenstand befestigt. Als Gegenstand eignen sich Wände, schwere Tische usw.

Auf der Unterseite des *Intel NUC* schrauben Sie die beigelegten großen M3-Schrauben ein, die Köpfe der M3-Schrauben werden danach etwas abstehen. Nun kann der *NUC* bzw. die beiden abstehenden Schraubköpfe in die beiden *VESA*-Haltelöcher eingeführt werden. Zum Sichern zieht man den Computer an den Haltelöchern entlang.

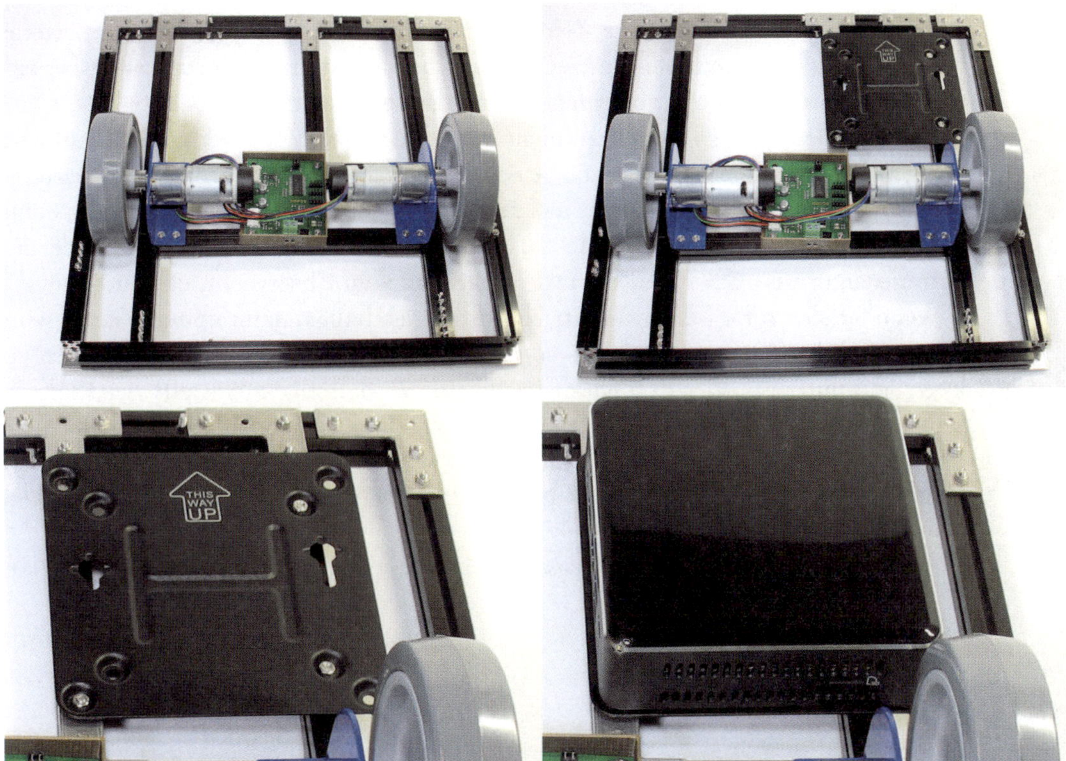

Abb. 3–12 Intel NUC, mit VESA-Halterung an Chassis montiert.

3.3.4 Batterie

Die Batterie gehört mitunter zu den gewichtigsten Bauteilen eines Roboters. An der falschen Stelle montiert könnte der Roboter während einer Kurvenfahrt kippen. Der optimale Standort für die Batterie ist der Schwerpunkt des Dreiecks, das sich aus den beiden Rädern und dem Möbelroller ergibt. In diesem Projekt wird die Batterie neben dem *Intel NUC* verbaut. Beide Elemente sind etwa gleich schwer. Sobald eine Seite schwerer ist als die andere, könnte es ein statisches Problem geben. Eine einfache Lösung besteht dann darin, einen zweiten Möbelroller ins Spiel zu bringen. Sie verbauen an den hinteren Ecken jeweils einen Roller. Mit einem weiteren Möbelroller gewinnt man somit eine statisch sehr solide Basis. Bei meinen bisherigen Navigationsfahrten mit nur einem Möbelroller am hinteren Ende des Chassis gab es allerdings keinerlei Schwankungen.

Bei der Montage einer Batterie ist es wichtig zu wissen, ob sie lageunabhängig ist. Das bedeutet, ob die Batterie auf der Seite oder gar auf dem Kopf liegen darf. Viele Batterien dürfen nur in aufrechter Lage verwendet werden. Bei unsachgemäßem Aufbau können Batterien Säure verlieren und im schlimmsten Fall in Brand geraten.

Wenn der Roboter eine lange Zeit nicht betrieben wird, ist es ratsam die Batterie vom Chassis zu demontieren und sicher aufzubewahren. Als Aufbewahrungsort eignen sich Brandschutzkoffer oder feuerfeste Tresore.

Ich verbaue Batterien prinzipiell nicht fest am Chassis. Eine Klemmvorrichtung ist völlig ausreichend. Man baut dazu aus den Makerbeams einen Bügel, um die Batterie darin zu lagern. Wenn die Batterie auf dem Bügel dennoch auf eine Seite kippt, dann kann ein einfaches T- oder L-Stück als Bande eingesetzt werden. So lässt sich die Batterie zügig auswechseln oder für die Lagerung vom Chassis entnehmen.

Wenn Sie sich für die *Vision*-Batterie entschieden haben, dann können Sie diese in allen Lagen betreiben. Dann ist es sogar möglich, die Batterie auf zwei Streben zu legen und mit zwei oder drei Klettverschlüssen zu befestigen. Anstelle der Klettverschlüsse kann auch Packband oder Tesaband für ausreichenden Halt sorgen. Allerdings sollte diese Wahl erst zuletzt in Betracht gezogen werden. Schließlich entstehen beim Entfernen der Bänder meist Müll und klebende Flächen, die man schwer wegbekommt.

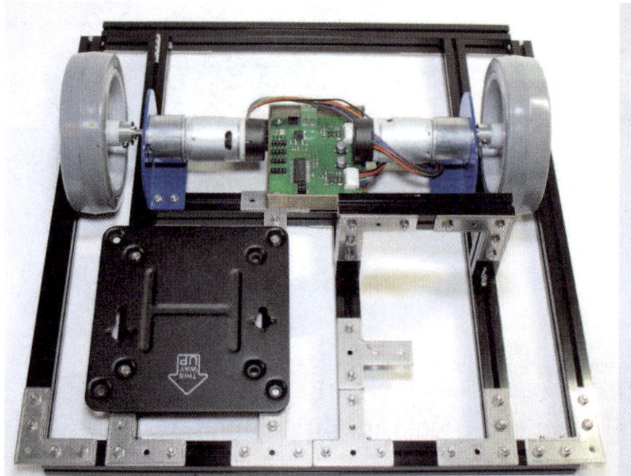

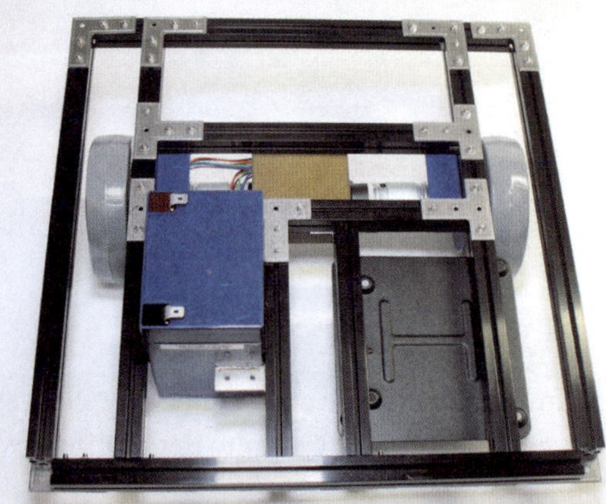

Abb. 3-13 Batteriehalterung aus Makerbeams und einem T-Stück

3.3.5 Batterieladegerät

An dieser Stelle bietet es sich an, die Batterie mit dem *picoUPS* zu verkabeln und anschließend zu laden. Zur Befestigung am Chassis befindet sich eine druckbare Datei mit der Bezeichnung »*PicoUPS.stl*« im Verzeichnis *abot_description/cad* des Roboters. Die Befestigungslöcher für Schrauben werden nachträglich gebohrt. Suchen Sie am Chassis einen geeigneten Ort für das Bauteil und verwenden Sie mindestens zwei Schrauben. Mehr ist nicht nötig, da das Gewicht von 30 g keine besondere Belastung darstellt. Wichtig ist, dass die Kabel einfach herausgeführt werden können, ohne dass man diese knicken muss. In der nächsten Abbildung sehen Sie ein Beispiel, wie das »*Kraftwerk*« eines Roboters aufgebaut sein kann.

Das Ladekabel mit der Klinkenbuchse sollte im Idealfall am Chassis gut befestigt und leicht erreichbar sein. Die Batterie lässt sich bei sachgemäßer Verwendung an dieser Buchse mindestens 2500-mal aufladen.

Abb. 3–14 12-V-Stromversorgung des Antriebssystems und Mini-PCs

3.3.6 Stromversorgung

Nach vielen Bastelstunden ist es nun an der Zeit, erste Ergebnisse zu sehen. Die elektronischen Komponenten, die bisher verbaut wurden, bilden die Grundlage für einen Stromversorgungstest. Die Batterie wird mit der *USV* – Unterbrechnungsfreie Stromversorgung – verbunden. Von der *USV* geht es zum einen über den 12-V-*Booster* zu den Verbrauchern und zum anderen über eine Niedervoltbuchse an die Steckdose. Als Verbraucher haben wir zunächst das Antriebssystem und einen *Intel NUC*. In den Dokumenten des *Intel NUCs* ist beschrieben, dass man eine 12-V-Stromquelle auf das Mainboard löten kann. Diese Lösung war mir zu invasiv, sodass ich einfach den 12-V-Hohlsteckeranschluss auf der Rückseite des *NUCs* zur Stromversorgung verwendet habe.

Die Batterie wird zuletzt angeschlossen. Bis dahin entwirft man ein Konzept für die Verkabelung und Verteilung des Stroms. Als Verteiler habe ich beispielsweise einen Riegel aus Lüster- bzw. Schraubklemmen verwendet. Moderne Federkraftklemmen sind etwas teurer aber zerquetschen die Kabel nicht im Gegensatz zu den Schraubklemmen. Offene Isolierungen sollten unbedingt vermieden, oder mit Schrumpfschlauch bzw Isolierband abgedichtet werden. Bedenken Sie während der Verkabelung, dass sich Staub auf und unter dem Roboter ansammeln wird. Dieser kann Strom leiten oder Kurzschlüsse verursachen.

Ferner benötigen Sie für den 12-V-Hohlsteckeranschluss auf der Rückseite des *Intel NUC* einen männlichen Niedervoltsteckverbinder mit einem Außendurchmesser von 5,5 mm und einem Innendurchmesser von 2,5 mm. Ich suche oft meine Sammlung an alten Netzteilen durch, bevor ich etwas bestelle. Wenn ein passender Stecker dabei ist und das Netzteil keine Verwendung mehr hat, säge ich den Stecker ab und klemme es an die Stromversorgung des Roboters. Für dieses Projekt habe ich einen Steckadapter eines Universalnetzteils verwendet. Wenn Sie keine Lösung vorrätig haben und einen Stecker bestellen möchten, dann suchen Sie mit dem Begriff »*Stromversorgungsstecker 5,5 mm 2,5 mm*«. Danach finden sich Lösungen mit verlängertem Kabel, mit Schraubklemmen oder Stecker ohne allem.

Lesen Sie stets die Packungsbeilage oder fragen Sie den Hersteller, wie deren elektrische Komponenten aufgebaut und angeschlossen werden. Der *Booster* kann mit einem Schlitzschraubenzieher auf die gewünschte Ausgangsspannung eingestellt werden. Hierbei sollte ein Multimeter zum Einsatz kommen, um die aktuelle Spannung abzulesen.

Ziehen Sie eine Schutzbrille auf. Sind alle Kabel verlegt und die Verbraucher angeschlossen, können Sie nun die Batterie anschließen. Zuerst schließen Sie das rote Pluskabel an und danach das schwarze Minuskabel. Bei einer so kleinen Batterie ist die Reihenfolge nicht so relevant, aber man gewöhnt sich gleich die richtige Vorgehensweise an, wenn man beispielsweise irgendwann mal ganz große Roboter mit ganz großen Batterien baut. Ein sehr kleiner Funkenschlag darf vorkommen, schließlich sind die Verbraucher bereits angeschlossen. Wenn Sie Rauch sehen oder geschmolzenes Plastik riechen, ziehen Sie das Minuskabel sofort ab. Wer ungern mit den Kabelanschlüssen hantiert, setzt einfach eine Kippschaltung ein. Die folgende Checkliste hilft dabei, zu überprüfen, ob der Test erfolgreich war.

- Die rote LED am Booster leuchtet auf – das ist schon mal ein gutes Zeichen.
- Die rote LED des Antriebssystemcontrollers leuchtet auf der Unterseite des Roboters. Dies ist ein Indiz dafür, dass das Antriebssystem korrekt verkabelt ist.
- Betätigen Sie nun den Einschaltknopf Ihres *Intel NUC*. Auf der Frontblende sollten blaue LEDs aufleuchten, wenn Sie diese Funktion im *BIOS* nicht abgeschalten haben. Abhängig von Ihrer *NUC*-Bauhreihe kann es auch lediglich eine Status-LED sein, die aufleuchtet.
- Beobachten Sie den Roboter ungefähr eine Minute. Der Computer und das Antriebssystem sollten nicht abschalten bzw. die LEDs erlischen.

3.3.7 Möbelroller

Das dritte Rad gehört an das hintere Ende des Chassis und soll die beiden Antriebsräder stützen. Für die Montage des Möbelrollers gibt es wenig zu beachten. Er sollte sich in der Mitte der hintersten Querstrebe befinden. Die Berührung des Bodens mit den Antriebsrädern sollte auf gleicher Höhe erfolgen. Eine Wasserwaage kann bei der Höheneinstellung des Rollers hilfreich sein. Ich habe mehrere Unterlegscheiben eingesetzt, bis ich eine ausgeglichene Lage des Chassis erreichen konnte.

Die *URDF*-Datei enthält einen Abschnitt, der dieses Bauteil näher beschreibt. In erster Linie ist die Position für uns interessant. Betrachtet man die transformierte *URDF*-Datei, findet man folgendes *origin*-Element im *joint*-Element mit dem *name*-Attributwert »caster_wheel_joint«:

```
<origin rpy="0 0 0" xyz="-0.165 0 -0.08" />
```

Der Möbelroller befindet sich demnach in einer Entfernung von 16,5 cm in x-Richtung auf der negativen Achse, also nach hinten versetzt. Hinzu kommt eine Verschiebung um 8 cm auf der negativen z-Achse, also in die Tiefe versenkt. In der Abbildung ist der Möbelroller zur Veranschaulichung etwas verdreht und erscheint deshalb nicht korrekt positioniert. Spätestens während der Fahrt dreht sich der Möbelroller in die korrekte Position.

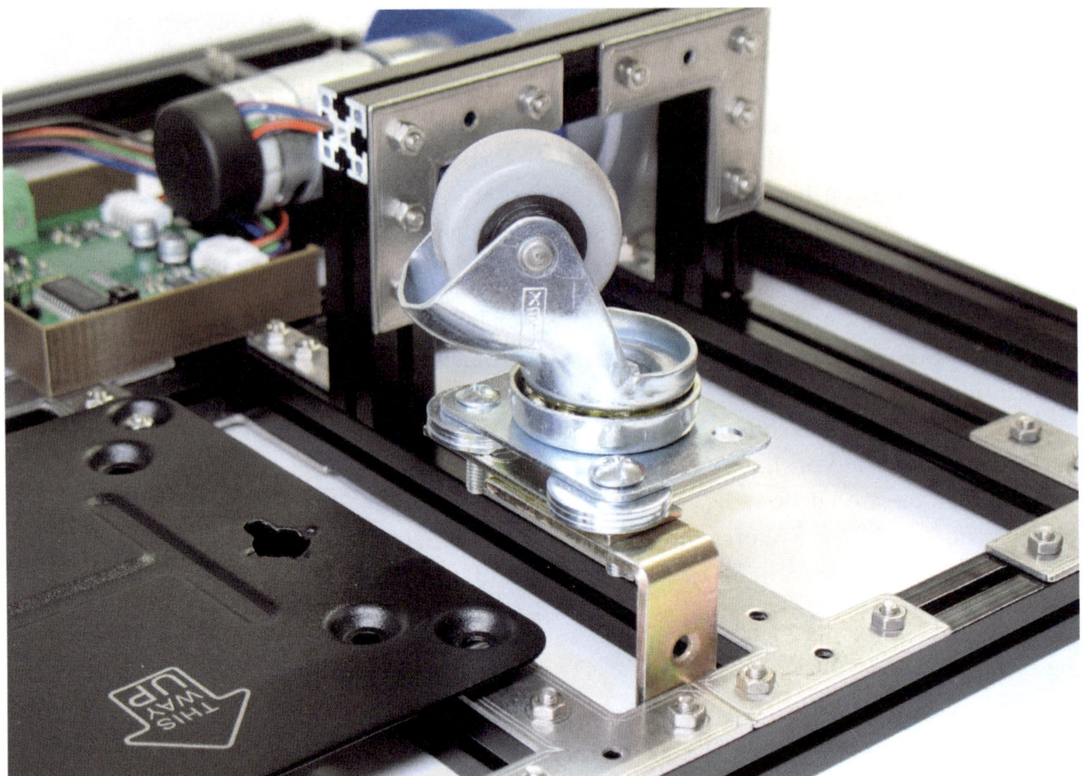

Abb. 3–15 Möbelroller, befestigt mit Unterlegscheiben und Winkelhalterung.

3.3.8 Laserscanner

Zur Auswahl standen die Modelle *RPLIDAR A1* und *A2* von *Slamtech* auf der Einkaufsliste. Bei beiden Modellen sind auf der Unterseite mindestens vier Schraubgewinde zum Befestigen an einer Vorrichtung vorhanden. In den folgenden Abschnitten wird das Modell *A2* an der Vorderseite unseres Chassis auf die Aluminiumprofile montiert. Zur Befestigung habe ich jeweils zwei Winkel- und Flachverbinder aus dem Baumarkt eingesetzt. Die Flachverbinder sind mit dem Laserscanner fest verschraubt. An die Flachverbinder selbst werden anschließend zwei Aluminiumprofile mit einer Länge von je 5 cm hochkant angebracht. Die Winkelverbinder können stufenlos an den *MakerBeams* eingestellt werden, bevor man diese arretiert. Der so konstruierte Bügel inklusive Laserscanner wird schließlich am Chassis befestigt.

Bevor man beginnt, sollte die Position des Laserscanners bekannt sein. Auch hierbei bezieht man sich wieder auf die transformierte *URDF*-Datei.

```
<origin rpy="0 0 0" xyz="0.195 0 0" />
```

Der Laserscanner erfährt lediglich eine Verschiebung um 19,5 cm in *x*-Richtung. Auch wenn hier kein Wert für die *z*-Achse angegeben ist, befindet er sich relativ zum Boden betrachtet in einer bestimmten Höhe. Den tatsächlichen Abstand erhält man über Umwege. Der Laserscanner ist ein Unterelement des Chassis. Liest man die Position des Chassis, so kann man auch den Ursprungspunkt des Laserscanners damit gleichsetzen. Angenommen, das Chassis ist 10 cm auf der *z*-Achse nach oben verschoben und der Laserscanner erhält eine Ausdehnung von 3 cm auf derselben Achse, dann ist zwischen Boden und der Unterkante des Laserscanners ein Abstand von 8,5 cm. In diesem Zusammenhang ist es sinnvoll, die visuelle Darstellung des Roboters zu betrachten. Der folgende Befehl startet *RViz* und lädt den Roboter als 3D-Modell:

```
roslaunch abot_description abot_description.launch
```

Über die optimale Höhe eines Laserscanners lässt sich bekannterweise streiten. Ich habe meinen Laserscanner sehr tief, also knapp über dem Boden aufgehängt. Dadurch vermeide ich im Navigationsmodus Kollisionen mit sehr niedrigen Gegenständen. Andererseits kann es passieren, dass eine einfache Türschwelle als unüberwindbares Hindernis eingestuft und vermieden wird.

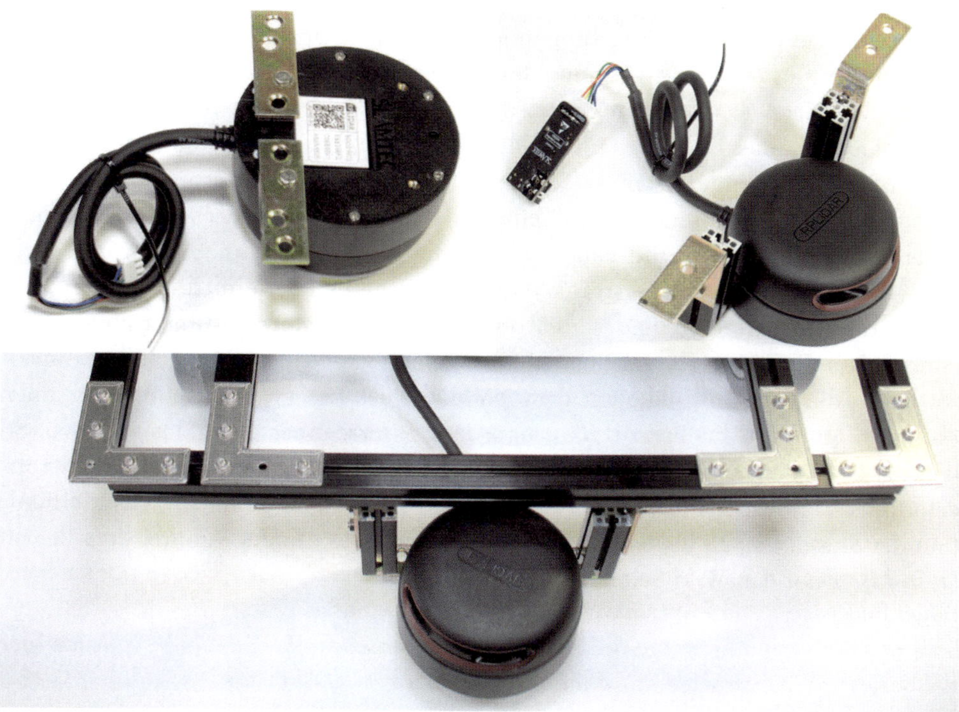

Abb. 3–16 Laserscanner, montiert mit Befestigungsbügel am Chassis.

Ein weiterer Aspekt, der bei der Montage des Laserscanners eine wichtige Rolle spielt, ist der Winkel, den der Laserstrahl abtasten kann. Bei den *RPLIDAR* von *Slamtech* handelt es sich um freilaufende Drehobjekte, also tasten diese Laserscanner einen Winkel von 360° Grad ab. Damit wir diesen Winkel vollständig ausschöpfen können, sollte ein Laserscanner idealerweise dort platziert sein, wo sich ringsum keine anderen Bauteile des Roboters befinden. Dieser Ort ist meist auf dem »*Dach*« des Roboters. Aus Sicherheitsgründen werden wir den Laserscanner nicht auf diesem höchsten Punkt platzieren: Lebewesen in Bodennähe werden im ungünstigsten Fall »*übersehen*«. Für einen Roboter, der in einer Lagerhalle eingesetzt wird, gelten natürlich andere Überlegungen. Die optimale Höhe eines Laserscanners macht man dementsprechend abhängig vom Einsatzzweck des Roboters.

In einer Wohnung können selbst ein Paar Schuhe ein unüberwindbares Hindernis darstellen. Nimmt man solche Gegenstände als Referenz für die Höhenlage eines Laserscanners, dann sollte ein Laserstrahl bei einer Austrittshöhe von 10 cm alle kalkulierten Hindernisse erfassen. Betrachtet man nun unseren Roboter, dann sind bei 10 cm Höhe noch jede Menge andere Roboterteile ringsum verbaut. Die Sicht ist somit für eine 360°-Erfassung nicht frei. Das ist erfreulicherweise kein Problem. Der Laserscanner wird in Fahrtrichtung vorne befestigt. Wenn wir den Laserscanner so anbringen, dass er zumindest einen Halbkreis erfassen kann, dann ist das für die Navigation schon mehr als ausreichend. Das Navigationspaket von ROS erwartet nicht zwingend eine 360°-Abtastung in jeder Sekunde. Optional initiiert der Navigationsalgorithmus eine 360°-Drehung des gesamten Roboters, um Unsicherheiten bei der Planung des Wegs auszuräumen.

Die Laserscannermodelle *A1* und *A2* von *Slamtech* arbeiten ab einer Distanz von 15 cm. Ein Hindernis muss somit mindestens 15 cm entfernt sein, damit es als solches wahrgenommen wird. Wenn wir diese Angaben validieren, dann sollte unser Laserscanner während einer Umdrehung alle Bauteile, die 15 cm und mehr vom Austrittspunkt des Laserstrahls entfernt liegen, als Hindernisse markieren. Der Möbelroller am hinteren Ende des Roboters ist somit ganz bestimmt eines dieser Hindernisse. Eine einfache Lösung, die ich früher angewendet habe: eine Art »*Scheuklappen*«, die man sehr nahe vor dem Halbkreis des Laserscanners, der nach innen »*schaut*«, anbringt. Im Prinzip hält man dem Laserscanner das halbe Auge zu. So kann er nur nach vorne »*blicken*«. Für die »*Scheuklappen*« genügt ein aus Pappe gefertigter Halbkreis. Irgendwann habe ich ein ROS-Paket gefunden, das die Funktion der *Scheuklappen* als Software implementiert. Man findet es unter dem Begriff *laser_filters* auf den Wiki-Seiten von ROS.

Die Signal- und Stromkabel des Laserscanners sind an einem mitgelieferten Controllerboard zusammengeführt. Auf dem Controllerboard befindet sich eine Mikro-USB-Buchse für den Anschluss am Roboter-PC. Man benötigt also ein entsprechendes USB-Verbindungskabel. Das USB-Kabel kann später an einen USB-Hub oder direkt am Roboter-PC angeschlossen werden. Die nötigen Treiber und Programme werden mit den Installationsbefehlen aus Abschnitt 1.1 geliefert.

3.3.9 Teensy 3.2

Das *Teensy*-Board dient uns in erster Linie zur Steuerung des Antriebssystems. Die beiden Antriebsräder sind am *MD25*-Board angeschlossen. Die Firmware des *MD25*-Boards erwartet einen numerischen Wert, um die Räder in der gewünschten Geschwindigkeit vorwärts oder rückwärts zu drehen. Abhängig vom Operationsmodus des *MD25*-Boards dürfen die Werte in einem Zahlenbereich zwischen 0 und 255 oder –128 bis 127 liegen. ROS sendet zum Navigieren *Twist*-Nachrichten an ein *Topic* mit der Bezeichnung »*cmd_vel*«. Die Werte, die dort ankommen, sind für das Antriebssystem vorgesehen. Diese Werte müssen aus der ursprünglichen *Twist*-Nachrichtendefinition in den Zahlenbereich, den das Antriebssystem versteht, konvertiert werden. Diese Aufgabe erfüllt das Programm, welches ich für das *Teensy*-Board geschrieben habe. Sie laden lediglich die aktuelle Version der Software von *https://github.com/calismurat/pirate_teensy_control* auf das *Teensy*-Board und schließen es am Roboter-Computer per *USB* an. Das Antriebssystem wird, wie bereits angekündigt, über *I2C* an das *Teensy*-Board angeschlossen. In der folgenden Abbildung sind drei Komponenten zu sehen. Ein *Teensy*-Board, ein Pegelwandler (engl. *Logic-Level-Converter*) und das *MD25*-Board des Antriebssystems. Das *Teensy*-Board besitzt einen USB-Anschluss für den Empfang der ROS-Daten aus dem Roboter-Rechner. Am *I2C*-Anschluss des *Teensy*-Boards werden Daten mit dem *MD25*-Board ausgetauscht. Das *Teensy*-Board arbeitet mit 3.3 V, während das *MD25*-Board mit 5 V Spannung kommuniziert. Um Problemen wegen zu hoher oder zu geringer Spannung vorzubeugen, ist ein Pegelwandler integriert. Er sorgt dafür, dass jede Komponente in seinem gewohnten Spannungsbereich kommuniziert – nicht mehr und nicht weniger.

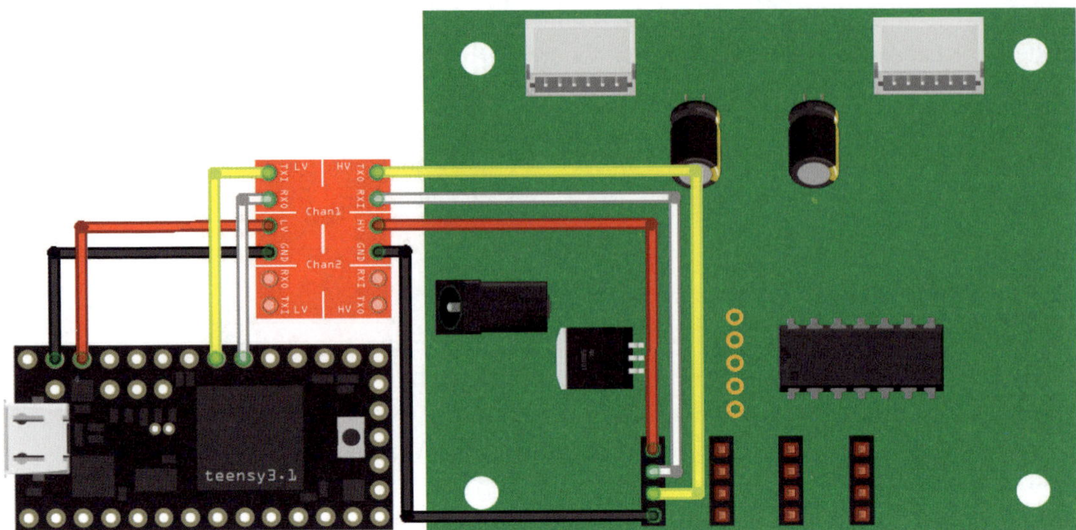

Abb. 3–17 *I2C*-Verbindung zwischen *Teensy32* und *MD25*

Die Herausforderung in diesem Kapitel liegt darin, ein Programm auf das *Teensy*-Board zu laden. Mit der Zeit ändern sich eben die Werkzeuge, mit denen man Mikrocontroller belädt. »*State oft the Art*« ist die *Arduino*-IDE, das Werkzeug, um *Arduinos* oder *Arduino*-kompatible Geräte mit Programmen zu beladen. Früher hat man mit *AVR-Studio* und *PonyProg* Programme auf Mikrocontroller transferiert. Aktuell übertrage ich Programme mit *Atom* auf ein *Arduino*-Board. Mit *Eclipse* ist es inzwischen sehr schwierig geworden, Programme auf ein *Teensy* zu bekommen. In diesem Buch verwenden wir die Programmierumgebung *Atom* auf dem Entwicklungsrechner. Ein wichtiger Grund, der für *Atom* spricht, ist der verhältnismäßig geringe Aufwand, der für die Einrichtung der Programmierumgebung nötig ist. *Atom* läuft auf *Linux*, *Mac* und *Windows*. Zusammenfassend folgen die Schritte, die in einer *Atom*-Entwicklungsumgebung für *Arduinos* auf dem Entwicklungsrechner und einem programmierten *Teensy32* am Roboter-PC resultieren:

- *Teensyduino*-AddOn für Arduino installieren
- *Atom*-Editor installieren
- *PlatformIO-IDE* in *Atom* installieren
- Programm für *Teensy* von *Github* herunterladen
- Die Bibliothek *ros_lib erstellen und einbinden*
- *Teensy* anschließen
- *Teensy* programmieren

Ein *Teensy* ist ein *Arduino*-kompatibles Gerät. Für dieses *Teensy*-Board gibt es eigene Softwarebibliotheken, die vom Programm *Teensyduino* bereitgestellt werden. Folgen Sie den Anweisungen auf *https://www.pjrc.com/teensy/td_download.html* für die entsprechende Zielplattform.

Atom ist im Grunde ein simpler Texteditor. Darüber hinaus bietet es Erweiterbarkeit in Form von *Plugins* und die Integration von *Github*. Er unterstützt die wichtigsten Programmiersprachen und kann mit professionellen Prüfprogrammen (engl. *Linter*) und Formatierwerkzeugen ausgestattet werden. Wenn Sie die Website *https://atom.io* besuchen, bekommen Sie automatisch eine Downloaddatei für Ihr System angeboten. Nach dem ersten Start von *Atom* deaktivieren Sie alle Willkommensseiten und beenden das Programm.

Starten Sie *Atom* und installieren Sie das *Plugin platformio-ide*. Während der Installation erscheint ein Dialogfenster, das auf eine Abhängigkeit des *Plugins* hinweisen möchte. Da es sich bei Abhängigkeiten um nützliche Zusatzprogramme handelt, installieren Sie dieses ebenfalls gleich mit. Für das Zusatzprogramm, namentlich *clang*, wird die Installation unterbrochen und auf eine externe Webseite verwiesen. Von dort sollen Sie manuell herunterladen und installieren. Auf Linuxsystemen können Sie die Installation von *clang* auf der Konsole abwickeln. Anschließend geht es in der Installationsroutine von *platformio-ide* weiter oder erst nach einem Neustart von *Atom*.

Wenn es nach der Installation von *platformio-ide* zu keinem Neustart geführt hat, starten Sie *Atom* manuell neu. Eine neue Werkzeugleiste von *PlatformIO* sollte nun sichtbar sein, ansonsten ist die Installation nicht vollständig oder fehlerhaft abgeschlossen. Bei Problemen besuchen Sie die Website *https://discuss.atom.io* und geben die angezeigten Fehlermeldungen ein. Wenn keine Fehlermeldungen gezeigt wurden, verwenden Sie die Suche der Diskussionsplattform mit geeigneten Begriffen wie »*platformio fail*«. Nach erfolgreicher Installation sollte in der Hauptmenüleiste von *Atom* zusätzlich das Menü *PlatformIO* vorhanden sein. Falls auch hier eine Startseite aktiviert ist, können Sie diese meist mit einem Häkchen deaktivieren und dann schließen.

Das Programm, das auf unserem *Teensy* landen soll, befindet sich auf *github* unter *https://github.com/calismurat/pirate_teensy_control*. In *Atom* können Repositorien von *github* in wenigen Schritten heruntergeladen und verwendet werden. Öffnen Sie mit der Tastenkombination `Strg` + `Umschalt` + `P` zunächst die Befehlspalette von *Atom*. Anschließend geben Sie den Befehl »*git clone*« über die Tastatur ein und bestätigen die Eingabe mit der *Enter*-Taste. Die Befehlspalette wird nun von einem Dialogfenster mit zwei Eingabefeldern ersetzt. In das erste Eingabefeld kopieren Sie den zuletzt genannten Link. Im zweiten Eingabefeld können Sie selbst bestimmen, in welches Verzeichnis heruntergeladen werden soll. Nach einer kurzen Weile können Sie das Programm mit der Tastenkombination `Strg` + `Alt` + `B` kompilieren. Dieser Vorgang sollte mit einer grün gefärbten Erfolgsmeldung beendet werden. Das

Programm *pirate_teensy_control* ist unter anderem abhängig von der Bibliothek *ros_lib*. Abhängigkeiten können in der Konfigurationsdatei *platformio.ini* definiert werden. Betrachtet man diese Datei, so ist dort eine Abhängigkeit zu *ros_lib Arduino@0.7.7.1* erkennbar. Die Versionsnummer hinter dem @-Symbol legt die Abhängigkeit auf genau die Version fest, die mit der Nummer in Verbindung steht. Wenn irgendwann eine neue ROS-Version erscheint, dann könnten Veränderungen in den Nachrichtendefinitionen dazu führen, dass die verwendete *ros_lib*-Bibliothek nicht mehr mit der neuen Version von ROS kompatibel ist. Wenn wir in einer neueren Version von ROS irgendwann Logmeldungen erhalten, dass die *Hash*-Werte zwischen den *Teensy*-Nachrichten und ROS-Nachrichtenknoten nicht übereinstimmen, dann überprüfen wir die Versionshinweise von *ros_lib*. Gegebenenfalls müssten wir das *Teensy*-Board erneut am Entwicklungsrechner anschließen und eine neue Version der *ros_lib*-Bibliothek herunterladen bzw. integrieren.

Die beschriebene Bibliothek *ros_lib* kann von Ihnen auch eigenhändig generiert werden. ROS stellt dazu die nötigen Werkzeuge bereit. Sinnvoll ist diese Arbeit spätestens dann, wenn Sie eigene ROS-Nachrichtendefinitionen für *Messages*, *Services* oder *Actions* im Mikrocontroller verwenden wollen. Ihre *»privaten«* Nachrichtendefinitionen sind in der öffentlich verfügbaren *ros_lib*-Bibliothek von *PlatformIO* schließlich nie enthalten. Der folgende ROS-Befehl generiert an Ort und Stelle das Verzeichnis *ros_lib*. Danach werden alle *C++-Header*-Dateien der jeweiligen Nachrichtendefinitionen, die auf Ihrem ROS-System gefunden wurden, in das Verzeichnis hineinkopiert:

```
rosrun rosserial_arduino make_libraries.py .
```

Das Zielverzeichnis für *ros_lib* können Sie ändern, indem Sie statt dem Punkt einen anderen Pfad angeben. Wenn *rosserial_arduino* nicht gefunden wurde, können Sie es mit *apt* nachträglich installieren. Das so gewonnene Verzeichnis *ros_lib* können Sie ab sofort als Bibliothek in *PlatformIO* verwenden. Die Anweisung dazu wird ebenfalls in die Datei *platformio.ini* geschrieben. Dabei ist zu beachten, dass die Pfadangabe zum eigens erstellten *ros_lib*-Verzeichnis als absolute Pfadangabe gelistet sein muss. Als Orientierungshilfe ist im Programmpaket von *pirate_teensy_control* in der Konfigurationsdatei *platformio.ini* bereits ein kommentierter Abschnitt zu einer Beispielbibliothek aufgeführt.

Wenn Sie in *Atom* weitere Bibliotheken für das Programm verwenden möchten, dann folgen Sie den Schritten in diesem Abschnitt. Öffnen Sie das Menü »*PlatformIO*« und wählen Sie den Menüpunkt »*PlatformIO Home*«. Nachdem die *Home*-Seite in einem neuen Tab geladen wurde, kann man in dessen Werkzeugleiste die *Libraries* anklicken. *Libraries* stellt alle verfügbaren Bibliotheken in Form einer durchsuchbaren *Registry* bereit. Geben Sie nun einen Suchbegriff in der *Registry* ein. Die Ergebnisse werden unterhalb der Suche eingeblendet. Wählen Sie den Treffer aus, der Ihrer Suche am nähesten kommt. Anschließend erscheint ein Button mit der Beschriftung »*Install*«, der die Installation der gewählten Bibliothek initiiert. Die Installationsdateien werden im Verzeichnis *.piolibdeps* innerhalb des aktuellen Programmverzeichnisses gespeichert.

Als Nächstes schließen wir das *Teensy*-Board am Entwicklungsrechner bzw. dort, wo *Atom* läuft. Anschließend kann der Upload des Programmpakets *pirate_teensy_control* beginnen. Wenn Ihr *Teensy*-Board bereits mit dem Roboter-PC verkabelt ist, dann empfehle ich Ihnen, den *Micro-B*-USB-Anschluss im *Teensy* stecken zu lassen und stattdessen das andere USB-Kabelende vom USB-Hub oder Roboter-PC abzuziehen. Der Grund ist, dass die *Micro-B*-USB-PINs des Teensy-Boards empfindlich reagieren, wenn man den *Micro-B*-USB-Anschluss falsch herum reindrückt. Ist das *Teensy*-Board mit dem Entwicklungsrechner verbunden, sollte *Atom* die Schnittstelle automatisch erkennen. Überprüfen kann man die erkannten Geräte über das Hauptmenü *PlatformIO* und dort unter dem Menüpunkt *List Serial Ports*.

Der Upload des Programmpakets auf das *Teensy*-Board gestaltet sich recht einfach. Mit der Tastenkombination `Strg` + `Alt` + `U` wird die Kompilierung und anschließende Übertragung gestartet. Eine andere Möglichkeit besteht in der Werkzeugleiste von PlatformIO. Dort sind ein Häkchen-Symbol und ein Pfeil-Symbol für diesen Zweck gedacht. Wenn der Upload gestartet wird, dann sollte automatisch auch das Programm *Teensyduino* gestartet werden. *Atom* übergibt sozusagen die Programmierarbeit an *Teensyduino*. *Teensyduino* bootet das *Teensy*-Board nach beendeter Arbeit neu, sodass kurzfristig die serielle Verbindung zum PC unterbrochen wird. Wenn keine Fehler gemeldet wurden, können Sie das *Teensy*-Board vom PC entfernen und am Roboter-PC anschließen und mit den anderen Bauteilen verkabeln.

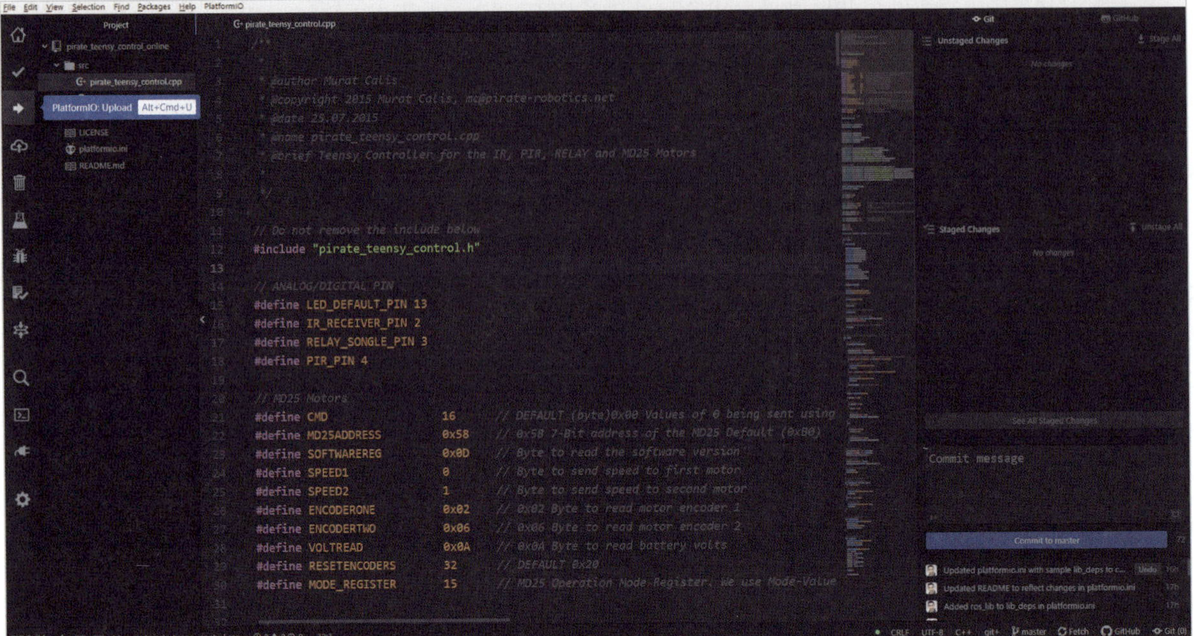

Abb. 3–18 *Atom/PlatformIO* als Entwicklungsumgebung für *Teensy32*

Das beschriebene Programm stellt alle nötigen Parameter und Funktionen für das Antriebssystem bereit. Damit diese Funktionen mit ROS zusammenspielen können, wurde die *ros_lib*-Bibliothek eingebunden. Inspiziert man die Programmdatei »*pirate_teensy_control.cpp*« etwas genauer, sind einige kritische Parameter sowie zusätzliche Funktionen enthalten. Dazu zählen insbesondere der folgende Parameter und sein Variablenname:

- Spurbreite (*wheels_track*)
  Die Variable *wheels_track* bestimmt die Spurbreite für alle Berechnungen, die bei Drehungen des Roboters nach links oder rechts verwendet werden. Eine Drehung kann im Stand und während der Bewegung stattfinden. Ein falscher Wert für die Spurbreite kann zu seltsamen Phänomenen im Navigationsmodus von ROS führen. Die Motoren erhalten falsche Geschwindigkeitswerte wodurch der Roboter vom geplanten Weg abweicht. Das muss dann vom Navigationsprogramm in ROS ständig korrigiert werden. Die Spurbreite wird von der Mitte des einen Radgummiprofils zur Mitte des anderen Radgummiprofils gemessen. Sind die Räder in Ihrer Roboterkonstruktion anders positioniert, dann muss dieser Wert an zwei Stellen angepasst werden. Die erste Stelle haben wir in der aktuellen Programmdatei »*pirate_teensy_control.cpp*« beschrieben. Die zweite Stelle befindet sich in der Programmdatei »*base_controller.py*« im ROS-Paket des Roboters.

Diese Datei publiziert Odometriedaten an das *Topic odom*. Darin erfahren die Navigationsprogramme die ungefähre Position des Roboters in x- und y-Richtung. Der *base_controller* verwendet die Encoderwerte, die aus dem Programm *pirate_teensy_control* publiziert werden. Mit folgendem Befehl können Sie die Datei direkt bearbeiten:

```
rosed abot_navigation base_controller.py
```

Sucht man in dieser Datei nach der Variablen *wheels_track*, findet man nicht nur den Wert für die Spurbreite (engl. *wheel track*), sondern auch Angaben zum Raddurchmesser (engl. *wheel diameter*), sowie der Anzahl an *Encoder*-Ticks, die ein Rad pro Drehung auslöst.

Änderung an Rädern bedeutet Änderung an Dateien

Wenn wir irgendwann andere Raddurchmesser einsetzen oder die Räder an unterschiedlichen Positionen verbauen, müssen die Einstellungen in den betroffenen Dateien ebenfalls angepasst werden. Ändert sich lediglich die Spurbreite, so ist die Datei »*pirate_teensy_control.cpp*« aus dem Teensy-Programm betroffen. Ändert sich der Durchmesser der Räder oder die Anzahl der Ticks pro Umdrehung, dann ist die Datei »*base_controller.py*« im ROS-Paket des Roboters betroffen.

Ein weiterer kritischer Parameter in der Programmdatei »*pirate_teensy_control.cpp*« ist die Geschwindigkeitssperre für die beiden Antriebsmotoren. Aus Sicherheitsgründen habe ich diese irgendwann einprogrammiert. Die Sperre reagiert, sobald ein Wert von ROS empfangen wird, der über den Wert der Konstante *MAX_CMD_VELOCITY* hinausgeht. Beobachtet man das *Topic cmd_vel* während der Roboter navigiert, erkennt man schnell, ob solche Geschwindigkeitsüberschreitungen vorkommen.

Das *Teensy*-Board hat genügend Ressourcen, um noch weitere Geräte in das ROS-Ökosystem einzubinden. So sind neben der Motorsteuerung im Programm folgende Funktionen zusätzlich vorbereitet:

- Infrarot-Empfänger
- Pyroinfrarot-Empfänger
- Relais-Schalter

In der *loop*-Funktion werden alle empfangenen Infrarotsignale zuerst an das *Topic pirate_ir_rx* publiziert. Wer einen Infrarotempfänger zur Hand hat, kann diesen an PIN 2 des *Teensy* anschließen und beim nächsten Start des Roboters die Infrarotcodes in einer Konsole aus dem *Topic pirate_ir_rx* auslesen. Als Beispiel wurden im Programm »*pirate_teensy_control.cpp*« nur zufällig generierte Signalwerte zum Schalten eines Relais verwendet. Sobald Sie die Signalwerte Ihrer eigenen Fernbedienung in ROS auslesen, können Sie die zufällig generierten Werte in der *loop*-Funktion ersetzen. Als Beispiel dient die Verkabelung der Bauteile in der folgenden Abbildung.

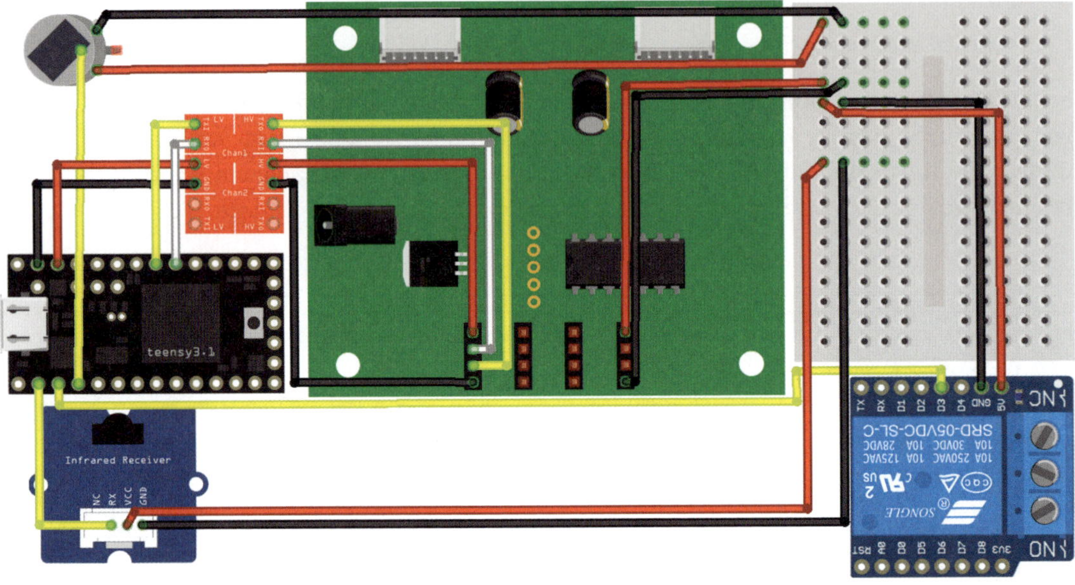

Abb. 3–19 Beispiel für eine Verkabelung zusätzlicher Bauteile am Teensy32

Gratulation! Wenn Sie bis hier alles zusammengebaut, verkabelt und einen Stromtest gemacht haben, ist das Robotermodell A fertig. In Kapitel 5 können Sie nun eine Verbindung mit Ihrem Roboter aufbauen und die Navigation testen.

Eine Kamera ist einer der wichtigsten in der Robotik eingesetzten Sensoren. Haben Sie eine USB-Kamera übrig, dann schließen Sie diese am USB-Hub des Roboters an. Befestigen Sie die Kamera am Chassis mit beliebigen Hilfsmitteln. Achten Sie darauf, dass die Kameralinse geradeaus in Fahrtrichtung ausgerichtet ist.

Wenn Sie darüber hinaus eine bewegliche Kamera auf dem Roboter umsetzen möchten, bleiben Sie dran. Im nächsten Roboterprojekt wird eine motorisierte Kamera auf demselben Basismodell verbaut.

4 Roboter-projekt B

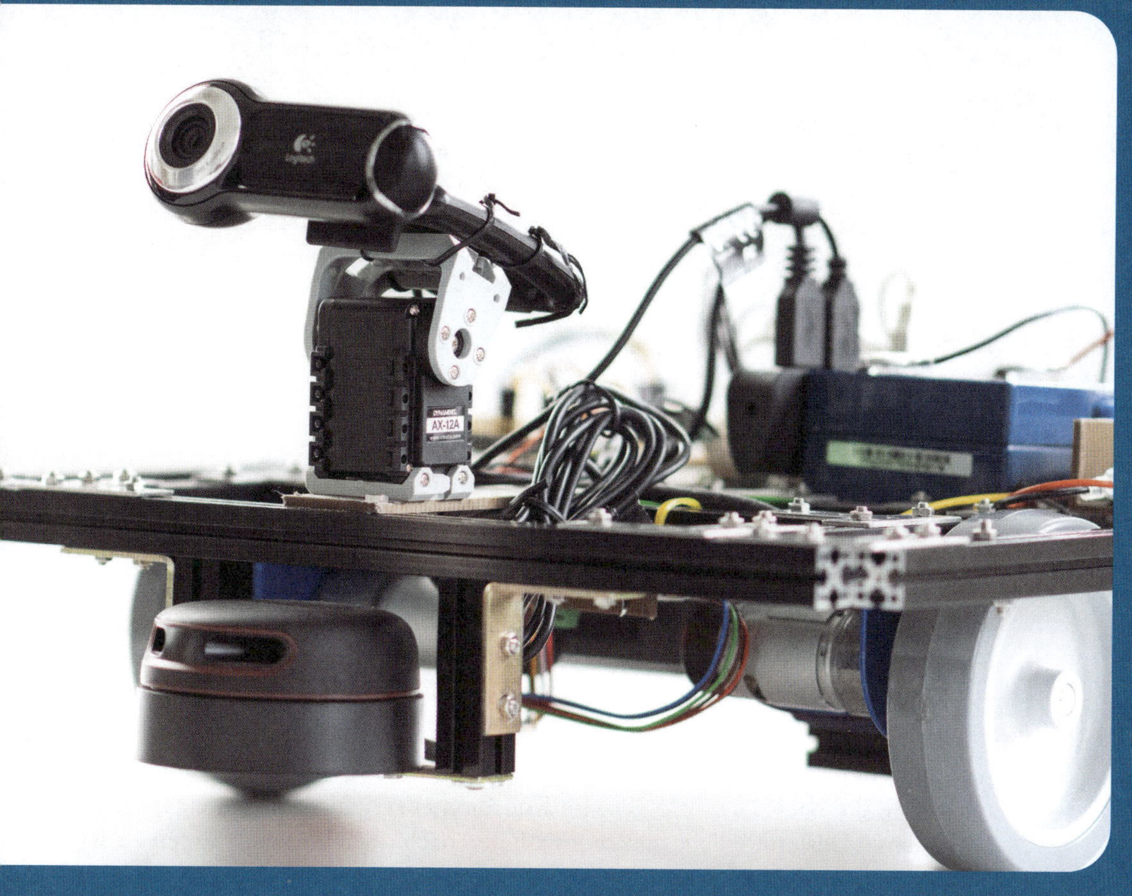

Das Roboterprojekt B basiert auf dem Roboterprojekt A und enthält zusätzlich eine motorisierte USB-Kamera. In diesem Projekt liegt der Schwerpunkt auf dem Thema Servo-Motoren. Mit dem hier gezeigten Motor lassen sich nicht nur Kameras bewegen. Ein beweglicher Arm, der aus mehr als einem Motor besteht, bedeutet in ROS letztlich nur Konfigurationsarbeit, sobald die Gelenke und Motoren miteinander verbunden sind. In diesem Projekt bereiten wir unseren Roboter für die Arbeit mit kinematischen Ketten vor, vergleichbar mit den Gliedmaßen eines Menschen. ROS bietet für umfangreiche kinematische Ketten das Programmpaket *MoveIt!*. Mit *MoveIt!* lassen sich Arme oder Beine mit mehreren Freiheitsgraden steuern.

Abb. 4–1 Roboterprojekt B

4.1 Ziel

Im folgenden Roboterprojekt verwenden wir die Basis von Roboterprojekt A und erweitern diese mit einem Servo-Controllerboard, um damit eine USB-Kamera zu motorisieren. Der Vorteil einer beweglichen Kamera liegt darin, dass erkannte Objekte verfolgt werden können. Da wir lediglich einen Motor verwenden, kann auch nur ein bestimmter Winkel abgefahren werden. Die Drehung soll um die Querachse bzw. die Nickachse erfolgen. Im Koordinatensystem von ROS entspräche das der y-Achse. Das ermöglicht unserem Roboter, nach oben und nach unten zu sehen.

4.2 Plan

Für das Roboterprojekt B benötigen wir zusätzlich zum Roboterprojekt A einen Servo-Controller, einen Servo-Motor und eine FTDI-Schnittstelle. Diese Komponenten werden wir zunächst recherchieren, einkaufen und im letzten Schritt am Roboter anbringen. Das Controllerboard von Arbotix muss mit einer Firmware bespielt werden. Der *Dynamixel*-Motor hat seine aktuellste Firmware bereits geladen und kann am *Arbotix-Controller* mit 3-Pin-*Molex*-Steckverbindern angeschlossen werden. Die Kommunikation zwischen PC und *Arbotix*-Controller verläuft über eine *FTDI*-Schnittstelle. Es ist möglich, den *Arbotix*-Controller via Funkverbindung zu programmieren, was aber eine weitere Komponente voraussetzen und somit die Kosten unnötig in die Höhe treiben würde. Wenn alle Komponenten miteinander verbunden sind, testen die wir mit ROS die Steuerung des Motors aus dem PC heraus. Anschließend kann eine beliebige unterstützte Kamera auf dem Motor angebracht werden – fertig ist die bewegliche Kamera.

4.2.1 Recherche

Bei unserer Recherche gehen wir wie bisher vor. Die Schlüsselwörter für die Suche im Internet bilden die Kapitelüberschriften, wenn nichts anderes in den jeweiligen Kapiteln angegeben wird. Gute Ideengeber sind die ROS-Roboter auf der Webseite *https://robots.ros.org*. Untersuchen Sie dort die Komponenten der Roboter. Oft steckt da schon eine ganze Menge Recherchearbeit oder Erfahrung dahinter. Wichtig ist, dass wir keine Treiber entwickeln möchten und die ROS-Einbindung ebenso gegeben sein sollte.

4.2.1.1 Servo-Controller

Servomotoren findet man in der Robotik meist in Gelenken. Sie müssen präzise sein, um exakte Gelenkstellungen ansteuern zu können. Die Steuerung der Servomotoren verläuft über einen Arduino-kompatiblen Controller, an dem möglichst viele Servomotoren angeschlossen werden können. Der Controller bietet mehrere Schnittstellen zu Motoren und ist vergleichbar mit dem Motortreiber unseres Antriebssystems. Auf der Suche nach einem passenden Controller wird man meist die Dynamixel-Motoren als unterstützes Fabrikat wiederfinden. Tatsächlich sind *Dynamixel*-Motoren quasi Standard in der Robotik, weshalb wir ebenfalls diese Motoren an dem gesuchten Controller betreiben werden. Der Anschluss der kleinen *Dynamixel*-Baureihen X, AX und MX erfolgt über ein Servokabel mit 3-Pin-*Molex*-Steckverbindungen an beiden Enden. Auf diesen Leitungen werden Daten und die Stromversorgung bereitgestellt. Der gesuchte Controller sollten ausreichend Strom zur Verfügung stellen und eine Schnittstelle zum Computer aufweisen.

Auf der Suche nach einem geeigneten Controller wird man auf unterschiedliche Lösungen stoßen. Die eine, der *U2D2*, ist lediglich eine Schnittstelle zwischen Computer und *Dynamixel*-Motoren. Bei dieser Lösung muss eine externe Stromversorgung in den Kreislauf eingeschlossen werden, um die Motoren zu versorgen. Die anderen Lösungen – beispielsweise *Arbotix*-Controller – bieten meist noch zusätzliche Schnittstellen, wie digitale oder analoge Anschlüsse für Sensoren oder LEDs. Eine weitere Lösung ist als Erweiterungsboard für den *Raspberry Pi* sowie als Standalone-Controller konzipiert. Die Mindestvoraussetzungen, die ein Controller mitbringen sollte, sind ausreichend Schnittstellen in Form von Pins und die Unterstützung von ROS.

Wir verwenden für das Projekt einen *Arbotix*-Controller. Außerdem ist der Preis für den *Arbotix*-Controller verglichen mit dem *U2D2* beinahe identisch. Seit einiger Zeit gibt es den Controller in Europa und seit kurzem auch in Deutschland im Online-Handel. Für den Anschluss des *Arbotix*-Controllers an den PC wird obendrein eine *FTDI*[1]-Schnittstelle benötigt. Die Motoren werden wie oben beschrieben per Servokabel mit dem Controller verbunden. Ich verwende meist nur kurze Servokabel mit *Molex*-Steckern und verlängere dann bis kurz vor den Motor mit selbst konfektionierten oder vorgefertigten Kabeln mit *Pre-crimped Terminals*.

Strom kann entweder über die Klinkenbuchse oder über den Klemmanschluss fließen. Es wird eine Spannung von 12 Volt benötigt, wenn man gleichzeitig mehrere Motoren betreiben möchte.

Mit dem *Arbotix*-Controller decken wir alle Dynamixel-Servomotoren ab und haben noch genug Pins für Sensoren oder ähnliches. Besonders einfach gestaltet sich die Integration des Controllers in das ROS-Ökosystem. Wir müssen für den *Arbotix*-Controller keine *Wrapper*[2] schreiben, da eine vollständige Softwarebibliothek für die Verwendung in ROS existiert.

Abb. 4–2
Arbotix-M steuert Dynamixel-Motoren und ist Ardunio-kompatibel. (mit freundlicher Genehmigung von Rick Stiles – trossenrobotics.com)

1. Die Abkürzung *FTDI* steht für den Firmennamen von *Future Technology Devices International*. Eine FTDI-Schnittstelle dient der seriellen Verbindung eines Arduino-kompatiblen Geräts ohne USB-Schnittstelle mit dem USB-Anschluss eines PC.
2. *Wrapper* bezeichnet eine Abstraktionsschicht über der eigentlichen Funktion, die man verwenden möchte. Der *Arbotix*-Controller ist eine auf *Arduino* basierende Platine. Deshalb müssen die *Arduino*-Bibliotheken für ROS zugänglich gemacht werden, denn diese sind die eigentlichen Funktionen, die man unter anderem ansprechen möchte. Ein ROS-Wrapper umschließt die Arduino-Funktionen und stellt sie über *Messages* und *Topics* dem ROS-System bereit.

In einer Suchmaschine findet man mit den Wörtern »*Arbotix Controller*« Angebote zu *Arbotix-M*.

4.2.1.2 Servomotor

Servomotoren bringen Bewegung in den Roboter, sie verändern seine Form, Position und Orientierung. Arme, Beine und der Kopf sind die gängigsten Einsatzbereiche, wo man Motoren (auch *Aktoren*[3] genannt) am Roboter wiederfindet. Die Menge unterschiedlicher Motortypen ist allerdings groß, da kann es schwerfallen, den richtigen zu bestimmen und auszuwählen. Betrachtet man die Motoren für das Antriebssystem, dann dürfen sie sich in diesem Fall nicht unendlich drehen, sonst würden die Gelenke aus ihrer Halterung herausbrechen. Wir benötigen zudem eine verlässliche Positionsangabe der Motorgelenkstellung, in welchem sich dieser gerade befindet. Diese Information gibt wiederum ein *Encoder* zurück, den wir bereits beim Antriebssystem kennengelernt haben. Mit dem zuvor beschriebenen *Arbotix*-Controller von der Firma *Interbotix* sind wir an *Dynamixel*-Motoren gebunden. Wer Motoren von anderen Herstellern steuern möchte, kann mit einem *Arduino*-Setup und den gewünschten Servos beginnen. Einen Einstieg in das Thema findet man unter dem ROS-Tutorial *http://wiki.ros.org/rosserial_arduino/Tutorials/Servo%20Controller*.

Für die Nickbewegung unseres Roboters benötigen wir einen Servomotor, der eine handelsübliche USB-Kamera auf- und abbewegen kann. Verwendet man 200 Gramm als Ausgangsgewicht, die es zu stemmen gilt, dann genügen meist schon die kleinsten Modelle der Hersteller. Dazu zählt auch die Baureihe AX von *Dynamixel*. Ein AX-12A hat 1,5 Nm Bewegungskraft und kann sich bis zu 59-mal in der Minute drehen. Kraft und Geschwindigkeit lassen sich zudem individuell einstellen. Bei Überhitzung schaltet ein *Dynamixel*-Motor automatisch ab, während gleichzeitig eine blinkende LED darauf aufmerksam macht. Überprüfen Sie, was in der Bestellung eines *Dynamixel* AX-12A-Motors enthalten ist. Oft werden Kabel, Schrauben und Befestigungsrahmen mitgeliefert. Die in den nächsten Abschnitten beschriebenen Kabel und Befestigungsrahmen wären dann nicht mehr notwendig, wenn diese bereits in der Bestellung des Motors enthalten sind.

Zusätzlich benötigt man Kabel, um den Motor mit dem Servo-Controller zu verbinden. Es handelt sich dabei um 3-Pin-Kabel mit *Molex*-Steckverbindern. Sie finden solche Kabel im Elektrofachhandel oder mit dem Suchbegriff »dynamixel cable-3p« im Internet. Wie bereits beschrieben, verwende ich oft zwei solche kurzen 3-Pin-Kabel aus dem Handel und erweitere sie mit selbst gecrimpten Schaltkabeln für die benötigte Kabellänge.

Eine weitere Möglichkeit, die Kabelverbindung zwischen Motor und Servo-Controller herzustellen, ist der Einsatz eines Verteilers (engl. *Hub*). Ein Verteiler kann

3. Im Gegensatz zu passiven Sensoren sind Aktoren (engl. *Actuator*) aktive Elemente, die elektrische Signale in mechanische Bewegung umwandeln.

zwei kurze Kabel miteinander verbinden, sodass man insgesamt eine längere Strecke erhält. Allerdings ist ein Verteiler für den Anschluss eines einzigen Motors eher Vergeudung. Wer aber weitere Motoren für den Einsatz am Roboter plant, findet mit dem Suchbegriff »robotis dynamixel 3p extension« den beschriebenen Verteiler im Internet.

Der Motor ist zugleich Träger unserer USB-Kamera. Er soll fest auf dem Chassis befestigt werden und die Kamera soll sich mit der Motorachse drehen. Es gibt von der Firma *Robotis*, dem Hersteller der *Dynamixel*-Motoren, vorgefertigte Befestigungsrahmen, die wir für diesen Zweck benötigen werden. Entweder man bestellt alle Teile im Internet oder druckt die druckbaren Teile in einem 3D-Drucker selbst aus. Die CAD-Modelle der hier verwendeten Befestigungsrahmen werden von Robotis im Internet unter der Adresse *http://en.robotis.com/service/downloadpage.php?ca_id=7040* bereitgestellt. Wie man eine CAD-Datei für den 3D-Drucker in das *Stereolithografie*-Format umwandelt, sehen Sie in Abschnitt 2.3. In der folgenden Abbildung sehen wir einige der beschriebenen Teile sowie Möglichkeiten, Kabel zu verlängern.

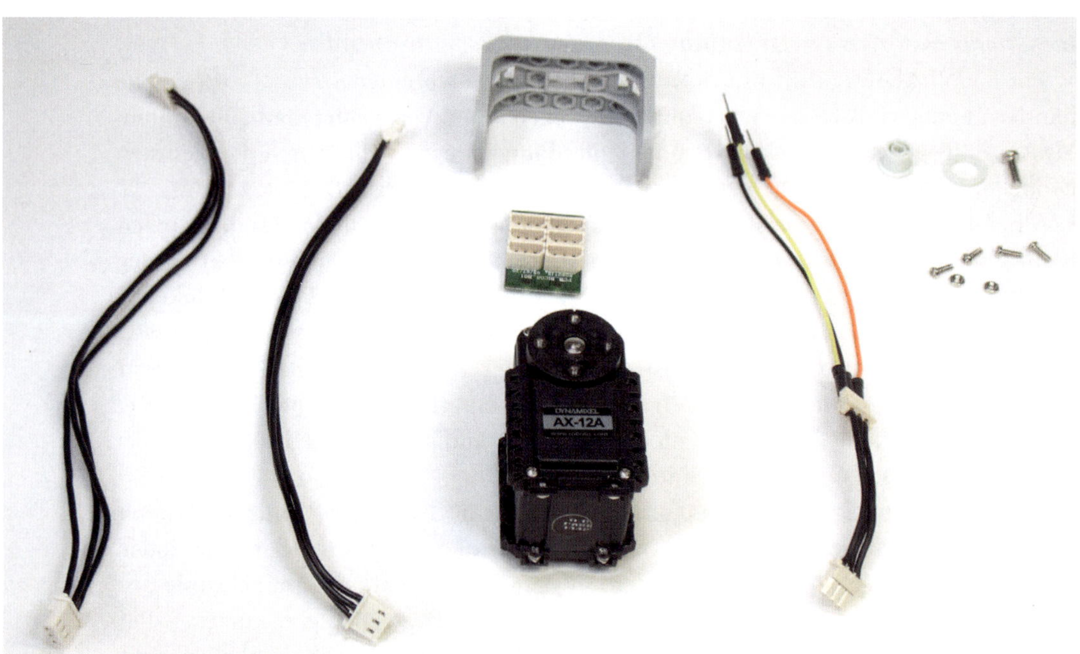

Abb. 4–3 Zusammenstellung verwendeter Teile

Betrachten Sie auch das Robotermodell auf Seite 184 (Abbildung 4–1). Dort ist zu sehen, was wir mit dem Motor und der USB-Kamera erreichen möchten.

Beim Befestigungsrahmen, den wir auf der Unterseite des Motors anbringen werden, handelt es sich um die Modellbezeichnung »FP04-F3«. Angebote dazu findet man mit dem Suchbegriff »robotis frame f3«. Für dieses und die anderen Befestigungsrahmen benötigen wir passende Schrauben und Muttern. Im Internet findet man eine umfangreiche Zusammenstellung mit dem Suchbegriff »robotis bolt nut set bns-10«. In der Zusammenstellung ist unter anderem ein Lager enthalten, welches am Befestigungsrahmen »FP04-F2« benötigt wird, sofern es nicht in Ihrer Motorbestellung bereits enthalten ist.

Als Nächstes benötigen wir einen Befestigungsrahmen auf der Motorwelle. Dreht sich die Motorwelle, dann soll sich auch der Befestigungsrahmen mitdrehen. Das ist das Prinzip, das wir ausnutzen möchten, um eine Kamera auf dem Befestigungsrahmen beweglich zu machen. Das Bauteil mit der Modellbezeichnung »FP04-F2« finden wir mir dem Suchbegriff »robotis frame f2«.

4.2.1.3 FTDI-Schnittstelle

Eine *FTDI*-Schnittstelle ermöglicht die Kommunikation zwischen einem PC und einem *Arduino*-kompatiblen Mikrocontroller. Diese Komponente wird in der Robotik sehr häufig eingesetzt, um einen Computer über die USB-Schnittstelle mit einem Mikrocontroller zu verbinden. Die USB-Schnittstelle eines Computers läuft standardmäßig mit einer Spannung von 5 V. Geräte, die nur eine niedrigere Spannung verkraften, müssen mit einem entsprechenden *FTDI*-Board angeschlossen werden. Man findet *FTDI*-Boards mit 5-V- und 3,3-V-Pegel. Es gibt aber auch Kombo-Boards, die beherrschen 5 V und per Kippschaltung auch 3,3 V. Damit können die 5 V aus dem USB-Computeranschluss mit den meisten Arduinos verbunden werden. Das *Arbotix*-Controllerboard arbeitet mit 5-V-Pins am seriellen Anschluss. *FTDI* ist um eine sehr beliebte und weit verbreitete Schnittstelle bei Makern und Robotik-Experten, was dazu geführt hat, dass das Angebot an *FTDI*-Boards sehr stark gewachsen ist. Die Preise sind einerseits zu unserem Vorteil gesunken, die Wahrscheinlichkeit, dass man mangelhafte Ware bestellt, ist dafür andererseits gestiegen. Mit dem Suchbegriff »ftdi 5v 3v« findet man geeignete Angebote.

4.2.2 Einkauf

Eine Excel-Liste mit den verwendeten Teilen finden Sie im ROS-Verzeichnis *abot_description/extra* unseres Roboters. Die Angaben und die Hyperlinks darin sind ohne Gewähr! Bevor Sie USB-Kabel kaufen, durchstöbern Sie nochmal Ihre Sammlung alter USB-Kabel. Es handelt sich bei den benötigten USB-Steckern um die Typen *Mini* und *Micro*, die lange Zeit Standard bei vielen elektronischen Komponenten waren.

Achten Sie beim Einkauf auch darauf, dass nicht das günstigste, sondern das langlebigste Produkt sinnvoll ist. Wenn man eine Ware wegen Mängeln umtauschen muss oder sie gleich wegwerfen kann, weil das Rück-Porto den Preis des Produkts übersteigt, dann war der Einkauf schlichtweg Verschwendung.

4.3 Bau

Sobald alle Komponenten vorliegen, beginnen wir mit der Montage der Bauteile. Anschließend können Sie die verbundenen Komponenten an einer beliebigen Stelle am Roboter befestigen. Ich habe eine Platte mit dem 3D-Drucker erstellt und sie anschließend mit ausreichend Befestigungslöchern versehen. Der Servo-Controller ist fest auf der Platte verschraubt. Die anderen Komponenten habe ich mit isoliertem Draht an einigen Löchern der Platte festgezogen. Zum Schluss habe ich die Platte mit allen Komponenten mit den Makerbeams verschraubt.

Vor uns liegen ein Servo-Controller *Arbotix-M*, ein Servomotor *Dynamixel* AX-12A und eine *FTDI*-Schnittstelle. Die FTDI-Schnittstelle betrachten wir als eine Art Brücke. Sie baut eine Verbindung zum Computer über ein USB-Kabel auf und eine Verbindung zum Servo-Controller über sechs Jumper- oder Servokabel. Abhängig von dem verwendeten *FTDI*-Board benötigen wir also ein passendes USB-Kabel. Meistens handelt es sich um *Standard-A*-Stecker an einem Ende und *Mini-A*-Stecker am anderen Ende des USB-Kabels. Die sechs Jumper- oder Servokabel habe ich ausgemessen und gecrimpt. Es funktioniert aber auch mit sechs beliebigen Jumper- oder Servokabeln. Desweiteren benötigen wir ein 3-Pin-Kabel für die Verbindung des Servomotors mit dem Servo-Controller. Dieses Kabel sollte bei der Lieferung des Motors dabei sein. Den Strom für den Servo-Controller Arbotix-M lasse ich über den Klemmanschluss fließen. Alternativ kann man auch die vorhandene Klinkenbuchse verwenden. Am Stromanschluss sollten 12 V verfügbar sein. Die kleinen *Dynamixel* AX-12A begnügen sich bereits mit einer Spannung ab 9 V, wohingegen größere Motormodelle einfach nicht die Leistung bringen würden, wenn die Spannung zu weit unter 12 V liegt.

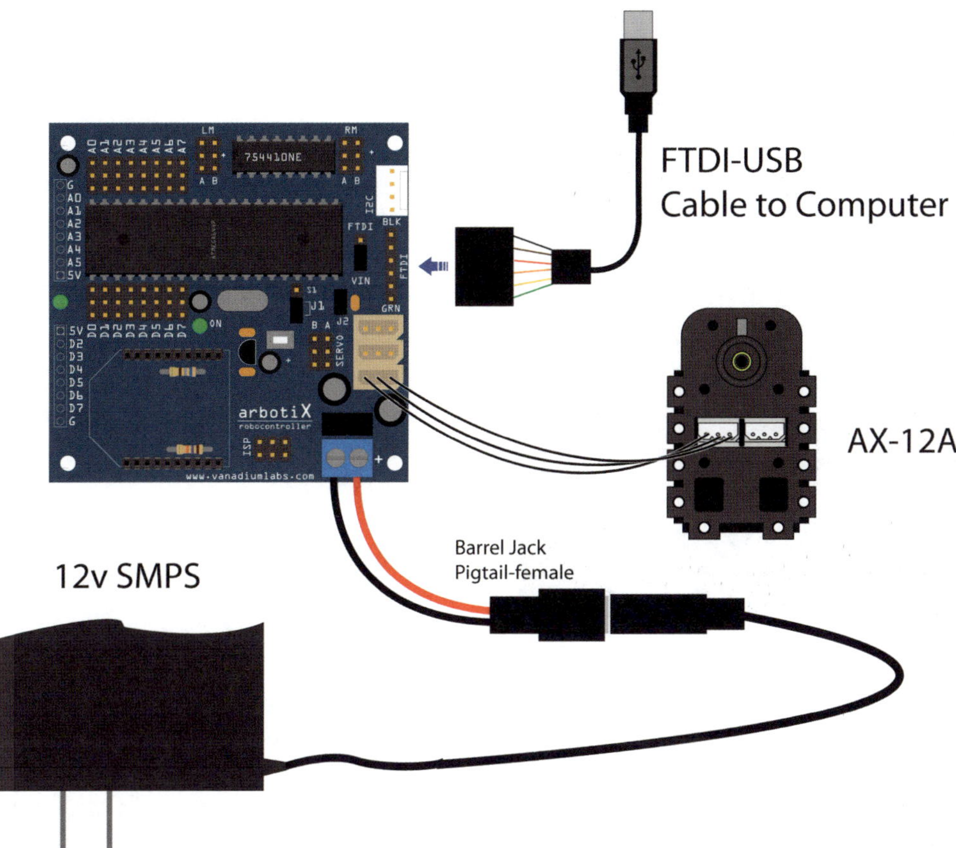

Abb. 4–4 Zusammensetzung Servo-Controller, Servomotor und FTDI-Schnittstelle (mit freundlicher Genehmigung von Rick Stiles – trossenrobotics.com)

Bevor die Komponenten verkabelt werden, lesen Sie bitte die Packungsbeilagen oder besuchen die Internetseiten der Hersteller. Eine sehr nützliche Anleitung für die hier verwendeten Komponenten finden Sie unter *https://learn.trossenrobotics.com/arbotix/arbotix-quick-start.html*. Eine Gesamtübersicht mit nützlichen Links rund um den Arbotix-M bietet *https://www.trossenrobotics.com/p/arbotix-robot-controller.aspx*.

4.3.1 Servo-Controller und FTDI-Schnittstelle

Der Servo-Controller bildet das Herzstück der Motorensteuerung. Bevor wir ihn mit ROS verwenden können, muss die nötige Firmware auf den Controller gespielt werden. Wir verbinden also zuerst den Servo-Controller mit dem PC. Dazu benötigen wir den Servo-Controller, die *FTDI*-Schnittstelle, ein entsprechendes USB-Kabel und sechs Jumperkabel oder Servokabel für die Verbindung der genannten Komponenten.

In der nächsten Abbildung sieht man die bunten Kabel zwischen der *FTDI*-Schnittstelle und dem Servo-Controller. Das einzig Schwierige bei der Verbindung beider Komponenten ist die korrekte Zuordnung der Pins der *FTDI*-Schnittstelle zu den *FTDI*-Pins am Servo-Controller. Sobald man die korrekte Anordnung herausgefunden hat, bietet es sich an, die *Terminals* der Jumper- oder Servokabel mit einem Klebestreifen zusammenzuhalten. So kann in Zukunft die Anordnung der Kabel nicht verlorengehen, wenn man diese mal abzieht.

Abb. 4–5
Ein an einer FTDI-Schnittstelle angeschlossener Arbotix-M

Die *FTDI*-Pins am Servo-Controller *Arbotix-M* weisen an zwei Enden anhand von abgekürzten Beschriftungen zumindest darauf hin, wohin das schwarze und das grüne Kabel kommen. Beachten Sie, dass die Farben in der Abbildung 4–5 von mir frei gewählt wurden. Das grüne Kabel ist verglichen mit der Abbildung 4–6 korrekt platziert. Anstelle des blauen Kabels hätte eher ein schwarzes Kabel der Farbgebung in der nächsten Abbildung entsprochen. Die folgende Abbildung zeigt die Anschlusspins für die *FTDI*-Schnittstelle am Servo-Controller.

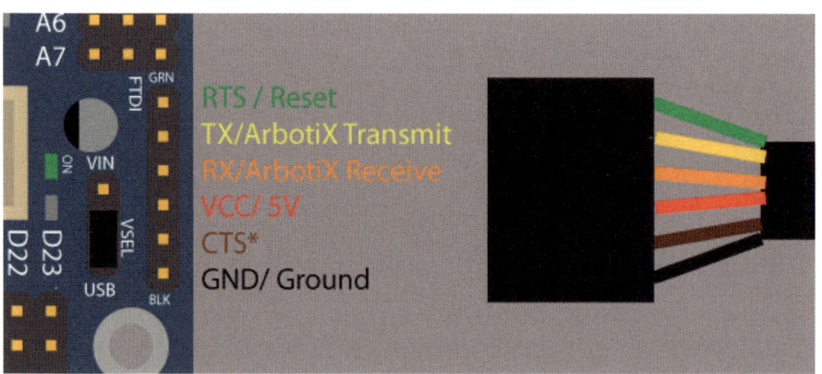

Abb. 4–6
Pins am Arbotix-M für die FTDI-Schnittstelle (mit freundlicher Genehmigung von Rick Stiles – trossenrobotics.com)

Die Pin-Belegung Ihrer *FTDI*-Schnittstelle entnehmen Sie den zugehörigen technischen Informationen. Entweder sind diese beim Hersteller der *FTDI*-Schnittstelle oder auf der Shop-Seite Ihres Anbieters zu finden.

Nachdem eine Verbindung zwischen *FTDI*-Schnittstelle und Servo-Controller hergestellt wurde, fehlt nur noch eine USB-Verbindung zwischen *FTDI*-Schnittstelle und Computer. Wenn der Computer eingeschaltet ist, dann fließt sofort Strom vom USB-Anschluss des PC über die *FTDI*-Schnittstelle an die *FTDI*-Pins des Servo-Controllers. Blinken die LEDs kurzzeitig an der *FTDI*-Schnittstelle sowie am Servo-Controller, dann ist das ein gutes Zeichen, dass alles korrekt verbunden ist. Eine konstant leuchtende grüne LED am Servo-Controller signalisiert zusätzlich die korrekte Verbindung und Bereitschaft des Controllers. Jetzt können wir den Servo-Controller bespielen.

Wir benötigen hierzu eine Programmierumgebung zum Bespielen des Servo-Controllers. Ich versuche zwar immer alle Entwicklungsschritte zu zentralisieren, indem ich nur eine Entwicklungsumgebung verwende. Im Falle unseres Servo-Controllers bleibt es uns aber leider nicht erspart, auf eine zusätzliche IDE zum Programmieren des Controllers auszuweichen. Die Übertragung der Firmware vom PC auf das *Arbotix-M*-Servo-Controllerboard funktioniert nur mit der *Arduino*-Version 1.0.6. Anders habe ich es bisher leider nicht hinbekommen. Ein entsprechender Hinweis auf diesen Umstand ist auf der Internetseite für den Schnellstart mit dem *Arbotix-M* vorhanden. Zusammenfassend folgen die Schritte, um einen Servo-Controller *Arbotix-M* von einem Windows- oder Linux-Betriebssystem ausgehend zu programmieren:

- *Arduino* 1.0.6 installieren
- *FTDI*-Treiber installieren
- *Arbotix-M*-Bibliotheken in *Arduino* installieren
- *Arbotix-M* mit dem Computer verbinden
- *Arbotix-M* programmieren

Die Downloaddatei für Arduino 1.0.6 finden Sie unter *https://www.arduino.cc/en/Main/OldSoftwareReleases*. Ich verwende das dort bereitgestellte ZIP-Paket, um nicht das System mit anderen bereits installierten *Arduino*-Versionen durcheinander zu bringen. Sobald Sie das Paket heruntergeladen und entpackt haben, testen Sie den Start der *Arduino*-IDE. Solange die Version 1.0.6 auf Linux, Windows 10 und neuer läuft, können wir unseren Servo-Controller auf diesem Weg programmieren.

Die Treiber für die FTDI-Schnittstelle sollten auf der Seite zu finden sein, auf der Sie das Gerät gekauft haben. Eine Treiber-Seite für alle FTDI-kompatiblen Geräte bietet *https://www.ftdichip.com/Drivers/VCP.htm*. Dort wählen Sie die entsprechende Treiberinstallationsdatei für Ihr Betriebssystem aus und verfahren so, wie es dort beschrieben ist. Wichtig ist, dass insbesondere unter Windows am Ende der Gerätemanager keine Ausrufezeichen für das *FTDI*-Gerät enthält. Wenn die Installation erfolgreich war, dann findet man im Gerätemanager ein USB-Gerät, welches einen

COM-Port bereitstellt. Wenn Sie Schwierigkeiten bei der Installation haben, suchen Sie nach Anleitungen, die bei der Installation hilfreich sein können. Die Suchbegriffe »howto install ftdi drivers« liefert eine erste Anlaufstelle für Anleitungen im Zusammenhang mit der hier beschriebenen Installation.

Weiter geht es mit dem *Arbotix-M*-Servo-Controller. Die Firmware und Zusatzprogramme findet man unter *https://github.com/Interbotix/arbotix/archive/master.zip*. Nachdem Sie die heruntergeladene ZIP-Datei ausgepackt haben, müssen die enthaltenen Ordner an ihre jeweiligen Bestimmungsorte übertragen werden. Es handelt sich um folgende drei Verzeichnisse:

1. ArbotiX Sketches
2. hardware
3. libraries

Das erste Verzeichnis kopieren Sie in ihr persönliches *Arduino*-Sketchbook-Verzeichnis. Auf Windows-Systemen handelt es sich dabei um »C:\Users\<benutzername>\Documents\Arduino«, während in Linux das Verzeichnis »/home/<benutzername>/sketchbook« das Zielverzeichnis ist. Sollte wider Erwarten das Verzeichnis *sketchbook* auf Linux-Systemen nicht vorhanden sein, dann liegt das daran, dass noch nie ein Sketchbook gespeichert wurde. Entweder man speichert ein beliebiges Sketchbook aus der *Arduino*-IDE heraus oder man legt das Verzeichnis *sketchbook* manuell an.

Das zweite Verzeichnis kopieren Sie in das *hardware*-Verzeichnis der *Arduino*-Installation. Das befindet sich dort, wo Sie *Arduino* 1.0.6 installiert bzw. ausgepackt haben. Das Zielverzeichnis entspricht nicht dem, was in der Schnellstartanleitung auf der Internetseite des *Arbotix-M*-Herstellers angegeben ist. Demnach soll das *hardware*-Verzeichnis auch in das persönliche *Arduino*-Sketchbook-Verzeichnis. Das hat bei mir allerdings zu Fehlern während der Kompilierung des *ros*-Sketchbooks geführt. Wir probieren gleich eine Kompilierung für das *Arbotix-M*-Servo-Controllerboard aus und werden dann feststellen, welches Verzeichnis das richtige ist.

Zuletzt kopieren Sie das dritte Verzeichnis auch in Ihr persönliches *Arduino*-Sketchbook-Verzeichnis. Achten Sie darauf, dass auf Linux-Systemen ein Verzeichnis mit demselben Namen bereits existiert. In diesem Fall kopieren Sie lediglich die Inhalte des *libraries*-Verzeichnisses in das bereits vorhandene Zielverzeichnis.

Sobald alle Ordner in ihre Zielverzeichnisse übertragen wurden, starten wir die *Arduino*-IDE und überprüfen das *ros*-Sketchbook, ob es erstens vorhanden ist und zweitens korrekt kompiliert werden kann. Der Aufruf der folgenden Menüpunkte in der *Arduino*-IDE zeigt uns, ob die Installation korrekt ist:

1. Datei – Sketchbook – ArbotiX Sketches – ros
2. Sketch – Überprüfen/Kompilieren

Nach Aufruf von »Überprüfen/Kompilieren« vergeht kaum Zeit, bis eine Meldung im Ausgabebereich der *Arduino*-IDE erscheint. Wenn kein rot gefärbter Text darin erkennbar ist, dann war die Kompilierung erfolgreich und wir können mit der Übertragung des *ros-Sketchbooks* auf das *Arbotix-M*-Servo-Controllerboard beginnen. Sind jedoch Fehler enthalten, dann liegt das meist daran, dass die Verzeichnisse nicht korrekt eingepflegt wurden und dadurch bestimmte Bibliotheken nicht gefunden werden konnten. Überprüfen Sie in einem solchen Fall erneut die Verzeichnisinhalte der *Arduino*-IDE sowie des persönlichen *Arduino*-Sketchbook-Verzeichnisses.

Bevor wir mit der Übertragung des *ros*-Sketchbooks auf den Servo-Controller beginnen, stellen wir sicher, dass alle Komponenten mit dem PC verbunden und in der *Arduino*-IDE erkannt wurden. Die folgende Checkliste stellt sicher, dass die Umgebung für die Übertragung bereit ist:

1. Im Menü Tools/Board sollte »ArbotiX« ausgewählt sein.
2. Im Menü Tools/Serieller Port sollte der Port der *FTDI*-Schnittstelle aktiviert sein.
3. Abhängig vom Betriebssystem ist die Bezeichnung für den Port unterschiedlich. Wenn Sie die *FTDI*-Schnittstelle vom USB-Anschluss des PCs entfernen und wieder anschließen, finden Sie die Bezeichnung in der *Arduino*-IDE heraus. Zuvor merken Sie sich, welche Ports im Menü »Serieller Port« aufgelistet waren.
4. Im Menü Tools/Programmer sollte der Punkt »AVRISP mkII (serial)« aktiviert sein.

Sind alle Punkte aus der Checkliste verfügbar und ausgewählt, dann kann die Übertragung beginnen. Benutzen Sie den Menüpunkt Datei – Upload, oder die Tastenkombination Strg + U, um die Übertragung der Firmware auf den Servo-Controller zu starten. In der Symbolleiste der *Arduino*-IDE ist ein Knopf mit einem Pfeilsymbol, der die Übertragung ebenfalls starten kann.

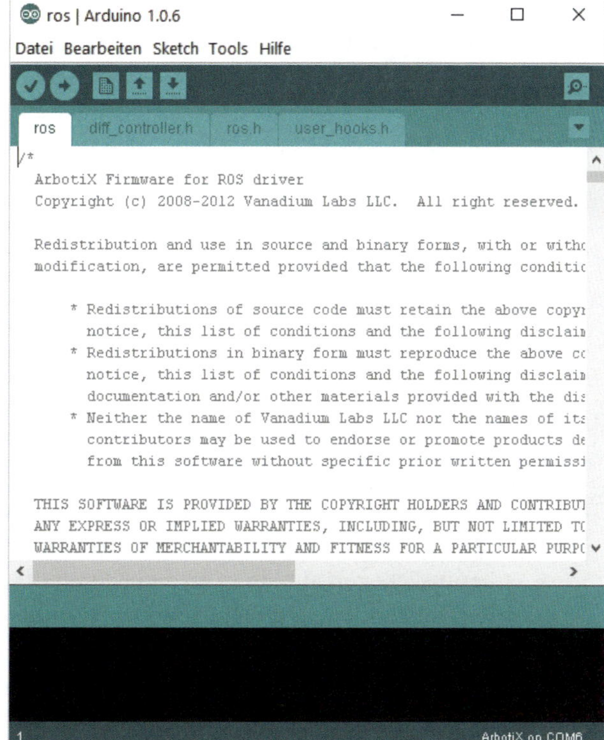

Abb. 4–7
Arduino 1.0.6 mit dem ROS-Sketchbook

Nachdem die Übertragung gestartet wurde, sollten die *FTDI*-Schnittstelle und der Servo-Controller anfangen zu blinken. Das bedeutet, dass die Übertragung erfolgreich stattgefunden hat und das *ros-Sketchbook* im Speicher des Servo-Controllers abgelegt wird. Wenn die Übertragung erfolgreich war, sehen Sie zudem in der Überschrift des Ausgabefensters den Text »Upload abgeschlossen.«. Hiermit ist der Servo-Controller für die Verwendung in ROS vorbereitet. Jetzt können Motoren, Sensoren und andere elektronische Komponenten am *Arbotix-M* angeschlossen werden. Als Nächstes werden wir einen Dynamixel-Motor anschließen und einige Tests damit durchführen. Anschließend machen wir eine USB-Kamera mit dem Motor beweglich.

4.3.2 Servomotor

Der Anschluss des *Dynamixel*-Motors am Servo-Controller erfolgt mit einem dreiadrigen Kabel. Sobald Sie die Verbindung zwischen Motor und Controller hergestellt haben, testen wir die Funktionalität des Motors und der bisher beschriebenen Komponenten.

Ausgangsstellung des Servomotors beachten

Im Auslieferungszustand hat Ihr Motor eine Standardstellung. Das erkennen Sie an verschiedenen Schlitzen auf der Motorwelle. Ein einzelner Schlitz ist auf der 12-Uhr-Stellung und zwei einzelne Schlitze sind auf der 6-Uhr-Stellung angebracht. Diese Drehstellung ist die Ausgangsposition Ihres Motors. Wenn Sie einen Befestigungsrahmen auf der Welle anbringen, dann bringen Sie den Motor vorher in seine Ausgangsposition zurück.

Wir testen einen Motor immer ohne irgendwelche montierten Bauteile, wie Kameras oder Rahmen. Ein fehlerhafter Motor oder eine fehlerhafte Eingabe könnte die angebrachten Teile beschädigen oder gar zu Verletzungen führen, wenn wir die Finger im Spiel haben. Der Motor kann sich relativ schnell drehen und seine Kraft reicht aus, um Schäden zu verursachen.

Im vorherigen Kapitel haben wir den Servo-Controller mit einer Firmware bespielt. Dazu reicht die Stromversorgung aus der USB-Verbindung aus. Für den Betrieb der Motoren benötigen wir allerdings eine Spannung von 12 V, die Sie am Servo-Controller anbringen. Ich habe aus dem Riegel mit Lüsterklemmen zwei Leitungen herausgezogen, um diese an den Klemmbuchsen des Servo-Controllers anzuschließen. Die Lüsterklemmen sieht man in Abbildung 3–14 auf Seite 169. Beachten Sie stets die Polung der Anschlüsse.

Für unseren Motortest benötigen wir den Entwicklungs- oder den Roboter-Rechner. Verbinden Sie das USB-Kabel der *FTDI*-Schnittstelle mit dem Rechner, der für die nächsten Tests verwendet werden soll. Nachdem Sie sich am Rechner angemeldet haben, starten wir ein Konsolenprogramm. Es handelt sich dabei um *arbotix_terminal*. Dieses Programm ist Teil eines ROS-Pakets, welches bei der Installation in Abschnitt 1.1.9 mitgeliefert wurde. In einem Konsolenfenster geben wir den folgenden Befehl ein:

```
arbotix_terminal
```

Nach Ausführung des Befehls wechselt das Konsolenfenster in den Kontext des aufgerufenen Programms. Jetzt können wir mit den angeschlossenen Motoren kommunizieren. Verwenden Sie den Befehl »help« für eine Übersicht der verfügbaren Befehle. Wir listen mit dem Befehl »ls« zunächst die angeschlossenen Motoren auf. Wenn der Befehl »ls« nach der ersten Ausführung keine Ergebnisse liefert, dann versuchen Sie es ein zweites Mal. Eine wichtige Eigenschaft von *Dynamixel*-Motoren ist, dass sie immer die ID 1 im Werkszustand haben. Wenn man nur einen Motor betreibt, kann man mit der Standard-ID gut leben. Möchte man mehrere Motoren betreiben bzw. steuern, müssen diese eindeutig differenzierbar sein und deshalb unterschiedliche IDs haben.

```
ArbotiX Terminal --- Version 0.1
Copyright 2011 Vanadium Labs LLC
>>  ls
   1 .... .... .... .... .... .... .... ....
.... .... .... .... .... .... .... .... ....
```

Stellen Sie sich vor, was passiert, wenn sich zwei Motoren dieselbe ID teilen. Genau – sie verhalten sich identisch. Das kann man als Feature, aber auch als Fehler sehen. Beispielsweise hat in einem Roboter mit 18 Motoren aus nicht erklärbaren Gründen einer der Motoren mit der ID 8 einen Selbst-Reset ausgelöst. Fortan war dieser Motor unter der ID 1 ansprechbar, also dem Werkszustand. Das hat dazu geführt, dass die gesamten Abläufe des Roboters gestört wurden, da ein Motor mit der ID 1 zuvor schon präsent war und nun im Konflikt mit einem weiteren Motor stand. Seitdem vermeide ich die Werks-ID 1. Der nächste Befehl ändert die ID des Motors von 1 auf 2:

```
>>  mv 1 2
OK
```

Wenn Sie die ID ändern, dann muss diese Einstellung auch in der Konfigurationsdatei *abot_bringup/arbotix_driver.yaml* für den Treiber bekanntgegeben werden. Die Angaben in der Datei werden bei Ausführung des Treibers auf den ROS-Parameter-Server geladen. In der Konfigurationsdatei findet man eine Eigenschaft, die die Gelenke (engl. *joints*) beschreibt. Der folgende Inhalt der Konfigurationsdatei *arbotix_driver.yaml* enthält in roter Schriftfarbe die ID des *Dynamixel*-Motors:

```
port: /dev/ARBOTIX
rate: 60
read_rate: 60
write_rate: 60
joints: {
head_tilt_motor: {
  id: 2,
  min_angle: -45.0,
  max_angle: 45.0,
  max_speed: 80.0}
}
```

In der Konfigurationsdatei wird zunächst mit dem Parameter *port* die Schnittstelle auf dem Computersystem definiert, hinter der sich die *FTDI*-Schnittstelle bzw. der *Arbotix-M*-Servo-Controller befindet. Der Name *ARBOTIX* wurde vom Installationsskript aus Abschnitt 1.1.9 in Ihrem System als symbolischer Link im Verzeichnis */udev* angelegt. Dadurch weiß der Treiber mit welchem Gerät er kommunizieren muss, um Befehle an die Motoren zu senden.

Anschließend folgt der Parameter *rate*. Er definiert die Geschwindigkeit des Treiberprogramms in Hertz. Die beiden darauffolgenden Parameter beziehen sich ebenfalls auf Geschwindigkeitsangaben. Eine detaillierte Beschreibung dieser und weiterer Parameter finden Sie auf den Wiki-Seiten von ROS unter *http://wiki.ros.org/arbotix_python*.

Betrachten wir noch einige wichtige Parameter in der Konfigurationsdatei. Sie enthält neben der ID-Zuordnung auch einen Parameter *max_speed* für die maximale Drehgeschwindigkeit in der Einheit *Grad/Sekunde*. Die Parameter *min_angle* und *max_angle* definieren die minimale und maximale Gelenkwinkelstellung in der Einheit *Grad*, die im laufenden Betrieb nicht überschritten werden darf. Diese Parameter berücksichtigen beispielsweise grafische Programme wie *arbotix_gui*. Wenn Sie eine eigens entwickelte Schnittstelle für den Motor bereitstellen, dann können Sie diese Parameter als Begrenzungswerte in Ihrem Programm einbinden. Mit den beiden folgenden Befehlen können wir die hier beschriebenen wichtigen Parameter testen. Verwenden Sie für jeden Befehl ein eigenes Konsolenfenster:

```
roslaunch abot_bringup arbotix.launch
arbotix_gui
```

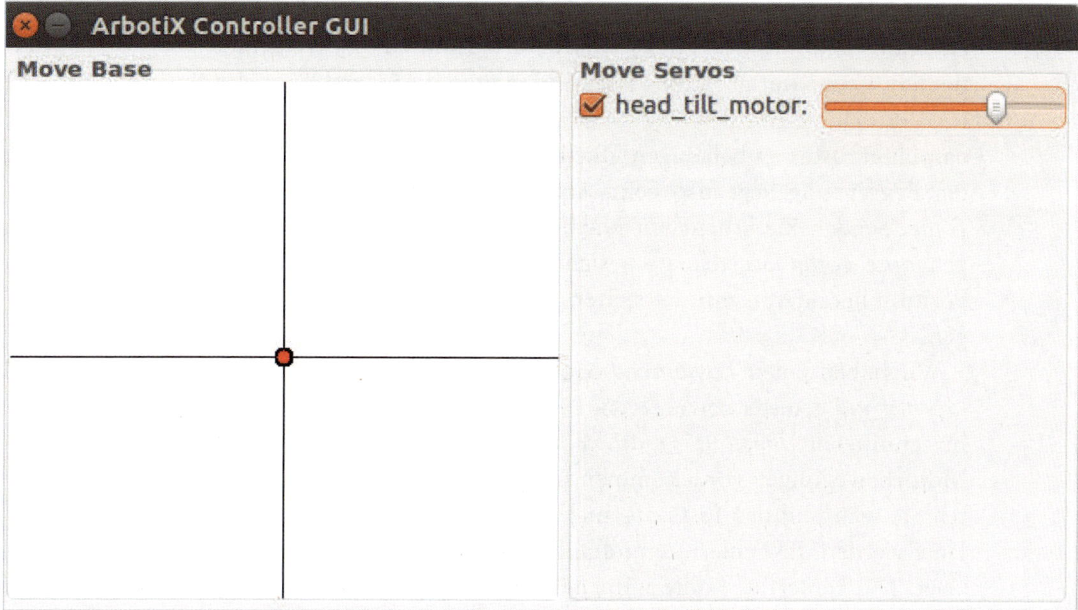

Abb. 4–8 Ein grafisches Programm zum Steuern der *Dynamixel*-Motoren

Aktiviert man das Häkchen vor der Motorbezeichnung, dreht der Schieberegler den Motor zwischen der Begrenzung *min_angle* und *max_angle* hin und her. Merken Sie sich die Drehrichtung der Motorwelle. Wenn Sie später die Kamera montieren, dann richten Sie den Motor so aus, wie Sie ihn beim Programmieren gerne steuern würden. Soll ein positiver Wert die Kamera nach unten beugen und umgekehrt ein negativer Wert die Kamera aufblicken lassen? Wenn Sie diese Fragen während der Montage berücksichtigen, spart das eine Menge Zeit. Für das Verständnis verwenden Sie den Konsolenbefehl im nächsten Abschnitt. Setzen Sie einmal einen positiven und einmal einen negativen Wert im *data*-Bereich ein. Stellen Sie sich dabei vor, wie die Kamera sich verhalten würde, wenn diese bereits mit der Motorwelle vereint wäre.

Beobachten Sie auch das *Topic head_tilt_motor/command* in einem Konsolenfenster, während Sie den Schieberegler betätigen. Der Schieberegler wird nie die Begrenzungen überschreiten, die Sie in der Konfigurationsdatei *arbotix_driver.yaml* gemacht haben. Zuletzt testen wir manuell das *Topic head_tilt_motor/command*. Das Konsolenfenster mit dem *roslaunch*-Befehl muss für diesen Test weiterlaufen. Der folgende Befehl würde die Begrenzung überschreiten, die wir mit *max_angle* in der Konfigurationsdatei definiert haben:

```
rostopic pub --once /head_tilt_motor/command std_msgs/Float "data: 1.57"
```

Der Empfänger unseres *rostopic*-Befehls berücksichtigt nicht die Angaben der Konfigurationsdatei, während das grafische Programm die Begrenzungen stets berücksichtigt hat. Laut Konfigurationsdatei sind maximal 45 Grad Winkelstellung erlaubt. Mit 1.57 Radiant erreichen wir 90 Grad. Die Schnittstelle */head_tilt_motor/command* empfängt also von beliebigen Quellen beliebige Fließkommazahlen. Die Einhaltung der Begrenzung liegt also beim Absender des Nachrichtenpakets an das benannte *Topic*. Senden Sie erneut ein Nachrichtenpaket mit dem Wert »0.0« an das oben genannte *Topic*. So stellen wir sicher, dass sich der Motor in seiner ursprünglichen Position befindet, wenn wir später den Befestigungsrahmen und die Kamera anbringen.

Wir haben einen *Dynamixel*-Motor mit den Programmen *arbotix_terminal* und *arbotix_gui* getestet sowie eigene Nachrichtenpakete mit *rostopic* direkt an die Treiberschnittstelle */head_tilt_motor/command* gesendet. Wenn dabei keine ruckartigen Motorbewegungen vorgekommen sind, dann laufen die Motoren fehlerfrei. Beobachten Sie während des Testlaufs auch das *Topic /diagnostics* mit dem *rostopic*-Befehl. Dort werden die Fehlerrate und andere interessante Betriebswerte des Motors angezeigt. Die Fehlerrate sollte immer 0.0 % betragen, ansonsten liegt ein Problem vor bzw. der Motor könnte beschädigt sein.

Jetzt können wir den Motor mit der Kamera am Chassis festmachen. Den Motor habe ich zusammen mit dem Befestigungsrahmen »FP04-F3« und einer Schiene aus dem 3D-Drucker am Chassis befestigt. Es wäre auch möglich gewesen, den Befestigungsrahmen »FP04-F3« mit dem Motor direkt auf der vorderen Makerbeam-Strebe zu montieren. Dazu hat der Befestigungsrahmen in der Mitte eine Aussparung. Die genügt allerdings nur für eine M3-Schraube, was mir zu schwach erschien, um das Gesamtgewicht aus Motor, Befestigungsrahmen und Kamera auf Dauer festzuhalten.

Abb. 4–9 Beispiel einer motorisierten Kamera-Konstruktion

Der Befestigungsrahmen »FP04-F2« soll auf der Motorwelle sitzen. Wir benötigen dafür folgende Teile:

- Befestigungsrahmen »FP04-F2«
- Servolager bestehend aus dem Bauteil »BU« und »WA«
- Eine Schraube »S-B«
- 4 Schrauben »S1«

Die Teile finden Sie entweder in der aus Abschnitt 4.2.1.2 genannten Schraubensammlung »robotis bolt nut set bns-10« oder in der Bestellung eines *Dynamixel* AX-12A. Beachten Sie, dass die Motorstellung auf dem Ursprungszustand sein sollte. Bei den Motortests, die wir zuvor durchgeführt haben, könnte die Motorposition verstellt sein.

Die vier Schrauben »S1« verwenden Sie, um eine Seite des Befestigungsrahmens mit der Motorwelle zu verbinden. Auf der anderen Seite halten Sie den Abstandsring »WA« auf der Innenseite fest und schieben das Schraubenlager von außen durch den Abstandsring durch. Nun können Sie mit der Schraube »S-B« durch das Schraubenlager und den Abstandsring den Befestigungsrahmen an der Motorwelle festschrauben.

Zuletzt bringen Sie die Kamera Ihrer Wahl auf dem Befestigungsrahmen an. Meine Kamera hat keine Befestigungslöcher. Mit einigen isolierten Drähten habe ich sie einfach festgewickelt. Wenn Sie eine robuste Lösung anstreben, dann bohren Sie ein oder zwei Löcher durch den Haltebügel Ihrer Kamera, sofern ein Haltebügel vorhanden ist. Beachten Sie dabei, dass die Bohrmaschine auf eine sehr niedrige Drehzahl eingestellt sein sollte, da die meisten Bügel an USB-Kameras aus Aluminium sind. Anschließend kann man eine Vorrichtung basteln und die Kamera mit dem Befestigungsrahmen verschrauben.

Gratulation! Wenn Sie alles zusammengebaut haben, ist das Robotermodell B fertig. In Kapitel 5 können Sie nun eine Verbindung mit Ihrem Roboter aufbauen und die Kamera mit dem Programm zur Objekt- und Gesichtserkennung testen.

5 Roboter programmieren

Ein ROS-Roboter kann mit einem einfachen Texteditor programmiert werden. Da wir mit dem Robot Operating System ein großes Ökosystem vieler kleiner verteilter Programme verwalten und programmieren werden, ist eine vollwertige Entwicklungsplattform (*IDE; Integrated Developers Environment*) eine hilfreiche Ausstattung. Der Roboter Ihrer Wahl, ob virtuell oder real, sollte inzwischen fertig gebaut und alle Installationsschritte aus Abschnitt 1.1 sollten erfolgreich ausgeführt sein.

Um Ressourcen zu sparen, wird auf einem Roboter selten ein ausgewachsener PC mit einem 240-V-Stromanschluss verwendet. Vielmehr gibt es Komplettsysteme auf einem Chip, sogenannte SoC-Computer (»*System on Chip*«). Solche Computer basieren auf *ARM*-Architekturen anstelle von *IBM*-kompatiblen *x86*-Architekturen. Sie verbrauchen wenig Strom und können, an einer 5-V-Batterie oder einem Smartphone-Akku angeschlossen, mehrere Stunden laufen.

ARM steht für *Advanced RISC Machines*. *RISC* ist die Abkürzung für *Reduced Instruction Set Computing* und deutet auf einen reduzierten Umfang im Prozessor hin. Tatsächlich wurden sehr viele Prozessoreigenschaften, die es auf einem ausgewachsenen Desktop-PC gibt, nicht in die *ARM*-Architektur übernommen, um Platz und Strom zu sparen. Man findet *ARM*-Systeme heutzutage in den meisten Mobiltelefonen, Autos und *SmartHome*-Geräten. Sie sind klein und dennoch leistungsstark genug, um aktuelle 3D-Spiele auf einem Smartphone flüssig darzustellen. Neuerdings können *ARM*-Prozessoren die Funktionen eines Intel *x86*-Prozessors emulieren, was für ausreichend Zündstoff sorgt, denn somit können Windows-Programme auf *ARM*-System ausgeführt werden. Langfristig könnten *IBM*-kompatible *x86*-Architekturen so klein werden, dass *ARM*-Systeme wiederum uninteressant werden.

Die Arbeitsweise, wie man nun den Roboter programmiert, verläuft zweigleisig. Programmiert wird auf einem Entwicklungsrechner mit ausreichend Prozessorleistung. Getestet wird schließlich auf dem Roboterrechner, der mit den Motoren, Kameras und allen anderen elektronischen Einheiten verbunden ist. Wer stattdessen auf dem Entwicklungsrechner testen möchte, kann viele Sensoren auch in Gazebo simulieren. Wir haben in Abschnitt 2.5.4.9 bereits ein Differentialgetriebe in unseren URDF-Dateien als *Plugin* verwendet. Weitere Plugins finden Sie unter *http://gazebosim.org/tutorials?tut=ros_gzplugins*. Ein Simulator ist ein keimfreier, virtueller Raum ohne Staub und Störung. Mit »*Noise*« lässt sich zwar etwas Störung oder naturnahe Verhältnisse hinzufügen, trotzdem sind Tests an einem realen Roboter wertvoller und zeigen Programmier-Defizite in einer realen Umgebung besser auf.

Die Übertragung vom Entwicklungsrechner zum Roboterrechner findet über ein Netzwerkkabel oder WLAN statt. Als Verbindungsprogramm kommt meist eine Tunnelsoftware zum Einsatz, so zum Beispiel *ssh – Secure Shell*. Eine weitere Möglichkeit, seine Arbeit auf den Roboter zu übertragen, ist der Weg über Repositorien. Ein bekanntes Beispiel ist *github*. Damit lassen sich Revisionen verwalten, neue Entwicklungszweige anlegen, austesten und Versionen wieder zurücksetzen. Der *github*-Server läuft nicht nur im Internet, sondern lässt sich auch mit geringem Aufwand auf einem Kleinstrechner wie dem *Raspberry Pi* betreiben. Ein beliebiger *git*-Client kann dann über das Netzwerk auf den *github*-Server zugreifen.

Wichtig ist die Frage, was man mit Programmierung erreichen möchte. Schließt man Treiberentwicklung grundsätzlich aus, dann entwickelt man zunächst Schnittstellen, die anderen Programmen zur Verfügung gestellt werden. Sind alle Schnittstellen programmiert, erreicht man eine Programmierebene, auf der beispielsweise gesprochene Sprache zu konkreten Handlungen des Roboters führt. Im Grunde abstrahiert man Schritt für Schritt eine Schnittstelle zwischen Mensch und Maschine. Ein Beispiel könnte so aussehen: Ein Programm stellt eine Sprachschnittstelle zum Roboter bereit. Der Sprachbefehl wird von einem vorgesehenen Programm in Text konvertiert und an ein Entscheidungsprogramm weitergeleitet. Das Entscheidungsprogramm analysiert und versteht den Sprachbefehl. Zur Ausführung wandelt es den Sprachbefehl in Maschinenbefehle um und delegiert diese an die zuständigen Programme.

5.1 Sicherheit

Bei Maschinen, die enorme Kräfte ausüben können, ist Sicherheit ein ernstzunehmendes Thema. Wenn sich unsere mobile Basis mit 20 km/h fortbewegt und gegen einen Fuß knallt, kann das im besten Fall einen blauen Fleck verursachen oder aber auch schlimmere Folgen nach sich ziehen.

Im Bereich der Robotik heißt es allerdings nicht nur, die mechanischen Kräfte zu sichern, auch Datenschutz und die Autonomie eines Roboters haben ein Gefahrenpotenzial und müssen dementsprechend berücksichtigt werden.

5.1.1 Datenschutz

Wer einen Roboter an das Internet anschließt, läuft Gefahr, dass der Roboter von einer fremden Person ferngesteuert wird. Wenn ein Roboter Arme und Beine hat, können diese wie Waffen eingesetzt, und im schlimmsten Fall lebensbedrohlich für Menschen werden. Haftbar ist zunächst immer der Eigentümer des Roboters, da es noch keine Gesetze gibt, welche die Haftung im Fall eines Missbrauchs regeln. Es gibt mittlerweile ausreichend Hinweise, dass ROS-Roboter leicht über das Netzwerk zugänglich sind, wenn man keine Schutzmaßnahmen getroffen hat.

Datenschutz betrifft auch die Aufnahmen, die der Roboter in Form von Audio und Video macht. Gibt es keine schriftliche Einverständniserklärung von den Personen, die aufgezeichnet werden, kann das zu einer juristischen Auseinandersetzung führen. Die Weitergabe solcher Daten kann hohe Schadenersatzforderungen nach sich ziehen.

Wenn im Roboter überhaupt Daten jeglicher Art von Personen erhoben werden, dann sollten diese, nach Einverständniserklärung der betroffenen Personen, verschlüsselt abgespeichert werden.

5.1.2 Sichere Programmierung

Mit der heutigen *Copy&Paste*-Mentalität haben sich etliche Sicherheitslücken in Programme eingeschlichen, weil viele Programmstücke ohne Überprüfung aus dem Internet in eigene Programme übernommen werden. Hier beginnt einer der Risikofaktoren, der den Roboter angreifbar macht.

Risiken lassen sich vermeiden, wenn man gewisse Standards bei der Programmierung einhält. Sogenannte *Styleguides*[1] helfen dem Entwickler, einen international anerkannten Standard zu verfolgen, um Programme besser wartbar und verständlicher zu machen. Ein *Styleguide* für eine bestimmte Programmiersprache gibt vor, wie man eigene Programmelemente formatiert, um ein einheitliches Aussehen des Quellcodes zu gewährleisten. Von ROS wird das Google *Styleguide* für C++ verwendet und ein separates *Styleguide* für Python.

Prüfprogramme stellen darüber hinaus sicher, dass keine unbeabsichtigten Speicherlecks oder Sicherheitslücken enstehen. Diese Prüfprogramme heißen *Linter* oder *Checker*. Es gibt sie für viele Sprachen und sie sollten von Anfang an verwendet werden.

5.1.3 Roboter-Ethik

Solange die Wenn-Dann-Entscheidungen eines Roboters von Programmiererinnen fest vorgegeben werden, liegt die Verantwortung bei der jeweiligen Programmiererin oder deren Auftraggeberin. Der Roboter handelt in einem solchen Fall nicht autonom, sondern nach vorgegebenen Regeln, die er nicht brechen kann.

Die Debatte, die um autonome Kraftfahrzeuge entbrannt ist, wird noch eine Weile geführt werden, bis schließlich eine Lösung für den Einsatz selbstfahrender Autos gefunden wird. Mit unserem Roboter halten wir selbst schon ein Stück dieser Zukunft in der Hand, denn in den Simulationen haben wir bereits gesehen, wie es ist, einer mobilen Basis ein Ziel vorzugeben, das von diesem dann mehr oder weniger zielorientiert angesteuert wird. Was ist, wenn wir den Laser zu hoch montiert haben? 30 Zentimeter Abweichung zum Boden ist eine ganze Menge. Wenn ein Säugling in

1. Ein *Styleguide* ist ein Vorlagendokument mit »*best practices*« zum Programmierstil. Für die in ROS vorwiegend verwendeten Programmiersprachen findet man die *Styleguides* auf den Wiki-Seiten unter *http://wiki.ros.org/ROS/Patterns/Conventions*, *http://wiki.ros.org/CppStyleGuide* und *http://wiki.ros.org/PyStyleGuide*.

der Wohnung krabbelt und der Kopf maximal bis 20 Zentimeter über den Boden ragt, dann würde unser Roboter das Baby schlicht »*übersehen*«. Ethische Fragen können und sollten schon im Designprozess des Roboters behandelt werden.

5.2 Entwicklungsumgebung

Für die Programmierarbeit mit ROS ist eine Entwicklungsumgebung (*engl. IDE – Integrated Development Environment*) nützlich. Sie vereinfacht und beschleunigt die Programmierarbeit, indem sie Fehler markiert und Befehle oder Wörter während der Eingabe vorschlägt. Eine Auswahl verschiedener Entwicklungsumgebungen mit Anleitungen zur Installation und Konfiguration finden Sie unter *http://wiki.ros.org/IDEs*.

Wer schon mit einer Entwicklungsumgebung gearbeitet und gute Erfahrungen damit gemacht hat, sollte bei dieser bleiben. Trotzdem kann ein Blick in die aktuellen Entwickler-Werkzeuge lohnenswert sein, da es immer wieder interessante Neuerscheinungen mit wertvollen Funktionen gibt.

Die von uns verwendeten Programmiersprachen sind Python und C++. Der größte Unterschied zwischen beiden ist, dass Python eine Interpreter- und C++ eine Kompiliersprache ist. Python-Programme bieten sich für die *Prototyping*-Phase an, da eine Änderung im Programm nicht erst in Maschinensprache kompiliert werden muss, bevor das Programm gestartet werden kann. C++-Programme laufen zwar etwas schneller, allerdings muss jede Änderung im Programm erst mal in Maschinensprache kompiliert werden, bevor es ausgeführt werden kann. Langfristig verbraucht die Kompilierarbeit eine Menge Entwicklungszeit.

Am meisten Zeit verbraucht die Fehlersuche. Wir gehen mal davon aus, dass von unserer gesamten Programmierzeit 20 % für die eigentliche Programmierung benötigt wird, während 80 % der Zeit bei der Fehlersuche verloren gehen. Umso wichtiger ist es daher, dass wir diejenigen Fehlerquellen ausschließen, die mit unserer Programmierung nichts zu tun haben. Ein Wackelkontakt wäre ein typisches Beispiel für eine vermeidbare Fehlerquelle auf der Hardware-Ebene. Bevor wir also programmieren, prüfen wir in den nächsten Abschnitten, ob alle Systemvoraussetzungen für die Entwicklungsarbeit erfüllt sind. Dazu zählt insbesondere eine funktionierende Netzwerkkonfiguration. Wie wir bereits wissen, ist ROS stark mit dem *TCP/IP*-Protokoll verzahnt. Netzwerkprobleme sind eine der häufigsten Fehlerursachen, denen wir während unserer Programmierarbeit begegnen werden. Gleiches gilt für die Uhrzeit, da ROS viele Berechnungen auf der aktuellen Zeit basierend durchführt. Wenn wir Netzwerk und Zeit erst mal im Griff haben, können wir bei der Fehlersuche diese Themen bereits ausschließen.

5.2.1 Netzwerk

Ich gehe davon aus, dass Sie einen separaten Entwicklungsrechner und einen Rechner für den Roboter einsetzen. Es ist zwar auch möglich, den Rechner des Roboters an einen Monitor, eine Tastatur und eine Maus anzuschließen und darin zu programmieren. Dann muss der Roboter allerdings oft auf den Schreibtisch, angeschlossen und nach getaner Arbeit abgetrennt werden, wenn er beispielsweise auf dem Boden statt auf dem Schreibtisch navigieren soll.

Ausführliche Informationen rund um das Thema ROS und Netzwerke gibt es auf den Wiki-Seiten unter *http://wiki.ros.org/ROS/NetworkSetup*. In Abschnitt 1.1 hatten wir bereits einige Punkte bezüglich Netzwerkkonfiguration aufgegriffen. Wichtig ist, dass die Rechner für LAN und WLAN konfiguriert sind, sodass ein Zugriff beliebig über WLAN und LAN erfolgen kann. Eine Anleitung für die Netzwerkkonfiguration würde den Rahmen dieses Buchs sprengen, weshalb hier lediglich wichtige Informationen bezüglich der Netzwerkfunktionalität beschrieben werden.

Den Zugriff vom Entwicklungsrechner auf den Rechner des Roboters bewerkstelligen wir per Tunnelsoftware – *ssh*. Die Server-Software von *ssh* muss auf dem Roboterrechner vorhanden sein, da sie eingehende Verbindungsanfragen bedienen wird. Der Entwicklungsrechner benötigt keinen *ssh*-Server, hierfür ist der *ssh*-Client bei Ubuntu-Systemen bereits vorinstalliert. Die Installation des *ssh*-Servers führen wir nun auf dem Roboterrechner mit folgendem Befehl aus.

```
sudo apt install ssh
```

Um uns mit dem Roboterrechner zu verbinden, benötigen wir dessen IP-Adresse. Empfehlenswert sind feste IP-Adressen für den Roboterrechner. An dieser Stelle lohnt sich auch ein Blick in die heimische Netzwerklandschaft. Wollen wir den Roboter mit an den Switch hängen, wo alle anderen Systeme verbunden sind? Bekommt der Roboterrechner seine neue IP-Adresse dann von einem DHCP-Server? Was ist, wenn der Roboter später nicht mit dem LAN, sondern einem WLAN verbunden wird? Wo sind Firewalls im Einsatz und werden Verbindungen zwischen Entwicklung, Roboter und gegebenenfalls dem Internet zugelassen? Diese Fragen werden wir uns immer wieder stellen, wenn mal keine Verbindung hergestellt werden kann. Es gibt ausreichend Hilfswerkzeuge, die uns bei Netzwerkproblemen weiterhelfen. Eine Auswahl brauchbarer Befehle für Linux ist in Tabelle 5–1 erläutert.

Befehl	Erklärung
`ping`	Schickt ein Paket (ping) mit zufälligen Daten an einen Host, um eine Antwort (pong) von der Gegenstelle zu erhalten. Als Ziel sind IP-Adressen und DNS-Namen möglich. `ping 10.15.10.72`
`tracepath`	Dasselbe wie der ping-Befehl, nur dass die Lebenszeit (TTL) eines Pakets bei eins beginnt und in jeder neuen Ausführungszeile um 1 erhöht wird. So erhält man die Zeit in Millisekunden und welcher Router (Hop) erreicht wurde. Eignet sich gut, um herauszufinden, wie viele Router ein ping-Paket auf seiner Reise durchquert. `tracepath heise.de`
`netstat`	Listet alle Netzwerkverbindungen auf, die an bestimmten Ports auf Verbindungen warten, verbunden sind oder die Verbindung gerade trennen. Eignet sich zur Überprüfung offener Ports bzw. Dienste, die erreichbar sind. `netstat -tulpen`

`hostname`	Zeigt den DNS-Namen des Rechners an. Die Konfigurationsdatei /etc/hostname enthält lediglich den Hostnamen des aktuellen Computers. Die Datei /etc/hosts kann auch Hosteinträge entfernter Computer enthalten. Ein Eintrag in der Datei /etc/hosts hat immer das Schema IP, HOSTNAME, ALIASNAME.
	127.0.1.1 entwicklung.localdomain entwicklung
	10.15.10.71 entwicklung.localdomain entwicklung
	192.168.2.171 entwicklung_wlan.localdomain entwicklung_wlan
	10.15.10.72 abot.localdomain abot
	192.168.2.172 abot_wlan.localdomain abot_wlan
	`hostname -f`
	Ausgabe: entwicklung.localdomain
	`hostname -i`
	Ausgabe: 127.0.1.1 10.15.10.71
	`hostname`
	Ausgabe: entwicklung

`ip a`	Gibt die Netzwerkschnittstellen und Informationen aus.
`ifconfig`	Gibt die Netzwerkschnittstellen und Informationen aus (veraltet).
`iwconfig`	Gibt die drahtlosen Netzwerkschnittstellen und Informationen aus.
`route`	Standard-Gateway und IP-Routinginformationen werden mit `route` tabellarisch angezeigt. An erster Stelle sollte das *default gateway* angezeigt werden. Das default gateway ist der Router zum übergeordneten Netzwerk – meistens das Internet. Der folgende Befehl fügt der Routingtabelle ein Gateway hinzu: `route add default gw 10.15.10.1`

Tab. 5–1 Nützliche Netzwerkbefehle

Wer eine Netzwerkverbindung über LAN und WLAN aufbaut, sollte dies irgendwie dokumentieren. Mit einem Beschriftungsgerät kann man IP-Adressen ausdrucken und am Roboter ankleben. So weiß man immer, wo die IP-Adresse steht. Andernfalls muss man aufwendig einen Monitor mit Tastatur anschließen, oder einen Netzwerkscanner starten, um mal eben die IP-Adresse zu erfahren. Ein elektronisches Notizbuch reicht für Dokumentationszwecke ebenso vollkommen aus.

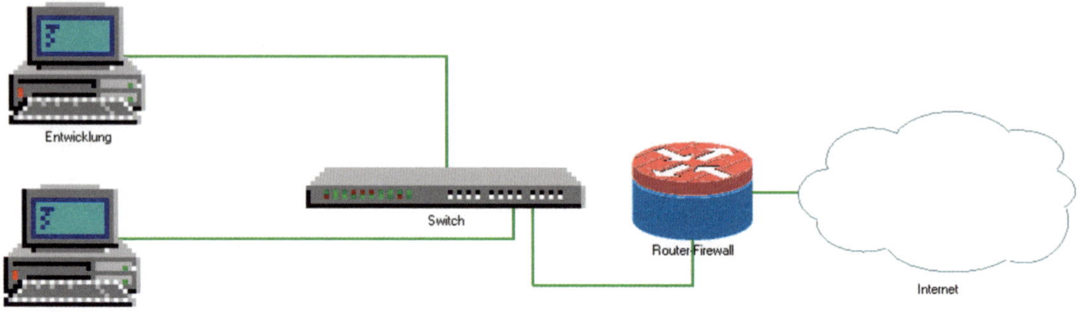

Abb. 5–1 Netzwerklandschaft – Entwicklung und Roboter Roboter (erstellt mit Network Notepad Freeware-Edition)

Die Tunnelverbindung zwischen Entwicklung und Roboter testen wir im nachfolgenden Befehl. Wir befinden uns im Entwicklungsrechner und wollen auf den Roboterrechner zugreifen.

```
ssh benutzername@10.15.10.72
```

Bei der erstmaligen Verbindung mit dem Roboterrechner erscheint eine Warnmeldung, ob wir den entfernten *ssh*-Server als vertrauenswürdig einstufen möchten. Wenn ja, dann kommt eine Aufforderung für das Kennwort und der *ssh*-Server wird in der Datei *~/.ssh/known_hosts* angefügt. Das Kennwort bezieht sich auf den Benutzernamen, der vor dem @-Symbol im *ssh*-Befehl angegeben wurde. Der Benutzername sollte derjenige Benutzer auf dem Roboterrechner sein, der einen ROS-Arbeitsbereich hat oder unter dessen Benutzerkonto das Robot Operating System installiert wurde.

War die Anmeldung erfolgreich, prüfen wir, ob es Aktualisierungen für das System respektive für ROS gibt.

```
sudo apt update
sudo apt upgrade
```

Jetzt, wo wir aus der Ferne mit dem Roboterrechner verbunden sind, prüfen Sie bitte nochmals alle Voraussetzungen von ROS für den ordentlichen Betrieb in einem Netzwerk, insbesondere die Hinweise auf den Wiki-Seiten unter *http://wiki.ros.org/ROS/NetworkSetup* sollten hierbei beachtet werden.

5.2.2 Zeit

In der heutigen Zeit ist alles genauestens getaktet. An der Börse arbeiten Programme, die gleichzeitig den Kurs einer Aktie und die Zeit beobachten. Verändert sich der Kurs stark in eine Richtung innerhalb einer bestimmten Zeitspanne, so reagiert ein Börsenprogramm automatisch auf solche Veränderungen mit dem Kauf oder Verkauf der beobachteten Aktien. So ähnlich läuft das auch in unserem Roboter, nur dass nicht gekauft oder verkauft wird.

Vergleichen wir ein Navigationsprogramm, welches einen vorgegebenen Weg abfährt, um eine Zielkoordinate zu erreichen. Es wird zunächst in eine Richtung beschleunigt, nach einer bestimmten Zeit wird die aktuelle Position gemessen und aus dem Ergebnis wird eine Beschleunigung in eine korrigierte oder dieselbe Richtung ausgeführt, dann wird wieder gemessen und erneut in eine Richtung beschleunigt und so weiter, bis man dem Ziel so nahe gekommen ist, dass das Navigationsprogramm bekanntgibt, dass das Ziel erreicht wurde.

Alle Berechnungen, die mit Zeit zu tun haben, benötigen eine Zeitquelle. Die Zeit auf einem Computer wird entweder manuell eingegeben oder von einem entfernten Zeitserver kopiert. Je mehr Computer an einem ROS-Master angebunden sind, desto wichtiger wird die Synchronisation der Zeit der beteiligten Computer. Das bedeutet nicht, dass auf einem Inselsystem, also einem System das ohne Netzwerk arbeitet, die Zeitangabe vernachlässigt werden kann. Das merkt man spätestens beim Ausführen von *catkin_make*. Dann erscheinen Meldungen, dass die Zeitstempel in der Zukunft liegen und somit die Erstellung der ROS-Pakete erst gar nicht anläuft. Auf solchen Inselsystemen genügt jedoch eine manuelle Zeitkonfiguration.

Wenn die grafischen Programme auf einem entfernten Rechner, statt auf dem Roboterrechner laufen sollen, benötigt man eine zuverlässige Zeitsynchronisation. Auf aktuellen Ubuntu-Systemen ist das Programm *timedatectl* vorinstalliert und nicht mehr *ntp – Network Time Protocol*. Also installieren wir *ntpdate* einfach nach. Ist eine Firewall zwischen dem Computersystem und dem Netzwerk, sollten ausgehende Anfragen an Port 123 erlaubt werden.

```
sudo apt install ntpdate
```

Anschließend überprüfen wir die Ausgabe von *timedatectl*.

```
timedatectl
```

Ausgabe:

```
      Local time: Mo 2018-10-07 12:09:26 CEST
  Universal time: Mo 2018-10-07 10:09:26 UTC
        RTC time: Mo 2018-10-07 10:09:27
       Time zone: Europe/Berlin (CEST, +0200)
 Network time on: no
NTP synchronized: no
 RTC in local TZ: no
```

Wenn die Konfiguration von »Network time on« auf »*no*« steht, dann wird die Uhrzeit *nicht* mit einem Zeitserver abgeglichen. Der nächste Befehl schaltet die Zeitsynchronisation mit einem entfernten Zeitserver ein.

```
timedatectl set-ntp on
```

Wenn der Befehl *timedatectl* erneut ausgeführt wird, sollten die Netzwerkparameter nicht mehr auf »*no*«, sondern auf »*yes*« stehen. Ab jetzt sollte die Zeit mit einem Zeitserver im Internet abgeglichen werden. Den Status gibt der zuständige Systemdienst für die Zeitsynchronisation aus, was im folgenden Befehl beschrieben ist. Mit *restart* anstelle von *status* kann man die Zeitsynchronisation manuell anschubsen.

```
systemctl status systemd-timesyncd.service
```

Alternativ kann mit dem Programm *Chrony* ein Computer im lokalen Netzwerk als Zeitquelle angegeben werden. Dies ist sinnvoll, wenn kein Internet vorhanden oder das Netzwerk isoliert ist. Die Konfiguration von *Chrony* ist denkbar einfach, weshalb ich hier nicht weiter darauf eingehen werde.

5.2.3 ROS auf mehreren Maschinen

Nachdem das Netzwerk steht und eine Verbindung über LAN oder WLAN zwischen Entwicklungsrechner und Roboterrechner hergestellt werden kann, betrachten wir im folgenden Szenario die notwendigen Einstellungen, um ROS auf zwei Maschinen zu starten, wobei nur eine von beiden der ROS-Master sein wird. Dieses Szenario kommt sehr häufig vor, denn auf dem Roboterrechner gibt es keine grafische Oberfläche und oft benötigt man eben eine solche, um die Menge an Informationen überschaubar darzustellen und Fehler schneller zu finden. Als Beispiel stellen wir uns ein Programm zur Gesichtserkennung vor. In ROS werden Bilddaten in einer RGB-Matrix aus Zahlen zwischen 0 und 255 ausgetauscht. Betrachten wir nur die Zahlen, dann ist es schwierig zu erkennen, welches Gesicht gerade erkannt wurde. Mit einem Bildbetrachter könnten wir sofort feststellen, um welches Gesicht es sich handelt.

Zuerst werden die lokalen Domänennamen konfiguriert. Die Datei */etc/hosts* bietet eine vereinfachte Form des ausgewachsenen Domänen-Namen-Systems, kurz DNS. Damit können IP-Adressen als Namen gespeichert und leichter gemerkt werden. Die IP-Adressen in Tabelle 5–2 sind frei erfunden. Sie tragen in der Datei */etc/hosts* die Adressen ein, die tatsächlich in Ihrem Netzwerk konfiguriert sind, und vergeben diesen dann einen Aliasnamen. Anschließend kann man im ping-Befehl den Aliasnamen statt der IP-Adresse verwenden.

Computer	Konfiguration /etc/hosts	
ROS (Entwicklungsrechner)	127.0.0.1 10.15.10.71 10.15.10.72 192.168.2.171 192.168.2.172	localhost entwicklung abot entwicklung_wlan abot_wlan
ROS-Master (Roboterrechner)	127.0.0.1 10.15.10.71 10.15.10.72 192.168.2.171 192.168.2.172	localhost entwicklung abot entwicklung_wlan abot_wlan

Tab. 5–2 Lokale DNS-Einträge für ROS-Master und Entwicklung

```
ping abot
ping entwicklung
```

Beide Rechner sollten per LAN-Kabel verbunden sein oder man verbindet beide über WLAN und tauscht den entsprechenden DNS-Namen im *ping*-Befehl aus. Bevor wir die Befehle ausführen, melden wir uns vorher einmal auf dem Entwicklungsrechner und einmal auf dem Roboterrechner an. Erhalten wir anschließend mit dem *ping*-Befehl eine Antwort von der Gegenstelle, dann ist alles gut.

Für das geplante Szenario starten wir auf dem Roboterrechner alle benötigten Programme, um mit der mobilen Basis zu navigieren und gleichzeitig eine Karte von der Umgebung zu zeichnen. Sobald der ROS-Master auf dem Roboterrechner läuft, führen wir schließlich auf dem Entwicklungsrechner das Programm *RViz* aus, um den Roboter bei seiner Arbeit zu beobachten. Dabei müssen beide Rechner wissen, wer welche Rolle spielt. Für den Entwicklungsrechner spielt der Roboter die Rolle des ROS-Masters, also bekommt der Entwicklungsrechner in der Variable *ROS_MASTER_URI* die IP-Adresse des Roboterrechners mitgeteilt. Mit der Variable *ROS_IP* stellen wir sicher, dass sonstige ROS-Kommunikation, die nicht über den

ROS-Master abgewickelt wird, über die eigene IP-Adresse läuft. Somit ergeben sich folgende *export*-Befehle für die jeweiligen ROS-Variablen.

Computer	Konsolenbefehle
ROS-Master (Roboterrechner)	export ROS_MASTER_URI=http://abot:11311 export ROS_IP=10.15.10.72
ROS (Entwicklungsrechner)	export ROS_MASTER_URI=http://abot:11311 export ROS_IP=10.15.10.71

Tab. 5–3 ROS-Variablen mit dem export-Befehl einstellen.

Wer die *export*-Befehle permanent machen möchte, damit sie nicht nach jedem Neustart ausgeführt werden müssen, kann diese in der Datei *.bashrc* im Basisverzeichnis des aktuellen Benutzers speichern.

Wer ROS auf seinem System installiert hat, kann sich anhand der Variable ROS_MASTER_URI mit jedem erreichbaren ROS-Master verbinden und dessen ROS-Knoten lesen und schreiben!

Linux-Befehlshistorie

Es gibt zwei Dinge auf einem Linux-System, die meiner Ansicht nach die Arbeit auf der Konsole stark vereinfachen: zum einen die `Tabulator`-Taste, die wir bereits kennen, und zum anderen die Historie. Die Historie speichert alle in der Konsole eingegebenen Befehle in der Datei *.bash_history*. Sie befindet sich im Basisverzeichnis des Benutzers. Mit der Tastenkombination `Strg` + `Alt` + `B` in einer Konsole kann man rückwärts und mit `Strg` + `Umschalt` + `R` vorwärts durch die gespeicherten Befehle blättern. Sobald der gewünschte Befehl auftaucht, kann dieser umgehend mit der *Enter*-Taste ausgeführt werden.

Die Anzahl der Befehle, die in der *.bash_history* gespeichert werden, hängt von der Einstellung HISTFILESIZE in der Datei *.bashrc* ab. Der Standardwert für HISTFILESIZE speichert lediglich 2000 Befehle; es empfiehlt sich, diesen mit zwei Nullen zu ergänzen ☺.

Die Startbefehle, um ROS auf zwei Maschinen verteilt zu verwenden, stehen in Tabelle 5–4. Zuerst startet der ROS-Master auf dem Roboter. Danach kann der Entwicklungsrechner die Sensordaten empfangen und in *RViz* darstellen.

Computer	Konsolenbefehle
ROS-Master (Roboterrechner)	launch abot_bringup abot_base.launch
ROS (Entwicklungsrechner)	launch abot_bringup abot_gui.launch

Tab. 5–4 Startbefehle für verteilte ROS-Systeme

Wenn *RViz* auf dem Entwicklungsrechner gestartet ist und Sensordaten empfängt, werden diese grafisch dargestellt. An dieser Stelle können bereits Navigationsziele in *RViz* angeklickt werden. Wie man Navigationsziele mit der Maus eingibt ist in Abschnitt 2.2 und in Abbildung 2–5 auf Seite 57 beschrieben. Dasselbe ist aber auch in einer Konsole möglich und in Abbildung 1–12 auf Seite 41 haben wir gesehen, wie das geht. Setzt der Roboter sich in Bewegung und werden fortlaufend neue Sensordaten in *RViz* visualisiert, dann haben Sie erfolgreich den Navigations-Stack von ROS in Betrieb. Diese Sternstunde können Sie ausgiebig mit weiteren Navigationszielen für den Roboter feiern und anschließend die erstellte Karte als Bild speichern. Starten Sie zunächst ein neues Terminalfenster. Der folgende Befehl speichert die aktuelle Karte unter dem Namen »*mymap*« an Ort und Stelle auf dem aktuellen System:

```
rosrun map_server map_saver -f mymap
```

Insgesamt entstehen zwei Dateien aus dem *map_saver*-Befehl. Für Karten ist das Verzeichnis *maps* im übergeordneten Verzeichnis *abot_navigation* unseres Roboters vorbereitet. Verschieben Sie die gleichnamigen Dateien in das *maps*-Verzeichnis. Bei Bedarf wissen Sie, wo die Karte zu finden ist. Mehr Informationen zu den erstellten Karten und Formaten sehen wir in Abschnitt 5.4.1.

Bevor Sie zum nächsten Kapitel wechseln, stoppen Sie alle laufenden Programme. Die Terminalfenster haben Umgebungsvariablen gesetzt, die ein externes System referenzieren. Also schließen wir auch alle Terminalfenster (siehe Abbildung 5–2).

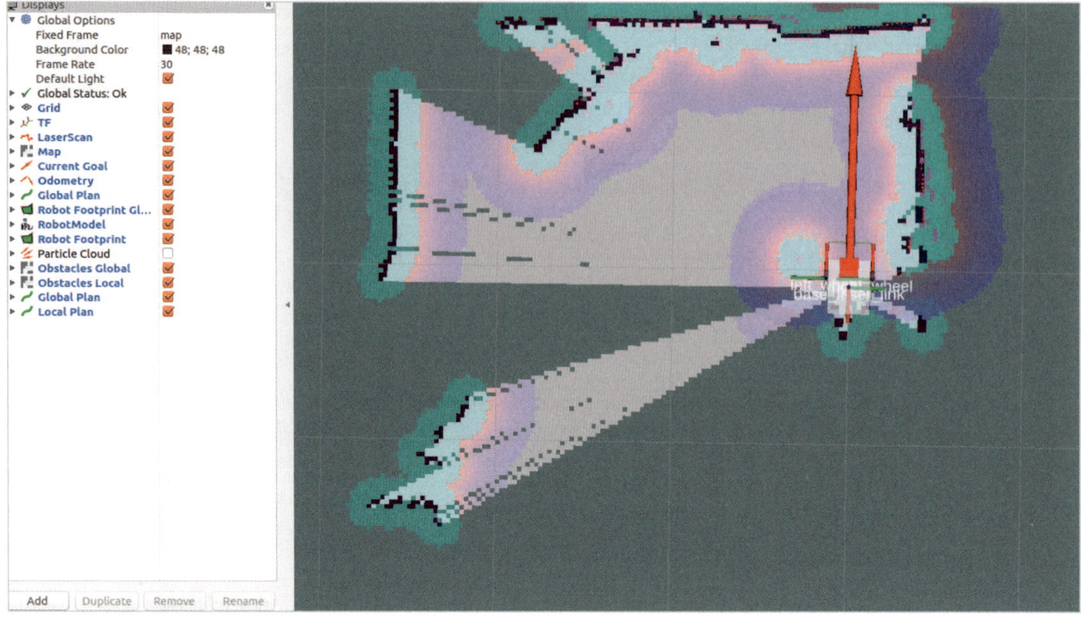

Abb. 5–2 RViz-Sensordaten von einem entfernten Rechner

5.3 Hallo Welt

Das erste ROS-Programm soll so klein und überschaubar wie möglich sein. Bevor man ein Python- oder C++-Programm in ROS schreiben kann, müssen die nötigen Rahmenbedingungen erfüllt werden. Benötigt wird selbstverständlich erst mal eine ROS-Installation. Nach der Installation wird ein Arbeitsbereich erstellt und mit dem Befehl *catkin_make* initialisiert. Im *src*-Verzeichnis des *catkin*-Arbeitsbereichs kann schließlich ein ROS-Paket mit dem Befehl *catkin_create_pkg* generiert werden. In dem so entstandenen Paketverzeichnis befindet sich das Grundgerüst eines jeden ROS-Pakets, darunter auch das Verzeichnis *src* für eigene C++-Programme und Python-Module. Bis zum Erstellen eines Arbeitsbereichs wurde bereits alles in Abschnitt 1.1 beschrieben. Wir knüpfen in diesem Kapitel daran an und beginnen mit der Erstellung eines neuen ROS-Pakets. Danach schreiben wir Programme mit Python und mit C++. Sie müssen sich nicht auf eine dieser beiden Sprachen für immer festlegen. Sie können einen Teil mit der einen und einen anderen Teil mit der anderen Sprache programmieren. Einige Empfehlungen gehen davon aus, dass man in der *Prototyping*-Phase alles in Python schreibt und erst später für die *Produktiv*-Phase alles in C++ umschreibt. In anderen Empfehlungen werden nur performancekritische Bereiche in C++ programmiert und der Rest in Python. Sie sollten am besten selbst herausfinden, was die beste Lösung ist. Oft ist das reine Geschmackssache und das ist gut so.

Die am Anfang dieses Kapitels beschriebenen Schritte sind ein kleiner Auszug der Prämissen, die für ein ROS-Programm benötigt werden. Im Detail sind da beispielsweise noch die Dateien *CMakeLists.txt* sowie *package.xml.* Ohne diese Dateien und deren sachgemäße Konfiguration wird kein ROS-Programm starten. Als Einsteiger in ROS kann dies eine echte Herausforderung sein. Umso wichtiger ist es, mit einem einfachen Beispiel zu beginnen. Testen Sie mit dem nächsten Befehl, ob der Arbeitsbereich des aktuellen Benutzers erreichbar ist.

```
roscd
```

Wenn Sie nicht in einem Benutzerverzeichnis landen, sondern in einem Systemverzeichnis, wo ROS installiert ist, dann ist entweder die Umgebungsvariable *$ROS_PACKAGE_PATH* falsch konfiguriert oder es existiert gar kein *catkin*-Arbeitsbereich im Heimatverzeichnis des Benutzers. In Abschnitt 1.1.8 sind Arbeitsbereiche beschrieben.

Das korrekte Zielverzeichnis von *roscd* ist *~/catkin_ws/devel.* Löst man die Tilde auf, dann lautet der absolute Pfad */home/<benutzername>/catkin_ws/devel*, wobei Sie *<benutzername>* durch den Benutzernamen des angemeldeten Benutzers ersetzen. Wechseln Sie nun aus dem *devel*-Verzeichnis eine Verzeichnisebene nach oben, sodass sich das *src*-Verzeichnis unter Ihnen befindet. Anschließend steigen Sie in das *src*-Verzeichnis ab. Dieses Auf und Ab könnte man sich durch ein *Alias* in der *.bashrc* sparen. Ich erstelle mir dort gerne Pseudonyme für *roscd*, *catkin_make* und alles weitere, was sonst an Aufgaben wiederkehrt. Alternativ wechselt man mit *cd* direkt in das gewünschte *src*-Verzeichnis. Der folgende Alias führt ohne Umwege in das Verzeichnis *src* des Arbeitsbereichs.

```
alias rcd='cd ~/catkin_ws/src'
```

Im *src*-Verzeichnis angekommen, erstellen wir mit dem folgenden Befehl ein neues ROS-Paket:

```
catkin_create_pkg hallo_welt std_msgs rospy roscpp
```

Die Syntax von *catkin_create_pkg* erwartet als erstes Argument einen eigenen ROS-Paketnamen. Optional können Abhängigkeiten zu anderen ROS-Paketen angegeben werden. Die Paketabhängigkeiten müssen nach dem eigens definierten Paketnamen von Leerstellen getrennt angehängt werden. Die Abhängigkeiten können nachträglich in den generierten Dateien *CMakeLists.txt* und *package.xml* ergänzt oder gelöscht werden. Es ist also kein Problem, wenn einige Abhängigkeiten später hinzukommen oder nicht mehr verwendet werden. Die im vorigen Befehl angehängten optionalen Abhängikgeiten referenzieren Standardbibliotheken, die wir zum Programmieren mit

Python (*rospy*) oder mit C++ (*roscpp*) benötigen. Die Standardnachrichtenbibliothek (*std_msgs*) stellt gängige Formate wie *Integer*, *Float*, *String* und mehr zur Verfügung.

Bei der Wahl des eigenen Paketnamens sollten zum einen die Vorschläge (engl. *Proposals*) von ROS berücksichtigt werden. Diese findet man im Internet unter *http://www.ros.org/reps/rep-0144.html*. Kurz gesagt sollten ROS-Paketnamen aussagekräftig sein, aus Kleinbuchstaben bestehen, mit einem Buchstaben beginnen und Unterstriche als Trennstriche verwenden. Zum anderen sollten Namenskollisionen mit anderen Paketnamen vermieden werden. Dies kann durch Voranstellen des Firmen- oder Roboternamen elegant gelöst werden, da die Pakete dadurch in Verzeichnissen aufeinanderfolgend sortiert werden. Eine Liste aller registrierten ROS-Pakete finden Sie unter *http://www.ros.org/browse/list.php*.

Nach Ausführung des Befehls *catkin_create_pkg* wird ein Ordner mit dem gleichnamigen ROS-Paketnamen erstellt. Beachten Sie auch die Hinweise in Tabelle 1–2 auf Seite 15. Dort sind die Ordner und Dateien eines ROS-Pakets kurz beschrieben.

Die Paketliste mit allen auf dem System vorhandenen ROS-Paketen muss zunächst aktualisiert werden, damit unser neu erstelltes ROS-Paket mit dem Befehl *roscd* auffindbar ist. Der *Crawler*[2], der nach ROS-Paketen sucht, wird mit folgendem Befehl gestartet:

```
rospack profile
```

Eine genauere Beschreibung dessen, was rospack leistet, findet man unter *http://docs.ros.org/independent/api/rospkg/html/rospack.html*. Wechseln wir nun mit dem nächsten Befehl in das Verzeichnis unseres soeben erstellten ROS-Pakets.

```
roscd hallo_welt
```

Das Verzeichnis unseres Pakets enthält das folgende Grundgerüst:

```
CMakeLists.txt
include/
package.xml
src/
```

Als Nächstes erstellen wir eine Python-Datei. Sie soll ein typisches ROS-Programm werden und Daten publizieren. Anschließend hören wir die Daten mit einem *subscriber*-Programm ab.

2. Ein *Crawler* ist ein Suchprogramm, das alle vordefinierten Verzeichnisse durchläuft und die Ergebnisse in einer Datenbank indiziert. Die vordefinierten Verzeichnisse stammen in diesem Fall aus der Variable *$ROS_ROOT* und *$ROS_PACKAGE_PATH*.

5.3.1 Python Publisher und Subscriber

Python-Programme gehören in die Verzeichnisse *nodes* und *scripts*. Python-Module werden im *src*-Verzeichnis gespeichert. Das *nodes*-Verzeichnis ist für Python-Programme vorgesehen, die eine *Node*-Funktionalität implementieren. Einfache Skripte können im Verzeichnis *scripts* abgelegt werden. Eine verbindliche Vorgabe, in welchem der beiden Verzeichnisse Python-Programme abgelegt werden, gibt es nicht. So könnten auch Python-Programme mit *Node*-Funktionalität im *scripts*-Verzeichnis verwendet werden. Für das Verständnis ist es einfacher, *node*-Programme im *nodes*-Verzeichnis und alles andere im *script*-Verzeichnis abzulegen. Die Empfehlungen von ROS zu Python-Programmen finden Sie unter *http://www.ros.org/reps/rep-0008.html*. Wir beginnen mit einem *node*-Programm in Python. Mit dem Befehl *mkdir* erstellen wir zunächst das Verzeichnis *nodes*.

```
mkdir nodes
```

5.3.1.1 Publisher

Das erste Pythonskript wird ein *publisher*-Programm, welches fortlaufend Nachrichten an beliebige Empfänger senden soll. Eine Python-Datei erstellen Sie mit einem bevorzugten Editor. Wenn Sie *Atom* installiert haben, dann können Sie an dieser Stelle auch *Atom* starten.[3] Der folgende Befehl startet *Atom* mit dem aktuellen Verzeichnis als Basis:

```
atom .
```

Der Punkt ist ein Bezug auf das aktuelle Verzeichnis, in dem man sich befindet. Im Verzeichnis *nodes* erstellen Sie eine Python-Datei ohne Dateiendung. Der Dateiname lautet *publisher*. Es ist zwar kein Problem eine Dateiendung zu verwenden, aber es sieht einfach besser aus, wenn man *rosrun* verwendet und lediglich die Dateinamen erscheinen. Ich verwende dennoch sehr oft eine Dateiendung, um im Dateibrowser des Betriebssystems Python-Programme schneller zu finden bzw. zu erkennen. Die Datei muss anschließend mit *chmod*[4] ausführbar gemacht werden. Der folgende Befehl vergibt dem Eigentümer und der Benutzergruppe Ausführungsrechte an der Datei *publisher*:

```
chmod ug+x publisher
```

3. *Atom* kann in einem Terminalfenster gestartet werden, wobei das Basisverzeichnis als Argument beim Aufruf des Programms mitgeliefert werden kann. Der folgende Aufruf von *Atom* in einem Terminalfenster startet das Programm und verwendet das aktuelle Verzeichnis als Basis: *atom ./*
4. *chmod* verändert die Dateirechte. In Linux werden Dateirechte für den Eigentümer, eine Benutzergruppe und alle anderen definiert. Für diese drei Benutzertypen werden drei Oktalwerte benötigt, wobei jeder einzelne Oktalwert von 0 (keine Rechte) bis 7 (Lesen, Schreiben und Ausführen) gesetzt werden kann. Mehr Informationen findet man unter *http://www.gnu.org/software/coreutils/chmod*.

Der Inhalt dieser Datei ist vergleichbar mit dem Tutorial für Python-*Publisher* auf den *Wiki*-Seiten von ROS.

```
#!/usr/bin/env python
import rospy
from std_msgs.msg import String
rospy.init_node('hallo_welt_publisher')
pub_hallo = rospy.Publisher('hallo', String, queue_size=10)
rate = rospy.Rate(1)
message = 'Hallo Welt '
counter = 0
while not rospy.is_shutdown():
  pub_hallo.publish(message + str(counter))
  counter += 1
  rate.sleep()
```

In der ersten Zeile steht das sogenannte *Shebang*. Es weist das Betriebssystem an, das Dokument mit Python auszuführen. Abhängig von der verwendeten Python-Version kommt Python 2 **oder** 3 zum Einsatz, wenn denn keine Versionsnummer an das Wort *python* im *shebang* angehängt ist. Hängt man eine Versionsnummer an das Wort *python* an, kann man die zu verwendende Version steuern. ROS *Kinetic* verwendet Python 2.

Die zweite Zeile importiert die ROS-Biblothek für Python-Programme. Wir hatten diese Bibliothek während der Erstellung mit *catkin_create_pkg* als Argument angegeben.

In der dritten Zeile ist ebenfalls eine Import-Anweisung zu einer Standardnachrichten-Bibliothek, die von uns bei der Erstellung des ROS-Pakets als Argument mitgegeben wurde. Diese Abhängigkeiten sind, wie bereits zuvor erwähnt, in den Dateien *CMakeLists.txt* und *package.xml* definiert.

Sind alle Voraussetzungen importiert, geht es mit der Initialisierung unseres *Node* los. Wir vergeben gleichzeitig einen Namen für den *Node*:

```
rospy.init_node('hallo_welt_publisher')
```

Der Name sollte aussagekräftig sein und nicht mit anderen identischen *Node*-Namen kollidieren. Sobald diese Zeile abgearbeitet wird, entsteht ein neuer *TCP/IP-Socket*. Darüber verbindet sich der *Node* mit dem ROS-Master, welcher standardmäßig auf Port 11311 auf Verbindungen wartet. Mit dem Befehl *rosnode list* finden wir später unser *Node* in der Konsole wieder. Davor müssen selbstverständlich der Befehl *roscore* ausgeführt und unser *Node* gestartet sein.

Die Portnummer unseres *publisher*-Programms erfahren Sie, wenn Sie *Debug*-Meldungen aktivieren oder den Befehl *rosnode info* einsetzen. Als Ergänzung kann man bereits während der Initialisierung die *Debug*-Stufe als weiteres Argument mitliefern. Nachfolgend die bereits genannte Initialisierung mit zusätzlichen *Debug*-Ausgaben:

```
rospy. init_node('hallo_welt_publisher', log_level=DEBUG)
```

Mit dem nächsten Befehl geben wir unser *Topic* bekannt:

```
pub_hallo = rospy.Publisher('hallo', String, queue_size=10)
```

Die Argumente eines *Publisher*-Objekts sind der Name, der Datentyp und die Menge an Nachrichten, die gepuffert werden sollen. Der Puffer (engl. *queue*) ist in ROS *Hydro* dazugekommen. Wenn ein Empfänger (*subscriber*) nicht schnell genug die Nachrichten eines Absenders (*publisher*) verarbeiten kann, werden die Menge an Nachrichten bereitgehalten, die im Puffer gesammelt wurden. Sobald der Empfänger wieder Kapazitäten frei hat, erhält er zunächst die **älteste** Nachricht aus dem Puffer des Absenders. Wer sich nur für topaktuelle Nachrichten interessiert, setzt den Puffer auf 1. Verwendet man *Nodelets* statt *Nodes*, dann können *Publisher* und *Subscriber* demselben Prozess angehören und somit das Pufferproblem umgehen. Nachrichten werden dann nicht umständlich über die Netzwerkschicht transportiert. Wir betrachten diese Kommunikationsform dann als *Interprozesskommunikation*. *Nodelets* können bis dato nur mit C++ verwendet werden.

Die Frequenz, mit der der *Node* arbeitet, bestimmt das *Rate*-Objekt. Als Argument erwartet es eine Dezimalzahl mit oder ohne Dezimaltrennzeichen.

```
rate = rospy.Rate(1)
```

Die Einheit ist Hertz, also ein Mal die Sekunde in unserem Fall. Das ist sehr langsam und tatsächlich verwendet man mindestens 10Hz durchschnittlich in Python-*Nodes*.

Am Ende des Programms befindet sich eine blockierende Schleife, die solange läuft, bis unser Python-*Node* beendet wird. In der Schleife selbst versenden wir in zeitlich vorgegebenen Abständen unsere Nachricht an alle Empfänger. Wenn es keine Empfänger gibt, die unser *Topic* abonniert haben, dann werden auch keine Nachrichten verschickt.

```
pub_hallo.publish(message + str(counter))
```

Den Datentyp unserer Nachrichten haben wir im *Publisher*-Objekt als *String* festgelegt. Die Verwendung eines inkompatiblen Datentyps führt an dieser Stelle zum Abbruch des Programms.

Es ist Zeit für einen ersten Test unseres »Hallo Welt«-Programms. Wir benötigen ein Konsolenfenster für *roscore*, ein weiteres Konsolenfenster für unser *Node* und ein drittes für die Ausgabe der empfangenen Nachrichten. Die nächsten Befehle führen wir der Reihe nach in unterschiedlichen Konsolenfenstern aus:

```
roscore
rosrun hallo_welt publisher
rostopic echo /hallo
```

Wenn Sie im dritten Fenster den letzten Befehl bestätigt haben, sollten fortlaufend Nachrichten von unserem *Node* erscheinen. Wenn Sie den letzten Befehl etwas später starten, nachdem unser *Node* schon gestartet hat, dann erhalten Sie auch nur die Nachrichten, die zu dem Zeitpunkt publiziert werden. Das erkennt man an der Nummerierung der »Hallo Welt«-Daten. Der Datenfluss ist vergleichbar mit einem Livestream einer Fernsehsendung – man sieht Daten ab dem Zeitpunkt, an dem man den Fernseher einschaltet. Wenn Sie keine *Sendung* verpassen möchten, schauen Sie sich den Befehl *rosbag* in Abschnitt 1.3.6 an. Damit kann man von Beginn an alles aufzeichnen.

```
data: "Hallo Welt 7"
---
data: "Hallo Welt 8"
---
data: "Hallo Welt 9"
---
```

Während die drei Konsolenfenster beschäftigt sind, können wir in einem vierten Konsolenfenster die Dinge im Hintergrund untersuchen. In Abschnitt 1.2 haben wir dazu Befehle kennengelernt. Die wichtigsten im Zusammenhang mit *Nodes* und *Topics* folgen hier:

```
rosnode list
rosnode info /hallo_welt_publisher
rostopic list
rostopic info /hallo
```

Sie können die Konsolenfenster mit `Strg` + `C` beenden. Eine alternative Lösung zum Beenden von *Nodes* bietet der Befehl *rosnode kill*. In einem Konsolenfenster beendet der folgende Befehl unser *publisher-Node*:

```
rosnode kill /hallo_welt_publisher
```

5.3.1.2 Subscriber

Die Gegenstelle unseres *publishers* bilden wir mit einem *subscriber* nach. Der *subscriber-Node* abonniert dazu das *Topic /hallo*. Eine Nachricht an das Logsystem von ROS soll zeigen, dass wir Nachrichten empfangen. Wir benötigen im Verzeichnis nodes eine weitere Datei – subscriber. Die Datei muss ebenfalls ausführbar sein.

```
#!/usr/bin/env python
import rospy
from std_msgs.msg import String
def mycallback(arg):
  rospy.loginfo(arg.data)
rospy.init_node('hallo_welt_subscriber')
sub_hallo = rospy.Subscriber('hallo', String, mycallback)
rospy.spin()
```

Die ersten drei Zeilen sind bereits vom *publisher*-Programm bekannt. Der erste Block danach ist unsere *Callback*-Funktion. Sie wird jedes Mal aufgerufen, sobald ein Ereignis in der *spin*-Schleife ausgelöst wird. Ein Ereignis ist in diesem Fall eine hereinkommende Nachricht von dem *Topic*, für das wir uns als Abonnent beim ROS-Master eingetragen haben. Die Argumente der *Callback*-Funktion werden von ROS gesteuert und geliefert. Wir halten in unserer *Callback*-Funktion lediglich ein Argument bereit. Anschließend geben wir die empfangenen Daten als *Log*-Nachricht der Stufe »Info« im verwendeten Konsolenfenster aus. Die Bezeichnung *data* des *arg*-Arguments habe ich mit folgendem Befehl herausgefunden:

```
rosmsg show std_msgs/String
string data
```

Die Ausgabe – hier farbig gekennzeichnet – verrät den Datentyp und das zugehörige Transport-Datenfeld. Die Bezeichnung dieses Datenfelds kann man in eigenen ROS-Programmen verwenden, um Transportdaten auszulesen.

Nach der Initialisierung unseres *Nodes*, geben wir bekannt, dass wir uns für das *Topic /hallo* interessieren.

```
sub_hallo = rospy.Subscriber('hallo', String, mycallback)
```

Das *Subscriber*-Objekt erwartet den Namen des Topics, den Datentyp und eine *Callback*-Funktion, die wir bereits weiter oben definiert haben. Die *Callback*-Funktion wird von ROS bei jedem Nachrichtenereignis aufgerufen. Beachten Sie, dass keine Klammern und auch keine Argumente mit dem Funktionsnamen verwendet werden.

Zuletzt binden wir das Programm in ROS ein, damit ROS unsere *Callback*-Funktionen aufrufen kann. Dies geschieht in einer blockierenden Schleife, die von der *spin*-Funktion bereitgestellt wird. Die letzte Zeile ergibt also nur Sinn, wenn wir *Callback*-Funktionen im Programm verwenden.

```
rospy.spin()
```

Nach der letzten Zeile geht es erst weiter, wenn ROS beendet oder die *spin*-Funktionsschleife verlassen wurde. Testen Sie nun beide Programme mit den folgenden ROS-Konsolenbefehlen:

```
roscore
rosrun hallo_welt publisher
rosrun hallo_welt subscriber
```

Nach diesem Beipspiel haben Sie das kleinste mögliche ROS-System entwickelt. Im Prinzip geht es nach demselben Schema weiter. Sie teilen Ihre Aufgaben in kleine einzelne Programme auf, die über das Nachrichtensystem von ROS Daten verarbeiten und austauschen.

Abb. 5–3 Hallo Welt publisher und subscriber mit rqt_graph dargestellt.

5.3.1.3 Launch-Datei

Nach einer Weile kann es sehr anstrengend werden, ständig den ROS-Master mit dem Befehl *roscore* in einem eigenen Konsolenfenster zu starten und zu beenden. Im Anschluss startet man die gewünschten Programme in jeweils einzelnen Konsolenfenstern. All diese Konsolenfenster werden oft nur für einen kurzzeitigen Test verwendet. Diese Mühen sparen wir uns mit einer *launch*-Datei, die in Abschnitt 1.2.11 beschrieben wurde.

In unserem ROS-Paket benötigen wir zunächst das Verzeichnis »launch«, wenn es noch nicht existiert. Erstellen Sie das Verzeichnis mit dem Befehl *mkdir*. Im *launch*-Verzeichnis erstellen Sie eine *launch*-Datei mit dem Dateinamen »hallo_welt_python.launch«. Der Inhalt dieser Datei ist wie folgt aufgebaut:

```
<?xml version="1.0" encoding="utf-8" ?>
<launch>
  <node
    name="hallo_welt_publisher"
    pkg="hallo_welt"
    type="publisher"
    output="screen">
```

```
    </node>
    <node
      name="hallo_welt_subscriber"
      pkg="hallo_welt"
      type="subscriber"
      output="screen">
    </node>
  <launch>
```

Speichern Sie die Datei ab und starten Sie das Ganze mit folgendem Befehl:

```
roslaunch hallo_welt hallo_welt_python.launch
```

Die Ausgaben beider Python-Programme und des ROS-Masters werden nun in ein und demselben Konsolenfenster erscheinen, welches Sie für den *roslaunch*-Befehl verwendet haben. Klar, man bräuchte noch ein weiteres Konsolenfenster, wenn man die laufenden Programme mit ROS-Befehlen untersuchen wollte.

5.3.2 C++ Service Server und Client

Ein C++-Programm erstellen wir im *src*-Verzeichnis unseres ROS-Pakets. Dieses Verzeichnis sollte bereits vorhanden sein, da wir den Befehl *catkin_create_pkg* mit einem Verweis auf die Bibliothek *roscpp* ausgeführt haben. Ohne Angabe dieser Abhängigkeit würden das *src*- sowie das *include*-Verzeichnis fehlen. Betrachten wir den aktuellen Verzeichnisinhalt unseres ROS-Pakets:

```
hallo_welt
  CMakeLists.txt
  include
    hallo_welt
  launch
    hallo_welt_python.launch
  nodes
    publisher
    subscriber
  package.xml
  src
```

Interessant sind die Verzeichnisse *include* und *src* im Zusammenhang mit C++-Programmen. Das *include*-Verzeichnis wird als Ablage für *header*-Dateien verwendet. Während das *src*-Verzeichnis leer ist, hat das *include*-Verzeichnis ein zusätzliches Unterverzeichnis mit dem Paketnamen »hallo_welt« für *header*-Dateien. Bei der Vergabe von Dateinamen richten wir uns wieder nach den Empfehlungen von ROS.

Dazu gehört auch das Styleguide für C++-Dokumente, welches Sie unter *http://wiki.ros.org/CppStyleGuide* finden.

Dateien, die ROS-*Nodes* implementieren, werden in Kleinbuchstaben geschrieben. Besteht der Dateiname darüber hinaus aus mehreren Wörtern, dann werden diese mit Unterstrichen voneinander getrennt. C++-Klassendateien und C++-Headerdateien werden in *PascalCase* geschrieben. Das bedeutet, dass der erste Buchstabe des Dateinamens großgeschrieben wird. Besteht der Dateiname aus mehreren Wörten, werden diese ohne Leerstellen aufeinanderfolgend zusammengesetzt. Bei zusammengesetzten Wörtern wird der jeweils erste Buchstabe ebenfalls großgeschrieben. Zur Verdeutlichung sehen Sie nachfolgend eine beispielhafte Verzeichnisstruktur mit C++-Dateien:

```
hallo_welt/
  include/
    hallo_welt/
    MeineKlasse1.h
    MeineKlasse2.h
  src/
    MeineKlasse1.cpp
    MeineKlasse2.cpp
    mein_node1.cpp
    mein_node2.cpp
    mein_node3.cpp
```

In diesem Kapitel werden wir zwei *Nodes* erstellen. Der eine soll die Funktion eines *Servers* übernehmen und der andere die eines *Client*. Es handelt sich hierbei um das Thema ROS *Services*, welches wir in Abschnitt 1.2.8 kennengelernt haben.

Ein C++-Programm verursacht mehr Aufwand als eine Pythondatei, die sofort ausgeführt werden kann, sobald sie erstellt und programmiert wurde. Bevor man ein C++-Programm ausführen kann, hat man folgende Liste abgearbeitet:

- C++-Datei im *src*-Verzeichnis erstellen.
- Abhängigkeiten in *CMakeLists.txt* und package.xml konfigurieren.
- *CMakeLists.txt* konfigurieren, damit die erstellte C++-Datei mit *catkin* gebaut wird.
- In der C++-Datei etwas programmieren und speichern.
- *catkin_make* ausführen.

Diese Liste werden Sie für jedes neue C++-Dokument erneut durchlaufen. Eine typische Fehlerquelle ist oft die Datei *CMakeLists.txt*. Dort fehlt meist die Angabe einer C++-Datei, damit diese beim nächsten Start von *catkin_make* zu einem ausführbaren Programm gebaut wird. Oft sind es auch die Bibliotheksabhängigkeiten des Programms, die dort nicht aufgeführt sind.

5.3.2.1 Service Server

Einen ROS *Service* verwendet man für kurzfristige Berechnungen oder Abfragen. Beispielsweise könnte eine Datenbankabfrage oder eine beliebige andere Funktion von einem *Service* bereitgestellt werden. Die Kommunikation verläuft bidirektional im Gegensatz zu *Publishern*, die lediglich Nachrichten versenden, aber nicht empfangen. Unser Beispiel soll ein fiktiver Lichtschalter werden. Ein Server übernimmt die Rolle der Schaltfunktion, um das Licht ein- oder auszuschalten. Der Client übernimmt die Rolle des Benutzers, der den Schalter betätigt. Der *Server* empfängt Anfragen von *Clients*, verarbeitet diese und sendet eine Antwort zurück. Eine *Service*-Definitionsdatei beschreibt die zu verwendenden Datentypen und Bezeichner in Anfragen und Antworten. Wir haben diese Datentypen und Bezeichner bereits als Nachrichtendefinitionen bzw. *Messages* in Abschnitt 1.2.7 kennengelernt. Eine *Service*-Definitionsdatei hat die Dateiendung *srv*. Für unseren Lichtschalter verwenden wir eine bereits vorhande *Service*-Definition, die bei der Grundinstallation von ROS mitgeliefert wird. Sie befindet sich im Paket *std_srvs* und heißt *SetBool*. Mit dem Befehl *rossrv* können wir den Inhalt der Datei wie folgt ausgeben:

```
rossrv show std_srvs/SetBool
bool data
---
bool success
string message
```

Die Ausgabe des Befehls ist hier in roter Farbe dargestellt. Darin ist durch drei Bindestriche der Bereich für die Anfragedaten von den Antwortdaten getrennt. Die Anfragedaten sind zuerst aufgeführt. Eine *Service*-Definition besteht somit aus mindestens zwei *Messages*. Im Fall von *SetBool* sind es sogar drei.

Die Verwendung der *Service*-Definition *SetBool* müssen wir für *catkin* nun in der *CMakeLists.txt* bekanntgeben. Dort schreiben wir das gesamte Paket hinein, in dem sich *SetBool* befindet, also *std_srvs*. Ergänzen Sie dazu in der *CMakeLists.txt* das Makro *find_package* mit dem rot markierten Text im nächsten Absatz:

```
find_package(catkin REQUIRED COMPONENTS
  roscpp
  rospy
  std_msgs
  std_srvs
)
```

Die anderen Abhängigkeiten im Makro *find_package* haben wir bereits während der Erstellung unseres ROS-Pakets mit dem Befehl *catkin_create_pkg* bekannt gegeben. In der *package.xml* ergänzen wir die Abhängigkeit von *std_srvs* ebenfalls.

```
<build_depend>std_srvs</build_depend>
<build_export_depend>std_srvs</build_export_depend>
<exec_depend>std_srvs</exec_depend>
```

Nachdem alle Abhängigkeiten in *CMakeLists.txt* und package.xml aufgeführt sind, beginnen wir mit der eigentlichen Arbeit an der C++-Datei. Im *src*-Verzeichnis unseres ROS-Pakets erstellen wir die Datei *service_server.cpp*. Der folgende Dateiinhalt implementiert ein ROS-*Node* und die geplante *Service-Server*-Funktionalität:

```
#include "ros/ros.h"
#include "std_srvs/SetBool.h"
bool licht_callback(
                    std_srvs::SetBool::Request &req,
                    std_srvs::SetBool::Response &res){
  if(req.data == true){
    res.success = true;
    res.message = "Licht An!";
    return true;
  }else if(req.data == false){
    res.success = true;
    res.message = "Licht Aus!";
    return true;
  }
  return false;
}

int main(int argc, char **argv){
  ros::init(argc, argv, "service_server");
  ros::NodeHandle nh;

  ros::ServiceServer mein_server = nh.advertiseService(
    "service_server", licht_callback);

  ros::spin();
  return 0;
}
```

In den ersten beiden Zeilen werden die Bibliotheken für C++ und die *Service*-Definition *SetBool* eingebunden. Anschließend folgt eine *Callback*-Funktion, die bei eintreffenden *Service*-Anfragen reagiert.

```
bool licht_callback(
                    std_srvs::SetBool::Request &req,
                    std_srvs::SetBool::Response &res);
```

Der Prototyp der *Callback*-Funktion erwartet zwei Argumente. Beide Argumente werden als Referenzen übergeben. Eine Änderung der Argumentdaten innerhalb der *Callback*-Funktion bewirkt somit eine Änderung der Referenzwerte. Die Referenzwerte stammen ursprünglich aus dem Konstruktor des *ServiceServers* in der *main*-Funktion. Die Eigenschaften des *Request*- und *Response*-Objekts haben wir bereits mit dem Befehl *rossrv* herausgefunden.

In der *main*-Funktion initiieren wir ein *Node* mit der Bezeichnung »service_server«. Im Anschluss danach kann ein *NodeHandle*-Objekt instanziiert werden. Letztlich geben wir bekannt, dass an diesem Objekt ein *ServiceServer* mit derselben Bezeichnung »service_server« für Anfragen bereitsteht. Bei der *Node*-Bezeichnung hänge ich oft das Wort »node« an, um Verwechslungen mit dem *ServiceServer*-Objekt zu vermeiden. Die Anfragen an das *ServiceServer*-Objekt werden von einer *Callback*-Funktion bedient. Eine *Callback*-Funktion sollte zur besseren Orientierung immer das Wort *callback* oder zumindest das Kürzel *cb* im Funktionsnamen enthalten. Der Funktionsname wird ohne Klammern und ohne Argumente als zweites Argument nach der Benennung des *ServiceServer*-Objekts angegeben.

Zuletzt kommt eine blockierende Schleife mit *ros::spin()* zum Einsatz. Solange ROS läuft oder das Programm nicht abgebrochen wird, bleibt unser *Node* am Leben und reagiert auf *Service*-Anfragen in unserer *Callback*-Funktion. Ansonsten wird die letzte Zeile erreicht, die den Wert 0 an das aufrufende Programm oder an die Konsole mit dem Befehl *return* zurückgibt.

Nach der Programmierarbeit wird das ausführbare Programm mit *catkin_make* gebaut. Vorher muss jedoch die Datei *CMakeLists.txt* angepasst werden, schließlich weiß *catkin_make* noch gar nicht, was es bauen soll. Wir ergänzen am Ende der Datei *CMakeLists.txt* folgenden Inhalt, denn die Anordnung der Befehle spielt bei der Abarbeitung der Datei *CMakeLists.txt* eine Rolle:

```
add_executable(service_server src/service_server.cpp)
target_link_libraries(service_server ${catkin_LIBRARIES})
```

Wichtig ist die erste Zeile. Dort wird die ausführbare Datei benannt und die Quellen werden notiert. Zu Quellen zählen alle *cpp*-Dateien, die zum Bau der Datei beitragen. Somit sind später auch Klassendateien gemeint, wenn Sie für die Übersicht ein umfangreiches Programm in einzelne *cpp*-Dateien fragmentieren möchten. Diese werden nacheinander mit Leerstellen an die erste *cpp*-Datei angehängt.

Wir können das Programm jetzt mit dem Befehl *catkin_make* bauen. In einem Konsolenfenster navigieren wir zunächst in das Basisverzeichnis unseres ROS-Arbeitsbereichs. Nur von dort kann *catkin_make* seine Arbeit aufnehmen. Folgende Befehle sind typisch für ein Bauvorhaben:

```
roscd
cd ../
catkin_make
```

Die beiden ersten Zeilen lassen sich natürlich abkürzen, aber in der Regel ist das ein vielbefahrener Weg. Zu Beginn von Abschnitt 5.3 haben wir ein *Alias* gesehen, das uns schnell in das *src*-Verzeichnis unseres ROS-Arbeitsbereichs bringt. Dasselbe könnten wir mit dem Verzeichnis für *catkin_make* machen. Das folgende *Alias* ist in der *.bashrc* eine nützliche Ergänzung:

```
alias ccd='cd ~/catkin_ws/'
```

Wenn Sie im Verzeichnis *catkin_ws* den Befehl *catkin_make* ausgeführt haben, sollte er seine Arbeit ohne Fehler beenden. Wenn nicht, lesen Sie die Meldungen aufmerksam durch. Manchmal ist der Fehler nicht am Anfang, sondern am Ende der *cmake*-Meldungen beschrieben.

Wir starten nach dem *build*-Prozess unser Programm genau so, wie wir das bereits mit einem Python-Programm gemacht haben. In jeweils einer Konsole geben wir die folgenden ROS-Befehle ein:

```
roscore
rosrun hallo_welt service_server
```

Im Konsolenfenster mit dem gestarteten C++-Programm *service_server* sollte eine Logmeldung erscheinen, dass der Lichtschalter bereit ist. Jetzt können wir testen, ob dieser virtuelle Lichtschalter funktioniert. In einem weiteren Konsolenfenster rufen wir den *ServiceServer* mit folgenden Befehlen an:

```
rosservice call /service_server "data: true"
rosservice call /service_server "data: false"
```

Der erste Befehl schaltet das Licht ein, der zweite aus. In beiden Fällen sollte das *success*-Feld die Ausführung erfolgreich quittieren. Das *message*-Feld liefert zusätzlich nähere Informationen über das Ereignis. Die Rückmeldungen kommen in diesem Fall zwar schnell zurück, aber wir sollten nicht vergessen, dass die Konsole in der Zeit blockiert ist, in der wir auf eine Antwort warten. Das liegt eben in der Natur der *Services*, da sie nicht asynchron arbeiten. Mehr dazu finden Sie in Abschnitt 1.2.8.

Die Konsolenbefehle werden wir im nächsten Kapitel von einem Programm ersetzen. Dabei handelt es sich um die *Client*-Seite der *Services*.

5.3.2.2 Service Client

Nachdem wir unser ROS *ServiceServer* auf der Konsole erfolgreich getestet haben, erstellen wir ein *ServiceClient*, welches den *ServiceServer* anrufen bzw. verwenden soll. Die Voraussetzungen für die Verwendung der *Service*-Definition *SetBool* haben wir schon im vorherigen Kapitel erfüllt. Wir können somit gleich zur Erstellung der C++-Datei für das *Client*-Programm wechseln. Wieder im *src*-Verzeichnis unseres ROS-Pakets erstellen wir nun die Datei *service_client.cpp*. Der Inhalt der Datei ist auf das Wesentliche gekürzt und sieht folgendermaßen aus:

```
#include "ros/ros.h"
#include "std_srvs/SetBool.h"

int main(int argc, char **argv){
  ros::init(argc, argv, "service_client");
  ros::NodeHandle nh;

  ros::ServiceClient mein_client =
    nh.serviceClient<std_srvs::SetBool>("service_server");

  std_srvs::SetBool srv;
  srv.request.data = atol(argv[1]);

  if (mein_client.call(srv)){
    ROS_INFO("Antwort: %d", srv.response.success);
    ROS_INFO("Antwort: %s", srv.response.message.c_str());
  }

return 0;
}
```

Die beiden ersten *include*-Zeilen sind uns bereits aus dem *ServiceServer*-Programm bekannt. Anschließend geht es mit der einzigen Funktion in diesem Programm los. Dieser *main*-Funktion können beliebig viele Argumente übergeben werden, während das Programm aufgerufen wird.

```
int main(int argc, char **argv)
```

Für den weiteren Programmablauf benötigen wir lediglich ein Argument beim Aufruf des Programms, wie wir etwas später sehen werden. Nach dem Funktionskopf von *main* wird wieder mal ein ROS-*Node* initiiert und ein *Handle* für den *Node* in der Variable *nh* gespeichert.

Ein *ServiceClient* mit der Bezeichnung »mein_client« kann jetzt erstellt werden, welcher über die zuvor erstellte *NodeHandle*-Instanz mit dem ROS-Master kommuniziert, um eine Verbindung mit dem *ServiceServer* unter der Bezeichnung »service_server« herzustellen.

```
std_srvs::SetBool srv;
srv.request.data = atol(argv[1]);
```

Der *ServiceServer* erwartet Nachrichten im Format von *SetBool*, also erstellen wir ein *SetBool*-Objekt und weisen der *data*-Eigenschaft in der nächsten Zeile den Wert des ersten Arguments zu. Dabei handelt es sich um jenes Argument, das wir beim Aufruf dieses Programms aufrufen. Mögliche Argumentwerte sind 1 und 0. Diese Werte entsprechen *true* und *false*, wenn man sie auf *boolesche* Werte übersetzt. Wir hatten zuvor in einer Konsole den Befehl *rosservice call* angewendet, um über unseren

ServiceServer das Licht an- und auszuschalten. Wenn Sie die Werte *true* und *false* im Konsolenbefehl mit 1 und 0 auswechseln, werden Sie sehen, dass diese äquivalent sind.

Sobald die *data*-Eigenschaft einen Wert erhalten hat, kann die Anfrage an den *ServiceServer* versendet werden. Die nächste Zeile enthält den Aufruf des *ServiceServers* inklusive einem ausgefüllten Datenobjekt vom Typ *SetBool*.

```
mein_client.call(srv)
```

Eigentlich reicht diese eine Zeile bereits aus, um ein *ServiceServer* zu beschäftigen, aber wir haben dann keine Einsicht in das, was vom *ServiceServer* zurückkommt. Die *if*-Kontrolle ist dazu da, die zurückkommenden Daten als Logmeldungen in der Konsole sichtbar zu machen. In dieser *if*-Kontrolle werden die Meldungen erst dann erscheinen, wenn der *ServiceServer* seine Arbeit getan hat und die Antwortdaten zurückschickt – Stichwort »blockierend«.

```
if (mein_client.call(srv)){
  ROS_INFO("Antwort: %d", srv.response.success);
  ROS_INFO("Antwort: %s", srv.response.message.c_str());
}
```

Abhängig von der Arbeit und Latenz, die ein *ServiceServer* bewältigen muss, kann eine Rückmeldung erst sehr spät erfolgen.

Zum Schluss muss auch dieses Programm in der Datei *CMakeLists.txt* eingetragen werden, sonst weiß *catkin_make* nicht, dass es dieses Programm bauen soll. Wir ergänzen die Datei mit folgendem Inhalt am Ende der Datei:

```
add_executable(service_client src/service_client.cpp)
target_link_libraries(service_client ${catkin_LIBRARIES})
```

Die Bauanleitung kennen wir bereits vom *ServiceServer*: Sie wechseln in das Verzeichnis *catkin_ws* oder wie auch immer Ihr Arbeitsbereich heißt und führen dann den Befehl *catkin_make* aus. Hier nochmals die Schritte:

```
roscd
cd ../
catkin_make
```

Im Anschluss an den *build*-Prozess führen wir das ROS-System aus und testen, ob alles wie erwartet funktioniert. In jeweils einer eigenen Konsole geben wir die beiden ersten ROS-Befehle nacheinander ein:

```
roscore
rosrun hallo_welt service_server
rosrun hallo_welt service_client 1
rosrun hallo_welt service_client 0
```

Die beiden letzten Befehle starten unser neues Programm mit jeweils unterschiedlichen Argumenten. Es genügt, dafür nur ein Konsolenfenster zu verwenden, da die *ServiceClient*-Programme nicht in eine Schleife verwickelt sind. Das heißt, die *Client*-Programme starten, führen Befehle aus und beenden sich selbst. Die 1 und die 0 sind, wie wir bereits zuvor besprochen haben, mit *true* und *false* gleichzusetzen. Der virtuelle Lichtschalter sollte an- und ausgehen. Probieren Sie auch andere Werte und beobachten Sie, was dabei passiert oder auch nicht passiert.

Die beiden *Service*-Programme sind Beispiele für ein ROS-System mit *Services*. Dieses Konzept der bidirektionalen Kommunikation ist auch bekannt unter dem Begriff *Remote Procedure Calls*, kurz *RPC*.

5.3.2.3 Launch-Datei

Für beide *Service*-Programme bietet es sich ebenfalls an, eine *launch*-Datei zu erstellen. Der Inhalt ist dem der *launch*-Datei für Python *Publisher* und *Subscriber* im Abschnitt 5.3.1.3 sehr ähnlich. Eine hinzukommende Besonderheit ist das Argument, welches wir dem *ServiceClient*-Programm auf der Konsole anfügen, um das Licht ein- oder auszuschalten. Im *launch*-Verzeichnis duplizieren Sie am besten die bereits vorhandene *launch*-Datei und editieren sie dann. Der Dateiname der duplizierten *launch*-Datei lautet »hallo_welt_cpp.launch«.

```
<?xml version="1.0" encoding="utf-8" ?>
<launch>
  <node
    name="hallo_welt_service_server"
    pkg="hallo_welt"
    type="service_server"
    output="screen">
  </node>
  <node
    name="hallo_welt_service_client"
    pkg="hallo_welt"
    type="service_client"
    output="screen"
    args="1">
  </node>
<launch>
```

Speichern Sie die Datei ab und starten Sie das ROS-System mit folgendem Befehl:

```
roslaunch hallo_welt hallo_welt_cpp.launch
```

In den Logmeldungen des Konsolenfensters sollte der Lichtschalter eingeschaltet werden. Verändert man den Wert des Attributs *args* auf 0, dann wird der Lichtschalter ausgeschaltet. Denkbar wäre auch, das *node*-Element in der *launch*-Datei mit jeweils unterschiedlichen Argumentwerten zweimal hintereinander aufzuführen, um das virtuelle Licht ein- und gleich wieder auszuschalten. Die Dokumentation des *args*-Attributs finden Sie im Internet unter *http://wiki.ros.org/roslaunch/XML/node.*

5.3.3 C++ Action Server und Python Action Client

In diesem Kapitel erweitern wir das Konzept der bidirektionalen Kommunikation mit *Actions*. Im Gegensatz zu *Services* arbeiten *Action-Server* und *Action-Client* asynchron. Das bedeutet, dass keiner von beiden den Programmablauf blockiert. Dadurch können wir als *Action-Client* dem *Action-Server* ein Ziel (engl. *Goal*) vorgeben und gleichzeitig etwas anderes machen. *Actions* kommen immer dann zum Einsatz, wenn es um langwierige Prozesse oder Ziele geht, die nicht in kurzer Zeit erledigt werden können. Als Beispiel kann man sich das Problem der Hausreinigung vorstellen, die mit *Actions* gelöst werden soll. Die Anzahl gereinigter Räume könnte dann als Rückmeldung (engl. *Feedback*) fortlaufend an den *Action-Client* gesendet werden. Zum Schluss wird das Ergebnis (engl. *Result*) der gesamten Aktion zurückgegeben. Die Komponenten *Goal*, *Feedback* und *Result* werden später als *Topics* sichtbar und sind zur Laufzeit im ROS-Graphen auffindbar. Ein weiterer Aspekt während einer *Action* ist, dass ein Vorgang jederzeit abgebrochen (engl. *Cancel*) und der Status (engl. *Status*) abgefragt werden kann. Die Zusammensetzung von *Goal*, *Result* und *Feedback* in einer *Action*-Datei ergibt eine *Action*-Definition vergleichbar mit *Message*- und *Service*-Definitionen. Aus einer *Action*-Definition werden von *catkin_make* dann die insgesamt fünf *Topics Goal*, *Result*, *Feedback*, *Cancel* und *Status* generiert. Im Anschluss an die Erstellung einer *Action*-Definition folgt etwas Programmierarbeit und die Konfiguration der Dateien *CMakeListst.txt* und *package.xml.*

Die Struktur von C++-Programmen haben wir bereits in Abschnitt 5.3.2 behandelt. Eine Neuheit, die nun hinzukommt, sind *Action*-Definitionsdateien. Zuvor haben wir *Service*-Definitionsdateien verwendet, die von ROS auf dem Betriebssystem bereits vorinstalliert waren. In diesem Kapitel werden wir eine eigene *Action* definieren und verwenden. Das Verfahren zur Erstellung einer *Action*-Definitionsdatei kann auf *Message*- und *Service*-Definitionsdateien übertragen werden. Es unterscheiden sich im Wesentlichen die Verzeichnisnamen und die Paketabhängigkeiten.

5.3.3.1 Action-Datei

Bevor wir eine *Action* definieren, bestimmen wir unser Vorhaben für die nächsten Kapitel. Ein *Action-Server* soll Primzahlen berechnen und fortlaufend Ergebnisse an einen *Action-Client* zurückgeben. Der *Action-Client* soll zuvor die Möglichkeit haben, einen Start- und einen Stoppwert als *Goal* anzugeben. Diese beiden Werte sollen im *Action-Server* als Bereich für die zu berechnenden Primzahlen verwendet werden. Eine mögliche *Action*-Definition für so etwas könnte folgendermaßen aussehen:

```
uint64 start
uint64 stop
---
bool success
---
uint64 prime
```

Die drei Bindestriche trennen von oben nach unten sortiert die *Topics Goal*, *Result* und *Feedback* voneinander. Das *Goal-Topic* enthält die Zahlenwerte als Datentypen und Variablennamen, die wir von einem *Action-Client* erwarten. Anschließend folgt das *Result-Topic*. In diesem *Topic* genügt uns eine einfache *Boolesche* Ergebnismeldung, dass der Vorgang entweder erfolgreich oder nicht erfolgreich abgeschlossen wurde. Zuletzt liefert das *Feedback*-Topic fortlaufend die gefundenen Primzahlen an den *Action-Client* zurück.

Für die *Action*-Definition legen wir eine *Action*-Datei an. Zuvor benötigen wir aber noch das Verzeichnis »action«. Das Verzeichnis können Sie wahlweise in Ihrer Entwicklungsumgebung oder in einem Konsolenfenster mit dem Befehl *mkdir* erzeugen. Das *action*-Verzeichnis muss sich in unserem Paketverzeichnis »hallo_welt« befinden. Wechseln Sie dann in das *action*-Verzeichnis und erstellen Sie dort eine Datei mit der Bezeichnung »Prime.action«. Den Inhalt der Datei können Sie von oben kopieren oder manuell eingeben. Nachdem Sie diese Datei gespeichert haben, müssen wir *catkin_make* irgendwie bekanntgeben, dass die soeben erstellte *Action*-Definition beim nächsten Ausführen von *catkin_make* gebaut werden soll. Zur Wiederholung der Paket-Abhängigkeiten folgt hier der Befehl, der ein Paket mit den für unser *hallo_welt*-Paket aktuell benötigten Abhängigkeiten generiert hätte:

```
catkin_create_pkg hallo_welt std_msgs std_srvs actionlib_msgs
message_generation actionlib rospy roscpp
```

Wenn ich mir nicht sicher bin, wie die Konfigurationsdateien *CMakeLists.txt* und *package.xml* aussehen müssen, um die Abhängigkeiten zu reflektieren, erstelle ich oft ein Testpaket mit dem Befehl *catkin_create_pkg*. Dann schaue ich mir die genannten Konfigurationsdateien an. Die benötigten Zeilen kopiere ich anschließend in die jeweiligen Konfigurationsdateien meines eigenen Arbeitspakets.

Wir editieren zunächst die Datei *CMakeLists.txt*. Beachten Sie dabei die Reihenfolge der Makros. Wenn Sie ein Testpaket erstellt haben, können Sie dort in der *CMakeLists.txt* die korrekte Abfolge sehen. Die zu ergänzenden Abhängigkeiten für das *find_package*-Makro sind rot markiert:

```
find_package(catkin REQUIRED COMPONENTS
  roscpp
  rospy
  std_msgs
  std_srvs
  actionlib
  actionlib_msgs
  message_generation
)
```

Die von uns erstellte *Action*-Datei im *action*-Verzeichnis geben wir direkt unter dem *find_package*-Makro an:

```
add_action_files(DIRECTORY action FILES Prime.action)
```

Anschließend teilen wir dem Nachrichtengenerator mit, dass er aus unserer individuellen *Action*-Definition die Nachrichtendefinitionen generieren soll. Unsere *Action*-Definition enthält schließlich eine Datenstruktur, die wir selbst kreiert haben. Diese Datenstruktur, bestehend aus Datentypen und Bezeichner, wird im Zuge der Nachrichtengeneration in einzelne Nachrichtendefinitionen gesplittet. Insgesamt gehen die folgenden sieben *msg*-Dateien aus dem Kompiliervorgang hervor:

```
PrimeGoal.msg
PrimeResult.msg
PrimeFeedback.msg
PrimeAction.msg
PrimeActionGoal.msg
PrimeActionResult.msg
PrimeActionFeedback.msg
```

In Abschnitt 1.2.7 sind Nachrichten (engl. *Messages*) zusammengefasst. Das Makro *generate_messages* wird in der *CMakeLists.txt* wie folgt ausgestattet:

```
generate_messages(DEPENDENCIES actionlib_msgs std_msgs)
```

An dieser Stelle sollte der Befehl *catkin_make* unser ROS-Paket bereits erfolgreich bauen. Der Vollständigkeit halber ergänzen wir noch das Makro *catkin_package* mit allen bereits verwendeten Bibliotheken. Dadurch werden Projekte, die von diesem Projekt abhängig sind, über die hiesigen Abhängigkeiten informiert. Das Makro *catkin_package* sieht dann so ähnlich aus wie das Makro *find_package*:

```
catkin_depends(
  roscpp
  rospy
  std_msgs
  std_srvs
  actionlib
  actionlib_msgs
  message_generation
)
```

Die Paketabhängigkeiten in *CMakeLists.txt* müssen nun auch in der *package.xml* synchronisiert werden, sonst beschwert sich *catkin_make* während der Kompilierung über diese Ungleichheit. Nachfolgend ein Auszug der Datei *package.xml* unseres *hallo_welt*-Pakets:

```
<?xml version="1.0"?>
<package format="2">
  <name>hallo_welt</name>
  <version>0.0.1</version>
  <description>The hallo_welt package</description>

  <maintainer email="murat.calis@calis-it.de">murat.calis</maintainer>
  <license>BSD</license>
  <buildtool_depend>catkin</buildtool_depend>
  <build_depend>roscpp</build_depend>
  <build_depend>rospy</build_depend>
  <build_depend>std_msgs</build_depend>
  <build_depend>std_srvs</build_depend>
  <build_depend>actionlib</build_depend>
  <build_depend>actionlib_msgs</build_depend>
  <build_depend>message_generation</build_depend>
  <build_export_depend>roscpp</build_export_depend>
  <build_export_depend>rospy</build_export_depend>
  <build_export_depend>std_msgs</build_export_depend>
  <build_export_depend>std_srvs</build_export_depend>
  <build_export_depend>actionlib</build_export_depend>
  <build_export_depend>actionlib_msgs</build_export_depend>
  <build_export_depend>message_generation</build_export_depend>
  <exec_depend>roscpp</exec_depend>
  <exec_depend>rospy</exec_depend>
  <exec_depend>std_msgs</exec_depend>
  <exec_depend>std_srvs</exec_depend>
```

```
  <exec_depend>actionlib</exec_depend>
  <exec_depend>actionlib_msgs</exec_depend>
  <exec_depend>message_runtime</exec_depend>

  <export>
  </export>
</package>
```

Beachten Sie die Abhängigkeit des letzten *exec_depend*-Elements. Dort wird nicht, wie in den vorhergehenden *build*-Elementen, die Bibliothek *message_generation* referenziert, sondern die Laufzeitbibliothek *message_runtime*. Speichern Sie die Datei und führen Sie den Befehl *catkin_make* in Ihrem *catkin*-Arbeitsverzeichnis aus. Wenn ein Fehler erscheint, lesen Sie die Meldungen aufmerksam durch. Vielleicht hat sich ein Rechtschreibfehler in die *Action*-Datei eingeschlichen.

Fehler in den Basisverzeichnissen *build, devel* und *install* ausschließen

Bei der Generierung von eigenen Nachrichtendefinitionen können seltsame Fehler vorkommen. Versuchen Sie mit dem Befehl *catkin_make clean* die dynamischen Verzeichnisse *build, devel* und *install* zu bereinigen. Danach starten Sie den Befehl *catkin_make*.

Eine Alternative zum Befehl *catkin_make clean* ist, die Verzeichnisse *build, devel* und *install* manuell zu löschen und anschließend mit *catkin_make* generieren zu lassen.

Eine individuelle *Action*-Datei kann viel Aufwand verursachen. Damit meine ich, dass wir noch gar nichts programmiert haben und trotzdem Aufwand betrieben werden muss, »nur« um die Rahmenbedingungen für unsere *Action*-Programme zu schaffen.

Message-, Service- und Action-Definitionen in einem ROS-Paket zentralisieren

Mit der Zeit steigt das Bedürfnis nach individuellen Datenstrukturen, also *Message-, Service-* und *Action*-Definitionen. Es ist ratsam, diese Definitionen an einer zentralen Stelle zu sammeln. Das kann ein ROS-Paket sein, welches nur dem Zweck dient, alle individuellen Definitionen bereitzustellen. Sie müssen dann beispielsweise nicht etliche ROS-Pakete bauen, nur um auf deren *Action*-Definitionen zugreifen zu können.

5.3.3.2 Action Server

Nachdem unsere *Action*-Definition von *catkin_make* erstellt wurde, können wir die daraus gewonnenen Bibliotheken in unsere Programme einbinden und verwenden. Im *src*-Verzeichnis des ROS-Pakets erstellen Sie zunächst die C++-Datei für den *ActionServer* mit dem Dateinamen *action_server.cpp*. Der nachfolgende Quellcode implementiert eine *ActionServer*-Funktionalität:

```
#include "ros/ros.h"
#include "actionlib/server/simple_action_server.h"
#include "hallo_welt/PrimeAction.h"

class PrimeAction{
protected:
  ros::NodeHandle nh_;
  actionlib::SimpleActionServer<hallo_welt::PrimeAction> as_;
  std::string action_name_;
  hallo_welt::PrimeFeedback feedback_;
  hallo_welt::PrimeResult result_;

public:
  PrimeAction(std::string name) : as_(nh_,
    name,
    boost::bind(&PrimeAction::executeCB, this, _1),
    false),
    action_name_(name)
    {
      as_.start();
    }

  ~PrimeAction(void) {}

  void executeCB(const hallo_welt::PrimeGoalConstPtr &goal)
  {
    ros::Rate r(1);
    bool success = true;
    feedback_.prime = 0;
    ROS_INFO("%s: Calculating prime values between %lu and %lu",
action_name_.c_str(),
goal->start,
goal->stop);
```

```
    for(uint64_t i=goal->start; i<=goal->stop; i++){
      if (as_.isPreemptRequested() || !ros::ok()){
        ROS_INFO("%s: Preempted", action_name_.c_str());
        as_.setPreempted();
        success = false;
        break;
      }

      uint64_t j;
      for(j=2; j<=i; j++){
        if(i%j == 0) break;
      }

      if(j==i && j != 2){
        //std::cout<<i<<std::endl;
        feedback_.prime = i;
        as_.publishFeedback(feedback_);
        //r.sleep();
      }
    }

    if(success){
      ROS_INFO("%s: Succeeded", action_name_.c_str());
      result_.success = true;
      as_.setSucceeded(result_);
    }
  }
};

int main(int argc, char **argv){
  ros::init(argc, argv, "prime");
  PrimeAction prime("prime");
  ros::spin();
  return 0;
}
```

In den *include*-Zeilen zu Beginn des *ActionServer*-Programms ist unter anderem eine Bibliothek zur Verwendung von *Actions* enthalten und eine weitere für unsere zuvor kreierte *Action*-Definition. Unser *ActionServer*-Programm wird zum größten Teil aus einer C++-Klasse bestehen. Darin sind die Eigenschaften und Methoden zur Abwicklung des asynchronen Programmflusses enthalten.

```
protected:
  ros::NodeHandle nh_;
  actionlib::SimpleActionServer<hallo_welt::PrimeAction> as_;
  std::string action_name_;
  hallo_welt::PrimeFeedback feedback_;
  hallo_welt::PrimeResult result_;
```

Geschützte oder private Klasseneigenschaften haben aus Stilgründen einen Unterstrich am Ende ihrer Bezeichnung. Als Erstes wird eine *NodeHandle*-Instanz generiert, sonst würde die darauffolgende *ActionServer*-Instanz vergeblich nach einem *Node-Handle* suchen und Fehlermeldungen ausgeben. Die Eigenschaften *PrimeFeedback* und *PrimeResult* sind in den *Header*-Dateien definiert, die wir im vorherigen Kapitel erstellt haben. Im Gegensatz zu den bisherigen Programmen, die wir gesehen haben, wird ein *Node-Handle* dieses Mal im Konstruktor der Klasse verwendet.

```
PrimeAction(std::string name) : as_(nh_,
  name,
  boost::bind(&PrimeAction::executeCB, this, _1),
  false),
  action_name_(name)
  {
    as_.start();
  }
```

Mit unserem Konstruktor *PrimeAction* erweitern wir die *ActionServer*-Klasse *as_*. Dieser *ActionServer*-Klasse übergeben wir das *NodeHandle* als erstes Argument. Ein weiteres Argument ist der Name, den wir später beim Instanziieren der *PrimeAction*-Klasse besetzen werden. Dieser Name ist gleichzeitig der Namensraum, unter dem man die verschiedenen *Topics*, namentlich *feedback*, *result*, *status*, *goal* und *cancel*, wiederfindet. Das optionale Argument einer *Callback*-Funktion wird hier mit *boost*[5] gebunden. Diese *boost::bind*-Funktion erwartet ihrerseits selbst drei Argumente. Zum einen einen konstanten Zeiger zu einer *Callback*-Funktion, zum zweiten einen Verweis – *this* – auf eben diese Klassen-Instanz und zum dritten einen Platzhalter, der auf das erste Argument der *ActionServer*-Klasse, also das NodeHandle *nh_*, verweist. Das letzte Argument, welches wir der *ActionServer*-Klasse übergeben, bestimmt den

5. *Boost* ist eine freie Sammlung vieler C++-Bibliotheken, die die C++-Sprache mit nützlichen Funktionen ergänzen. Mittlerweile werden viele *Boost*-Funktionen auch von den neueren Standards der C++-Sprache nativ unterstützt. Beispielsweise enthält der Standard C++ 11 bereits eine äquivalente Funktion zu *boost::bind*. Wenn Sie *Boost*-Funktionen in Ihren C++-Programmen verwenden, dann muss in der *CMakeLists.txt* ein Verweis auf die *Boost*-Bibliothek existieren.

booleschen Wert für *auto_start*. Hierfür sollte immer *false* stehen, da wir den *Action-Server* im Anschluss explizit manuell starten. Als Nächstes betrachten wir unsere Callback-Funktion.

```
void executeCB(const hallo_welt::PrimeGoalConstPtr &goal);
```

Der Prototyp unserer *Callback*-Funktion erwartet lediglich ein Ziel (engl. *goal*). In dieser *Callback*-Funktion spielt sich schließlich alles ab. Hierein packen wir die gesamte Logik für langwierige Prozesse. In unserem Beispiel wäre das die Berechnung der Primzahlen, die ein *ActionClient* von unserem *ActionServer* berechnet haben möchte. Betrachten wir zuerst ein paar Startvariablen.

```
ros::Rate r(1);
bool success = true;
feedback_.prime = 0;
```

Die Frequenz wird hier mit 1 Hz auf einen sehr niedrigen Wert gesetzt. Falls wir unser Programm später mit der *sleep*-Funktion ruhen lassen, dann beträgt die Ruhezeit 1 Sekunde.

Der *boolesche* Wert für *success* ist standarmäßig auf *true*. Das Ende der *Callback*-Funktion wird nur mit diesem Wert erreicht, ansonsten ist irgendetwas zuvor passiert, das den Ablauf gestört oder gestoppt hat.

Die erste Primzahl wird hier mit 0 definiert. Da wir diesen Wert niemals an den *ActionClient* absenden werden, ist der Wert, den wir hier angeben irrelevant.

```
for(uint64_t i=goal->start; i<=goal->stop; i++)
```

Eine *Action* wird meist in einer *for*-Schleife festgehalten. In unserem Fall wird diese Schleife solange ausgeführt, bis wir die Primzahlen zwischen den *start*- und *stop*-Werten berechnet haben. Beachten Sie, dass die nachfolgende Berechnung der Primzahlen in keiner Weise optimiert und auch das *Sieb des Eratosthenes*[6] nicht berücksichtigt ist.

```
if(as_.isPreemptRequested() || !ros::ok()){
  ROS_INFO("%s: Preempted", action_name_.c_str());
  as_.setPreempted();
  success = false;
  break;
}
```

6. Das *Sieb des Eratosthenes* ist ein Verfahren, wodurch eine Vorauswahl an Zahlen erstellt wird, die mögliche Kandidaten für Primzahlen sein können. Beispielsweise gerade Zahlen, die größer als 2 sind, können vorab *ausgesiebt* werden. Anschließend wird nur mit den Zahlen gerechnet die nicht durch das *Sieb* gefallen sind.

Innerhalb der übergeordneten *for*-Schleife wird mit der ersten *if*-Kontrolle zunächst immer geprüft, ob ein Abbruch verlangt wurde oder ob ROS noch läuft. Wie man einen Abbruch auslöst, sehen wir später im Zusammenhang mit dem *ActionClient*. Die beiden folgenden *Code*-Blöcke ermitteln Primzahlen. Eine Variable *j* wird gemäß unserer *Action*-Definition vom Nachrichtenformat so angelegt, dass sie den Zahlenbereich vollständig abdeckt. Dazu schaut man einfach in unserer *Action*-Datei *Prime.action* nach, die wir in Abschnitt 5.3.3.1 erstellt haben. Dort wurde für die *Primzahlen*-Variablen durchgängig der Datentyp *uint64* angegeben. Das C++-Pendant dieses Datentyps heißt *uint64_t*.

```
uint64_t j;
for(j=2; j<=i; j++){
  if(i%j == 0) break;
}
```

In der obigen *for*-Schleife werden in der Variable *j* Zahlen gespeichert, deren *Modulo*-Division Null ist, also keine Bruchreste ergibt. Modulo ist in C++ ein Operator in Form eines Prozentzeichens. Eine *Modulo-Division* berechnet den Rest der Division.

```
if(j==i && j != 2){
  //std::cout<<i<<std::endl;
  feedback_.prime = i;
  as_.publishFeedback(feedback_);
  //r.sleep();
}
```

Die *if*-Kontrolle prüft nun, ob die Zahl in der Variable *j* eine Primzahl ist. Wenn ja, dann speichert sie die Zahl der Variable *i* als Primzahl im Nachrichtenformat von *feedback_* ab. Anschließend wird die gesamte Nachricht *feedback_* publiziert.

In der beschriebenen *if*-Kontrolle sind zwei kommentierte Zeilen vorhanden. Für einen schnellen Einblick in die Verarbeitung gebe ich interessante Variablen oft direkt im Standardausgabekanal des Systems aus. Später kommentiere oder entferne ich diese Zeilen. Wenn ich sie kommentiert hinterlasse, ist das oft ein Hinweis an die Entwickler, dass eine Ausgabe an dieser Stelle bei Bedarf nützlich sein könnte.

Der zweite Kommentar in der *if*-Kontrolle enthält eine *sleep*-Anweisung. Diese aktiviere ich zum Beispiel, wenn lediglich sehr kleine Primzahlen berechnet werden sollen, und somit die Ausführung des Programms zu schnell beendet wäre. Die *sleep*-Anweisung dient also nur als Verzögerungstaktik. Der Takt der Verzögerung beträgt eine Sekunde, was wir zu Beginn des Programms mit *ros::Rate* definiert haben.

Wenn die übergeordnete *for*-Schleife alle Zahlen verarbeitet hat, die im Zahlenbereich von *goal->start* und *goal->stop* liegen, dann erreichen wir den folgenden Code-Abschnitt:

```
if(success){
  ROS_INFO("%s: Succeeded", action_name_.c_str());
  result_.success = true;
  as_.setSucceeded(result_);
}
```

Die abschließende *if*-Kontrolle wird nur betreten, wenn man die vorangegangene *for*-Schleife mit Erfolg verlassen hat. Dann sendet das Programm, der *ActionServer*, eine Erfolgsmeldung an den *ActionClient* und verlässt anschließend die *Callback*-Funktion. Der *ActionServer* bleibt weiterhin aktiv und bereit für neue Ziele, die erneut in der *Callback*-Funktion verarbeitet werden.

Die *main*-Funktion unseres *ActionServers* ist weitgehend selbsterklärend. Der Aufruf bzw. Start des *ActionServers* erfolgt mit einer einzigen Zeile. Wichtig ist darin der Name »prime«, den Sie später im *ActionClient* verwenden müssen, um diesen *ActionServer* anzusprechen. Diesen Namen findet man zur Laufzeit auch mit dem Befehl *rostopic list* wieder. Er ist den einzelnen *Topics* vorangestellt, die ein *ActionServer* bereitstellt.

```
PrimeAction prime("prime");
```

Nachdem wir den Aufbau eines typischen ROS-*ActionServers* gesehen haben, dürfen wir die nötigen Ergänzungen in der *CMakeLists.txt* nicht vergessen, um diese C++-Datei in unser ROS-Paket zu integrieren. In der *CMakeLists.txt* fügen wir die beiden nächsten Zeilen am Ende hinzu:

```
add_executable(action_server src/action_server.cpp)
target_link_libraries(action_server ${catkin_LIBRARIES})
```

Alle anderen Ergänzungen haben wir bereits im vorherigen Kapitel gesehen. Dort wurde bedingt durch die *Action*-Datei einiges an Vorarbeit geleistet, die wir hier nicht mehr bedenken müssen. Sie können das Programm nun mit *catkin_make* bauen, da das nächste Programm in Python geschrieben wird.

5.3.3.3 Action Client

Für die Verwendung unseres *ActionServers* erstellen wir nun den *ActionClient* in Python. Im *node*-Verzeichnis erstellen wir dazu eine Datei mit dem Namen *action_client*. Die Dateiendung lassen wir aus optischen Gründen wieder weg, da wir im *Shebang* sowieso den Python-Interpreter angeben werden. Später wird das Programm mit *rosrun* oder *roslaunch* ausgeführt.

```
#!/usr/bin/env python
import rospy
import actionlib
import hallo_welt.msg

def prime_client():
  client = actionlib.SimpleActionClient('prime', hallo_welt.msg.PrimeAction)
  client.wait_for_server()
  goal = hallo_welt.msg.PrimeGoal(start=90000000, stop=90005000)
  client.send_goal(goal)
  client.wait_for_result()
  return client.get_result()

if __name__ == '__main__':
  try:
    rospy.init_node('prime_client')
    result = prime_client()
    print("Result:" + str(result.success))
  except rospy.ROSInterruptException:
    print("program interrupted before completion")
```

Auf der *ActionClient*-Seite wird so ähnlich wie bei *Topics* und *Services* ein Dienst in Anspruch genommen. In diesem Fall ein *ActionServer*, den wir mit einem Ziel (engl. *goal*) beauftragen. Wenn das Python-Programm direkt ausgeführt wird, wird es in die *if*-Kontrolle am Programmende springen, wo der Name des Skripts ermittelt wird. Python-Programme, die direkt ausgeführt werden, haben den Namen *main*. In dieser *if*-Kontrolle wird ein *Node* mit dem Namen »prime_client« erstellt und die Funktion *prime_client* aufgerufen. Die Funktion *prime_client* erstellt die Zielvorgaben und sendet diese an den *ActionServer* ab. Das Ergebnis der *Action* wird letztlich in der Konsole ausgegeben. Die Funktion *prime_client* kann in folgende Schritte zusammengefasst werden:

- Erstelle einen *ActionClient* zum gewünschten *ActionServer* und einer kompatiblen *Action*-Definition
- Warte bis der *ActionServer* bereit ist
- Definiere ein Ziel, dessen Zielvorgaben mit dem Nachrichtenformat der *Action*-Definition kompatibel sind
- Sende das Ziel an den *ActionServer*
- Warte auf das Ergebnis
- Gib das Ergebnis zurück

Interessant ist im *ActionClient* die Zeile, in der eine Verbindung zum *ActionServer* aufgebaut wird.

```
client = actionlib.SimpleActionClient('prime', hallo_welt.msg.PrimeAction)
```

Aus der *actionlib*-Bibliothek werden die Methode *SimpleActionClient* aufgerufen und zwei Argumente mitgeliefert. Das erste Argument ist der Name des *ActionServers*. Den Namen finden Sie im *ActionServer*-Programm. Dort wurde der *ActionServer* in der *main*-Funktion initialisiert und gleichzeitig sein Name vergeben. Diesen Namen verwenden wir nun hier, um die Verbindung herzustellen. Wenn Sie hier einen Namen verwenden, der keinem *ActionServer* zugeordnet werden kann, dann erkennen Sie das zur Laufzeit daran, dass die *ActionServer* keine Logmeldung ausgeben. Die *Action-Server* geben standardmäßig eine Meldung aus, sobald Sie mit einem Ziel beauftragt wurden. Als zweites Argument geben Sie die *Action*-Definition an, die Sie verwenden möchten. Wenn Sie nicht wissen, welche Definitionen im *hallo_welt*-Namensraum existieren, dann hilft Ihnen der Befehl *rosmsg list*.

Das Python-Programm muss zuerst gespeichert und dann mit dem Befehl *chmod* ausführbar gemacht werden. Eine Bauanweisung mit *catkin_make* ist nicht nötig. Wir müssen dieses Programm auch nicht in der *CMakeLists.txt* angeben. Also starten wir das gesamte System mit den folgenden Befehlen nacheinander in jeweils einem eigenen Konsolenfenster:

```
roscore
rosrun hallo_welt action_server
rosrun hallo_welt action_client
```

Nach dem letzten Befehl sollte im Konsolenfenster des zweiten Befehls eine Logmeldung erscheinen, dass der *ActionServer* die Primzahlen im Bereich der Zielvorgaben berechnet. Uns interessiert nun, welche Primzahlen bereits ermittelt wurden. Dazu listen wir die aktuellen *Topics* auf und suchen das *Topic*, das uns *feedback* zu den Primzahlen geben kann. Der folgende Befehl liefert die aktuellen Primzahlen:

```
rostopic echo /prime/feedback
```

Wenn Sie einen anderen Namensraum statt »prime« verwendet haben, dann verwenden Sie den Befehl *rostopic list*, um herauszufinden, wie das *feedback-Topic* heißt.

Den Zahlenbereich für die Primzahlen habe ich absichtlich etwas höher ausgewählt, sodass meine CPU etwas zu tun hat und dadurch eine künstliche Verzögerung entsteht. Wenn Ihre *CPU* leistungsfähiger ist, kann es sein, dass die Primzahlen sehr schnell berechnet werden und das Programm entsprechend schnell beendet wird. Im *ActionServer* können Sie dann den *sleep*-Befehl entkommentieren, um eine künstliche Verzögerung einzubauen. Denken Sie daran, dass *ActionServer* für aufwendige Prozesse gedacht sind, die zeitintensiv sein können. Man beobachtet in einem Programm das *feedback* und löst bei einer Erfolgs- oder Misserfolgsmeldung die nächste Handlung aus.

Zum Schluss betrachten wir noch den Fall, dass wir eine aktuelle Aktion abbrechen möchten. Ein *ActionServer* lauscht während er in der *Callback*-Funktion steckt, auf einkommende *cancel*-Nachrichten des ROS-Systems. Wenn Sie eine korrekt formatierte Nachricht an das *cancel-Topic* des *ActionServers* senden, wird das gewählte Ziel abgebrochen. Um eine Aktion abzubrechen, benötigen wir die Identifikation des abzubrechenden Ziels. Am einfachsten geht das mit dem folgenden Befehl:

```
rostopic echo /prime/status
header:
  seq: 299
  stamp:
    secs: 1557667750
    nsecs:  60323397
  frame_id: ''
status:
  goal_id:
    stamp:
      secs: 1557667742
      nsecs: 632530927
    id: "/prime_client-1-1557667742.633"
  status: 1
  text: "This goal has been accepted by the simple action server"
feedback:
  prime: 90000109
---
```

Die Ausgabe ist hier grün markiert. Die Zeichenkette der *id*-Eigenschaft ist die gesuchte Identifikation, um ein Ziel abzubrechen. Achten Sie darauf, dass die *text*-Eigenschaft nicht leer ist. Eine leere *text*-Eigenschaft bedeutet, dass der *ActionServer* momentan eh nichts abarbeitet und es schließlich keinen Sinn machen würde, einen Abbruch eines nicht arbeitenden *ActionServers* einzuleiten. Nun können wir mit dem nächsten Befehl die aktuelle Verarbeitung im *ActionServer* stoppen.

```
rostopic pub --once /prime/cancel actionlib_msgs/GoalID "stamp:
  secs: 0
  nsecs: 0
id: '/prime_client-1-1557667742.633'"
publishing and latching message for 3.0 seconds
```

Kopieren Sie in die *id*-Eigenschaft die Zeichenkette der *id*-Eigenschaft, die Sie oben mit dem *rostopic echo*-Befehl herausgefunden haben. Die Literalzeichen sowie Schrägstriche müssen erhalten bleiben. Der kopierte Text ist hier rot markiert. Der *ActionServer* führt eine Liste mit Zielen, die durch *id*-Eigenschaften nachverfolgbar sind, vergleichbar mit *Tracking-IDs* bei Postpaketsendungen.

Den Abbruch einer Aktion kann man selbstverständlich auch programmatisch auslösen. Wie man Nachrichten publiziert, haben wir in Abschnitt 5.3.1.1 bereits gesehen. Unser *ActionClient* könnte beispielsweise zusätzlich die Funktion eines *ServiceServers* implementieren und bei Fehlfunktionen einen Abbruch aller Aktionen mit entfernten *ActionServern* auslösen, um sich erst mal dem Problem zuzuwenden. Auf den Wiki-Seiten der *actionlib*-Bibliothek gibt es weitere Informationen zu Actions: *https://wiki.ros.org/actionlib*.

An dieser Stelle haben Sie programmatische Lösungen gesehen, um komplexe Robotik-Programme zu schreiben. Alle Befehle, die Sie jetzt noch in der Konsole eingeben, könnten in ein Python- oder C++-Programm portiert werden. Das Schlusslicht bildet ein geschlossenes ROS-System, das ohne manuelle Befehle von außen agiert und reagiert.

Nachdem wir grundlegende ROS-Programme kennengelernt haben, verlassen wir das *hallo_welt*-Paket und wenden uns wieder unserem Roboter zu. Wechseln Sie in das ROS-Verzeichnis Ihres Roboters, damit Sie mit den anschließenden Kapiteln direkt fortsetzen können.

5.4 Navigation

In diesem Kapitel bewegen wir unseren Roboter programmgesteuert. In den einführenden Kapiteln dieses Buchs haben wir einen virtuellen Roboter bereits mit Konsolenbefehlen fortbewegt. Zur Veranschaulichung betrachten wir den folgenden Befehl:

```
rostopic pub -r 10 /cmd_vel geometry_msgs/Twist -- '{linear: {x: -0.2, y:
0.0, z: 0.0}, angular: {x: 0.0, y: 0.0, z: 1.57}}'
```

Das *Topic cmd_vel* ist eine Schnittstelle, die jeder Roboter vorweisen muss, um das Navigationspaket von ROS verwenden zu können. Hinter diesem *Topic* steckt abhängig vom aktuellen Operationsmodus Ihr Treiber oder der des Gazebo-Simulators. Die Schnittstelle *cmd_vel* abstrahiert die Fortbewegung eines Fahrzeugs mittels Beschleunigungsangaben in x-, y- und z-Richtung. Die Richtungsangaben gelten jeweils für die lineare und angulare Beschleunigung. Unser Roboter kann sich in x-Richtung vorwärts und rückwärts bewegen, sowie auf der z-Achse nach links oder rechts drehen. Es reicht deshalb aus, lediglich diese beiden Koordinaten in *Twist*-Nachrichten zu bestücken, um unseren Roboter in eine Richtung zu bewegen.

Eine weitere Abstraktionsschicht, die man über das *Topic cmd_vel* legen könnte, sind Tastatureingaben, mit denen man den Roboter fernsteuern kann. Man könnte auch einen Joystick in HTML, CSS und JavaScript entwickeln. Die Joystickbewegungen rechnet man in *Twist*-Nachrichten um und sendet sie an *cmd_vel*. Eine grafische Schnittstelle würde den Rahmen dieses Buchs sprengen und soll nur als Idee für eigene Projekte dienen. Einen Roboter per Sprachbefehl auf die Reise zu schicken, ist eine sehr komfortable Möglichkeit. Wir werden zwar keine Sprachbefehle implementieren, aber wie man einen Roboter zu einer Koordinate dirigiert, sehen wir in einem späteren Kapitel. Den Weg zu dieser Zielkoordinate findet der Roboter selbstständig und geht mithilfe seines Laserscanners auftretenden Hindernissen dynamisch aus dem Weg.

Die Navigationsziele und die Fernsteuerung verwenden wir, um eine Karte der Umgebung zu speichern. Diese soll in Zukunft schließlich nicht jedes Mal neu erstellt werden. In einem weiteren Kapitel verwenden wir die gespeicherte Karte, um den Roboter zu Zielen zu navigieren. So hat der Roboter von Anfang an einen Gesamtüberblick, wenn er einen Weg plant, und muss nicht erst auf Erkundungstour gehen, um einen Weg zu seinem Ziel zu finden.

5.4.1 TeleOperation und Kartografierung mit SLAM – Synchronous Localisation And Mapping

Tastatureingaben zur Fortbewegung eines Roboters sind Inhalt dieses Kapitels. Darin wird ein kleines Programm zur *TeleOperation* unseres Roboters geschrieben. Betrachten Sie auch Abbildung 1–11 auf Seite 38. Das grafische Werkzeug, welches dort zu sehen ist, tut schließlich schon das, was wir vorhaben – nur eben grafisch. Die Fernsteuerung eines Roboters hat zunächst mal nichts mit Eigenständigkeit zu tun, die man mit einem Roboter erreichen möchte. In manchen Situationen ist es allerdings viel einfacher, man steuert den Roboter manuell, als dem Roboter die Fortbewegung zu überlassen.

Als Eingabe für unser Programm soll ein *Topic keyboard* dienen. Wenn wir bestimmte Buchstaben von diesem *Topic* erhalten, senden wir die entsprechenden *Twist*-Nachrichten an das *Topic cmd_vel*. Gültige Buchstaben für unser *TeleOp*-Programm sind *w*, *a*, *s*, *d* und *c*. Beispielsweise setzen wir den Buchstaben *w* mit einer *Twist*-Nachricht gleich, die unseren Roboter geradeaus nach vorne bewegt. Zum Anhalten verwendet man eine Nachricht mit dem Buchstaben *s*. In diesem Programm wird keine Tastatureingabe erkannt. Wir simulieren lediglich eine Tastatureingabe, indem wir an das *Topic keyboard* entsprechend präparierte Nachrichtenpakete senden. Wenn Sie das Programm mit einer Tastenerkennung erweitern möchten, dann suchen Sie nach den Wörtern »teleop twist keyboard« in einer Suchmaschine. Dort finden Sie bereits fertige ROS-Pakete, die diese Funktion implementieren.

Erstellen Sie im Verzeichnis *nodes* des *abot_navigation*-Pakets die Datei »teleop«. Anschließend machen Sie die Datei ausführbar. Der folgende Inhalt spiegelt die Funktion unserer Fernsteuerung wider:

```
#!/usr/bin/env python
import rospy
from geometry_msgs.msg import Twist
from std_msgs.msg import String
from rospy.client import init_node

class TeleOp():
  def __init__(self):
    rospy.on_shutdown(self.shutdown)
    self.freq = 10
    self.speed_x = 0.07
    self.speed_z = 0.5
    self.rate = rospy.Rate(self.freq)
    self.x = 0.0
    self.z = 0.0
    self.keys = {
```

```
            'w':[self.speed_x, 0],
            'a':[0, self.speed_z],
            's':[0,0],
            'd':[0, -self.speed_z],
            'c':[-self.speed_x, 0]
        }

        self.twist_pub = rospy.Publisher('cmd_vel', Twist, queue_size=1)
        self.teleop_sub = rospy.Subscriber('keyboard', String, self.keyboard_cb)
    def keyboard_cb(self, msg):
        if self.keys.has_key(msg.data):
            self.x = self.keys[msg.data][0]
            self.z = self.keys[msg.data][1]

    def loop(self):
        while not rospy.is_shutdown():
            msg = Twist()
            msg.linear.x = self.x
            msg.angular.z = self.z
            self.drive(msg)
            self.rate.sleep()

    def drive(self, msg):
        self.twist_pub.publish(msg)

    def shutdown(self):
        self.twist_pub.publish(Twist())

if __name__ == '__main__':
    try:
        init_node("teleop", log_level=rospy.INFO)
        t=TeleOp()
        t.loop()
    except rospy.ROSInterruptException:
        print("Bye-bye...")
```

Unser Python-Programm wird mit *rosrun* oder *roslaunch* stets direkt ausgeführt, also landet der Programmzeiger zunächst im unteren Programmbereich. Dort wird anhand einer *if*-Kontrolle geprüft, ob das Programm tatsächlich direkt ausgeführt wurde. Wenn ja, dann wird versucht, ein ROS-*Node* mit dem Namen »teleop« zu starten. Anschließend wird die Klasse *TeleOp* instanziiert und die blockierende *loop*-Methode aufgerufen. In den nächsten Abschnitten klären wir die wichtigsten Programmzeilen unserer Python-Klasse.

Die ersten Programmzeilen sind uns von den *hallo_welt*-Programmen bereits geläufig. Neu ist hier die Verwendung einer Python-Klasse. Das Schlüsselwort *self* steht im Zusammenhang mit Klasseninstanzen und wird durchgehend in Instanzmethoden oder Instanzeigenschaften verwendet.

Im Konstruktor der Klasse *TeleOp* wird zunächst festgelegt, was passieren soll, bevor das Programm beendet wird.

```
rospy.on_shutdown(self.shutdown)
```

Die Funktion *on_shutdown* der *rospy*-Bibliothek wird vor dem Beenden des Programms und Löschen der Instanz aus dem Arbeitsspeicher ausgeführt. Wenn Sie die Tastenkombination [Strg] + [C] in dem Konsolenfenster drücken, wo dieses Programm läuft, dann wird *on_shutdown* ausgeführt. Danach erst springt das Programm in die Ausnahmebehandlung *ROSInterruptException*. Das ist für uns eine komfortable Möglichkeit, noch zu Lebzeiten der Klasseninstanz Befehle auszuführen, die den Roboter in einen ordentlichen Zustand versetzen. Mit ordentlich ist in diesem Fall ein bewegungsloser Zustand gemeint. Man könnte auch »geparkt« sagen. Wir wollen schließlich nicht, dass der Roboter nach Beendigung des Programms wild herumfährt, weil noch irgendwelche Befehle oder Programmschleifen abgearbeitet werden. Die Methode *shutdown* sendet dazu eine leere *Twist*-Nachricht an das *Topic cmd_vel*. Das Ergebnis dieser Nachricht ist ein bewegungsloser Roboter.

Anschließend werden unterschiedliche Eigenschaften definiert. Darunter die Geschwindigkeit, mit der sich der Roboter fortbewegt.

```
self.speed_x = 0.07
self.speed_z = 0.5
```

Die Geschwindigkeit in x-Richtung beträgt 7 cm in der Sekunde. Eine Drehung um die z-Achse wird mit 0,5 Radiant pro Sekunde ausgeführt. Da diese Werte hart kodiert im Quellcode gespeichert werden, ist es eine Überlegung wert, ob man diese nicht auf den Parameter-Server auslagern sollte. Die Geschwindigkeitswerte könnten dann von »außen« in der *launch*-Datei anstatt in der Python-Datei geändert werden. Allerdings wäre eine Geschwindigkeitsanpassung nur einmal pro Programmstart möglich. Eine andere Lösung könnte so aussehen: Man reagiert im Programm auf zwei unterschiedliche Buchstaben, um damit die Geschwindigkeit inkrementell oder dekrementell von »außen« steuern zu können. Die Buchstaben könnten Prozentwerte repräsentieren, um die der aktuelle Geschwindigkeitswert vermindert oder erhöht wird.

Die Buchstaben, auf die wir reagieren möchten, um den Roboter zu steuern, sind in folgendem Python-Wörterbuch (engl. *dictionary*) aufgelistet:

```
self.keys = {
    'w':[self.speed_x, 0],
    'a':[0, self.speed_z],
    's':[0,0],
    'd':[0, -self.speed_z],
    'c':[-self.speed_x, 0]
  }
```

Das Wörterbuch beschreibt für jeden Buchstaben zwei Datenfelder. Das erste Datenfeld entspricht der Geschwindigkeit entlang der x-Koordinate. Im zweiten Datenfeld gilt dasselbe für die z-Koordinate. Der Roboter kann gemäß dieser Tabelle nur geradeaus fahren oder sich im Stand drehen. Für den Anfang reicht das aber aus.

```
self.twist_pub = rospy.Publisher('cmd_vel', Twist, queue_size=1)
self.teleop_sub = rospy.Subscriber('keyboard', String, self.keyboard_cb)
```

In unserem Programm verwenden wir einen Eingabe- und einen Ausgabekanal. Der *Publisher* stellt für uns den Ausgabekanal dar. Er sendet *Twist*-Nachrichten an das *Topic cmd_vel*. Das haben wir früher schon in der Konsole gemacht. Der *Subscriber* bildet einen Eingabekanal. Er empfängt Zeichenketten vom *Topic keyboard*. Die empfangenen Zeichenketten werden an die *Callback*-Funktion *keyboard_cb* weitergeleitet. Dort wird geprüft, ob die empfangene Zeichenkette in unserem Python-Wörterbuch enthalten ist. Wenn ja, dann wird die entsprechende x- und die z-Geschwindigkeit aus der Wörterbuch-Tabelle in die Eigenschaften *self.x* und *self.z* übernommen. Ab sofort werden die aktualisierten x- und z-Werte in *Twist*-Nachrichten an das *Topic cmd_vel* versendet. Diese Aufgabe übernehmen die beiden folgenden Funktionen:

```
def loop(self):
  while not rospy.is_shutdown():
    msg = Twist()
    msg.linear.x = self.x
    msg.angular.z = self.z
    self.drive(msg)
    self.rate.sleep()
def drive(self, msg):
  self.twist_pub.publish(msg)
```

Die *loop*-Funktion ist unser »place to be«. Dort befindet sich das Programm hauptsächlich. Sie liest ständig die Werte der Instanzvariablen *self.x* und *self.z* in ein *Twist*-Nachrichtenpaket ein. Das Paket wird anschließend an die *drive*-Funktion übergeben, wo der *Publisher* zum Publizieren der Nachricht aufgerufen wird. Zum Schluss wird die Funktion *shutdown* aufgerufen, wenn ein Abbruch oder eine Beendigung des Programms ausgelöst wurde. Wir senden darin noch schnell eine leere *Twist*-Nachricht ab, um den Roboter zum Stehen zu bringen.

```
def shutdown(self):
  self.twist_pub.publish(Twist())
```

Bevor ich Programme starte, die meinen Roboter gegen die Wand fahren könnten, verwende ich eine simulierte Umgebung. Es kann ja sein, dass ein Fehler im Programm den Roboter mit 20 Sachen durch die Wohnung jagt. Ja, das Antriebssystem hat tatsächlich enorme Schubkräfte. Als Simulationsumgebung gibt es auch eine kleine fiktive Wohnung, die wir mit unserem Roboter erkunden und gleichzeitig kartografieren können.

Wir starten zuerst die Simulation und warten bis *RViz* und *Gazebo* vollständig geladen sind. Dann erst führen wir mit *rosrun* unser *TeleOp*-Programm aus und geben die ersten Befehle zur Fortbewegung ein. Insgesamt benötigen wir drei Konsolenfenster für die folgenden Befehle:

```
roslaunch abot_gazebo abot_home.launch
rosrun abot_navigation teleop
rostopic pub --once /keyboard std_msgs/String "data: 'a'"
```

Die ersten zwei Befehle eignen sich gut für die Konsolidierung in einer *launch*-Datei. Kopieren Sie einfach eine bereits bestehende *launch*-Datei und passen Sie sie wie folgt an:

```
<?xml version="1.0" encoding="utf-8" ?>
<launch>
  <include file="$(find abot_gazebo)/launch/abot_home.launch " />
  <node
    pkg="abot_navigation"
    type="teleop"
    name="teleop"
    output="screen">
  </node>
<launch>
```

Speichern Sie die *launch*-Datei unter dem Namen »teleop.launch« im *launch*-Verzeichnis des *abot_navigation*-Pakets. Anschließend können Sie die *launch*-Datei und danach den *rostopic*-Befehl ausführen.

```
roslaunch abot_navigation teleop.launch
rostopic pub --once /keyboard std_msgs/String "data: 'a'"
```

Beobachten Sie das Programmfenster von *RViz* oder *Gazebo*, nachdem der letzte Befehl ausgeführt wurde. Der Roboter sollte sich gegen den Uhrzeigersinn drehen. Den letzten Befehl wiederholen Sie mit dem Buchstaben s im Datenbereich, um den Roboter wieder zum Stehen zu bringen. Interessant ist auch in diesem Zusammenhang das *Topic cmd_vel*. Dort sehen Sie die Auswirkungen Ihrer Eingaben. Betrachten Sie mit einem der beiden folgenden Befehle die Zahlenwerte, die an das *Topic cmd_vel* übertragen werden:

```
rostopic echo /cmd_vel
rqt_plot /cmd_vel/linear/x /cmd_vel/angular/z
```

Im ROS-Graph oder mit dem Befehl *rostopic info cmd_vel* kann man gut erkennen, welche *Nodes* an das *Topic cmd_vel* publizieren. Die nächste Abbildung wurde, während die zuvor beschriebenen Programme gestartet waren, mit folgendem Befehl erstellt:

```
rosrun rqt_graph rqt_graph
```

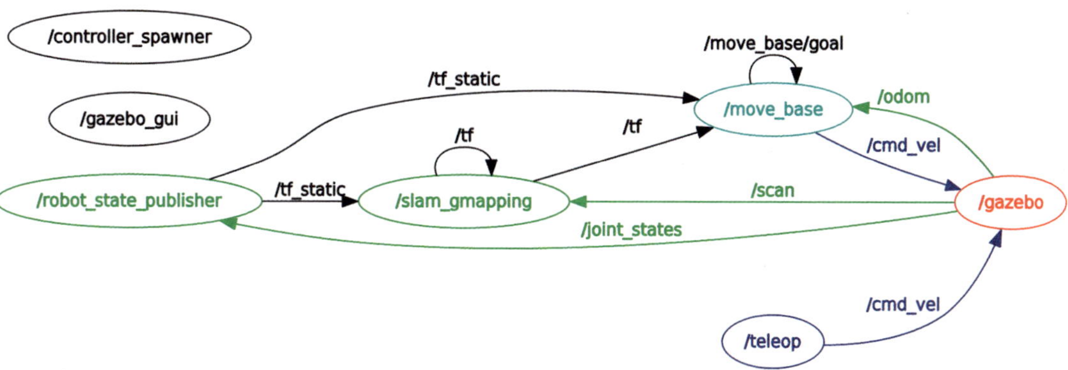

Abb. 5–4 Zwei unterschiedliche *Publisher*, die an das *Topic cmd_vel* senden.

Chaos vermeiden mit Multiplexer

Wichtig ist, dass wir hier ein beliebtes *Topic* fortlaufend mit Nachrichten füttern. Wenn wir nun gleichzeitig in *RViz* Navigationsziele mithilfe der interaktiven Werkzeuge anklicken, dann entsteht ein merkwürdiges Phänomen. Während unser *teleop*-Programm fortwährend Nachrichten an *cmd_vel* publiziert, tut das parallel auch der *Node move_base*, nachdem er von *RViz* den Navigationsauftrag erhalten hat. Diesen Konflikt kann man lösen, indem man einen Multiplexer einsetzt, der die Nachrichten einer Quelle gegenüber anderen priorisiert und nicht mischt. Der Multiplexer könnte ein ROS-*Node* sein, der vor *cmd_vel* geschaltet wird. Unter *http://wiki.ros.org/topic_tools/mux* gibt es ein fertiges ROS-Paket, welches die skizzierte Funktion bereitstellt.

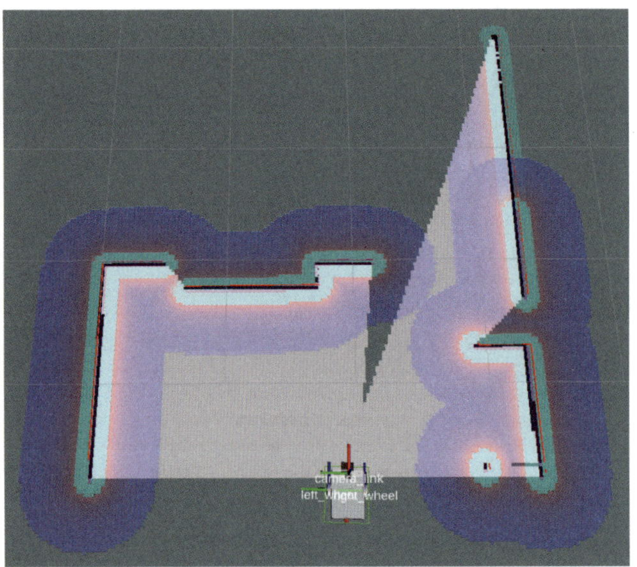

Abb. 5–5 RViz, Navigation und Kartografierung

Wenn Sie der Meinung sind, dass der Roboter im *teleop*-Modus zu schnell ist, um ihn unter realen Bedingungen unter Kontrolle zu halten, dann verändern Sie die Geschwindigkeitsvorgaben im Python-Programm.

Nehmen Sie sich nun etwas Zeit und navigieren Sie durch die gesamte virtuelle Wohnung. Der virtuelle Laserscanner tastet dabei die Umgebung ab und das im Hintergrund gestartete Programm *gmapping* erstellt aus Scan- und Odometriedaten eine Belegtheitsrasterkarte (engl. *Occupancy Grid Map*). Der Algorithmus, der hier mitwirkt, nennt sich *SLAM – Synchronous Localisation And Mapping*. In *RViz* kann man die Arbeit von *SLAM* daran erkennen, dass die Bodenfarbe sich verändert, sobald neue Umgebungsinformationen verfügbar sind. Unbekanntes Terrain wird in *RViz* dunkel dargestellt. Sobald das Terrain abgetastet wird, hellt sich die Bodenfarbe auf. Hindernisse, die vom Laserscanner erfasst wurden, resultieren in schwarzen Punkten und Linien. Auch die Position des Roboters wird mit *SLAM* errechnet, genauer gesagt geschätzt. Die Positionsbestimmung von *SLAM* basiert auf Wahrscheinlichkeitswerten. Die Messdaten aus dem Laserscanner und die Odometriedaten bilden eine gemeinsame Datenquelle für die Schätzung der aktuellen Roboterposition.

Haben Sie die Wohnung ausreichend ausgeleuchtet, dann speichern Sie die Karte mit folgenden Befehlen im Verzeichnis *maps* des *abot_navigation*-Pakets:

```
roscd abot_navigation/maps
rosrun map_server map_saver -f virtual_home
```

Nachdem Sie eine Karte mit *map_saver* gespeichert haben, liegen zwei Dateien im *maps*-Verzeichnis. Die eine ist ein Graustufenbild im *pgm*[7]-Format, die andere enthält die Metadaten der gleichnamigen Rasterkarte im *yaml*-Format. Sie können das Bild mit dem Programm *eog*[8] von der Konsole aus zum Betrachten öffnen:

```
eog virtual_home.pgm
```

Das Ergebnis der Kartografierung sollte so ähnlich wie die folgende Abbildung aussehen:

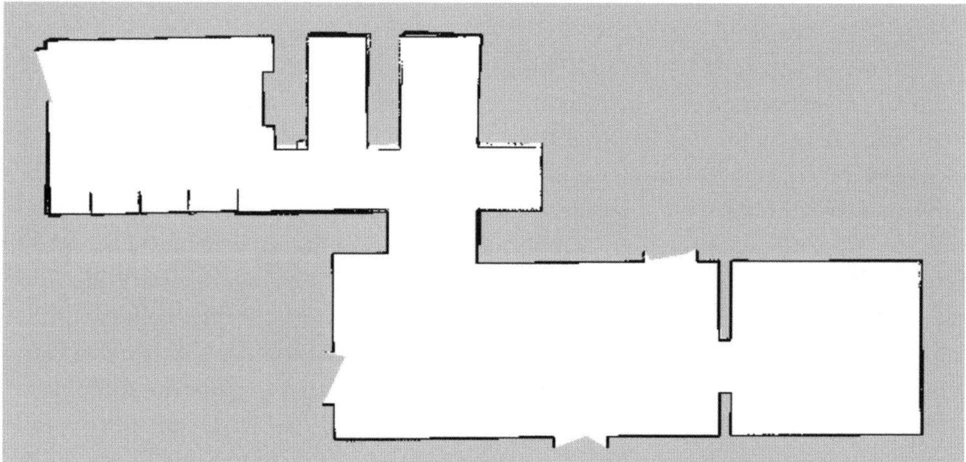

Abb. 5–6 Eine Belegtheitsrasterkarte. Weiß ist bekanntes Terrain, schwarz sind Hindernisse und grau ist unbekanntes Terrain.

7. *PGM* ist die Abkürzung für *Portable Graymap*. Es ist ein einfaches Dateiformat mit *ASCII*- oder *Binär*-Daten.
8. eog steht für *Eye of Gnome* und ist das Standardbildbetrachtungsprogramm auf Ubuntu-Systemen.

Das Bild enthält Informationen, die in drei Kategorien eingeteilt werden können.

- **Grau**
  unbekanntes Terrain.
- **Weiß**
  bekanntes, befahrbares Terrain.
- **Schwarz**
  Hindernis bzw. belegt.

Es ist möglich, dass Hindernisse nicht schwarz, sondern in einem dunklen Grauton dargestellt werden. Schließlich repräsentieren die Farbtöne im Bild Wahrscheinlichkeitswerte des *SLAM*-Algorithmus und können sich über den Zahlenbereich von 8 Bit, also 0 bis 255 erstrecken. Ein Hindernis wird ab einem bestimmten Schwellenwert als solches klassifiziert. Der Schwellenwert ist in der zugehörigen Metadatei in der *occupied_thresh*-Eigenschaft definiert.

Das Graustufenbild kann nachträglich verändert werden. Ein Bildbearbeitungsprogramm wie *gimp* ist auf Ubuntu-Desktopsystemen meist vorinstalliert und beherrscht auch das *pgm*-Format. Eine schwarze Linie einzeichnen, abspeichern und schon hat man einen Bereich für den Roboter beim nächsten Start der Navigationsprogramme blockiert. Navigiert der Roboter in die Nähe der manuell eingezeichneten schwarzen Linie und erkennt mit seinem Laserscanner, dass da in Wirklichkeit kein Hindernis ist, wird der Wegeplaner (engl. *path planner*) die schwarze Linie zu weiß verblassen. Eine erneute Wegeplanung würde nach der Laser-Erkennung die eingezeichnete Blockade nicht berücksichtigen, schließlich existiert die Blockade nicht mehr in seinem aktuellen Weltbild. Erst ein Neustart der Navigationsprogramme mit der bearbeiteten Karte würde den gewünschten Bereich wieder wirksam behindern – temporär zumindest.

Das Navigationspaket von ROS ist sehr umfangreich und im Detail spielen viele einzelne Programme eng miteinander zusammen. Einen Einstieg in das Thema bieten die Wiki-Seiten auf *http://wiki.ros.org/navigation*. Die wichtigste Komponente der Wegeplanung ist das Zusammenspiel zwischen globalem und lokalem Wegeplaner (siehe *http://wiki.ros.org/nav_core*).

Die Kartografierung einer größeren und verwinkelten Umgebung kann viel Zeit beanspruchen. Eine ähnliche Lösung wie in dem Film *Prometheus*, wo sich kleine kugelförmige Flugdrohnen selbstständig auf den Weg machen und ihre Umgebung dreidimensional kartografieren, kenne ich nicht, aber etwas ähnliches macht das ROS-Paket *frontier_exploration* (siehe *http://wiki.ros.org/frontier_exploration)*.

Betrachten wir abschließend die Metadatei *virtual_home.yaml* in einem Konsolenfenster oder einem einfachen Texteditor.

```
image: virtual_home.pgm
resolution: 0.025000
origin: [-16.200000, -13.800000, 0.000000]
negate: 0
occupied_thresh: 0.65
free_thresh: 0.196
```

Wichtig ist hier die *resolution*-Eigenschaft. Die Einheit der Auflösung ist in *Meter/Belegtheitsrasterzelle*. Die Auflösung ändern wir nie in dieser Datei, da es sich um eine rein informative Eigenschaft handelt. Die Ursache für den Wert der *resolution*-Eigenschaft findet man vielmehr in den Konfigurationseinstellungen des *SLAM*-Pakets, hier *gmapping*. Dort ist der *delta*-Parameter maßgebend für die entstandene Auflösung der Karte. Wir achten darauf, dass in den folgenden Konfigurationsdateien die Werte der *resolution*-Eigenschaft sowie des *delta*-Parameters identisch sind.

```
local_costmap_params.yaml
global_costmap_params.yaml
gmapping.launch
gmapping_gazebo.launch
```

Hintergrundinformationen zu den Konfigurationsdateien sind in der folgenden Liste sortiert:

- Local & global costmap
  http://wiki.ros.org/navigation/Tutorials/RobotSetup
- Costmap
  http://wiki.ros.org/costmap_2d
- SLAM gmapping
  http://wiki.ros.org/gmapping

Die Konfiguration eines ROS-Roboters für den Navigationsstack kann sehr aufwendig sein. Ich habe einige Zeit gebraucht, den Roboter für dieses Buch zu konfigurieren. Das bedeutet nicht, dass die Konfiguration optimal ist. Die Optimierung der Konfiguration ist eine optionale Fleißarbeit. Wenn Sie sich entschließen, ein stark abweichendes Modell zu entwerfen und den Navigationsstack von ROS anzuwenden, werden Sie ebenfalls Geduld brauchen. Irgendwann klappt es zwar, aber man wird diese Geduld bei jedem neuen Roboter brauchen. Das ist bei der schieren Anzahl an unterschiedlichen Einstellmöglichkeiten auch offensichtlich. Die nachfolgende Abbildung zeigt ein Werkzeug, das ich gerne während der Konfigurationsarbeit verwendet

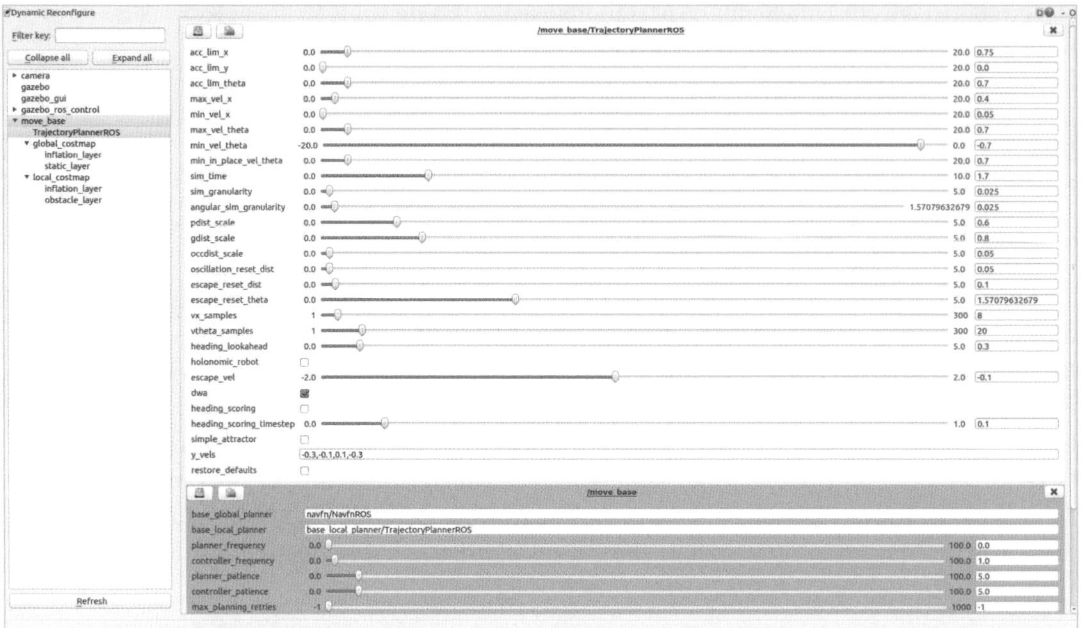

Abb. 5–7 Das Programmfenster von rqt_reconfigure erlaubt viele Einstellungen im laufenden Betrieb.

habe. Es greift auf die Konfigurationseinstellungen der laufenden Programme zu. Damit lassen sich unter anderem die Einstellungen des Navigationsstacks im laufenden Betrieb verändern. Für die Abbildung habe ich die geladenen Konfigurationsdateien aus dem Verzeichnis *abot_navigation/config* angeklickt. Sie können das Programm, während der Navigationsstack läuft, mit folgendem Befehl aufrufen:

```
rosrun rqt_reconfigure rqt_reconfigure
```

Wir haben gesehen, wie man in ROS einen Roboter direkt steuert. Während der Roboter durch die Wohnung bewegt wird, haben wir im Hintergrund eine Karte erfasst und am Ende gespeichert. Die direkte Navigation im *TeleOp*-Modus berücksichtigt keine Laserinformationen. Hindernissen muss der Pilot manuell ausweichen.

Sensorbasierte Navigation erfolgt standardmäßig über die Zieleingabe an den *move_base-Node*. Eine Zieleingabe sieht man in Abbildung 1–12 auf Seite 41 oder man erstellt in *RViz* per *Drag and Drop* interaktiv ein Ziel. Verwenden Sie dazu das Werkzeug für 2D-Navigationsziele, welches in der Symbolleiste von Abbildung 2–5 in Abschnitt 2.2 auf Seite 57 dargestellt ist. Im nachfolgenden Kapitel werden wir sensorbasierte Navigation in eigenen Programmen anwenden.

In Abschnitt 5.2.3 haben wir mit den Startbefehlen aus Tabelle 5–4 auf Seite 215 ein Netzwerk aus ROS-Maschinen betrieben und ebenfalls eine Karte erstellt. Die

Karte entspricht der Umgebung in Ihrem Haushalt. Für dieses Buch verwenden wir weiterhin die virtuelle Umgebung des Gazebo-Simulators. Die angewandten Beispiele können Sie jederzeit auf Ihre reale Umgebung übertragen. Unterschiedlich sind lediglich die *launch*-Dateien für virtuelle und reale Umgebung. Mit den nachfolgenden Befehlen starten wir unser *TeleOp*-Programm auf dem Roboterrechner. Insgesamt benötigen wir wieder drei Konsolenfenster:

```
roslaunch abot_bringup abot_base.launch
rosrun abot_navigation teleop
rostopic pub --once /keyboard std_msgs/String "data: 'a'"
```

Im nächsten Kapitel verwenden wir eine erstellte Karte bereits beim Start unserer ROS-Navigationsprogramme, um Ziele außerhalb der Laserreichweite ansteuern zu können.

5.4.2 Navigation in einer bestehenden Karte mit AMCL – Adaptive Monte Carlo Localisation

Ein neuer Staubsaugerroboter muss nach der ersten Inbetriebnahme erst mal seine Umgebung kennenlernen. Das macht er am besten durch Erkundung. Sind alle Räume erforscht und eine Karte gespeichert, kann er ab sofort mit der vorhandenen Karte navigieren – vorausgesetzt er weiß wo er sich auf der gespeicherten Karte befindet. Das Problem hier ist also die Frage »Wo bin ich?« Der Vorteil von gespeicherten Karten ist, dass man in eigenen Programmen bestimmte Koordinaten auf der Karte mit Wörtern gleichsetzen kann. Der Roboter kann das »Foyer« sofort ansteuern und muss nicht erst herausfinden, wie man dort hinkommt. Es gibt also eine Lernphase, woraufhin der Alltag folgt. Die Lernphase wird nur noch wiederholt, wenn sich die Wohnung stark verändert oder ein Umzug stattgefunden hat. So ähnlich verläuft das auch bei unserem Roboter. Die Umgebung haben wir kartografiert und nun möchten wir dem Roboter Koordinaten beibringen, die er auf unseren Wunsch hin ansteuern soll. Der Unterschied ist, dass unser Roboter bei Ankunft an der Zielkoordinate keine Bahnen ziehen muss, um Staub und Müll zu beseitigen.

Eine Lösung für das beschriebene Problem stellt das ROS-Paket *amcl* bereit. Es gibt zwei Komponenten, die miteinander korrelieren – die Karte und die Pose des Roboters. Die Pose meint die Position und Ausrichtung bzw. Blickrichtung des Roboters. Das *amcl*-Paket stellt verschiedene Algorithmen zusammen, um beide Komponenten unter einen Hut zu bekommen. Hier spielt das Thema Wahrscheinlichkeit wieder eine große Rolle. Eine wahrscheinliche Pose des Roboters wird von einem Partikel repräsentiert. Nimmt die Wahrscheinlichkeit eines Partikels ab, wird dieses Partikel vom Partikelfilter aus der Partikelwolke entfernt. Die Partikelwolke besteht aus vielen Annahmen, also Partikeln, die unterschiedliche Posen darstellen. Die Wolke nimmt zu, also Partikel vermehren sich, sobald sich der Algorithmus über die Pose unsicher ist und die Informationen zur korrekten Bestimmung vage sind. Als Informationsquellen dienen der Laserscanner, Odometriedaten und die Karte. Nach ein paar Fahrten in der Umgebung kann der Algorithmus die Pose des Roboters relativ gut bestimmen, aber nie exakt, da es sich um Wahrscheinlichkeitswerte handelt.

Wir können einen großen Beitrag leisten, um dem Algorithmus bei der Lokalisierung des Roboters zu helfen, indem wir beim Start des *amcl*-Pakets die initiale Pose des Roboters angeben. Die initiale Pose in unserer virtuellen Umgebung von Gazebo ist immer exakt gleich und von daher kein großer Aufwand. In einer realen Umgebung sieht es dagegen etwas schwieriger aus. Wenn wir den Roboter am vorherigen Tag im Arbeitszimmer ausgeschaltet haben, aber das *amcl*-Paket die Koordinaten im Flur als initiale Position gespeichert hat, dann kommt der Algorithmus nach dem Neustart im Arbeitszimmer durcheinander. Ideal wäre eine *Dockingstation*, wo der Roboter sich immer aufhält, wenn er heruntergefahren wurde. Die Koordinate der Station stellt somit eine gute Ausgangsposition für das *amcl*-Paket dar.

In Abbildung 5–8 sieht man Posen des Roboters in Form von Partikelwolken auf einer gespeicherten Karte. Partikelwolken (engl. *Particle Cloud*) können in *RViz* über das gleichnamige *Display* aktiviert werden. Sobald man etwas herumfährt, sollten die Partikel exakter auf die Pose des Roboters konvergieren. Das erkennt man an einer kleineren Partikelwolke, die dichter um den Roboter herumliegt.

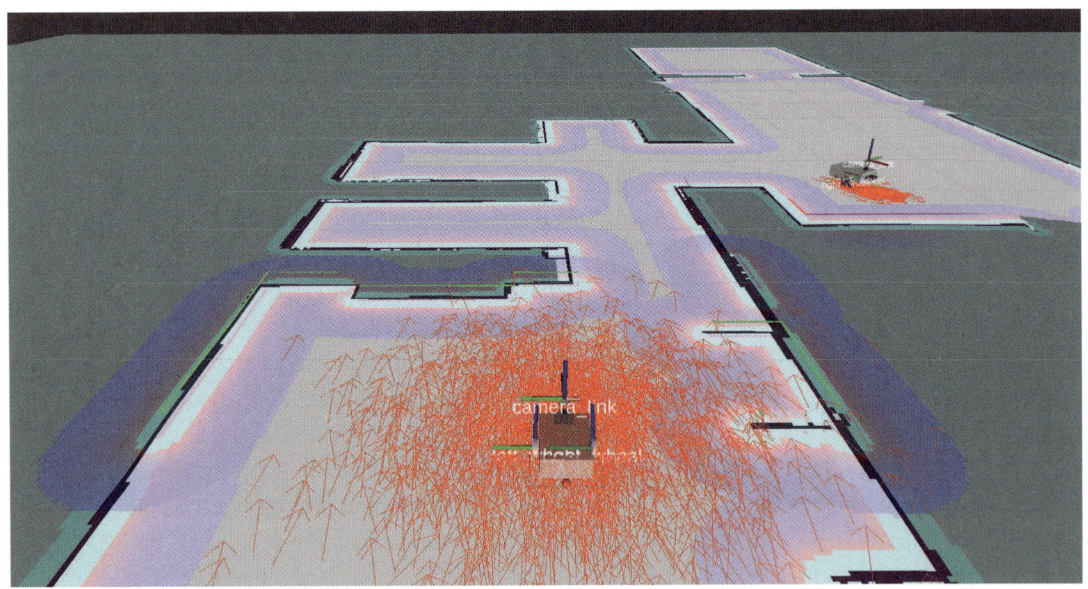

Abb. 5–8 Die initiale Pose des Roboters als zerstreute Partikelwolke in einer gespeicherten Karte

Die initiale Pose unseres Roboters in seiner virtuellen Umgebung wird durch zwei Faktoren bestimmt:

1. Die Koordinate für das *spawn_model*-Programm im *gazebo_ros*-Paket.
2. Die Parameter *initial_pose* des *amcl*-Programms.

Betrachten wir zunächst die Koordinate für das *spawn_model*-Programm in der Datei *abot_home.launch* im *abot_gazebo*-Verzeichnis:

```
<node
  name="abot_spawn"
  pkg="gazebo_ros"
  type="spawn_model"
  output="screen"
  args="-urdf
        -param robot_description
        -model abot
        -x -5.8
        -y 2.0
        -z 0.1"
  respawn="false"
/>
```

Die Argumente des *spawn_model*-Programms enthalten die x-, y- und z-Koordinaten in der Einheit Meter für die Platzierung des Roboters in seiner Simulationsumgebung. Von diesen Koordinaten müssen wir nun ausgehen und das *amcl*-Programm darüber informieren. Betrachten wir in diesem Zusammenhang die interessanten Ausschnitte aus der Datei *amcl_gazebo*.launch im *abot_navigation*-Verzeichnis.

```
<arg name="initial_pose_x" default="-5.8" />
<arg name="initial_pose_y" default="2.0" />
<arg name="initial_pose_a" default="0.0" />
<node pkg="amcl" type="amcl" name="amcl" output="screen">
  ...
  <param name="initial_pose_x" value="$(arg initial_pose_x)" />
  <param name="initial_pose_y" value="$(arg initial_pose_y)" />
  <param name="initial_pose_a" value="$(arg initial_pose_a)" />
  ...
</node>
```

Die *initial_pose*-Parameter enthalten die x- und y-Koordinaten für die Position und der Parameter *initial_pose_a* steht für die Gierung des Roboters in der Einheit *Radiant*. Mit *amcl* können Roboter auf einer zweidimensionalen Fläche lokalisiert werden. Die Koordinaten entsprechen exakt den Werten, die wir für das *spawn_model*-Programm angegeben haben. Es dürfte dem *amcl*-Programm nicht schwerfallen, den Roboter zu lokalisieren, da wir exakt übereinstimmende Angaben über die Position des Roboters gemacht haben. Testen wir die Lokalisierungsarbeit des *amcl*-Programms mit folgendem Befehl:

```
roslaunch abot_gazebo abot_home_amcl.launch
```

Jetzt können beliebige Navigationsziele auf der Karte gesetzt werden. Wählen Sie das interaktive Werkzeug für Navigationsziele in der *RViz*-Werkzeugleiste aus (siehe Abbildung 2–5 auf Seite 57). Anschließend kann man per *Drag & Drop* ein Ziel auf der Karte bestimmen.

In einer realen Umgebung mit einem physischen Roboter gilt dasselbe Prinzip. Man kartografiert seine Umgebung, speichert die Karte ab und startet die *launch*-Datei mit dem *amcl*-Programm. Ich gehe davon aus, dass Sie in Abschnitt 5.2.3 eine Karte Ihrer Umgebung gespeichert haben.

Im Gegensatz zur simulierten Umgebung mit Gazebo haben wir in der Realität kein *spawn_model*-Programm, das unseren Roboter im Raum platziert. Das machen wir händisch oder der Roboter macht es selbst, indem er sich irgendwo parkt. Diesen Ort benötigen wir als initiale Pose für das *amcl*-Programm. Betrachten wir als Nächstes die *launch*-Datei *amcl.launch* im *abot_navigation*-Verzeichnis.

```
<arg name="initial_pose_x" default="0.0" />
<arg name="initial_pose_y" default="0.0" />
<arg name="initial_pose_a" default="0.0" />

<node pkg="amcl" type="amcl" name="amcl" output="screen">
  ...
  <param name="initial_pose_x" value="$(arg initial_pose_x)" />
  <param name="initial_pose_y" value="$(arg initial_pose_y)" />
  <param name="initial_pose_a" value="$(arg initial_pose_a)" />
  ...
</node>
```

Die initiale Pose des Roboters habe ich hier absichtlich auf 0 gesetzt. Der Roboter befindet sich in Wirklichkeit links oben auf der Karte. Wir werden die korrekte Pose durch Ausprobieren herausfinden. Haben wir die Koordinaten ermittelt, können wir diese für die Zukunft in der *launch*-Datei eintragen. Wie bereits beschrieben, ist eine Dockingstation der ideale Ausgangspunkt, den wir als initiale Pose in der *launch*-Datei eintragen könnten. Kann man keine feste Startposition vorgeben, dann bleibt wieder nur das Herausfinden der Pose durch Ausprobieren und zwar bei jedem Start des *amcl*-Programms. Der Startbefehl für unseren physischen Roboter mit *Adaptive Monte Carlo Localisation* lautet:

```
roslaunch abot_bringup abot_base_amcl.launch
```

Im nächsten Bild ist auf der linken Hälfte die Schätzung der Pose von *Adaptive Monte Carlo Localisation*. Auf der rechten Hälfte ist meine manuelle Angabe der Pose mittels interaktivem Werkzeug »2D Pose Estimate« aus der *RViz*-Werkzeugleiste (siehe Abbildung 2–5 auf Seite 57). Zur besseren Übersicht habe ich die *Displays* »Obstacles Global« und »Obstacles Local« deaktiviert.

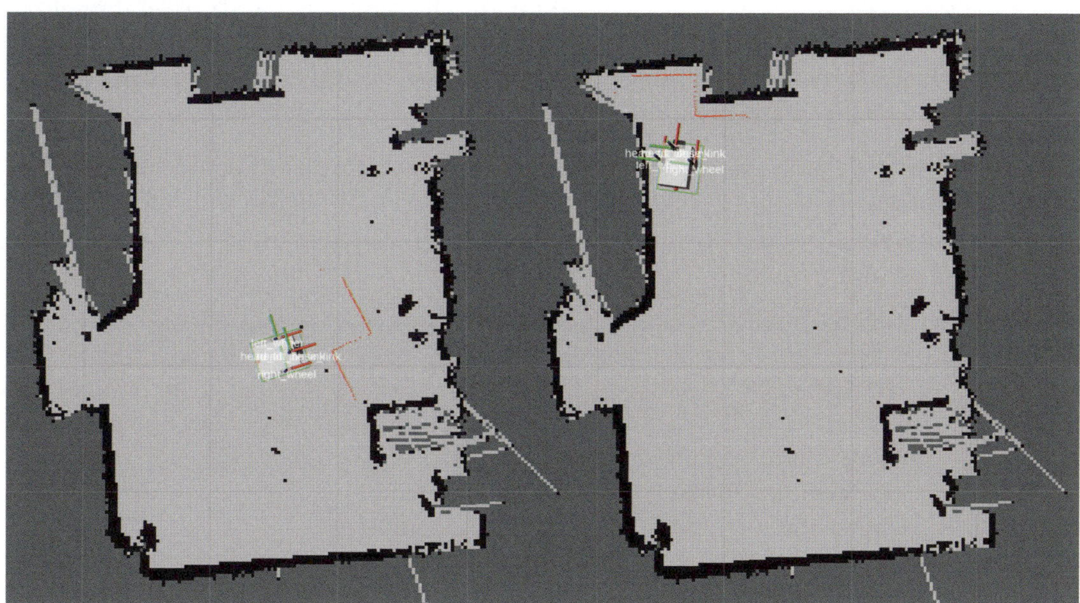

Abb. 5–9 Die initiale Pose des Roboters in einer gespeicherten Karte

In der linken Bildhälfte wird die initiale Pose des Roboters, die wir als Parameter in der *launch*-Datei *amcl.launch* angegeben haben, reflektiert. Da es sich um *Null*-Koordinaten handelt, entsprechen die *Null*-Werte exakt der Position und Ausrichtung des Roboters wie Sie ihn zu Beginn der Kartografierung mit *SLAM* im Raum aufgestellt hatten. Sie können allerdings nicht wissen, wo ich meinen Roboter zu Beginn der Kartografierung aufgestellt hatte. Auf jeden Fall habe ich meinen Roboter nicht dort aufgestellt, wo ihn die linke Bildhälfte darstellt. Die Ursache für die Annahme der Pose durch das *amcl*-Programm liegt in den Odometriedaten. Ich habe unmittelbar nach Beendigung der Kartografierung mit *SLAM* den *AMCL*-Modus gestartet, ohne die Odometriedaten auf *Null* zu setzen bzw. zu löschen. Dadurch entsteht im Wahrscheinlichkeitsmodell des *amcl*-Programms die dargestellte Pose. Hätte ich die Odometriedaten zuvor gelöscht oder den Roboter heruntergefahren, vom Strom getrennt und neu gestartet, würde die Pose so dargestellt werden, wie ich den Roboter zu Beginn der Kartografierung mit *SLAM* im Raum aufgestellt hatte. Die Odometriedaten können manuell mit einem korrekt präparierten Nachrichtenpaket an das *Topic pirate_md25_encoder_reset* gelöscht werden.

In der rechten Bildhälfte habe ich schließlich manuell die initiale Pose des Roboters bekanntgeben. Wie bereits erwähnt, verwenden wir dazu das *RViz*-Werkzeug »2D Pose Estimate«. Als Orientierung betrachte ich die Laserpunkte in *RViz*. Es genügt, wenn die Laserpunkte ungefähr mit den schwarzen Hindernispunkten aufeinanderliegen. Das *amcl*-Programm wird von selbst im Laufe mehrerer Navigationsfahrten immer genauer bei der Schätzung der Pose werden.

Eine alternative Möglichkeit, die initiale Pose anzugeben, ist entweder programmatisch oder mit dem folgenden Befehl in der Konsole:

```
rostopic pub --once /initialpose geometry_msgs/PoseWithCovarianceStamped
"header:
  seq: 0
  stamp:
    secs: 0
    nsecs: 0
  frame_id: 'map'
pose:
  pose:
  position: {x: 0.187, y: -0.023, z: 0.0}
  orientation: {x: 0.0, y: 0.0, z: 0.0, w: 1.0}
  covariance: [0.0, 0.0, 0.0, 0.0, 0.0, 0.0, 0.0, 0.0, 0.0, 0.0, 0.0, 0.0,
  0.0, 0.0, 0.0, 0.0, 0.0, 0.0, 0.0, 0.0, 0.0, 0.0, 0.0, 0.0, 0.0, 0.0,
  0.0, 0.0, 0.0, 0.0, 0.0, 0.0, 0.0, 0.0, 0.0, 0.0]"
[INFO][1978876944.268823767]: Setting pose: 0,187 -0,023 0,000 [frame=map]
```

Im Konsolenbefehl sind die benutzerdefinierten Angaben in roter Schrift. Die Programmausgabe von *RViz* ist in grüner Schrift. Jetzt können wieder beliebige Navigationsziele auf der Karte gesetzt werden. Beobachten Sie auch die Koordinaten, die im *Topic /move_base/goal* ausgegeben werden. Wenn Sie interessante Punkte auf der Karte merken möchten, dann ist jetzt die Gelegenheit, diese aufzuschreiben oder zu speichern. Später können Sie die Koordinaten als Navigationsziele in Ihren eigenen Programmen wiederverwenden.

Nachdem wir den Roboter auf einer bereits bestehenden Karte lokalisieren können, wenden wir das Thema in einem eigenen Programm an. Wir erstellen dazu im

Verzeichnis *nodes* des *abot_navigation*-Pakets die Datei »navigate«. Anschließend machen Sie die Datei ausführbar. Das folgende Python-Programm stellt die Funktion für unsere Navigationsziele dar:

```
#!/usr/bin/env python
import rospy
import actionlib
from std_msgs.msg import String
from rospy.client import init_node
from actionlib_msgs.msg import GoalStatus
from move_base_msgs.msg import MoveBaseAction, MoveBaseGoal

class Navigate():
  def __init__(self):
    rospy.on_shutdown(self.shutdown)
    self.freq = 10
    self.rate = rospy.Rate(self.freq)
    self.poses = {
      'room1':[(-6.0, 3.0, 0.0), (0.0, 0.0, 0.7, 0.7)],
      'room2':[(1.5, -2.5, 0.0), (0.0, 0.0, -0.7, 0.7)],
      'room3':[(6.3, -2.4, 0.0), (0.0, 0.0, 1.0, 0.0)]
    }

    self.move_base_ac = actionlib.SimpleActionClient('move_base',
                                                      MoveBaseAction)
    self.navigation_sub = rospy.Subscriber('navigate', String,
                                            self.navigate_cb)
    self.move_base_ac.wait_for_server()
  def navigate_cb(self, msg):
    if self.poses.has_key(msg.data):
      print("Ok, navigating to " + str(msg.data))
      goal = MoveBaseGoal()
      goal.target_pose.header.frame_id = 'map'
      goal.target_pose.pose.position.x = self.poses[msg.data][0][0]
      goal.target_pose.pose.position.y = self.poses[msg.data][0][1]
      goal.target_pose.pose.position.z = self.poses[msg.data][0][2]
      goal.target_pose.pose.orientation.x = self.poses[msg.data][1][0]
      goal.target_pose.pose.orientation.y = self.poses[msg.data][1][1]
      goal.target_pose.pose.orientation.z = self.poses[msg.data][1][2]
      goal.target_pose.pose.orientation.w = self.poses[msg.data][1][3]
      self.navigate(goal)
```

```
    def navigate(self, goal):
      self.move_base_ac.send_goal(goal)
      self.move_base_ac.wait_for_result()
      result = move_base_ac.get_state()
      if result == GoalStatus.SUCCEEDED:
        print('Success!')

    def loop(self):
      while not rospy.is_shutdown():
        self.rate.sleep()

    def shutdown(self):
      self.move_base_ac.cancel_all_goals()

  if __name__ == '__main__':
    try:
      init_node("navigate", log_level=rospy.INFO)
      n=Navigate()
      n.loop()
    except rospy.ROSInterruptException:
      print("Bye-bye...")
```

In obigem Python-Programm gibt es nur wenig Neues zu berichten. Das Programm ist stark an das *TeleOp*-Programm angelehnt. Anstelle von Tastatureingaben erwarten wir hier Ortsbezeichnungen, die wir mit Koordinaten gleichsetzen.

```
self.poses = {
  'room1':[(-6.0, 3.0, 0.0), (0.0, 0.0, 0.7, 0.7)],
  'room2':[(1.5, -2.5, 0.0), (0.0, 0.0, -0.7, 0.7)],
  'room3':[(6.3, -2.4, 0.0), (0.0, 0.0, 1.0, 0.0)]
}
```

Das Wörterbuch (engl. *dictionary*) *poses* enthält zu jeder Ortsbezeichnung eine Liste mit zwei Tupel. Das erste Tupel bestimmt später die x-, y- und z-Koordinaten des Navigationsziels und somit auch die Position des Roboters. Das zweite Tupel richtet den Blick des Roboters auf einen bestimmten Winkel im Kreis.

```
self.move_base_ac = actionlib.SimpleActionClient('move_base',MoveBaseAction)
self.navigation_sub = rospy.Subscriber('navigate', String, self.navigate_cb)
```

Unsere Schnittstelle besteht aus einer Verbindung zu einem *ActionServer* und einem *Subscriber*. Für Benutzer dieses Programms wäre es durchaus komfortabler gewesen, wenn man einen *ServiceServer* oder gar einen *ActionServer* anstelle eines simplen

Subscribers bereitgestellt hätte, aber der Aufwand würde hier den Rahmen sprengen. Wir hören also das *Topic navigate* ab und reagieren in der *Callback*-Funktion *navigate_cb* auf bestimmte Zeichenketten. In der *Callback*-Funktion wird zunächst geprüft, ob die empfangene Zeichenkette in unserem Wörterbuchenthalten ist. Wenn ja, wird anschließend mit den zugehörigen Daten aus dem Wörterbuch ein Nachrichtenpaket vom Typ *MoveBaseGoal* für den Versand an den *ActionServer* bereitgemacht. Das fertige Paket wird an die Methode *navigate* übergeben, von wo es an den *ActionServer* gesendet wird.

```
def navigate(self, goal):
  self.move_base_ac.send_goal(goal)
  self.move_base_ac.wait_for_result()
  result = move_base_ac.get_state()
  if result == GoalStatus.SUCCEEDED:
    print('Success!')
```

Mit dem *ActionClient* senden wir das Navigationsziel an den *ActionServer*. In der darauffolgenden Zeile warten wir bis das Ergebnis zurückkommt. Die *Action*-Definitionsdatei *MoveBase.action* enthält keine Angaben im Ergebnisbereich. Wir müssen also den Status abfragen, um herauszufinden, ob der Roboter sein Ziel erreicht hat oder nicht. Die Statusmeldung besteht aus dem Nachrichtentyp *GoalStatus*. Das erklärt auch den zusätzlichen Import der *actionlib*-Nachrichtendefinition in unserem Python-Programm. Wurde die Navigation erfolgreich abgeschlossen, quittieren wir das mit einer simplen *print*-Ausgabe. Ein *Action*- oder *ServiceServer* könnte an dieser Stelle eine Meldung an den aufrufenden *Node* zurückgeben. Das hätte den Vorteil, dass der *Node* informiert wäre und neue Ziele an unser Programm schicken könnte.

Wird das Programm beendet, dann brechen wir auch alle Ziele ab, die auf dem *ActionServer* registriert sind.

```
def shutdown(self):
  self.move_base_ac.cancel_all_goals()
```

Das Programm funktioniert mit den Koordinaten aus dem *poses*-Wörterbuch in der Simulationsumgebung von *Gazebo*. Dort haben wir bereits eine Karte erstellt und können diese mit *Adaptive Monte Carlo Localisation* bereisen. Damit wir unser Programm testen können, benötigen wir drei Konsolenfenster für die jeweils folgenden Befehle:

```
roslaunch abot_gazebo abot_home_amcl.launch
rosrun abot_navigation navigate
rostopic pub --once /navigate std_msgs/String "data: 'room2'"
```

Die zweite Zeile enthält die Ausführung unseres neuen Programms in einer Konsole. Etwaige Programmmeldungen sehen wir ebenfalls dort. In der letzen Zeile geben wir das gewünschte Navigationsziel in Form eines *Strings* an unser Programm weiter. Die möglichen Zeichenketten für den *data*-Bereich haben wir im *poses*-Wörterbuch unseres Python-Programms festgelegt.

In diesem Kapitel haben wir erneut eine Abstraktionsschicht generiert, indem wir Wörter statt Koordinaten als Schnittstelle für die Navigation bereitgestellt haben. Im Grunde ist das auch unsere Hauptbeschäftigung, bis der Roboter uns anhand von geschriebenen oder gesprochenen Wörtern bzw. ganzen Sätzen verstehen kann.

5.5 Gesichtserkennung

Im vorliegenden Kapitel geht es mit dem Thema Bilderkennung weiter. Wir werden hier eine Schnittstelle bereitstellen, um den Roboter mit einem oder mehreren aufeinanderfolgenden Augenzwinkern zu steuern. Dabei weisen wir zwei Augen zwei unterschiedliche Werte zu, nämlich 0 und 1. Dadurch haben wir die Möglichkeit, mit einer handelsüblichen USB-Kamera ein Binärmuster aus dem Gesicht eines Menschen zu erkennen, und dieses als Befehl für den Roboter zu interpretieren.

Für unser Vorhaben benötigen wir Bilddaten einer USB-Kamera als Bildquelle. Wenn Sie keine exotischen Kameramodelle verwenden, sollten die vorinstallierten Treiber und Programme Ihre Kamera unterstützen. Ansonsten helfen die Suchbegriffe »Linux« in Verbindung mit dem verwendeten Kameramodell, die nötigen Einstellungen bzw. Treiber zu finden. Sobald die Kamera an einem USB-Port des Ubuntu-Systems angesteckt wird, findet man die Schnittstelle im Verzeichnis */dev* wieder. Die erste Kamera sollte dort unter der Bezeichnung *video0* aufgeführt sein. Sind mehrere Kameras im *dev*-Verzeichnis vorhanden, wählen wir für unser Programm eine davon aus. Die Auswahl findet in der *launch*-Datei statt, die wir zum Starten der Kameratreiber verwenden. Für dieses Buch habe ich meine *Logitech Pro 9000 Webcam* verwendet. Wir sehen die *launch*-Datei im Anschluss an die hier geschilderten Voraussetzungen für unser Schnittstellenprogramm.

Die Gesichtserkennung, die übrigens auch Augen erkennt, ist eine Software-Bibliothek namens *OpenCV*.[9] Sie wurde ursprünglich von *Intel* entwickelt, von den Machern von ROS weiterentwickelt und am Ende wieder von *Intel* übernommen. Das Ziel von *OpenCV* war und ist, das Rad nicht immer wieder neu zu erfinden. Wir haben in

9. *OpenCV* – *Open Computer Vision* ist eine Softwarebibliothek in der dritten Generation. Die Version *OpenCV* 3 ist die von ROS verwendete Standardversion seit ROS *Kinetic*. Die Version 3 bietet Schnittstellen zum aktuellen Stand der Technik in der Bilderkennung, darunter tiefe neuronale Netze (engl. *Deep Neural Network*) mit *TensorFlow*, *Torch* und *Caffe*. Die *OpenCV*-Bibliothek steht unter einer permissiven *BSD*-Lizenz zur Verfügung und enstpricht somit dem Lizenzmodell von ROS.

Abschnitt 5.4 ein autonomes Fahrzeug mit vergleichsweise sehr geringem Programmieraufwand implementiert. Mit *OpenCV* halten wir ein vergleichbares Werkzeug in der Hand, das die schnelle Entwicklung von bildverarbeitenden Programmen unterstützt. Eine Bibliothek ist aber längst noch kein fertiges Programm. So bleibt noch jede Menge Arbeit, bis wir zum Beispiel ein Gesicht mit dieser Bibliothek erkennen und verarbeiten können. Zum Glück wächst das Repertoire an nützlichen Softwarepaketen für ROS stetig mit. Es gibt mittlerweile Programme, die jene Softwarebibliotheken verwenden und fertige Lösungen in Form von Schnittstellen bereitstellen. Vor ein paar Jahren habe ich aus der *OpenCV*-Bibliothek meine eigene Gesichtserkennung geschrieben. Heute sind diese Verfahren als quelloffene ROS-Pakete verfügbar. Wir können somit direkt mit den Ergebnissen aus einem Gesichtserkennungsprogramm arbeiten, statt eine Gesichtserkennung zu schreiben. Das ROS-Paket, welches die Gesichtserkennung bereitstellt, heißt *opencv_apps* und kann über die Paketverwaltung installiert werden. Wenn Sie die Installationsanleitung aus Abschnitt 1.1 durchgeführt haben, ist das Paket bereits installiert. Das Paket bietet weit mehr als nur eine Lösung zur Gesichtserkennung. Einen Überblick über die Funktionen von *opencv_apps* erhält man auf den Wiki-Seiten unter *http://wiki.ros.org/opencv_apps*.

Ich habe zuerst eine Weile darüber nachgedacht, ob die Entwicklung eines Programms zur Gesichtserkennung für dieses Kapitel sinnvoll wäre. Letztendlich wäre es doch nur das 1000. Tutorial über die Verwendung der *OpenCV*-Bibliothek geworden, um ein Gesicht zu erkennen. Wir überspringen dieses »Rad« und arbeiten an einem Programm, das etwas mit den Ergebnissen der erkannten Gesichter macht. Die Ergebnisse liefert das benannte Paket *opencv_apps*.

Die Voraussetzungen für die Arbeit in diesem Kapitel sind beschrieben und wir können nun die Startprogramme der involvierten Komponenten betrachten. Bevor wir zu den *launch*-Dateien wechseln, folgt der Befehl für die Erstellung unseres ROS-Pakets *abot_vision*, in dem wir arbeiten werden.

```
catkin_create_pkg abot_vision rospy roscpp opencv_apps std_msgs sensor_msgs
```

Unser ROS-Paket ist sowohl für die Programmierung mit Python als auch für C++ vorbereitet. Das Paket *opencv_apps* wurde ebenfalls als Abhängigkeit angegeben, sodass es in der Datei *package.xml* aufgeführt wird.

Wir öffnen zuerst die *launch*-Datei der Kamera. Der Dateiname sollte aussagekräftig sein und zumindest das verwendete Kameramodell verraten. Wer mehrere Kameras am Roboter im Einsatz hat, kann dadurch die benötigten Startprogramme leichter identifizieren. Mit folgendem Befehl betrachten wir die *launch*-Datei in einem Konsolenfenster:

```
rosed abot_vision q9000_gscam.launch
```

Die nachfolgende Ausgabe des *rosed*-Befehls enthält absichtlich keine Kommentare. Wir werden die wichtigsten XML-Elemente weiter unten erörtern.

```
<?xml version="1.0" encoding="utf-8" ?>
<launch>
  <arg name="camera" value="quick_cam" />

  <env
    name="GSCAM_CONFIG"
    value="v4l2src
    device=/dev/video0 ! video/x-raw-rgb,
      width=320,
      height=240 ! ffmpegcolorspace " />

  <node pkg="gscam" type="gscam" name="$(arg camera)">
    <param name="publish_frequency" value="30"/>
    <param name="width" value="320"/>
    <param name="height" value="240"/>
  </node>
</launch>
```

Das *arg*-Element dient lediglich als Namensgeber für das weiter unten aufgeführte *node*-Element des *gscam*-Pakets. Verwenden Sie hier einen beliebigen Namen im *value*-Attribut, der Ihr Kameramodell beschreibt.

Mit dem *env*-Element kann man Umgebungsvariablen setzen. Diese sind allerdings nur sichtbar für die Elemente, die sich auf derselben Ebene befinden, also im *launch*-Element. Früher habe ich solche Umgebungsvariablen in der versteckten *bashrc*-Datei gesetzt. Die Lösung innerhalb einer *launch*-Datei ist portabler und passt in den Kontext. Die Umgebungsvariablen werden vom *gscam*-Paket für die Treiberkonfiguration verwendet. Wenn Sie mehrere Kameras im *dev*-Verzeichnis haben, dann passen Sie den Pfad im *device*-Attribut gegebenenfalls an. Zieht man eine Kamera ab, dann erfährt man, welcher Pfad zu welcher Kamera gehört. Problematisch könnte es werden, wenn der Kamerapfad sich nach jedem Betriebssystemstart verändert. Abhilfe schafft dann nur eine Regel im Verzeichnis */etc/udev/rules.d*. Dort kann man einen symbolischen Namen statt eines Pfads für eine Kamera vergeben.

Das *node*-Element beschreibt den Treiber *gscam* und die Startparameter für die zu betreibende Kamera. Man kann darin erkennen, dass die Kamera mit 30 Bildern pro Sekunde Bilddaten veröffentlichen wird. Wenn wir im laufenden ROS-Betrieb das *Topic* mit den Bilddaten in unseren Programmen abonnieren, werden die Bilder in der beschriebenen Geschwindigkeit eintreffen. Die Bezeichnung des *Topics*, unter dem die Bilddaten im laufenden Betrieb zu finden sein werden, heißt standardmäßig

/camera/image_raw. Wenn Sie eine andere Bezeichnung wünschen, dann geht das innerhalb des *node*-Elements von *gscam* mit einem *remap*-Element.

```
<remap from="camera/image_raw" to="mein_kameramodell/image_raw" />
```

Der rot markierte Text im *to*-Attribut enthält die neue Bezeichnung, die anstelle der Standardbezeichnung des *from*-Attributs verwendet werden soll. Ich versuche bei der Namensvergabe darauf zu achten, dass die Simulationsumgebung dieselben Namen wie die Namen beim Start des physischen Roboters haben. Dadurch kommen unsere Programme nicht durcheinander, wenn wir zwischen Simulation und physischer Umgebung hin- und herwechseln. Die vollständige Bezeichnung des *Topics* in der Simulationsumgebung finden wir mit folgenden Befehlen im Hauptverzeichnis unseres Roboters:

```
grep -ri cameraname
grep -ri image_raw
```

Der erste *grep*-Befehl liefert das Präfix des *Topics* und der zweite Befehl zeigt den zugehörigen *Topic*-Namen an. Setzt man beide Ausgaben mit anführenden Schrägstrichen zusammen, erhält man in unserer Arbeitsumgebung die *Topic*-Bezeichnung */camera/image_raw*. Die Dateinamen, die Sie bei der Ausführung der *grep*-Befehle gesehen haben, sollten wir im Auge behalten, wenn wir Änderungen in der *Topic*-Bezeichnung vornehmen möchten. Eine Namensänderung an nur einer Stelle könnte beim Start der anderen Stelle ein Problem verursachen.

Weitere Konfigurationsmöglichkeiten und nähere Informationen über das *gscam*-Paket findet man auf den Wiki-Seiten von ROS unter *http://wiki.ros.org/gscam*.

Bevor Sie fortfahren, ist es empfehlenswert, die angeschlossene Kamera einfach mal mit der beschriebenen *launch*-Datei zu testen. Wenn alles läuft, erhält man eine Menge *Topics*, die mit *camera* beginnen. Wenn Sie den Dateinamen nicht an Ihr Kameramodell angepasst haben, dann lautet der Startbefehl wie folgt:

```
roslaunch abot_vision q9000_gscam.launch
```

Die Bilddaten der laufenden Kamera kann man mit den nächsten Befehlen ansehen. Der erste Befehl öffnet ein Fenster mit der Summe an Bildpunkten, die sich durch die Multiplikation der *width*- und *height*-Parameterwerte in der *launch*-Datei ergeben. Der zweite Befehl zeigt die Rohdaten an, die im Nachrichtenformat von *sensor_msgs/Image* aufgebaut sind:

```
rosrun image_view image_view image:=/camera/image_raw
rostopic echo /camera/image_raw
```

Ein Bildpunkt wird gemäß der Nachrichtendefinition von drei aufeinanderfolgenden 8-Bit-Werten repräsentiert. Die drei Werte stehen jeweils für die Farbtöne der

Farbkanäle Rot, Grün und Blau. Die Reihenfolge der Farbkanäle kann variieren. In *OpenCV* ist die Reihenfolge Blau, Grün, Rot. Das tatsächliche Format kann man in der *encoding*-Eigenschaft des Nachrichten-*Headers* ablesen.

Kommen wir zur Startdatei für die Gesichtserkennung (engl. *face detection*). Nach der Installation von *opencv_apps* sind schon viele *launch*-Dateien im gleichnamigen Installationsverzeichnis vorbereitet. Mit dem Befehl *rosls opencv_apps* kann man die installierten Dateien und Verzeichnisse sehen. Ich habe einfach die dortige *launch*-Datei *face_detection.launch* in das *launch*-Verzeichnis unseres ROS-Pakets *abot_vision* kopiert und für unseren Verwendungszweck angepasst. Das Kopieren und Anpassen fremder *launch*-Dateien für eigene Zwecke ist ein typisches Verfahren bei der Arbeit mit ROS-Paketen. Schließlich liefern die Fremdpakete ihre *launch*-Dateien mit Standardwerten aus. Diese Standardwerte passen selten exakt auf unsere Systemumgebung und Wünsche. In den nächsten Abschnitten sehen wir die Anpassungen in der kopierten *launch*-Datei.

Mit dem Befehl *roscd abot_vision* kommen Sie wieder zurück in unser Arbeitsverzeichnis, wenn Sie zuvor in das Verzeichnis *opencv_apps* gewechselt hatten. Öffnen Sie die *launch*-Datei *face_detection.launch* im Verzeichnis *abot_vision/launch* mit einem Editor Ihrer Wahl. Die folgenden Dateiausschnitte sind teilweise verkürzt, um die Übersichtlichkeit nicht zu strapazieren.

```
<arg name="node_nam@e" default="face_detection" />
<arg name="use_opencv3" default="false" />
<arg name="use_opencv3_1" default="false" />
<arg name="use_opencv3_2" default="false" />
<arg name="use_opencv3_3" default="$(arg use_opencv3)" />
```

Das erste *arg*-Element beschreibt den *Node*-Namen, der nach der Ausführung dieser Datei mit *roslaunch* im ROS-Graph erscheint. In den darauffolgenden Argumenten wird die verwendete *OpenCV*-Version bekanntgegeben. Hier habe ich nichts verändert und das System hat selbstständig die verfügbare Version gewählt. Das nächste Argument ist wichtig für die Benennung der Bilddatenquelle.

```
<arg name="image" default="/camera/image_raw" />
```

Der Wert des *default*-Attributs entspricht dem *Topic*, das Ihre Kamera publiziert. Die folgenden *arg*-Attribute können Sie mit den Standardwerten belassen. Das *arg*-Element mit dem *name*-Attributwert *debug_view* öffnet bei jedem Start ein Fenster mit den aktuellen Bilddaten aus der oben benannten Bildquelle.

```
<arg name="use_camera_info" default="false" />
<arg name="debug_view" default="true" />
<arg name="queue_size" default="3" />
```

Für die nächsten Zeilen benötigen wir nun doch die Versionsnummer von *OpenCV*. Mit dem folgenden Befehl finden wir die Nummer der aktuell installierten Version in einer Konsole heraus:

```
opencv_version
3.3.1-dev
```

Die Ausgabe des *opencv_version*-Befehls ist in roter Schrift dargestellt. Das Ergebnis verwenden wir in den folgenden XML-Elementen, um die Pfade in den *default*-Attributen korrekt anzugeben. Die *arg*-Elemente, die für die folgende Konfiguration aus Versionsgründen nicht relevant sind, habe ich hier ausgenommen.

```
<arg
  unless="$(arg use_opencv3)"
  name="face_cascade_name"
  default="/opt/ros/kinetic/share/OpenCV-3.3.1-dev/haarcascades/
           haarcascade_frontalface_alt.xml" />
<arg
  unless="$(arg use_opencv3)"
  name="eyes_cascade_name"
  default="/opt/ros/kinetic/share/OpenCV-3.3.1-dev/haarcascades/
           haarcascade_eye_tree_eyeglasses.xml" />
```

Den tatsächlichen Pfad, der im *default*-Attribut der *arg*-Elemente stehen muss, erfährt man am besten durch Suchen nach der entsprechenden Datei. Als Beispiel sollen die folgenden Befehle die gesuchten Dateipfade ausgeben.

```
sudo find / –name *haarcascade_alt.xml
sudo find / –name *haarcascade_eye_tree_eyeglasses.xml
```

Die Ergebnisse aus dem *find*-Befehl kopieren wir nun und ersetzen damit die jeweiligen *default*-Attributwerte der beiden zuletzt gezeigten *arg*-Elemente. Die gefundenen Dateien enthalten die Gewichtungen eines Lernprozesses mit *OpenCV*. Anhand gewisser Merkmale, die ein menschliches Gesicht oder Auge ausmachen, werden Gesichter bzw. Augen erkannt. Diese Merkmale werden in *xml*-Dateien gespeichert.

Schließlich folgt das *node*-Element mit dem eigentlichen Programmpaket. Die getätigten Konfigurationen werden hier als Argumente platziert und beim Programmstart der Gesichtserkennung verwendet.

```
<node name="$(arg node_name)" pkg="opencv_apps" type="face_detection"  >
  <remap from="image" to="$(arg image)" />
  <param name="use_camera_info" value="$(arg use_camera_info)" />
  <param name="debug_view" value="$(arg debug_view)" />
  <param name="queue_size" value="$(arg queue_size)" />
  <param name="face_cascade_name" value="$(arg face_cascade_name)" />
  <param name="eyes_cascade_name" value="$(arg eyes_cascade_name)" />
</node>
```

Die Konfiguration für das Gesichtserkennungsprogramm ist hiermit abgeschlossen. Ein Test direkt im Anschluss sollte zeigen, ob wir alle Konfigurationseinstellungen korrekt angewendet haben. Wir starten deshalb einfach mal die Kamera und anschließend die Gesichtserkennung mit folgenden Befehlen in jeweils einem eigenen Konsolenfenster:

```
roslaunch abot_vision q9000_gscam.launch
roslaunch abot_vision face_detection.launch
```

Sobald der zweite *roslaunch*-Befehl gestartet ist, sollte ein Fenster mit einem Livestream der verwendeten Kamera aufkommen. Jetzt kann man auch gleich testen, ob Gesichter erkannt werden. Richten Sie die Kamera auf ein Foto mit Menschen oder auf Ihr eigenes Gesicht. Wenn das Gesicht von einem Kreis eingerahmt wird, funktioniert alles wie erwartet. Die Augen werden nebenbei auch erkannt und ebenfalls von Kreisen eingerahmt. Prüfen Sie die Augenerkennung mit einem Zwinkern. Drückt man ein Auge fest zu, verschwindet der Kreis um das Auge. In Wirklichkeit ist dieses Verhalten ein Mangel in der Gesichtserkennung, schließlich ist das Auge ja noch da, nur eben zugedrückt. Die Gesichtserkennung wurde möglicherweise mit Daten trainiert, bei denen die Gesichter die Augen offen hatten. Diese *Schwäche* wollen wir im folgenden Programm ausnutzen, um den Roboter zu steuern. Die Python-Datei befindet sich im Verzeichnis *nodes* des *abot_vision*-Pakets unter dem Namen »eye_blink_detect«.

```
#!/usr/bin/env python
import rospy
from rospy.client import init_node
from opencv_apps.msg import FaceArrayStamped
from std_msgs.msg import String
import time

class EyeBlinkDetect():
  def __init__(self):
    rospy.on_shutdown(self.shutdown)
    self.EYE_SAMPLE_THRESHOLD = 20
```

```
    self.EYE_SAMPLE_TIMEOUT = 3.0
    self.SEQUENCE_THRESHOLD = 20
    self.SEQUENCE_DROPOUT_THRESHOLD = 10
    self.TIMEOUT = 5.0
    self.freq = 10
    self.rate = rospy.Rate(self.freq)
    self.activated = False
    self.eyes_count = 0
    self.blink_count = []
    self.blink_sequence = 0
    self.last_time = time.time()
    self.last_time_triggered = False
    self.inputs = []

    self.blink = {
      'room1':[0,1,0],
      'room2':[0,1],
      'room3':[1,1,0]
    }

    self.face_sub = rospy.Subscriber('face_detection/faces',
                                     FaceArrayStamped,
                                     self.faces_cb)

    self.navigation_pub = rospy.Publisher('navigate', String, queue_size=1)

  def faces_cb(self, msg):
    if not self.activated:
      try:
        if len(msg.faces[0].eyes) > 1:
          if not self.last_time_triggered:
            self.last_time = time.time()
            self.last_time_triggered = True
          else:
            print("Not active, observing " + str(self.eyes_count))
            self.eyes_count += 1
            elapsed_time = time.time() - self.last_time
            if (elapsed_time > self.EYE_SAMPLE_TIMEOUT) and
               (self.eyes_count > self.EYE_SAMPLE_THRESHOLD):
              print("ACTIVATOR triggered, activated now!")
              self.activated = True
              self.last_time = time.time()
```

```
      except:
        pass
    else:
      if (time.time() - self.last_time) > self.TIMEOUT:
        self.publish()
        self.reset()

      if len(msg.faces) > 0:
        print("RECORDING INPUTS: " + str(self.inputs))
        try:
          print("SEQUENCE: " + str(msg.header.seq))
          if len(msg.faces[0].eyes) == 1:
            print("ONE EYE: " + str(self.blink_count))
            if len(self.blink_count) == 0:
              eye = 0
                    if (msg.faces[0].face.x - msg.faces[0].eyes[0].x) < 0
                    else 1
              self.blink_count.append(eye)
              self.blink_sequence = msg.header.seq
            else:
              diff = msg.header.seq –
                    (self.blink_sequence + len(self.blink_count))
              print("DIFF: " + str(diff))
              if diff < self.SEQUENCE_DROPOUT_THRESHOLD:
                eye = 0
                      if (msg.faces[0].face.x - msg.faces[0].eyes[0].x) < 0
                      else 1
                print("EYE: " + str(eye))
                self.blink_count.append(eye)
                if len(self.blink_count) > self.SEQUENCE_THRESHOLD:
                  self.inputs.append(sum(self.blink_count) /
                                     len(self.blink_count))
                  self.blink_count = []
                  print("INPUTS: " + str(self.inputs))
              else:
                self.blink_count = []
                self.last_time = time.time()
        except:
          pass
```

```
    def reset(self):
      self.activated = False
      self.last_time_triggered = False
      self.blink_count = []
      self.inputs = []

    def publish(self):
      if len(self.inputs) > 0:
        for k, v in self.blink.items():
          if v == self.inputs:
            print("PATTERN MATCH: " + str(k))
            msg = String()
            msg.data = k
            self.navigation_pub.publish(msg)

    def loop(self):
      while not rospy.is_shutdown():
        self.rate.sleep()

    def shutdown(self):
      print("Ok, shutting down")

  if __name__ == '__main__':
    try:
      init_node("eye_blink_detect", log_level=rospy.INFO)
      ebd=EyeBlinkDetect()
      ebd.loop()
    except rospy.ROSInterruptException:
      print("Bye-bye...")
```

Das Python-Programm wird wie die meisten unserer Programme mit *rosrun* oder *roslaunch* direkt ausgeführt, also landet der Programmzeiger zuerst im unteren Programmbereich. Dort wird mit einer *if*-Kontrolle geprüft, ob das Programm direkt ausgeführt wurde. Wenn ja, dann wird versucht, einen ROS-*Node* mit dem Namen »eye_blink_detect« zu starten. Anschließend wird die Klasse *EyeBlinkDetect* instanziiert und die blockierende *loop*-Methode aufgerufen.

Die meisten *import*-Anweisungen im Programmkopf kennen wir bereits aus früheren ROS-Programmen. Neu ist hier die Nachrichtendefinition *FaceArrayStamped* der erkannten Gesichter. Wie bereits erwähnt, liefert das ROS-Paket *opencv_apps* die erkannten Gesichter über ein ROS-*Topic* an uns. Das *Topic* finden Sie mit *rostopic list* standardmäßig unter der Bezeichnung */face_detection/faces*. Wir müssen also lediglich die Nachrichten des genannten *Topics* abfangen, da sie Informationen über alle erkannten Gesichter liefern.

```
from opencv_apps.msg import FaceArrayStamped
```

Die Nachrichten, für die wir uns interessieren, stammen von *opencv_apps*. Da das Programmpaket von *opencv_apps* weit mehr als nur Gesichter erkennt, importieren wir nur das, was wir in unserem Programm benötigen werden. In diesem Fall sind es Nachrichten im Format *FaceArrayStamped*. Die gesuchte Nachrichtendefinition findet man auch mit folgendem Befehl heraus, wenn man das *Topic* kennt:

```
rostopic type /face_detection/faces
opencv_apps/FaceArrayStamped
```

Die Ausgabe des *rostopic*-Befehls ist hier grün markiert. Mit der gewonnenen Information haben wir die obige *import*-Anweisung formuliert. Wirft man im laufenden Betrieb einen Blick in den Nachrichtenstrom des *Topics /face_detection/faces*, findet man den Aufbau der Nachrichtendefinition wieder:

```
header:
  seq: 3353
  stamp:
    secs: 1560677947
    nsecs:  60158508
  frame_id: "/camera_frame"
faces:
  -
    face:
      x: 148.0
      y: 87.0
      width: 168.0
      height: 168.0
    eyes:
      -
        x: 192.0
        y: 59.0
        width: 42.0
        height: 42.0
      -
        x: 127.0
        y: 61.0
        width: 41.0
        height: 41.0
    label: ''
    confidence: 0.0
```

In dem Nachrichtenpaket kann man erkennen, dass nur ein Gesicht erkannt wurde. Die Sequenznummer mit der abgekürzten Bezeichnung *seq* verwenden wir etwas später im Programm, um sicherzustellen, dass wir mit konsistenten Daten arbeiten. Ein weiterer interessanter Aspekt in dem Nachrichtenpaket ist, dass zwei Augen erkannt wurden. Wenn nur ein Auge erkannt worden wäre, dann läge auch nur ein Datensatz im Datenabschnitt *eyes* vor. Ein Datensatz beginnt mit einem Bindestrich. Das zweite Auge wird also nicht als leerer Datensatz mittransportiert. Das ist wichtig, wenn man mit Augen programmiert. Möchte man beispielsweise zwischen linkem und rechtem Auge unterscheiden, dann kann man nicht davon ausgehen, dass immer zwei Datensätze vorliegen. Sonst hätte man diese entsprechend ihrer Reihenfolge den Augen zuordnen können. Betrachten Sie die Werte der x-Eigenschaft des *eyes*-Datenbereichs. Wir werden anhand dieser x-Werte später das rechte bzw. linke Auge erkennen.

Die Nachrichtendefinition, wie Sie es hier sehen, wird auch oft mit der Nachrichtendefintion *sensor_msgs/RegionOfInterest.msg* realisiert. Wenn Sie in anderen ROS-Umgebungen das *Topic /roi* bzw. */rois* sehen, dann handelt es sich um ein bzw. meherere Ausschnitte aus einem Bild, die für die weitere Verarbeitung interessant sein könnten. Die genaue Nachrichtendefintion finden Sie in einem Konsolenfenster mit dem Befehl *rosmsg* oder im Internet unter *http://docs.ros.org/melodic/api/sensor_msgs/html/msg/RegionOfInterest.html.*

Den nachfolgenden *on_shutdown*-Befehl haben wir bereits in vorherigen Python-Programmen erläutert, weshalb ich hier nicht erneut darauf eingehen werde. Im Konstruktor der Klasse *EyeBlinkDetect* untersuchen wir nun die Objekteigenschaften. Zu Beginn sind zwei Konstanten definiert, die in einer Aktivator-Funktion zum Einsatz kommen. Der Grund für den Einsatz einer Aktivator-Funktion liegt in sogenannten »false positives«. Ein *false positive* kommt immer dann vor, wenn etwas fälschlicherweise als richtig erkannt wird. Wenn Sie die Kamera in einen Raum richten, in dem keine menschlichen Gesichter vorhanden sind, kann es vorkommen, dass die Gesichtserkennung trotzdem fälschlicherweise irgendwo ein Gesicht erkennt. Ähnlich verhält es sich beispielsweise, wenn man in Wolken Gegenstände oder Gesichter zu erkennen glaubt. Der Mensch neigt dazu, seine Umwelt mit bekannten Mustern aus seinem Gedächtnis abzugleichen. Ebenso verhält es sich mit unserem Gesichtserkennungsprogramm. Schließlich hat das Programm nur Vergleiche mit Mustern, die es in einer Lernphase gespeichert hat. Es kann keine kausalen Zusammenhänge zwischen Gesichtern und Menschen oder Tieren herstellen. Deshalb kann es passieren, dass Gegenstände von unserer Kamera als Gesicht markiert werden. Diese Fehlinterpretationen wollen wir versuchen zu vermeiden.

```
self.EYE_SAMPLE_THRESHOLD = 20
self.EYE_SAMPLE_TIMEOUT = 3.0
```

Die Konstante *EYE_SAMPLE_THRESHOLD* bestimmt die Anzahl aufeinanderfolgender Nachrichten des *Topics faces*, in denen ein Auge vorhanden sein muss. Die Zeit, in der diese Anzahl von Augen erkannt werden soll, bestimmt die Konstante *EYE_SAMPLE_TIMEOUT*. In drei Sekunden müssen 20 aufeinanderfolgende Nachrichten mit erkannten Augen empfangen werden, damit die Aktivator-Funktion auslöst. Dadurch haben wir zwei Bedingungen, bei deren Erfüllung es sehr wahrscheinlich ist, dass wir mit einem menschlichen Gesicht im weiteren Verlauf des Programms arbeiten werden. Die Verwendung erkannter Augen anstelle erkannter Gesichter erhöht die Wahrscheinlichkeit, dass wir es tatsächlich mit einem menschlichen Gesicht zu tun haben. Die Gesichtserkennung ist so programmiert, dass zuerst ein Gesicht erkannt wird. Anschließend sucht das Gesichtserkennungsprogramm in dem Bereich des erkannten Gesichts nach Augen.

Die beiden folgenden Konstanten sind Schwellenwerte, deren Funktion man als Filter bezeichnen könnte. Bei einer Über- oder Unterschreitung der Werte wird ein Augenzwinkern registriert oder nicht:

```
self.SEQUENCE_THRESHOLD = 20
self.SEQUENCE_DROPOUT_THRESHOLD = 10
```

Ein gewöhnliches Augenzwinkern benötigt einen Bruchteil einer Sekunde. Für unser Programm benötigen wir jedoch ein Augenzwinkern mit *Signalwirkung*. Also setzen wir einen Schwellenwert ein, bei dem wir sicherstellen können, dass ein absichtliches Augenzwinkern stattgefunden hat. Der Schwellenwert *SEQUENCE_THRESHOLD* wird für diesen Zweck verwendet. Sobald 20 aufeinanderfolgende Nachrichten erhalten wurden, die ein Gesicht und ein Auge enthalten, registrieren wir dies als Zwinkern. Hierbei kann es ebenfalls vorkommen, dass wir es mit *false positives* zu tun haben. Die Konstante *SEQUENCE_DROPOUT_THRESHOLD* soll diese Falschmeldungen herausfiltern. In unserem Programm beobachten wir dazu die Sequenznummern der Nachrichtenpakete. Wenn es eine Lücke in der Nachrichtenfolge gibt, die diesen Schwellenwert überschreitet, dann wird das nicht als Zwinkern gewertet, sondern als Rauschen.[10]

Wenn der Benutzer seinen Befehl in Form von Augenzwinkern absenden möchte, dann kann er dies durch Nichtstun bewirken. Die folgende Eigenschaft enthält den Zeitwert in Sekunden, den man abwarten muss, damit das Programm das Binärmuster mit dem *blink*-Wörterbuch vergleicht und zutreffende Muster an das *Topic navigate* absendet.

```
self.TIMEOUT = 5.0
```

10. Als Rauschen bezeichnet man in der Datenkommunikation Signalstörungen, die durch unterschiedliche Ursachen zustande kommen können. In diesem Fall handelt es sich meist um *false positives*, die durch fehlerhafte oder nicht ausreichend trainierte Gesichtserkennungsmodelle verursacht werden.

Ist der Wert der Konstante *TIMEOUT* überschritten, sendet das Programm das gesammelte Augenzwinkermuster ab.

```
self.freq = 10
self.rate = rospy.Rate(self.freq)
```

Die Frequenz bezieht sich auf die Geschwindigkeit, mit der unser Programm Nachrichten an die Außenwelt sendet. Die Geschwindigkeit, mit der wir Nachrichten von extern in *callback*-Funktionen empfangen, ist abhängig von der Frequenz, mit der unsere Kamera arbeitet. Die Kamera überträgt Bilder an das Topic */camera*. Die Einstellung der Frequenz ist in der *launch*-Datei *q9000_gscam.launch* im *launch*-Verzeichnis des *abot_vision*-Pakets zu finden. Dort steht standardmäßig die Einstellung »30 Bilder in der Sekunde«. Die Schwellenwerte sind auf der Grundlage der Bildfrequenz erstellt worden. Eine Änderung der Bildfrequenz könnte somit Auswirkungen auf die Erkennungsrate unseres Programms haben.

Die bisher noch nicht beschriebenen Eigenschaften vernachlässigen wir an dieser Stelle zunächst. Zu einem späteren Zeitpunkt werden wir sie bei Verwendung im Programm noch etwas genauer beschreiben. An dieser Stelle ist noch das Wörterbuch interessant. Zu Demonstrationszwecken verwenden wir das Python-Programm *navigate* des *abot_navigation*-Pakets. Dort hatten wir Schlüsselwörter verwendet, um Koordinaten anzusteuern. Anstatt Koordinaten setzen wir in diesem Wörterbuch Binärmuster ein. Sind Augenzwinkermuster und Binärmuster identisch, wird das entsprechende Schlüsselwort an das *Topic navigate* gesendet. Was dort damit passiert, lesen Sie bitte in der Programmbeschreibung von Abschnitt 5.4.2 nach. Theoretisch können wir jedes beliebige Programm, das wir geschrieben haben oder bereits in ROS existiert, hiermit steuern. Der Empfänger muss lediglich Nachrichten vom Datentyp *String* verarbeiten können. Da uns ein ähnliches Wörterbuch bereits aus einem vorherigen Kapitel bekannt ist, habe ich es für dieses Programm übernommen.

```
self.blink = {
  'room1':[0,1,0],
  'room2':[0,1],
  'room3':[1,1,0]
}
```

Wir bieten zwei Schnittstellen in unserem Programm an. Die erste ist ein *Subscriber* für das Topic */face_detection/faces*. Dort wird an die *callback*-Funktion *faces_cb* bei eintreffenden Nachrichten im *FaceArrayStamped*-Format verwiesen. Die zweite Schnittstelle ist ein *Publisher* und sendet eine Zeichenkette, die im *blink*-Wörterbuch vorhanden ist, an das *Topic navigate*. Aus Platzgründen habe ich bei den beiden folgenden Programmzeilen die Objektvariable *self* weggelassen:

```
face_sub=rospy.Subscriber('face_detection/faces',FaceArrayStamped,faces_cb)
navigation_pub = rospy.Publisher('navigate', String, queue_size=1)
```

Das zentrale Element unseres Programms ist die *callback*-Funktion *faces_cb*. Dort werden Nachrichten von erkannten Gesichtern verarbeitet. Die *callback*-Funktion ist in zwei wesentliche Teile untergliedert. Der erste Teil bildet innerhalb der ersten vorkommenden *if*-Kontrolle den Aktivator, den wir zu Beginn dieses Kapitels besprochen haben. Der Aktivatorbereich wird so oft betreten, bis die Eigenschaft *self.activated* den Wert *True* erhält. Erst danach wird der Programmbereich im *else*-Abschnitt verarbeitet.

```
def faces_cb(self, msg):
  if not self.activated:
    ...
  else:
```

Im nächsten Programmabschnitt behandeln wir die interne Aktivatorfunktionalität. Zunächst wird mit einer *try-except*-Ausnahmebehandlung dafür gesorgt, dass keine unnötigen Fehlermeldungen in der Konsole erscheinen. Eine häufige Fehlerursache liegt in der Bedingung der darauffolgenden *if*-Kontrolle. Wir prüfen darin nicht nur, ob die empfangene Nachricht ein Gesicht enthält, sondern auch, ob es zwei Augen hat. Schließlich möchten wir Muster erkennen, in dem das eine oder das andere Auge zeitweise geschlossen ist. Da die Gesichtserkennung oft Gesichter ohne Augen erkennt, eliminieren wir die dadurch entstehenden Fehlermeldungen, indem wir sie im *except*-Bereich einfach passieren lassen.

```
try:
  if len(msg.faces[0].eyes) > 1:
  ...
except:
  pass
```

Die *if*-Kontrolle aus dem vorherigen Abschnitt enthält an der Stelle mit den Fortsetzungspunkten weitere *if*-Kontrollen, die wir hier genauer betrachten werden. Das erste Kontrollelement prüft, ob ein Zeitstempel bereits registriert wurde.

```
if not self.last_time_triggered:
  self.last_time = time.time()
  self.last_time_triggered = True
```

Den Zeitstempel benötigen wir für Messungen der Nachrichtenmenge *EYE_SAMPLE_THRESHOLD* innerhalb einer vorgegebenen Zeitspanne *EYE_SAMPLE_TIMEOUT*. Aus diesen beiden Konstanten wird eine Bedingung erstellt, anhand derer wir festlegen, ob genug »Beweise« für das Vorkommen eines menschlichen Gesichts vorliegen.

```
else:
  print("Not active, observing " + str(self.eyes_count))
  self.eyes_count += 1
  elapsed_time = time.time() - self.last_time
if (elapsed_time > self.EYE_SAMPLE_TIMEOUT) and
(self.eyes_count > self.EYE_SAMPLE_THRESHOLD):
  print("ACTIVATOR triggered, activated now!")
  self.activated = True
  self.last_time = time.time()
```

Der *else*-Abschnitt des Aktivatorbereichs beginnt mit einer *print*-Ausgabe der aktuellen Anzahl an empfangenen Augen. Wir befinden uns hier in einem Kontrollbereich, der nur betreten werden kann, wenn eine einkommende Nachricht mindestens ein Gesicht und zwei Augen hat. Man muss also die Kamera solange frontal auf ein Gesicht mit geöffneten Augen halten, bis die Meldung der zweiten *print*-Ausgabe erscheint. Dann wird die Eigenschaft *self.activated* auf *True* gesetzt. Alle nachfolgenden Nachrichten werden in dieser *callback*-Funktion ausschließlich im *else*-Abschnitt der obersten Ebene abgearbeitet, bis der Zeitraum von fünf Sekunden bzw. der Wert der Konstante *self.TIMEOUT* überschritten wird, in der kein Gesicht erkannt wurde.

Wir verlassen den Aktivatorbereich und wenden uns nun dem *else*-Teil zu, das in der obersten Ebene der *callback*-Funktion für die Erkennung von Augenzwinkern zuständig ist. Zunächst wird im ersten *if*-Kontrollelement überprüft, ob die Zeitspanne ohne verarbeitbare Nachrichten den Wert von *self.Timeout* überschritten hat. Wenn ja, werden zwei Funktionen nacheinander aufgerufen. Die erste vergleicht das aufgenommene Augenzwinkermuster mit dem Binärmuster des *blink*-Wörterbuchs und publiziert ggf. das Wort, das mit dem Binärmuster gleichgesetzt ist, an das *Topic navigate*. Die zweite Funktion setzt alle Eigenschaften auf ihre Standardwerte zurück, sodass erst wieder der Aktivator ausgelöst werden muss, um ein Augenzwinkermuster über die Kamera eingeben zu können.

```
if (time.time() - self.last_time) > self.TIMEOUT:
  self.publish()
  self.reset()
```

Das zweite *if*-Kontrollelement überprüft die empfangene Nachricht, ob sie mindestens ein Gesicht enthält. Wenn das zutrifft, dann wird in einem erneuten *try-except*-Konstrukt geprüft, ob in dem Gesicht ein Auge erkannt wurde. Wenn nicht, würde es wieder eine Fehlermeldung geben, die wir aber im *except*-Bereich einfach unterdrücken. Der nächste *Code*-Abschnitt bildet somit die Rahmenbedingungen für die eigentliche Erkennung eines Augenzwinkerns. Die weitere Funktionalität ist durch die Fortsetzungspunkte ersetzt. Wir sehen sie im darauffolgenden Abschnitt.

```
if len(msg.faces) > 0:
  print("RECORDING INPUTS: " + str(self.inputs))
  try:
    print("SEQUENCE: " + str(msg.header.seq))
    if len(msg.faces[0].eyes) == 1:
    print("ONE EYE: " + str(self.blink_count))
    ...
  except:
    pass
```

In den nächsten Abschnitten behandeln wir die Kernelemente unseres Augenzwinker-Erkennungsprogramms. Die wichtigsten Bestandteile sind die folgenden Listen und Eigenschaften:

```
self.blink_count = []
self.blink_sequence = 0
self.inputs = []
```

In der Liste *self.blink_count* sammeln wir eine bestimmte Zeit die Abwesenheit eines Auges. Die Abwesenheit erreicht man durch Zudrücken eines von beiden Augen. Die dazu benötigte Zeit ist abhängig von der bereits beschriebenen Konstante *self.SEQUENCE_THRESHOLD*. Ein zu kleiner Wert würde bedeuten, dass nur ein kurzes Augenzwinkern benötigt wird, um ein Augenzwinkern als solches zu erkennen und zu speichern. Andererseits bedeutet ein zu großer Wert, dass das Auge sehr lange zugedrückt sein muss. Den Standardwert der Konstante sehe ich als Mittelwert zwischen beiden Extremen.

Die Liste *self.blink_count* wird mit den Werten 0 oder 1 gefüllt. Einem Auge wird jeweils eines dieser Werte zugeordnet. Wie die Zuordnung vorgenommen wird, sehen sie im nächsten *Code*-Abschnitt. Sobald die Liste *self.blink_count* die Anzahl von *self.SEQUENCE_THRESHOLD* an Nachrichten überschreitet, läuft der Mittelwert aus den Werten der Liste *self.blink_count* in die Liste *self.inputs* über. Die Liste *self.blink_count* wird anschließend geleert, sodass weitere Zwinker registriert werden können. Die Liste *self.inputs* enthält das Binärmuster in der Reihenfolge, in der die Mittelwerte aus der Liste *self.blink_count* übertragen wurden. Als visuelle Darstellung der hier beschriebenen Funktion habe ich ausreichend viele *print*-Meldungen eingebaut. Beobachten Sie einfach das Konsolenfenster dieses Programms, während ein Auge zugedrückt ist. Die beiden Listen werden ständig ausgegeben.

Das Binärmuster entsteht durch Zuordnung der Werte 0 oder 1 zu rechtem oder linkem Auge. Das folgende *if*-Konstrukt wird betreten, wenn die Liste *self.blink_count* noch keine Werte enthält. Das ist immer dann der Fall, wenn die Liste nach einer vollständigen Füllung zuvor geleert wurde, oder das erste Mal gefüllt wird. Die Erkennung von rechtem oder linkem Auge erfolgt durch den Wert der x-Koordinate für das Auge. In der übergeordneten *if*-Kontrolle haben wir bereits sichergestellt, dass nur ein Auge im Gesicht präsent ist. Wenn wir nun den Wert der x-Koordinate für das Auge vom Wert der x-Koordinate für das Gesicht subtrahieren, erhalten wir entweder einen positiven oder einen negativen Wert. Die x-Koordinate bezieht sich im hiesigen Koordinatensystem relativ zum Betrachter wie eine Achse von links nach rechts. Das eine Auge ist schließlich immer etwas weiter vom linken Rand des Gesichts entfernt als das andere. Die Variable *eye* erhält mittels Ternäroperator den Wert 0 oder 1. Anschließend wird dieser Wert der Liste *self.blink_count* angehängt.

```
if len(self.blink_count) == 0:
  eye = 0
  if (msg.faces[0].face.x - msg.faces[0].eyes[0].x) < 0
  else 1
  self.blink_count.append(eye)
  self.blink_sequence = msg.header.seq
```

Der Eigenschaft *self.blink_sequence* wird die Sequenznummer der aktuellen Nachricht zugewiesen. Im nächsten *Code*-Abschnitt wird damit geprüft, ob das Augenzwinkern konstant war oder, wie wir es bereits oben beschrieben hatten, ob es sich um Rauschen handelt. Ein Augenzwinkern könnte durch fehlerhafte Erkennung gespeichert werden, obwohl es vom Benutzer nicht beabsichtigt war. Meist erkennt man solche *false positives* an ihrer flimmerhaften Signalgebung. Das bedeutet, sie enthalten Lücken, und deutet auf ein nicht durchgängig zugedrücktes Auge hin. Diese Lücken werden wir mit der Konstante *SEQUENCE_DROPOUT_THRESHOLD* erkennen und bei Überschreitung nicht in der Liste *self.inputs* speichern. Der folgende und letzte *Code*-Abschnitt unserer *callback*-Funktion wird betreten, wenn die Anzahl der Listenelemente von *self.blink_count* größer als Null ist oder, anders gesagt, wenn das Augenzwinkern bereits registriert wurde. In der Variablen *diff* wird die Differenz zwischen der aktuellen Sequenznummer und der zuletzt registrierten Sequenznummer gespeichert. Anschließend wird in einem *if*-Konstrukt geprüft, ob diese Differenz noch im Rahmen liegt bzw. unterhalb des Schwellenwerts der Konstante *SEQUENCE_DROPOUT_THRESHOLD*.

Wenn nicht, wird im unten aufgeführten *else*-Abschnitt die Liste *self.blink_count* zurückgesetzt und der Zeitstempel *self.last_time* erneut gesetzt. Ein erneutes Zwinkern beginnt dann erst wieder in der übergeordneten *if*-Kontrolle.

Wenn die Differenz noch im Rahmen liegt, dann wird das Auge ermittelt, das momentan zugedrückt ist. Überschreitet die Dauer des Zwinkerns den Wert der Konstante *SEQUENCE_THRESHOLD*, dann wird dies als gültiges Zwinkern in der Liste *self.inputs* gespeichert. Hier sehen Sie auch, wie der Mittelwert in der Liste *self.inputs* gespeichert wird. Im Anschluss an die Speicherung wird die Liste *self.blink_count* geleert, sodass ein erneutes Zwinkern registriert werden kann.

```
else:
  diff = msg.header.seq –
  (self.blink_sequence + len(self.blink_count))
  print("DIFF: " + str(diff))
  if diff < self.SEQUENCE_DROPOUT_THRESHOLD:
    eye = 0
    if (msg.faces[0].face.x - msg.faces[0].eyes[0].x) < 0
    else 1
    print("EYE: " + str(eye))
    self.blink_count.append(eye)
    if len(self.blink_count) > self.SEQUENCE_THRESHOLD:
      self.inputs.append(sum(self.blink_count) /
                         len(self.blink_count))
      self.blink_count = []
      print("INPUTS: " + str(self.inputs))
  else:
    self.blink_count = []
    self.last_time = time.time()
```

Der hier behandelte Code-Abschnitt bildet den Kern unseres Augenzwinker-Erkennungsprogramms. Sicherlich gibt es hier und da noch Optimierungsmöglichkeiten. Zu Demonstrationszwecken ist das vorliegende Programm ausreichend. Es ist also an der Zeit, das beschriebene Programm zu testen bzw. den Roboter mit einem oder mehreren Augenzwinkern zu steuern. Ihre Kamera muss am Rechner angeschlossen sein. Wir führen die folgenden Befehle nacheinander in jeweils einem eigenen Konsolenfenster aus:

```
roslaunch abot_vision q9000_gscam.launch
roslaunch abot_vision face_detection.launch
rosrun abot_vision eye_blink_detect
rosrun abot_navigation navigate
```

Nachdem die Befehle ausgeführt wurden, sollte ein weiteres Fenster mit dem *Livestream* der Kamera erscheinen. Wenn das nicht zutreffend ist, dann wurde entweder die Kamera nicht erkannt oder es liegt ein anderes Problem vor. Untersuchen Sie schrittweise die Fenster, die Sie zum Starten der Befehle verwendet haben. Sind Fehlermeldungen in einem Konsolenfenster vorhanden, dann kann der Fehler dort näher eingegrenzt werden. Weitere Hilfe gibt es in den Logdateien von ROS.

Wenn alle Komponenten ordnungsgemäß laufen, dann aktivieren Sie das Konsolenfenster, welches unser Programm »eye_blink_detect« ausführt. Das Fenster mit dem *Livestream* sollte darüber liegen. Aktiveren Sie dazu das Fenster mit dem Kamerabild, nachdem Sie das Konsolenfenster aktiviert haben. Gegebenenfalls schieben Sie das Fenster mit dem Kamerabild in eine Ecke, damit es das Konsolenfenster nicht überdeckt. Dann richten Sie die Kamera frontal auf Ihr Gesicht. Je näher, desto besser. Wenn Ihr Gesicht zu weit von der Kamera entfernt ist, kann die Gesichtserkennung von anderen sichtbaren Dingen verwirrt werden bzw. weitere Gesichter erkennen. Wir konzentrieren uns darauf, nur ein Gesicht mit zwei Augen zu erfassen.

Drücken Sie ein Auge fest zu. Im *Livestream* kennzeichnet sich ein erfolgreiches Augenzwinkern mit einem Kreis um das Gesicht und einem kleinen Kreis um ein Auge. Mit dem offenen Auge beobachten Sie das Konsolenfenster. Der Bildschirm sollte sich idealerweise hinter der Kamera befinden, sodass es nicht nötig ist, zur Seite oder nach oben bzw. unten zu schielen. Wenn die Liste *self.blink_count* entweder mit Nullen oder Einsen gefüllt wird, dann funktioniert die Erfassung. Die Null oder die Eins ist abhängig von dem Auge, das Sie zugedrückt halten. Nach ungefähr einer Sekunde erfolgreichem Zwinkern, wird der Mittelwert der Liste *self.blink_count* in die Liste *self.inputs* übertragen. Der Mittelwert ermöglicht uns einen Augenwechsel während der Aufzeichnung. Wenn wir statt Nullen lieber Einsen aufzeichnen möchten, können wir immer noch während der Aufzeichnung wechseln. Wenn wir das frühzeitig genug machen, dann überwiegt in der Liste *self.blink_count* eben der Wert, der durch das andere Auge ausgelöst wird. Das ist nützlich, wenn wir sehr lange Binärmuster erstellen wollen, um nicht bei jedem fehlerhaften Zwinkern von vorne beginnen zu müssen.

Experimentieren Sie eine Weile mit beiden Augen, bis Sie ein Gefühl für die Schwellenwerte bekommen haben. Dann versuchen Sie, eines der Binärmuster aus dem *blink*-Wörterbuch mit Ihren Augen nachzuahmen. Wenn Sie ein Binärmuster erfolgreich kodiert haben, richten Sie die Kamera mindestens fünf Sekunden von Ihrem Gesicht weg. Dadurch wird der Schwellenwert der Konstante *self.TIMEOUT* überschritten und die Prozedur aus der Funktion *publish* abgearbeitet. Wenn Sie ein vorhandenes Muster aus dem Wörterbuch kodiert haben, wird das zugehörige Wort nun an das *Topic navigate* gesendet. Wechseln Sie zum Konsolenfenster, in dem Sie das Programm *navigate* gestartet haben. Wenn Sie dort eine Erfolgsmeldung sehen, dass ein Befehl akzeptiert wurde, dann haben Sie das Programm erfolgreich getestet und können es nun so anpassen, dass es tatsächlich Räume ansteuert, die Sie bereits kartografiert und deren Koordinaten mit Schlüsselwörtern in einem Wörterbuch gespeichert haben. Das ist selbstverständlich nur ein Beispiel für das, was man mit Augenzwinkern am Roboter auslösen kann.

5.6 Objekterkennung

In unserem letzten Kapitel werden wir kreisförmige Objekte erkennen und verfolgen. Als Beispielobjekt habe ich einen orangefarbenen Ball verwendet. Neben der Möglichkeit, Gesichter zu erkennen, bietet das ROS-Paket *opencv_apps* auch die Möglichkeit, Kreise zu erkennen. Wenn es allgemeingültig ist, dass alle Bälle rund sind, dann ist der Einsatz einer Kreiserkennung erfolgversprechend. Nich alle Bälle sind orange, deshalb setzen wir in diesem Beispiel zunächst keine Farberkennung ein. Erst in zweiter Instanz könnte es sinnvoll sein, nach einer bestimmten Farbe zu filtern. Dies würde die Wahrscheinlichkeit erhöhen, dass wir einen bestimmten Ball erkannt haben. Sie werden sehen, dass es auch in diesem Kapitel verstärkt darum geht, *false positives* zu vermeiden. Wir werden uns lediglich auf Kreise beschränken, da eine zusätzliche Farberkennung den Rahmen des Programms sprengen würde. Ist ein kreisförmiges Objekt erkannt, prüfen wir, ob es in der oberen oder unteren Bildhälfte vorliegt. Entsprechend bewegen wir die USB-Kamera auf oder ab und bewirken damit, dass das erkannte Objekt möglichst im Bereich des Bildmittelpunkts liegt.

Für unser Vorhaben benötigen wir die motorisierte USB-Kamera aus Kapitel 4 als Bildquelle. Im vorliegenden Kapitel wiederholen sich viele Themen aus dem Abschnitt 5.5 »Gesichtserkennung«, weshalb ich diese hier nicht erneut thematisieren möchte. Lediglich unterschiedliche Themen und *Code*-Abschnitte werden hier näher betrachtet.

Wir untersuchen zuerst die Startdatei für die Kreiserkennung. Im Installationsverzeichnis von *opencv_apps* ist für unseren Zweck bereits eine *launch*-Datei vorbereitet. Sie startet den Algorithmus *HoughCircles* zur Kreiserkennung. Ich habe die Datei *hough_circles.launch* in das *launch*-Verzeichnis unseres ROS-Pakets *abot_vision* kopiert und angepasst. In den nächsten *Code*-Abschnitten sehen Sie die von mir veränderten Parameter der kopierten *launch*-Datei. Öffnen Sie die *launch*-Datei *hough_circles.launch* im Verzeichnis *abot_vision/launch* mit einem Editor Ihrer Wahl. Die folgenden XML-Elemente enthalten keine Dokumentationsattribute.

```
<arg name="image" default="/camera/image_raw" />
<arg name="accumulator_threshold" default="60" />
<arg name="min_circle_radius" default="60" />
<arg name="max_circle_radius" default="72" />
```

Das erste *arg*-Element beschreibt das *Topic*, wo die Bilddaten der Kamera ausgegeben werden. Das Programm zur Erkennung von Kreisen wird diese als Quelle für die weitere Verarbeitung verwenden.

Im zweiten *arg*-Element habe ich den Standardwert von 50 auf 60 angehoben. Das hat in meinem Fall zu einer Verringerung der *false positives* geführt. Abhängig von Ihrer verwendeten Kamera und den Umweltbedingungen, ist es empfehlenswert, den Wert wieder auf 50 zurückzusetzen. Anschließend kann man versuchen, durch Ausprobieren einen optimalen Wert herauszufinden. Im Zweifelsfall belassen wir die Werte immer wie sie sind. Wenn Sie tiefer in den Algorithmus einsteigen möchten, besuchen Sie die aktuelle Dokumentation unter *https://docs.opencv.org/3.4/d4/d70/tutorial_hough_circle.html.*

Das dritte und das letzte *arg*-Element hängen zusammen und beschreiben die Größe der zu erkennenden Kreisformen. Der Standardwert beträgt für beide Elemente 0. Mit meinen Einstellungswerten habe ich sehr kleine und sehr große Kreise ausgeschlossen. Am Besten spielen Sie selbst etwas mit den Steuerungsmöglichkeiten, die das *Debug*-Fenster zur Verfügung stellt. Die Konfiguration der wichtigsten Parameter für unsere Kreiserkennung ist komplett. Wir starten die Kamera und anschließend die Kreiserkennung mit folgenden Befehlen in jeweils einem eigenen Konsolenfenster:

```
roslaunch abot_vision q9000_gscam.launch
roslaunch abot_vision hough_circles.launch
```

Sobald der zweite *roslaunch*-Befehl gestartet ist, sollte das *Debug*-Fenster mit einem Livestream der verwendeten Kamera sowie Steuerungsmöglichkeiten der Parameter erscheinen. Wenn das *Debug*-Fenster nicht umgehend erscheint, starten Sie den zweiten *launch*-Befehl erneut. Nehmen Sie einen Ball, eine Münze oder etwas anderes kreisförmiges und testen die Einstellungen. Die Erkennung ist stark abhängig von den Umweltbedingungen. Einfach ausgedrückt: »Wo es kein Licht gibt, dort ist auch kein Objekt zu erkennen.«

In der Abbildung kann man sehen, dass die Umgebung keine störenden Objekte enthält. Der Algorithmus hat es in diesem Fall nicht schwer, eine Kreisform zu erkennen. Allerdings ist die Distanz zwischen Kamera und Ball eingeschränkt. Die Distanz wird durch die Parameter »Min Circle Radius« und »Max Circle Radius« definiert. Würde der Ball näherkommen oder weiter von der Kamera entfernt werden, würde die Markierung mit dem roten Kreis und dem grünen Punkt verschwinden. Ich habe das so festgelegt, damit unser Python-Programm nicht durch andere Objekte in der Umgebung »irritiert« wird. In der Realität bekommt die Kamera kein perfektes Bühnenbild mit optimaler Ausleuchtung geliefert. Die rauhen Verhältnisse, in denen sich ein Ball bewegt, sind beispielsweise voll mit Gras oder Gesichtern – ja,

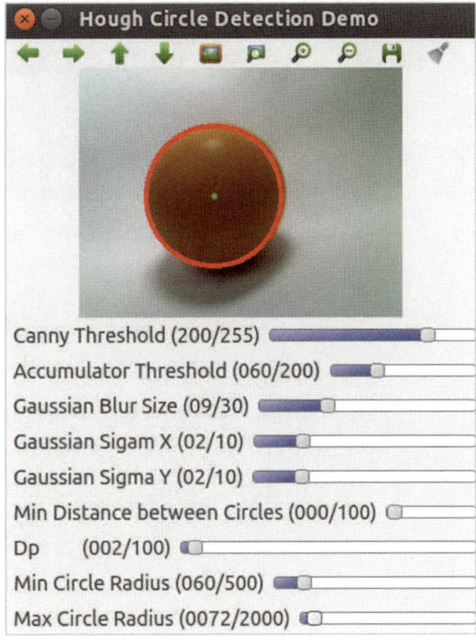

Abb. 5–10 Objekterkennung mit *Hough Circles*

auch Gesichter können kreisförmig sein und fälschlicherweise erkannt werden. Wenn Sie die ersten Tests in Ihrer Umgebung starten, werden Sie feststellen, wie viele Kreise sich in so unscheinbaren Dingen befinden. Mit *OpenCV* ist es möglich, die Bilder vor der Erkennung mit einem *Gaußschen Weichzeichner* zu behandeln. Ein Weichzeichner reduziert die Schärfe in einem Bild, sodass anschließend nur wirklich markante Objekte und Linien erkennbar bleiben. Eine Grasfläche könnte im übertriebenen Maße zu einer simplen grünen Fläche verwandelt werden. Ein gebogener Grashalm, der zuvor noch einer Kreisform ähnlich war, wäre nach dem Weichzeichner nicht mehr vorhanden. Verwenden Sie die Regler des *Debug*-Fensters, die mit dem Wort »Gaussian« beginnen, um den Weichzeichner einzustellen.

Abb. 5–11 Unterschiedliche Lichteinflüsse ergeben unterschiedliche Erkennungsraten.

Nachdem wir den Algorithmus für die Kreiserkennung ausreichend beschrieben haben, wenden wir uns dem Python-Programm zu. Zur Übersicht folgt eine vollständige Auflistung. Die wichtigsten Bereiche werden im Anschluss betrachtet. Die Themen, die in Abschnitt 5.5 bereits behandelt wurden, werden nicht erneut erörtert. Wenn etwas unklar erscheint, sollte das vorherige Kapitel hilfreich sein.

```
#!/usr/bin/env python
import rospy
from rospy.client import init_node
from opencv_apps.msg import CircleArrayStamped
from sensor_msgs.msg import JointState
from math import pi
import time

class BallDetect():
  def __init__(self):
    rospy.on_shutdown(self.shutdown)
    self.TILT_MOTOR_ID = 0
    self.TILT_MOTOR_MIN = 0
    self.TILT_MOTOR_MAX = 0
    self.CAM_RESOLUTION_HEIGHT = 0
    self.CIRCLE_SAMPLE_THRESHOLD = 8
    self.CIRCLE_SAMPLE_TIMEOUT = 0.4
    self.SEQUENCE_THRESHOLD = 5
    self.TIMEOUT = 0.5
    self.freq = 10
    self.rate = rospy.Rate(self.freq)
    self.activated = False
    self.circles_count = 0
    self.circle_count = []
    self.circle_sequence = 0
    self.last_time = time.time()
    self.last_time_triggered = False
    self.current_motor_pos = 0.0

    self.circles_sub = rospy.Subscriber('hough_circles/circles',
                                        CircleArrayStamped,
                                        self.circles_cb)

    self.joint_states_sub = rospy.Subscriber('/joint_states',
                                             JointState,
                                             self.joint_states_cb)

    self.head_tilt_pub = rospy.Publisher('head_tilt_motor/command',
                                         Float64,
                                         queue_size=1)

    self.CAM_RESOLUTION_HEIGHT = rospy.get_param('/quick_cam/height')
    self.TILT_MOTOR_MIN =
```

```
    rospy.get_param('/arbotix/joints/head_tilt_motor/min_angle') * (pi / 180)
     self.TILT_MOTOR_MAX =
    rospy.get_param('/arbotix/joints/head_tilt_motor/max_angle') * (pi / 180)
  def circles_cb(self, msg):
    if not self.activated:
      try:
        if len(msg.circles) > 0:
          if not self.last_time_triggered:
            self.last_time = time.time()
            self.last_time_triggered = True
          else:
            print("ACTIVATOR observing " + str(self.circles_count))
            self.circles_count += 1
            elapsed_time = time.time() - self.last_time
            if (elapsed_time > self.CIRCLE_SAMPLE_TIMEOUT)
               and (self.circles_count > self.CIRCLE_SAMPLE_THRESHOLD):
              print("ACTIVATOR triggered, activated now!")
              self.activated = True
              self.last_time = time.time()
      except:
        pass
    else:
      if len(msg.circles) > 0:
        try:
          print("SEQUENCE: " + str(msg.header.seq))
          print("CIRCLES: " + str(self.circle_count))
          if len(self.circle_count) == 0:
            circle = msg.circles[0].center.y
            self.circle_count.append(circle)
            self.circle_sequence = msg.header.seq
          else:
            diff = msg.header.seq –
                   (self.circle_sequence + len(self.circle_count))
            print("DIFF: " + str(diff))
            circle = msg.circles[0].center.y
            print("CIRCLE: " + str(circle))
            self.circle_count.append(circle)
            if len(self.circle_count) > self.SEQUENCE_THRESHOLD:
              self.publish()
              self.reset()
```

```
            except:
              pass

    def joint_states_cb(self, msg):
      self.current_motor_pos = msg.position[self.TILT_MOTOR_ID]

    def reset(self):
      self.activated = False
      self.last_time_triggered = False
      self.circle_count = []

    def publish(self):
      offset = (self.CAM_RESOLUTION_HEIGHT / 2) -
               (sum(self.circle_count) / len(self.circle_count))
      if offset < 0:
        print("offset negative")
        if (self.current_motor_pos + 0.1) < self.TILT_MOTOR_MAX:
          print("look down!")
          msg = Float64()
          msg.data = self.current_motor_pos + 0.1
          self.head_tilt_pub.publish(msg)
      else:
        print("offset positive")
        if (self.current_motor_pos - 0.1) > self.TILT_MOTOR_MIN:
          print("look up!")
          msg = Float64()
          msg.data = self.current_motor_pos - 0.1
          self.head_tilt_pub.publish(msg)

    def loop(self):
      while not rospy.is_shutdown():
        self.rate.sleep()

    def shutdown(self):
      print("Ok, shutting down")
  if __name__ == '__main__':
    try:
      init_node("ball_detect", log_level=rospy.INFO)
      bd=BallDetect()
      bd.loop()
    except rospy.ROSInterruptException:
      print("Bye-bye...")
```

In unserem Programm interessieren wir uns für Nachrichten des *Topics /hough_circles/circles*. Der *Topic*-Name resultiert aus dem ersten *arg*-Element in der *launch*-Datei *hough_circles.launch*. Dort ist der Name des *Topics* im *name*-Attribut definiert. Mit *rostopic* erfahren wir wieder das Nachrichtenformat eines *Topics*.

```
rostopic type /hough_circles/circles
opencv_apps/CircleArrayStamped
```

Die Ausgabe des *rostopic*-Befehls ist grün markiert. Das Nachrichtenformat *CircleArrayStamped* verwenden wir in der *import*-Anweisung zu Beginn unseres Programms. Danach können wir Nachrichten dieses Formats abonnieren und verarbeiten.

```
from opencv_apps.msg import CircleArrayStamped
```

Eine weitere Neuheit in den *import*-Anweisungen ist die Verwendung der *math*-Bibliothek. Wir benötigen daraus die Funktion *pi*, um Winkelwerte in Radiantwerte zu konvertieren.

```
from math import pi
```

Die folgenden Konstanten beziehen sich auf Eigenschaften des *Dynamixel*-Motors sowie auf die Kameraauflösung:

```
self.TILT_MOTOR_ID = 0
self.TILT_MOTOR_MIN = 0
self.TILT_MOTOR_MAX = 0
self.CAM_RESOLUTION_HEIGHT = 0
```

Die Motor-ID benötigen wir, um den Winkelstand des Motors abzufragen. Der aktuelle Stand wird im *Topic /joint_states* geführt. Die Begrenzungen des Motors sind per Konfiguration in der Datei *arbotix_driver.yaml* festgeschrieben. Ohne die Begrenzungswerte könnte unser Motor so weit drehen, bis der Rahmen ausbricht oder die Kamera auf die MakerBeams bzw. gegen den Motor gequetscht wird. Zwar haben die *Dynamixel* AX-12A keine Superkräfte, aber wir haben auch keine Lust, jeden noch so kleinen Schaden davonzutragen. Wir berücksichtigen deshalb die Begrenzungswerte aus der Konfigurationsdatei, um den Motor nicht weiter zu drehen, als die Angaben es erlauben. Zuletzt benötigen wir noch die Kameraauflösung. Damit rechnen wir den relativen Versatz des erkannten Objekts zum Mittelpunkt der Kamera aus.

Die Werte für die genannten Konstanten erhalten wir vom Parameter-Server, denn die Konfigurationsdateien werden durch Anweisungen in *launch*-Dateien auf den Parameter-Server übertragen.

```
    self.CAM_RESOLUTION_HEIGHT = rospy.get_param('/quick_cam/height')
    self.TILT_MOTOR_MIN =
rospy.get_param('/arbotix/joints/head_tilt_motor/min_angle') * (pi / 180)
    self.TILT_MOTOR_MAX =
rospy.get_param('/arbotix/joints/head_tilt_motor/max_angle') * (pi / 180)
```

Die Parameterwerte der Motorbegrenzungen liegen in den Konfigurationsdateien als Gradangaben vor. Wir wandeln diese Werte in Radiant um, bevor sie der Konstante zugewiesen werden. Hierfür verwenden wir den Wert *pi* aus der *math*-Bibliothek. Später können wir den Motor mit Radiantwerten direkt steuern.

Die empfangenen Nachrichten des *Topics /hough_circles/circles* werden solange gezählt, bis ein Aktivator auslöst. Dieses Vorgehen kennen wir bereits von unserem Programm zur Gesichtserkennung. Stellen Sie sich kurz vor, wie die Kamera sich verhalten würde, wenn wir die Maßnahmen zur Reduktion von *false positives* nicht umsetzen würden. Richtig – die Kamera würde wild umherspringen. Im Grunde wäre unser Programm zur Ballerkennung und Verfolgung auch nicht besonders umfangreich. Wir müssten lediglich die Koordinate eines erkannten Kreises direkt mit dem Motor koppeln. Dann würde der Motor vielmehr zittern, als dass er sein Objekt »sanft« verfolgt. Wir haben also diese beiden Extreme als Möglichkeiten, einen Motor zu steuern.

Unsere Kamera kann bedingt durch den einzigen Motor entweder auf- oder herabschauen. Wie die Entscheidung getroffen wird, dass sich die Kamera auf- oder abbewegt, sieht man in der *publish*-Methode unserer Klasse. Betrachten wir zunächst die erste Zeile.

```
offset = (self.CAM_RESOLUTION_HEIGHT / 2) -
         (sum(self.circle_count) / len(self.circle_count))
```

Die Konstante *self.CAM_RESOLUTION_HEIGHT* haben wir aus der *launch*-Datei *q9000_gscam.launch* erhalten. Der Wert enstpricht der Anzahl an Pixeln, die unsere USB-Kamera in der vertikalen Auflösung enthält. Wenn wir diesen Wert durch zwei dividieren, erhalten wir die Mitte der vertikalen Auflösung. In der Liste self.circle_count haben wir die y-Koordinatenwerte der erkannten Kreise gespeichert. Der Subtrahend enthält einen Zähler, der die Summe aller y-Werte berechnet. Der Nenner im Subtrahend enthält die Anzahl der y-Werte. Berechnet man nun die Division im Subtrahenden, erhält man den Durchschnittswert von y der gespeicherten Kreise. Von dem Ergebnis der Subtraktion ausgehend, wird entschieden, ob wir die Kamera auf- oder abbewegen. Die lokale Variable *offset* wird positiv oder negativ. Wenn sich der Kreis auf der vertikalen Achse des Kamerabilds über dem Mittelpunkt befindet, dann wird das Ergebnis positiv. Befindet sich der Kreis unterhalb des Mittelpunkts, so ist der Wert der y-Koordinate des Kreises stets höher als die Hälfte der vertikalen Kameraauflösung und resultiert in einem negativen Wert für *offset*. Das *if*-Konstrukt, welches die negativen oder positiven Werte der Variable *offset* verarbeitet, sieht folgendermaßen aus:

```
if offset < 0:
  ...
else:
  ...
```

Die weitere Verarbeitung innerhalb der *if*-Kontrolle wird zunächst von einer weiteren *if*-Bedingung angehalten. Es handelt sich dabei um die minimale und maximale Beschränkung der Motorwinkelstellung aus der Konstante *self.TILT_MOTOR_MIN* respektive *self.TILT_MOTOR_MAX*. Eine Verarbeitung findet somit nur statt, wenn die vorgegebenen Beschränkungen nicht über- bzw. unterschritten werden. Für die Prüfung der Bedingung benötigen wir also noch einen Vergleichswert. Es handelt sich dabei um den aktuellen Winkelstand, den der Motor im laufenden Betrieb tatsächlich hat. Diesen erfahren wir ständig anhand der Werte aus dem Topic */joint_states*. Die folgende *callback*-Funktion wurde als Auffangstation für Nachrichten unseres Abonnements am *Topic /joint_states* eingerichtet:

```
def joint_states_cb(self, msg):
  self.current_motor_pos = msg.position[self.TILT_MOTOR_ID]
```

Die Eigenschaft *self.current_motor_pos* wird nun ständig mit Werten aus dem Topic */joint_states* aktualisiert. Die Werte entsprechen der aktuellen Winkelstellung des Motors mit der ID *self.TILT_MOTOR_ID* in Radiant. Die folgende Bedingung prüft die Winkelstellung im Uhrzeigersinn.

```
if (self.current_motor_pos + 0.1) < self.TILT_MOTOR_MAX:
```

Eine Drehung gegen den Uhrzeigersinn ist nur möglich, wenn folgende Bedingung wahr wird:

```
if (self.current_motor_pos - 0.1) > self.TILT_MOTOR_MIN:
```

Befindet sich der Motorwinkel noch im Rahmen der Beschränkungsangaben, dann können wir den Motor in die entsprechende Richtung weiterdrehen. Wir konstruieren ein Nachrichtenpaket mit der gewünschten Winkelstellung in Radiant, um den Motor zu bewegen. Die gewünschte Richtung habe ich im folgenden Code-Abschnitt mit (+/-) kenntlich gemacht:

```
msg = Float64()
msg.data = self.current_motor_pos (+/-) 0.1
self.head_tilt_pub.publish(msg)
```

Der Motor wird um 0.1 Radiant in die positive oder negative Richtung weitergedreht, um dem erkannten Kreis zu folgen.

Das Programm wird wie beschrieben dem Kreis folgen. Das passiert allerdings bei jeglicher Über- oder Unterschreitung der vertikalen Mitte unseres Kamerabilds. Besser wäre es gewesen, wenn man einen Schwellenwert für die Mitte einrichtet. Der Schwellenwert könnte beispielsweise 10 Pixel groß sein und den positiven bzw. negativen Bereich abdecken. Wenn also der Kreis sich innerhalb dieses Schwellenwertes vom Mittelpunkt der vertikalen Achse befindet, dann sollte keine Kamerabewegung stattfinden. So wie es jetzt programmiert ist, wird die Kamera bei jeder Ballerkennung auf- bzw. abbewegt. Testen wir mit den folgenden Befehlen das Python-Programm:

```
roslaunch abot_bringup arbotix.launch
roslaunch abot_vision q9000_gscam.launch
roslaunch abot_vision hough_circles.launch
rosrun abot_vision ball_detect
```

Nachdem die Befehle in einzelnen Konsolenfenstern ausgeführt wurden, sollte ein zusätzliches Fenster mit einem *Livestream* und Schiebereglern zur Steuerung der Parameter erscheinen. Halten Sie nun einen Ball, eine Münze oder etwas ähnliches Kreisrundes vor die USB-Kamera. Alle erkannten Objekte werden mit einem roten Kreis umrahmt.

Wir haben gesehen, wie man einzelne kleine ROS-Programme schreibt, um diese funktional zu etwas »Größerem« zu verbinden. Das Konzept von ROS ist Einfachheit. Komplexität ist ab einem gewissen Punkt nicht mehr überschaubar. Wir haben nun die Grundlage geschaffen, um mit weiteren ROS-Programmen die Fähigkeiten unseres Roboters zu erweitern. Schließlich sind Navigation, Objekt- und Gesichtserkennung nicht das Ende der Reise mit ROS. Der nächste Schritt könnte in Richtung Verhaltensmuster gehen, wo man mit *State-Machines* oder *Behavior-Trees* komplexes Verhalten komponiert. In solchen Kompositionen sind Gesichtserkennung und Navigation lediglich Behelfsfunktionen. Denken Sie dabei an die Fähigkeiten des Menschen und wandeln Sie diese in Roboterfunktionen um. Alles Weitere ist eine Frage der Kreativität.

Dan Bader

Python-Tricks

Praktische Tipps für Fortgeschrittene

2018
210 Seiten
komplett in Farbe, Broschur
€ 29,90 (D)

ISBN:
Print 978-3-86490-568-1
PDF 978-3-96088-599-3
ePub 978-3-96088-600-6
mobi 978-3-96088-601-3

Um den größten Nutzen aus diesem Buch zu ziehen, solltest du bereits über Python-Kenntnisse verfügen, die du erweitern möchtest. Am besten ist es, wenn du schon eine Weile in Python programmierst und bereit bist, in die Tiefe zu gehen, deine Kenntnisse abzurunden und deinen Code pythonischer zu machen.

Wenn du dich fragst, welche weniger bekannten Teile in Python du kennen solltest, gibt dir dieses Buch eine Roadmap an die Hand. Entdecke coole und gleichzeitig praktische Python-Tricks, mit denen du beim nächsten Code Review der Hit bist.

Wenn du Erfahrung mit älteren Versionen von Python hast, wird dich das Buch mit modernen Mustern und Funktionen vertraut machen, die in Python 3 eingeführt wurden.

Dieses Buch ist aber auch hervorragend für dich geeignet, wenn du schon Erfahrungen mit anderen Programmiersprachen hast und dich schnell in Python einarbeiten möchtest. Du wirst hier einen wahren Schatz an praktischen Tipps und Entwurfsmustern finden, die dir helfen, ein erfolgreicher Python-Programmierer zu werden.

»Es ist, als hätte man einen erfahrenen Lehrer, der einem die Tricks erklärt!«
Daniel Meyer,
Senior-Desktop-Administrator bei Tesla